高等职业院校水利类专业立体化新形态教材

河湖生态修复技术

主　编 ◎ 唐岳灏　谢永亮

副主编 ◎ 陈　丹　章玉泉

参　编 ◎ 刘腾霄　李清濯　路立新　石　岩

主　审 ◎ 洪　军

電子工業出版社

Publishing House of Electronics Industry

北京·BEIJING

内 容 简 介

本书包括湖泊生态修复技术、湿地生态修复技术和河流生态修复技术三个项目，按照分析生态特征、调查生态现状、修复生态系统、评估生态健康四方面工作内容进行重构。本书着重突出了河湖生态修复技术的整体性与科学性，同时强调了修复工程实施的操作性与逻辑性。本书在编写过程中吸收了本学科的最新研究成果，内容翔实，图文并茂，充分体现了河湖生态修复技术的规范性和先进性，每个项目的各方面工作内容均配有案例分析，可操作性强。另外，本书还配有电子资源，可在华信教育资源网下载。

本书适合高等职业院校水生态修复技术、水文与水资源技术、水土保持技术、水环境智能监测与治理等专业的学生使用，也可供从事水生态修复的专业技术人员参考。

图书在版编目（CIP）数据

河湖生态修复技术 / 唐岳灏，谢永亮主编. -- 北京 :
电子工业出版社，2024. 12. -- ISBN 978-7-121-49543
-4

Ⅰ. TV85

中国国家版本馆 CIP 数据核字第 2025WV6375 号

责任编辑：王　璐
印　　刷：三河市兴达印务有限公司
装　　订：三河市兴达印务有限公司
出版发行：电子工业出版社
　　　　　北京市海淀区万寿路 173 信箱　　　　邮编：100036
开　　本：787×1 092　1/16　印张：15.5　字数：397 千字
版　　次：2024 年 12 月第 1 版
印　　次：2024 年 12 月第 1 次印刷
定　　价：55.00 元

凡所购买电子工业出版社图书有缺损问题，请向购买书店调换。若书店售缺，请与本社发行部联系，联系及邮购电话：（010）88254888，88258888。

质量投诉请发邮件至 zlts@phei.com.cn，盗版侵权举报请发邮件至 dbqq@phei.com.cn。

本书咨询联系方式：（010）88254569，xuehq@phei.com.cn，QQ1140210769。

前言

党的二十大报告指出，我们坚持绿水青山就是金山银山的理念，坚持山水林田湖草沙一体化保护和系统治理，全方位、全地域、全过程加强生态环境保护，生态文明制度体系更加健全，污染防治攻坚向纵深推进，绿色、循环、低碳发展迈出坚实步伐，生态环境保护发生历史性、转折性、全局性变化，我们的祖国天更蓝、山更绿、水更清。

党的二十大报告全面系统总结了党的十八大以来我国生态文明建设取得的举世瞩目的重大成就、重大变革，紧紧围绕推动绿色发展，深刻阐述了人与自然和谐共生是中国式现代化的中国特色之一，对生态文明建设提出了一系列新目标、新论断、新举措，对新时代、新征程生态文明建设做出了重大战略部署。这充分体现了以习近平同志为核心的党中央对生态文明建设和生态环境保护一以贯之的高度重视和深远考量，充分彰显了党中央推进美丽中国建设的鲜明态度和坚定决心。我们要坚持以习近平生态文明思想为指引，准确理解把握促进人与自然和谐共生的重大意义和重点任务，坚决抓好贯彻落实。

本书融入了党的二十大精神。项目一湖泊生态修复技术融入了深入推进水污染防治的内容。当前，我国生态环境质量稳中向好的基础还不稳固，从量变到质变的拐点还没有到来。我们要坚持精准治污、科学治污、依法治污，保持力度、延伸深度、拓宽广度，持续深入打好蓝天、碧水、净土保卫战；统筹水资源、水环境、水生态治理，推动重要江河湖库生态保护治理，基本消除城市黑臭水体；加强土壤污染源头防控，开展新污染物治理；提升环境基础设施建设水平，推进城乡人居环境整治。

项目二湿地生态修复技术融入了维护生态环境安全的内容。生态环境安全是国家安全的重要组成部分，是经济社会持续健康发展的重要保障。我们要以国家重点生态功能区、生态保护红线、自然保护地等为重点，加快实施重要生态系统保护和修复重大工程，推进以国家公园为主体的自然保护地体系建设，实施生物多样性保护重大工程，加强生物安全管理，防治外来物种侵害，提升生态系统多样性、稳定性、持续性，守住自然生态安全边界。

项目三河流生态修复技术融入了推动绿色发展，促进人与自然和谐共生的内容。大自然是人类赖以生存和发展的基本条件。尊重自然、顺应自然、保护自然，是全面建设社会主义现代化国家的内在要求。促进人与自然和谐共生，深刻体现了新时代生态文明建设必须遵循的基本原则，是对马克思主义自然观、生态观的继承和创新，是对中华优秀传统生态文化的创造性转化、创新性发展，也是中国式现代化和人类文明新形态的重要内涵，对筑牢中华民族伟大复兴绿色根基、实现中华民族永续发展具有重大现实意义和深远历史意义。

生态兴则文明兴。我们要坚定不移推进生态文明建设，坚定不移走生产发展、生活富裕、生态良好的文明发展道路。蓝图已经绘就，号角已经吹响。新征程呼唤新担当，新使命激励新作为。让我们赓续前行，奋楫争先，努力在生态文明建设上出新绩，为生态文明新时代做出贡献！

本书由长江工程职业技术学院唐岳灏和谢永亮担任主编，广东水利电力职业技术学院陈丹和葛洲坝生态治理（湖北）股份有限公司章玉泉担任副主编，葛洲坝生态治理（湖北）股份有限公司总工程师洪军担任主审。本书编写分工如下：项目一任务 1 和任务 2 由陈丹编写，项目一任务 3 和任务 4 由章玉泉编写，项目二由谢永亮编写，项目三由唐岳灏编写。长江工程职业技术学院刘腾霄、李清濯、路立新及葛洲坝生态治理（湖北）股份有限公司石岩参与了本书的编写，并提供了大量的素材和资源，还提出了许多宝贵意见和建议。

本书在编写过程中，参考并引用了有关文献和资料，在此，谨向所有文献的作者表示感谢。对书中存在的缺点和错误，恳请广大读者批评指正。

编者

目 录

湖泊生态修复技术

学习要求

1．分析湖泊生态系统的基本结构。
2．列举湖泊生态系统的调查手段。
3．掌握湖泊生态系统的修复方法。
4．总结湖泊生态系统的评价标准。

任务1 分析湖泊生态特征

案例导入：太湖生态分析

党的二十大报告倡导的人与自然和谐共生理念，促使湖泊生态分析从局部、静态走向整体、动态，促使人们深度挖掘湖泊生态系统内部生物、水文、地质等要素的相互关系及其与周边流域生态环境的交互影响，不再孤立地看待湖泊的生态现象。

湖泊一旦形成，就会在自然因素及人为因素的影响下不断演替。根据湖泊演替过程中湖泊水质和水域面积的变化，湖泊生态系统主要发生两种类型的退化：①湖泊富营养化；②湖泊萎缩、湖水咸化。湖泊富营养化是目前我国东部平原区浅水湖泊生态系统退化的主要类型。湖泊富营养化的实质是过量的营养物质进入湖泊水体，引起藻类大量繁殖和暴发，从而导致水质恶化。

太湖具有蓄洪、灌溉、航运、供水、水产养殖、旅游等多项功能，同时也是无锡、苏州两市的主要饮用水源及上海与浙东地区的主要水源补给地。太湖自 20 世纪 90 年代中期大部分已达中度富营养～富营养水平，近 10 年富营养化上升了 1.5～2 个等级。太湖水质监测结果显示，2000 年藻类数量比 10 年前增加了 5 倍，磷（P）、氮（N）含量比 1960 年增加了 6～7

倍，且藻类出现的时间趋早、历时趋长、范围趋广。1990 年夏，太湖蓝藻暴发，北部沿岸水域形成 0.5m 厚的藻类聚集层，迫使无锡市水厂和 116 家工厂停产，直接经济损失达 1.3 亿元。1994 年夏，太湖蓝藻再度暴发，无锡梅园、马山水厂取水口被大片蓝藻包围，水质腥臭，造成市民用水困难。太湖水体富营养化不仅影响到人们的正常生产和生活秩序，而且对沿湖旅游业发展造成巨大威胁。

根据以上信息，结合其他资料，完成太湖生态分析的任务。

（1）太湖的形成及演替过程。

（2）造成太湖富营养化的主要因素。

（3）太湖富营养化过程的生态特征。

1.1.1 湖泊的起源和演替

微课视频

1. 湖泊的起源

大部分湖泊是通过渐进性或灾变性的地质活动形成的，地质活动包括构造运动、火山爆发和冰川运动等。按照湖泊的成因，可以把天然湖泊分为冰川湖、构造湖、河成湖、滨海湖、火山口湖、岩溶湖六大类。

1）冰川湖

距今 20000 年前是冰川运动的鼎盛时期。冰川运动是湖泊形成的重要自然力。冰川挖蚀形成的洼坑和冰碛物堵塞冰川槽谷，在冰川融化后积水形成冰川湖。冰川湖分为冰障湖、冰蚀湖和冰碛湖等。我国念青唐古拉山和喜马拉雅山区冰川湖较多，多为有出口的小型湖泊，如藏南地区的八宿错、藏东地区的布冲错。

2）构造湖

深层地壳运动使地表变形导致山地形成或地面降低的自然现象称为构造运动。因构造运动形成的湖泊称为构造湖。构造湖的面积和容积一般都较大，如著名的贝加尔湖、里海、咸海、马拉维湖和坦噶尼喀湖都是构造湖。位于我国与俄罗斯国境线上的兴凯湖，以及位于我国新疆的罗布泊、玛纳斯湖、艾丁湖、赛里木湖、博斯腾湖等，都属于构造湖。

3）河成湖

河流流到中下游地区，由于构造运动造成大面积陆地的隆起和凹陷变化，因此河流常年注入低洼区域形成面积较大的湖泊。另外，蜿蜒型河道在演变过程中发生自然裁弯取直，形成牛轭湖或故道型湖泊。还有一种情况是，有支流汇入的河流，主流泥沙淤积速度高于支流，导致支流入河口堵塞，从而形成湖泊。对于那些有宽阔洪泛平原的河流，雨季洪水漫溢，淹没大片洪泛平原，洪水退去后形成大量中小型浅水湖泊。我国著名的洞庭湖、鄱阳湖和洪泽湖，都属于河成湖。

4）滨海湖

滨海湖又称潟湖。滨海湖原来是海湾，由于泥沙淤积形成沙坝，将海湾与海洋分隔，所以形成滨海湖。滨海湖因长期注入河水和地下水，海水被稀释变淡。但是大部分滨海湖中的水仍然是咸水。有学者认为，我国杭州西湖在数千年前与钱塘江相连，是浅海海湾的一部分，海潮和河流挟带的泥沙不断在湾口淤积，使海湾与海洋分离，在长年注入淡水后使海水淡化形成现在的西湖。

5）*火山口湖*

火山爆发后岩浆大量喷出，堆积在火山口周围形成高耸的锥状山体，火山口内大量浮石和挥发性物质散失导致颈部塌陷形成漏斗状洼地，经积水形成火山口湖。我国的火山口湖分布范围较广，如长白山火山口湖、五大连池火山口湖、大兴安岭鄂温克旗奥内诺尔火山口湖和云南省腾冲市打鹰山火山口湖等。

6）*岩溶湖*

岩溶湖是由碳酸盐类地层经流水长期溶蚀所产生的岩溶洼地、岩溶漏斗或落水洞等被堵塞形成的湖泊。我国的岩溶湖大多分布在贵州省、云南省和广西壮族自治区，草海是我国面积最大的构造岩溶湖。

2. 湖泊的演替

微课视频

无论何种成因的湖泊，随着时间的推移都会经历一个演替过程。湖泊的演替可以理解为湖泊从年轻阶段向老龄阶段过渡的老化过程。实际上，湖泊老化过程就是湖泊所经历的营养状态变化过程，即从营养较低的水平或贫营养状态，逐渐过渡到具有中等生产力或中度营养状态的过程，此后湖泊进入富营养化状态，最终演替为沼泽甚至被树木、草从覆盖的陆地。

所谓富营养化，是指水体中含有超量植物营养素，特别是磷、氮，这会促进藻类、固着生物和大型植物快速繁殖，从而导致生物的结构和功能失衡，降低生物多样性，增加生物入侵的机会，造成鱼类死亡。当发生水华时，溶解氧被大量消耗，同时释放有害气体，使水质严重下降。

用营养物质浓度指标可以简要评估水体营养状态。经济合作与发展组织（Organization for Economic Co-operation and Development，OECD）发布的水体营养状态标准，用总磷（TP）浓度、表示浮游植物生物量的叶绿素 a（Chl-a）浓度、透明度（SD）作为水体营养状态的评价指标，如表 1.1.1 所示。

表 1.1.1　水体营养状态评价标准

营养状态	平均 TP 浓度/（μg/L）	平均 Chl-a 浓度/（μg/L）	最大 Chl-a 浓度/（μg/L）	平均 SD/m
贫营养状态	<10	<2.5	<8	>6
中度营养状态	10～35	2.5～8	8～25	3～6
富营养化状态	>35	>8	>25	<3

影响湖泊富营养化的因素有四个：一是湖泊的平均深度，湖岸地势平缓的浅水湖泊通常水体不分层，浅水湖泊较深水湖泊富营养化风险大；二是湖泊初级生产力较高，浮游动植物、底栖动物和鱼类的密度与繁殖率较高；三是当地的温度和降雨等气候波动影响；四是水体浑浊，透光率较低，光线通常不能穿透温跃层和湖底。

除上述自然富营养化以外，还有人为富营养化。人为富营养化已经成为全球水环境问题研究的热点。农业和畜禽养殖业排污是导致湖泊富营养化的重要人为因素。在我国，农业和畜禽养殖业排污导致进入湖泊水体的氮、磷总量已经超过工业及生活点源污染。城市生活污水中含有高浓度的养分，能够促进藻类和高级水生植物迅速生长。洗涤剂中的磷含量占未经处理的污水中磷含量的一半左右。湖泊富营养化防治已经成为我国环境保护的重点工作。

1.1.2　湖泊的生态过程

1．水体化学特征

化学物质，特别是营养物质在湖泊中的分布，是湖泊生态结构的要素之一。在湖泊的垂直方向，表水层光合作用充分，营养物质被很快消耗；均温层或无光带营养物质通常保持不变或逐渐积累。与温跃层概念相对应，湖泊中化学物质变化速度最快的水层称为化变层。多数湖泊的化学分层由温度分层所决定。掺混充分的湖泊和湖滨带少有稳定的垂直化学分层现象，只存在营养物质的水平差异。在湖泊的水平方向，湖滨带营养物质浓度高，其底质为底栖生物提供了良好的生境。如果湖泊岸线多湖湾，大量开放水面与湖岸连接充分，则湖泊会吸收更多的氮、磷和其他微量元素，从而提高沿岸水域的营养物质浓度。湖泊化学结构的垂直分区是季节性的，依赖于湖水的温度分层。湖泊水平方向营养物质浓度差异在全年都可能存在，主要受湖泊地貌形态、湖岸化学输入和底质的影响。

1）溶解氧

氧是大多数生命所必需的元素。湖水含氧量受三个因素的影响：一是水温；二是水生植物和藻类通过光合作用生成氧气的能力；三是水生植物呼吸和消耗有效氧的速度。首先，水温越高，溶解氧含量越低。其次，由于光合作用及大气直接溶解氧，因此夏季表水层的溶解氧含量较高。最后，温跃层的溶解氧含量因生物生产力而异。如果湖泊中营养物质丰富，则繁茂的水生植物呼吸耗氧，加之有机物腐烂耗氧，夏季温跃层的溶解氧含量会降低。相反，在营养物质不丰富的湖泊中，浮游植物和腐烂物质数量较少，阳光可以穿透较深的水层，浮游植物可以在相对较深的水层生活。在底水层，溶解氧含量随水深增加而升高，在一些深水湖泊的底水层，生物很少，溶解氧含量很高甚至接近100%的饱和状态。湖泊的这些营养状态差异在秋、冬季节一般都会消失。

2）pH

pH是测量水中氢离子含量的标准。水中氢离子含量决定了水是酸性的还是碱性的。pH为7表示水是中性的。pH远小于7表示水的酸性很强。酸性很强的水可以分解或溶解矿物质和有机物，甚至有毒物质。pH远大于7表示水的碱性很强。碱性很强的水也可以分解或溶解矿物质和有机物，并且具有很强的腐蚀性。

大部分湖泊中水体pH的自然变化范围为6～9，其大小取决于地表径流、流域地质条件及地下水补给。水体的酸性来源于酸雨和溶解污染物。降水溶解了空气中的二氧化碳，溶解过程中释放大量氢离子，从而形成酸雨。酸雨通过地表径流进入湖泊，从而提高水体的酸性。工厂排放的污染物和汽车尾气中含有硫、氧化氮，它们一旦溶解于水，也会提高水体的酸性。

另外，从岩石地质构造中分解出的矿物质，特别是石灰岩和其他形式的碳酸盐岩，可以限制水中氢离子含量，因此可以使 pH 保持在 7～8。这种降低水体酸性的能力被称为酸性中和能力。与此不同，花岗岩地区湖泊酸性较高，因为花岗岩对水中氢离子含量没有限制作用。

3）氮和磷

氮和磷是营养物质，对湖泊生态系统至关重要。空气中的氮不能溶解于水，氮被释放到陆地和水中主要是通过固氮菌的作用实现的。植物和藻类吸收了这些溶解氮，当它们本身又成为其他生物的食物时，氮元素沿着食物网向上传递，形成氮循环。

磷是一种矿物质，可以溶解于水，但是溶解条件严格。磷主要通过地表径流和地下水被生物吸收，或者湖泊的不同水温层翻转将溶解磷释放出来，通过植物和藻类的吸收，最终进入食物网，形成磷循环。人类生产的化肥和洗涤剂等化学产品被排入湖泊后，释放出大量溶解氮和溶解磷，改变了湖泊的营养状况，使湖泊富营养化，严重破坏了湖泊生态系统的结构和功能。另外，其他溶解矿物质，如钙、镁、铁和硫等对水生生物也会产生一定的影响。

4）浊度

水生植物和藻类是湖泊中的初级生产者，需要适合的营养物质、水温和阳光。阳光照射到湖面，决定其作用强弱的重要因素是湖水的透明度。湖水的透明度越高，阳光照射的深度越大，越能维持最大深度的光合作用。与透明度相反的概念是浊度。湖水的浊度越高，阳光的穿透力越弱。

湖水的浊度取决于三个因素：浮游生物（藻类和浮游动物）、非生命悬浮物（泥沙和枯枝落叶）、溶解矿物质。首先，在阳光充足且营养物质丰富的水域，浮游生物生命力旺盛，其生命力越旺盛，就越能提高湖水的浊度，从而削弱阳光的穿透力。其次，非生命悬浮物主要是泥沙，其在流域内通过径流进入湖泊。暴雨、波浪运动会搅动湖底的泥沙，造成泥沙悬浮，从而提高湖水的浊度。这种状况会延续几天或数周。在洪水季节，枯枝落叶也会被卷入湖泊，从而提高湖水的浊度。最后，溶解矿物质可以改变水体颜色，使其呈蓝色，从而影响湖水的浊度。这是由钙、镁等离子含量高的湖水对阳光的散射、吸收作用所导致的。如果流域中多沼泽和湿地，则溶解矿物质进入湖泊，常使水体呈深褐色。湖水的浊度影响阳光的穿透力，从而影响光合作用的深度，这会在很大程度上影响物种栖息地的有效性。

2．水文过程

湖泊的水文过程包括降雨过程、流域内产汇流过程、通江湖泊与河流径流的水体交换过程、湖泊与地下水之间的水体交换过程、湖泊蒸散发过程。湖泊的水文过程不仅影响营养物质的分布，而且影响湖泊生物群落的空间分布格局。

通常用两个要素来描述湖泊的水文状况：水量平衡和水位波动。水量平衡是指入湖水量（降雨、流域地表径流汇入、河流汇入及地下水补充）与出湖水量（蒸散发、通过河流出湖、入渗补充地下水）之间的平衡。

水位波动包括水位短期波动、水位季节性波动和水位长期波动。水位短期波动是指暴雨和风暴潮引起湖水水位短时间上涨，具有局部性和短暂性的特点，往往几天就会恢复正常水位。水位短期波动对河滨带和近岸生物影响不大。水位季节性波动是指受降雨、蒸散发、流域地表径流及地下水的季节性变化影响，湖泊水位随季节有规律地变化，这种变化具有周期性的特点，即每年冬、春季水位低，夏季水位高。水位长期波动不具有周期性的特点，也没有固定模式，难以预测。水位长期波动主要是由气候变化所导致的，如降雨、气温、蒸散发等要素的长期变化会引起湖泊水位的长期变化。

3．湖泊的新陈代谢

湖泊的新陈代谢主要包括光合作用和需氧呼吸作用。需氧呼吸作用与光合作用相逆，光合作用也称合成代谢，需氧呼吸作用也称分解代谢。

光合作用是植物吸收、固定太阳能并将其转化为可以储存的化学能的过程。自养生物靠光合作用生产有机物，由于这个过程用无机物生产有机物，所以这种物质生产被称为初级生产。湖泊生态系统的能量传递如图 1.1.1 所示。

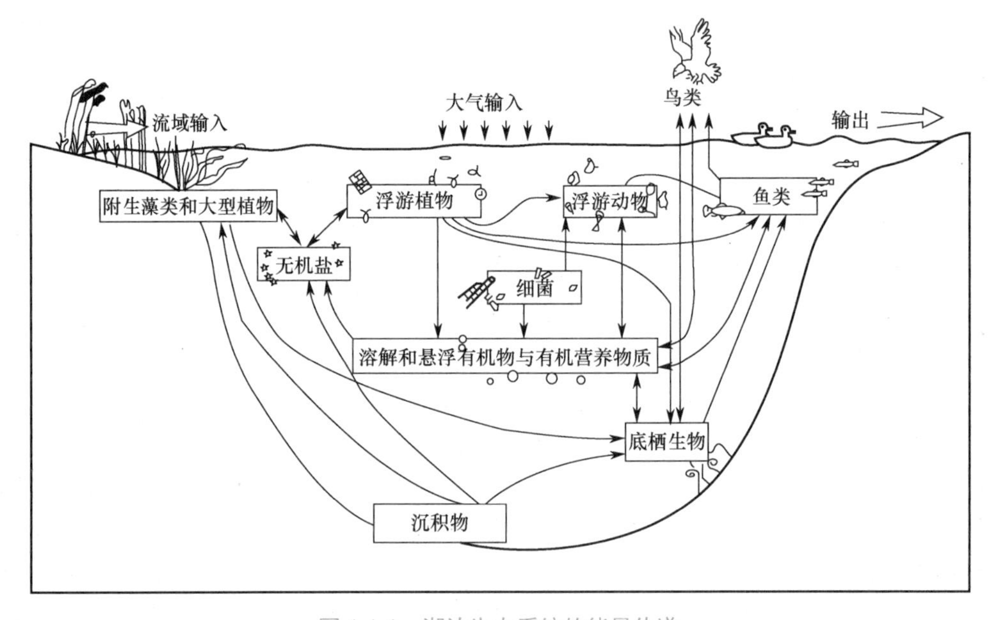

图 1.1.1　湖泊生态系统的能量传递

在湖泊生态系统中，光合作用的明显特征是有茂密生长的藻类和大型植物，只要有阳光和溶解氧，这些生物就会迅速生长。至于将太阳能转化为植物化学能的效率，湖泊生态系统远低于陆地生态系统，其值低于 1%。例如，在美国威斯康星州的门多塔湖中，自养生物（浮游植物和沉水植物）的总生产量仅占吸收太阳能的 0.35%。这是因为阳光在穿透水体时，受到水体悬浮物、水体颜色及水中大型植物和藻类的遮挡，转化效率降低，从而导致太阳能的输入量远大于光合作用的输出量。

太阳能以光的形式进入生物体后，就再也不能以光的形式返回；自养生物被异养生物摄食后，能量就再也不可能回到自养生物中。这是因为能量传递是不可逆的。在能量传递过程中，植物通过需氧呼吸作用将能量以热的形式散发到环境中。需氧呼吸作用是植物在有氧条件下将有机物氧化并产生二氧化碳和水的过程。生活细胞通过需氧呼吸作用将物质不断分解，为植物体内的各种生命活动提供所需能量和合成重要有机物的原料。需氧呼吸作用是植物体内代谢的枢纽。影响呼吸速率最主要的环境因子有温度、大气成分、水分和光照等。除需氧呼吸作用以外，还有厌氧呼吸作用。厌氧呼吸作用主要是在一些特殊约束条件下发生的现象，如光线穿透厌氧区，或者光线射到水与泥沙底质的交界面上，就会发生厌氧呼吸作用。湖泊生态系统的新陈代谢如表 1.1.2 所示。

表 1.1.2 湖泊生态系统的新陈代谢

新陈代谢过程	能源	容量			湖泊条件
		藻类/植物	藻青菌	其他细菌	
需氧光合作用	阳光	√	√		普遍、喜光、喜氧
厌氧光合作用	阳光			罕见	不普遍、喜光、厌氧
需氧化学合成	无机氧化作用			罕见	常见、喜氧
需氧呼吸作用	有机氧化作用	√	√	√	普遍、喜氧
厌氧呼吸作用	无机/有机生产			√	常见、厌氧、界面

4．湖泊的食物网

如上所述，光合作用产生的植物生物量为食植动物提供食物，食肉动物又以食植动物为食。能量和营养通过连续的营养级自下而上逐级传递。所谓营养级，是指物种在食物网中所处的位置。生物在营养级中获得的能量大部分通过呼吸作用以热的形式散发到环境中，只有小部分保留下来用以支持生命活动和能量传递。通常用生态金字塔来描述营养级之间的能量传递。

为了建立食物网，需要对生物主要群体的数量和生物量进行测量，并且按照摄食习惯将其分为不同的功能组，如初级生产者、食植动物、食肉动物及分解者等。更精确的测量包括供食试验，以确定某种类型的消费者与一种或多种植物类食物之间的关系。也可以应用同位素追踪法推断食物来源，定量评估多种食物对消费者生物量的贡献。通过食物网分析，可以得出能量从一个营养级到另一个营养级的传递效率。

湖泊水体的物理化学性质在很大程度上决定了湖泊的生物特征。湖泊水体的物理化学性质包括水温、透明度、水流波浪运动及营养物质总量等。能量和营养物质通过生物的交互作用在生态系统中流动传递。将湖泊生物群落按照能量流动的相互关系集合在一起，就构成了生态金字塔。在生态金字塔中，底部是最低级（第一级）的初级生产者（如硅藻门的星杆藻）；第二级是食植动物或牧食动物（如浮游动物水蚤）；第三级是初级食肉动物（如浮游动物晶囊轮虫或幼鱼），它们以牧食较小的食植动物为生；第四级及以上是高级食肉动物，包括成年大中型鱼类、鸟类和水生哺乳动物，它们构成了生态金字塔的顶端。一般情况下，当生物体上升到较高营养级时，其数量或生物量会减少。生态金字塔在冬季可能颠倒过来，这是因为冬季大部分低级生物已死亡，而大中型生物（如鱼类和桡足动物）可以依靠营养储备幸存。图 1.1.2 所示为美国密苏里州 Taneycomo 湖的食物网，箭头方向表示供食方向。从图 1.1.2 中可以看到，作为初级生产者的藻类及来自流域的营养物质被昆虫幼虫（食植动物）摄食，食植动物又为各营养级的食肉动物提供食物，构成了湖泊的食物网。通过实际测量得出，湖泊生物的能量从低一级营养级到高一级营养级的传递效率为 2%～40%，平均传递效率为 10%。

营养级联概念试图解释食物网内部能量传递的控制机理，这个概念很容易被应用到湖泊生态系统中。所谓上行效应，是指初级生产者对上层各营养级生物的一系列调节作用。例如，外部环境给湖泊添加营养物质，导致浮游植物数量增加，引起食植的浮游动物数量增加，从而导致以此为食的鱼类密度增加。所谓下行效应，是指上层营养级生物对下层营养级生物的一系列调节作用。简而言之，下行效应由捕食者控制，上行效应由能量（资源）控制。图 1.1.3 所示为不同湖泊的营养级联状况。

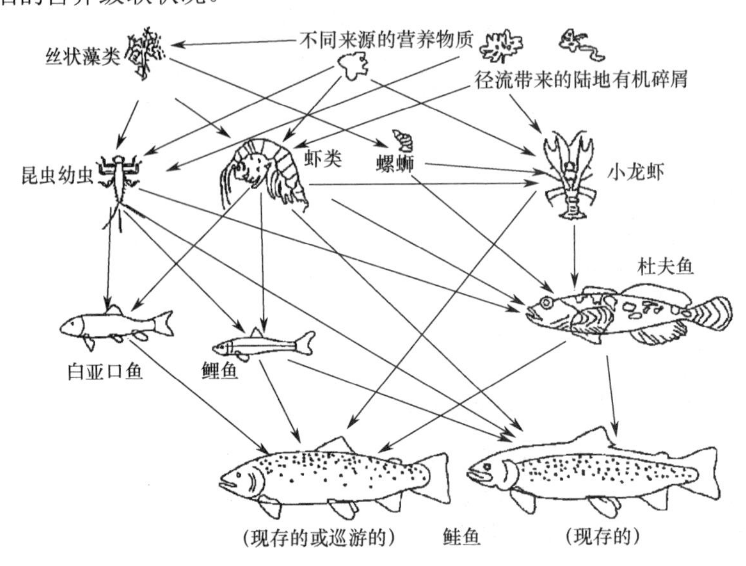

图 1.1.2　美国密苏里州 Taneycomo 湖的食物网

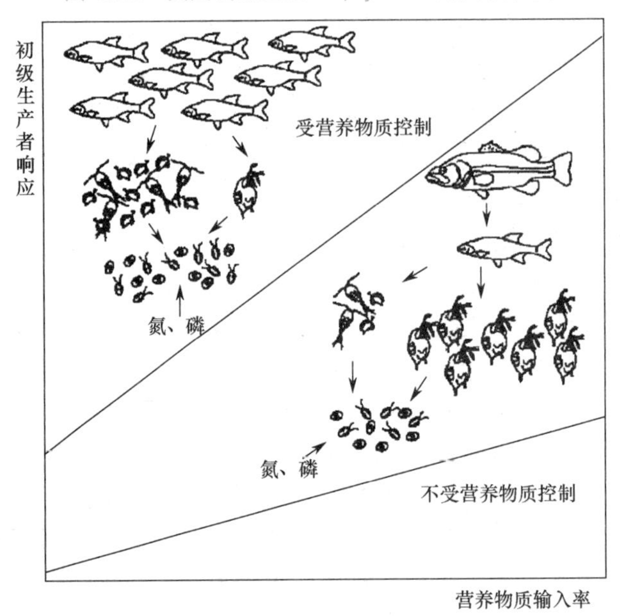

图 1.1.3　不同湖泊的营养级联状况

图 1.1.3 中部表示下行效应明显的湖泊，该湖泊受到处于上层营养级的食肉动物的强烈控制，这些大型鱼类（捕食者）靠大量食用较小鱼类生存，而较小鱼类又以浮游动物为食。幸存的浮游动物对初级生产者的摄食减少，从而使依靠光合作用繁殖的浮游植物密度增加。这样，整个系统对于外界营养物质氮、磷的输入敏感性就被弱化。图 1.1.3 上部表示食肉动物控制较弱、上行效应明显的湖泊，系统对于外界营养物质氮、磷的输入敏感性较强，易受其控制。

1.1.3　湖泊的生态分区

湖泊的物理、化学、生物特征在水平与垂直方向都存在差异和变化，这些差异和变化有些是稳定的，有些是动态的，有些是季节性的。为了描述湖泊的空间结构规律，研究者提出了不少生态分区的方法。湖泊的四种主要分区如表 1.1.3 所示。

表 1.1.3　湖泊的四种主要分区

分区		时间变化	描述
水平分区	敞水区	稳定	开阔水面（湖底辐照度<湖面辐照度 1%）
	湖滨带		近岸水面（湖底辐照度>湖面辐照度 1%）
基于物质构成的垂直分区	水柱	稳定	从湖面到湖底的垂直水体
	淤积层		湖泊底部水下沉积物
	湖底层		水体与淤积层的交界面
基于季节性的垂直分区	表水层（掺混层）	季节性	上部密度层（暖）
	温跃层（变温层）		中部密度层（过渡）
	均温层（底水层）		湖底密度层（冷）
基于辐照度的垂直分区	透光层	动态	辐照度>湖面辐照度 1%的部分（有光合作用）
	无光带		辐照度<湖面辐照度 1%的部分（无光合作用）

1. 水平分区——敞水区和湖滨带

敞水区是湖泊的开放水域，湖滨带是敞水区以外较浅的水域。敞水区和湖滨带在生物结构方面有许多区别。敞水区唯一的自养生物组群是浮游植物，它们是许多在水体中短暂生活的小型藻类，可以脱离固体表面在水中生存，也可以在敞水区与湖滨带之间自由活动。湖滨带除生长着浮游植物以外，还生长着另外两种自养生物：大型水生植物和固着生物。大型水生植物是指肉眼可见的水生植物。固着生物依附在大型植物叶片和泥土、沙、岩石、木头表面上生长。水平分区如图 1.1.4 所示。

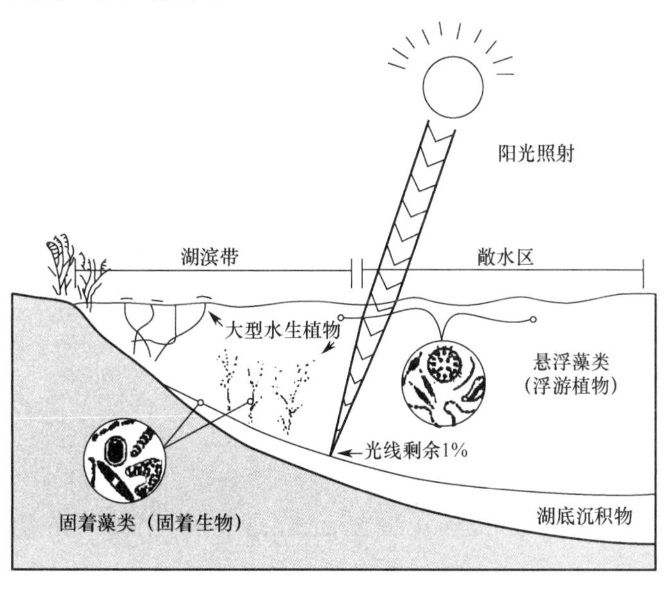

图 1.1.4　水平分区

我们可以按照阳光照射量来划分敞水区与湖滨带，把敞水区与湖滨带的边界定义为阳光照射到湖底的辐照度等于湖面辐照度 1%的位置。这是因为当阳光照射到湖底的辐照度小于湖面辐照度 1%时，光合作用很微弱甚至不能进行，从而限制了大型水生植物和固着生物的生长。在边界以内，水深逐渐增加，成为典型的敞水区。在边界以外，大型水生植物和固着生物能够生长，成为典型的湖滨带。

对于特定的湖泊，湖滨带的宽度取决于水体透明度和岸线坡度。水体透明度主要取决于浮游生物（藻类和浮游动物）密度及含沙率。岸线坡度越小，湖滨带越宽。贫营养湖泊的营养物质聚集程度低，只能产生较少的藻类生物量，而且这些藻类在湖泊较深的位置生存，所以贫营养湖泊的水体透明度一般都较高。在这种情况下，湖滨带宽度可以延伸到 4～20m。对于富营养化湖泊，如果采用辐照度标准定义敞水区与湖滨带的边界，则边界水深范围为 2～4m。营养高度富集的富营养化湖泊中藻类茂密，如果采用辐照度标准定义敞水区与湖滨带的边界，则边界水深只有几厘米。在这种情况下，不再采用辐照度标准定义敞水区与湖滨带的边界，而是人为将水深为 0.5～1.5m 处作为敞水区与湖滨带的边界。另外，小型湖泊的湖滨带面积较大型湖泊大一些。

从水域功能方面分析，湖滨带不但能够支持茂密的生物群落，而且能够为一些生物提供避难所。相反，敞水区不具备这种功能。在湖滨带，环境条件能够阻止大型鱼类对幼虫和幼鱼的掠夺性摄食行为，蜻蜓幼虫及淡水虾等大型无脊椎动物也不易被鱼类摄食。另外，在湖滨带生长的固着生物为诸多无脊椎动物提供了食物来源。作为食植者，它们靠刮擦、啃咬附着在大型植物和土壤上的藻类为生。敞水区不具备这样的供食条件。一般来说，湖滨带的生物多样性高于敞水区，而且两个区域的关键物种也有所不同。

2．基于物质构成的垂直分区——水柱、淤积层和湖底层

湖泊基于物质构成的垂直分区包括三部分，即水柱、淤积层和湖底层，如图 1.1.5 所示。水柱包括湖滨带和敞水区的垂直水体。淤积层位于湖底。湖底层是指水体与淤积层的交界面，厚度为几厘米。广义上来说，整个湖底固体表面都属于湖底层。

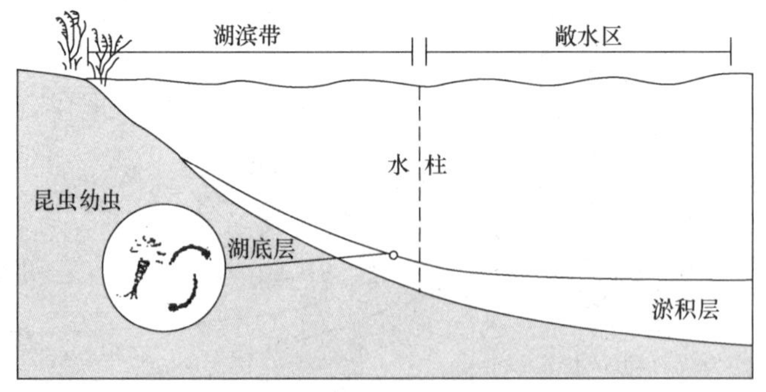

图 1.1.5　基于物质构成的垂直分区

敞水区的表层水体在风力驱动下形成水流并流向湖滨带，湖滨带被置换的水又流入敞水区。这样，水体的各种组分，包括溶解气体、溶解固体、悬浮固体颗粒及悬浮有机物，在敞水区与湖滨带之间持续地进行交换。泥沙沉积物由矿物质和有机物组成，这些物质大部分来源于湖泊流域，也有湖泊本身衍生出来的物质，包括排泄物颗粒、有机物碎屑、岩屑及生物骨骼碎片等。在湖滨带的浅水区，由风力驱动的水流扰动淤积的泥沙，其中细沙被水流挟带到敞水区沉积下来。一些具有避风湖湾或适宜地形的湖泊不受风力驱动水流的控制，在这种情况下泥沙不会被挟带到敞水区，而是分布在全部或大部分湖滨带。

如果湖底均温层是好氧的，则淤积层以上几厘米处的泥沙通常是好氧的，而以下几厘米处氧气衰减。好氧的淤积层能够支持藻类、原生动物、无脊椎动物和脊椎动物生存。如果湖底均温层是缺氧的，则整个淤积层都是缺氧的，只能支持厌氧细菌和微生物生存。厌氧细菌和微生物的新陈代谢率从淤积层上部到下部逐渐衰减。

在水体与淤积层之间有一层交界带，称为湖底层。虽然这层交界带很薄，但其生态特征非常重要。生活在淤积层表面或其表层大约 20cm 处的生物称为底栖生物群。好氧湖底层支持众多无脊椎动物，如蚊幼虫和其他昆虫幼虫生存。这些无脊椎动物埋在泥沙里，以躲避食肉动物的掠夺性摄食。有些鱼类，如鲶鱼能够在湖底层摄食埋在泥沙中的无脊椎动物，它们靠化学感应而非视觉发现目标。好氧湖底层还支持原生动物和细菌的新陈代谢。厌氧湖底层只能支持厌氧菌和少量原生动物生存。

3. 基于季节性的垂直分区——表水层、温跃层和均温层

温度分层是湖泊的一种重要现象。水温变化会影响水体密度。水温升高，水体密度降低，使温度较高的水体浮在湖面上；水温降低，水体密度升高，使温度较低的水体沉到湖底。所以说，湖泊的温度分层形成了水体密度分层，而水体密度分层会导致水体在垂直方向上的运动并促进热交换，这是温度分层的成因。水体在 4℃时密度最高，湖底的深水层通常是均温的，所以称为均温层。

不同纬度地区湖泊的温度分层特性各异。本节重点讨论温带地区湖泊的温度随季节变化的规律。一般来说，在气温较高的夏季，具备相应条件的湖泊会出现温度分层现象。影响温度分层的主要因素包括湖泊大小和深度、风力影响程度及太阳辐射强度变化。在温带地区，背风的小型湖泊深度超过 3m 就会出现温度分层现象，但是面积在 $20km^2$ 以上的湖泊深度至少为 20m 才会出现温度分层现象，后者主要易受风成流掺混作用的影响。湖泊开始出现温度分层现象的日期主要受气温影响，除此之外还要考虑湖泊面积与湖泊深度之比，这个比值可以代表风力影响程度及湖泊热交换能力。温度分层的稳定性受湖泊深度的影响较大，受湖泊面积的影响次之。湖泊深度越大，说明水体克服外界掺混惯性的能量越高，保持稳定温度分层的能力越强。另外，在面积相同的条件下，深水湖泊比浅水湖泊更容易维持温度分层的稳定性。进入秋季，射入水体的太阳辐射减少，夜间湖泊向大气散发的热量增加，表层水体因温度降低导致密度升高而下沉。表层水体与其下的水层密度梯度减小，加之风浪作用驱动水体翻转，最终温度分层结构消失，整个湖泊的垂直水体形成约 4℃的均温状态。随着气温持续下降，冬季湖面结冰，冰盖下面水温高于 0℃。到春季，冰雪融化和风浪掺混作用驱动水体翻转，使湖泊大体处于均温状态，直到表面水温升高到足以重新建立温度分层结构为止。

温度分层使湖泊形成了基于季节性的垂直分区，如图 1.1.6 所示，从上到下分别为表水层

（掺混层）、温跃层（变温层）和均温层（底水层）。水温的垂直变化直接影响湖泊的化学反应、氧气溶解和水生生物生长等一系列过程。

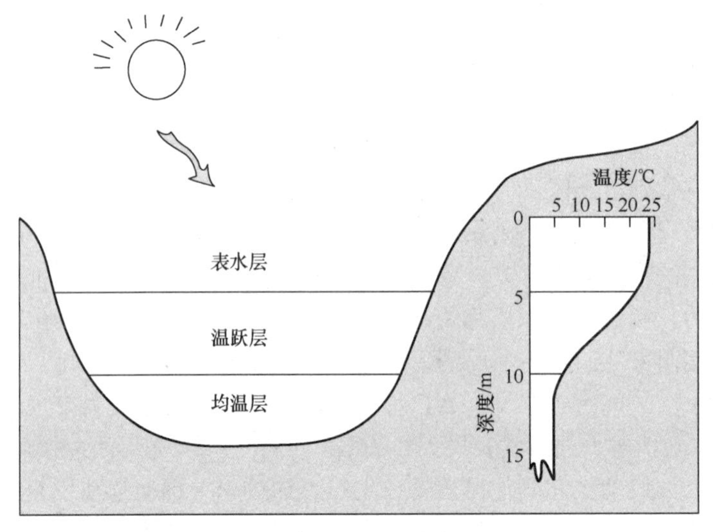

图 1.1.6　基于季节性的垂直分区

包含水–气交界面的垂直水体上层部分是湖泊的表水层，也称掺混层。在三种分区中，表水层温度最高、密度最低。表水层厚度取决于湖泊的大小。大型湖泊的风力能够有效地传递给水体形成风成流，风成流促进掺混过程，从而形成较厚的表水层。如果湖泊较大（面积>10km^2）且风力强，则表水层厚度可达 15～20m。具有湖湾或其他方式能够避风的湖泊，其表水层厚度仅为 2m 左右。一般来说，表水层的透光性良好，阳光能够穿透表水层支持光合作用。敞水区和湖滨带都有表水层。敞水区的表水层生长着浮游植物。浮游动物以浮游植物为食，有时为了躲避食肉动物的掠夺性摄食，浮游动物也会运动到表水层以下区域。其他小型无脊椎动物经常在白天迁徙到表水层以外的区域。湖泊表水层存在的温度梯度和密度梯度，在表水层与其下部温跃层之间能起到过渡、衔接作用。

温跃层是水温随水深变化很快的垂直水体中间部分，也称变温层。温跃层厚度在整个湖泊中变化幅度很大。温跃层的植物生长状况取决于水体透明度。如果湖泊是清澈的，则在温跃层浮游植物光合作用充分，能够生长和繁殖；如果湖泊水体透明度低，则在温跃层少有自养生物生长。需要指出的是，在敞水区温跃层生长的浮游植物与在湖滨带温跃层生长的浮游植物类型是不同的。

均温层位于湖泊垂直水体底部，也称底水层。与表水层相反，均温层与大气处于隔绝状态，受到的外界扰动最小，并且均温层内光线非常昏暗，不利于植物进行光合作用。由于均温层与大气隔绝，所以均温层在湖泊分层时期是典型缺氧区域，缺氧程度取决于均温层的厚度、温度和分层持续时间。对于湖泊的新陈代谢来说缺氧是一个十分严重的问题，原生动物、无脊椎动物、鱼类和藻类都不能在缺氧的水体中生存。

4. 基于辐照度的垂直分区——透光带和无光带

湖泊水体中植物的光合作用率取决于辐照度。在湖面附近，如果有营养物质投入，那里的光合作用率就会很高。随着水深增加，辐照度逐渐衰减，光合作用率也逐渐降低。在辐照度为湖面辐照度 1%的位置，光合作用率接近零。以此处为起点，超过这个深度，植物生物量积累将很困难，浮游植物或者死亡或者处于休眠状态。如果浮游植物处于表水层，则它们有可能被水流挟带到湖泊表层生存。

依据这个标准，可将垂直水体划分为透光带和无光带，如图 1.1.7 所示。在湖面和辐照度为湖面辐照度 1%的位置之间的水层称为透光带。透光带一般情况下处于表水层，在一些条件下也可以扩展到温跃层，但是很难扩展到均温层。透光带厚度取决于水体透明度。影响水体透明度的因素包括含有叶绿素、能够有效吸收光线的生物（如藻类），土壤中的溶解有机酸，以及非溶解悬浮物（如细沙和黏土）等。当悬浮的非生物物质和有色有机物随水流大量进入湖泊时，透光带会变得很薄。另外，当水华暴发时，会产生大量的叶绿素，从而引起水体透明度大幅下降。相反，当营养物质被浮游植物耗尽时，浮游植物就会衰落，使水体透明度提高。另外，如果浮游植物被浮游动物摄食，则水体透明度也会有所提高。透光带可以位于敞水区，也可以扩展到湖滨带。事实上，透光带厚度确定了湖滨带的外边界，该处的特征是有大型水生植物和固着生物生长，如图 1.1.4 所示。

无光带是指透光带以下到湖底的水体部分。在这个区域内光强不足以支持光合作用，但是呼吸作用在所有深度内都是可以进行的。在无光带主要进行的是细菌厌氧呼吸作用，这使无光带成为耗氧区域。那些透明度低的浅水湖泊常有无光带，由于藻类和悬浮物导致水体浊度较高，因此即便是在离岸线不远的浅水区域植物也不能生长。这种现象在我国许多富营养化浅水湖泊中经常出现。

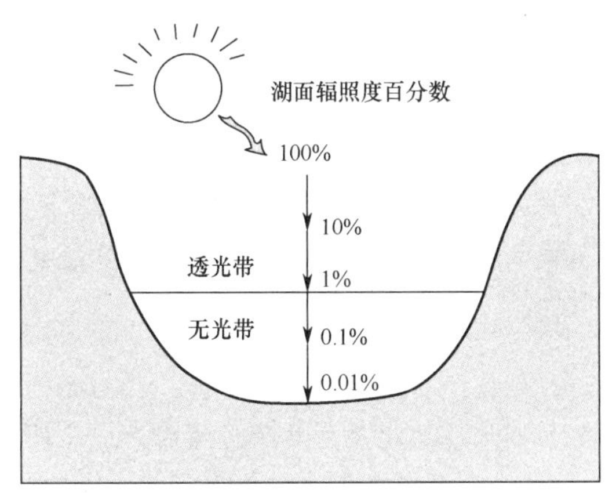

图 1.1.7 基于辐照度的垂直分区

1.1.4 湖泊的生物多样性

湖泊的三个分区，即湖滨带、敞水区和淤积层具有不同的生物群落。湖滨带处于水陆交错带的边缘，具有多样的栖息地条件，加之水深较浅，阳光透射强，能够支持茂密的生物群落，因此湖滨带生物物种数量相对较多。通常湖滨带水温相对较高，高水温进一步刺激了初级生产和物种多样性。湖滨带除生长着浮游植物以外，还生长着另外两种自养生物：大型水生植物和固着生物。作为初级生产者，这些生物产生了巨大的生物量。在食物网中，食植动物或牧食动物摄食大量的初级生产者。初级食肉动物，如浮游动物，以牧食较小的食植动物为生。高级食肉动物，如大中型鱼类、水禽和水生哺乳动物，以浮游动物为食，它们构成了食物网的顶层。实际上，湖滨带的巨大生产力还吸引了众多陆地物种和鸟类，如麋鹿、貘这样的食植动物及浣熊、水獭、苍鹰这样的食肉动物，到湖滨带寻找食物。

在敞水区生活的初级生产者是浮游植物，它们在开阔水面吸收水中的营养物质和阳光能量，进行光合作用。敞水区的初级生产者数量大，实际控制了整个湖泊生态系统的营养结构，为其他生物提供食物，还提供了大部分溶解氧。浮游动物是初级消费者，它们以浮游植物为食。浮游动物又成为食肉动物（如鱼类）的食物。一些捕食鸟类（如鱼鹰和鹰）也在敞水区捕鱼。

淤积层生活着大型无脊椎动物和小型无脊椎动物，如甲壳动物、昆虫幼卵、软体动物和穴居动物。湖底生物活动会搅乱淤积层上层，使富含有机物的表层厚度达 2～5cm。淤积层的生产力主要取决于泥沙中的有机物成分和物理结构。沙质基质中的有机物数量较少，并且沙质基质也不利于其他物种躲避鱼类捕食。因此，在各类基质中，沙质基质的生物多样性最低。岩石湖底生存着多种生物，那里的环境也成为不少物种的避难所。此外，岩质基质中储藏着大量有机物，可为一些无脊椎动物提供食物。淤泥基质可为底栖生物提供丰富的营养物质，但是这里生境条件单一，安全性较低。需要指出的是，湖泊中的死亡生物残骸都会沉到湖底，被细菌、真菌这类分解者分解后重新进入物质循环。

案例解析：太湖生态分析

太湖是在多种动力地质作用下形成的湖泊，大约在全新世中期，随着气候转暖、海平面上升，山区河流汇聚于太湖洼地，形成太湖雏形。之后其范围逐渐扩大，至宋元以后开始稳定至现今规模。太湖生态系统的演替有一定的自然背景，但是人类活动也起着十分重要的作用，表现为一种相互对应、相互作用的耦合关系。太湖生态系统退化的历史过程表明，太湖生态系统的退化是自然因素长期作用和人类活动强烈干预的结果。纵观太湖生态系统的演替历史，不合理的人类活动是造成太湖生态系统退化的主要原因。

1. 自然因素

太湖是典型的浅水湖泊，湖区地势平坦，径流缓慢，从而导致污染物在湖区的停留时间延长并在底泥中累积，这是加剧水质恶化最主要的自然因素。此外，太湖中吞吐流、风生流或混合流流速小，太湖水下 1.5m 处存在自西向东的流带，流速只有 5cm/s 左右。研究表明，逆时针环流主导型流场及较大流速更有利于污染物的输移扩散。亚热带湿润季风气候的雨热同期、降水季节分配不均，是加剧太湖地区湖泊环境问题的主要自然因素。夏季降水集中且强度大，容易引起洪涝灾害。夏季梅雨之后的副热带高压控制期间气温高、降水少，往往会造成湖泊底泥营养物质分解加快，水体严重缺氧，从而加剧太湖的富营养化。冬、春季节降水偏少，对入湖污水的稀释作用降低，导致枯水期太湖水体中 TN、TP 含量升高。

2. 人为因素

太湖流域人口稠密，城镇众多，经济发达，但污染控制相对滞后。伴随着太湖流域工业化、城市化水平的提高和人口数量的快速增长，大量工业废水、生活污水被排入太湖水体，使太湖的富营养化加剧。人类活动对太湖的影响主要体现在以下五个方面。

1）生产活动对太湖的影响

改革开放以来，太湖流域经济得到迅速发展，据有关研究，太湖流域的GDP与太湖的年均COD（化学需氧量）和TN、TP浓度变化趋势基本一致。随着工业的快速发展，工业污染物的排放量不断增加，从而使水环境的压力不断增加。在农业生产过程中，因为追求高产，所以化肥、农药的使用量不断增加。目前太湖流域的农田施用的氮肥只有30%～50%被植物吸收，其余的则随地表径流注入太湖，加剧了太湖的富营养化。

2）河流渠化、环湖大堤的修建等水利工程对太湖的影响

太湖混凝土环湖大堤的修建大大提高了洪水防御标准，但河流渠化、环湖大堤的修建也对太湖的生态环境造成了严重的影响，主要表现在两个方面。一方面，河流渠化将导致污染物在河网中的停留时间缩短，河流对污染物的自净能力未能得到充分发挥，从而使含大量污染物的废水直接通过河网排入太湖。河流渠化虽然提高了河流的泄流能力，但却导致入湖泥沙量增加。同时，由于某些污染物能够被泥沙吸附，因此河流渠化后通过泥沙输出的污染物量也有所增加。另一方面，环湖大堤的建设使河流两岸原有的生态缓冲带受到破坏，丧失了对农业生产过程中产生的营养物质及地表污染物的拦截和降解能力，降低了河流系统对污染物及营养物质的吸收和净化能力，加快了污染物的排出速度，增加了入湖河流的污染物浓度。

3）土地利用结构的变化对太湖的影响

太湖流域人口数量的不断增长、工业的迅猛发展和城市化进程的加快，直接造成了土地利用结构的变化，从而改变了太湖流域的产水、产污过程，以及径流和污染物的汇出过程。土地利用结构的变化主要体现在耕地比重的减小和建设用地的增加两个方面，尤其在最近20年的时间内，土地利用结构的变化最为明显。土地利用结构的变化将对水文下垫面产生直接影响，使流域径流系数增大，从而增加了污染物的输出量和输出速度。

4）高等水生植物的大量消亡对太湖的影响

在20世纪60年代以前，太湖流域曾是水体清澈、美丽富饶的鱼米之乡，湖区高等水生植物繁茂。自20世纪60年代开始，随着人类活动的加剧，高等水生植物开始衰退；到20世纪70年代，除在东太湖及局部岸边有少量挺水植物和漂浮植物分布以外，在其他湖区内高等水生植物几乎绝迹。高等水生植物的大量消亡，使太湖失去了高等水生植物与藻类的竞争和协调控制机制，导致了太湖生态系统稳定态的转移和太湖生态系统的原有结构被破坏，即由“草型”稳定态演替为“藻型”稳定态。与此相对应，浮游藻类大量增加，而浮游动物减少并伴有物种小型化，使太湖的富营养化加剧。

5）湖区大面积围网养殖对太湖的影响

太湖养殖的水产品多为青鱼、草鱼、鳊鱼等鱼类，为了达到高产、稳产的目标，在养殖期间需要投放大量饵料，残饵、鱼类排泄物及死亡鱼类的残体加重了太湖的污染。围网养殖对局部水域环境的影响主要表现在因投饵导致的营养物质增加、浮游藻类增多、表层沉积物污染加重，以及因鱼类捕食导致的水草和大型贝类减少等方面。围网直接降低了水体的流动性，正常的双层5号围网可以使水流速度降低27%～40%。围网养殖的主要污染物包括残饵、鱼

类排泄物等，受残饵、鱼类排泄物和鱼类活动等的影响，养殖区的悬移质增加，水体浊度上升、透明度下降，水体中氮、磷的增加与投饵量显著正相关。太湖水浅，底泥肥沃，水生植物发育良好，可以大量吸收湖水和底泥中的营养物质，起到净化湖水和防止富营养化的作用。但围网养殖几乎分割包围了整个湖面，限制了水草的生长和收获利用，太湖因此失去了一个强大的污染物输出途径。

任务 2 调查湖泊生态现状

案例导入：太湖生态现状

党的二十大报告倡导的人与自然和谐共生理念，促使湖泊生态调查从流域视角出发，突破以往的局限，将生物多样性状况、生态服务功能的发挥程度及人类活动对湖泊生态的影响等纳入详细调查范畴。

太湖流域的地形特点主要表现为周边高、中间低，西部高、东部低，整体呈碟状洼地地貌。太湖流域西部为山区，属于天目山及茅山山区；中间是平原河网和以太湖为中心的洼地及湖泊；北、东、南三边受长江和杭州湾泥沙堆积的影响，地势相对较高，形成碟边。从地貌来看，西部山区面积约占流域面积的 20%，中东部广大平原区占据了流域的大部分面积。山区高程一般为 200～500m，丘陵高程多为 12～32m；中间平原区高程一般在 5m 以下，沿江滨海高亢平原地面高程为 5.0～12.0m，太湖湖底平均高程约为 1.0m。

太湖是中国第三大淡水湖，水域面积为 2338.1km^2，水系呈由西向东泄泻之势，年吞吐量约为 53×10^8m^3，出入湖河流有 224 条，其中入湖河流有 70 多条，以苕溪、南溪及分散的港渎为主，出湖河流有 150 余条，以东太湖的太浦河与吴凇江为主。太湖湖岸线全长 393.2km，河港纵横，河口众多。

太湖流域的污染物主要来源于工业排放、农业面源污染和生活污水等。太湖流域内存在大量工业企业，部分企业在生产过程中会产生废水等污染物。农业生产过程中使用的化肥、农药等通过径流等方式进入太湖，会对水质造成污染。部分地区污水收集和处理设施不完善，导致生活污水被直接排入太湖或其支流。

根据以上信息，结合其他资料，完成太湖生态现状调查的任务。

（1）太湖及周边的地貌形态。

（2）太湖流域的水文要素。

（3）太湖流域的污染物。

微课视频

1.2.1 地貌形态调查

湖盆地貌形态是重要的生境要素，湖泊因岸坡和湖盆地貌形态变化而形成不同的水深。湖泊在不同深度有不同类型的生境，相应地生活着不同类型的生物群落。湖泊是一个三维系统，结构复杂，光线和温度自上而下发生变化，形成了多样化的结构。一般湖泊包括三个宽阔的区域，分别为湖滨带、敞水区和淤积层，每个区域都有其独特的生物群落。湖滨带是陆地和水域之间的过渡带，水深较浅，挺水植物和沉水植物在这里生长。敞水区是一片开阔水域，敞水区透光带中生长着浮游植物（悬浮藻类），在透光带以下，光线无法透过，光合作用微弱。淤积层位于湖底，包括沉积的泥沙和死亡腐烂的有机物。

湖泊地貌形态差别很大。无论何种类型的湖泊，其地貌形态特征都包括形状、面积、水下形态、深度及岸线的不规则程度，它们都会对湖水流动、湖泊分层、泥沙输移及湖滨带湿地规模产生重要影响。下面概要介绍重要的湖泊地貌形态参数及其对湖泊生态过程的影响。

1. 湖泊的面积和容积

微课视频

微课视频

湖泊地貌形态可以通过地形测量获得，也可以通过航空摄影获得清晰的湖泊岸线。等深线图是记录湖泊地貌形态的标准方法，可以使用测深索或船载回声探测仪逐点测量湖泊水深 Z。在测量湖泊水深时，配合使用全球定位系统（Global Positioning System，GPS），可准确确定测点坐标。利用水深数据可以制作等深线图，如图 1.2.1（a）所示。使用简单的半透明方格坐标纸或求积仪，以及采用计算机扫描方法，都可以获得湖泊的面积 A 和等深线图中不同等深线之间的面积。

湖泊的容积计算方法如图 1.2.1（b）所示。设 A_{12} 为等深线 Z_1 与 Z_2 之间的面积，则等深线 Z_1 与 Z_2 之间的容积 V_{12} 为

$$V_{12}=\frac{Z_2-Z_1}{2}A_{12}$$

湖泊的总容积 V 等于各深度处容积之和，即

$$V=\sum V_{ij}$$

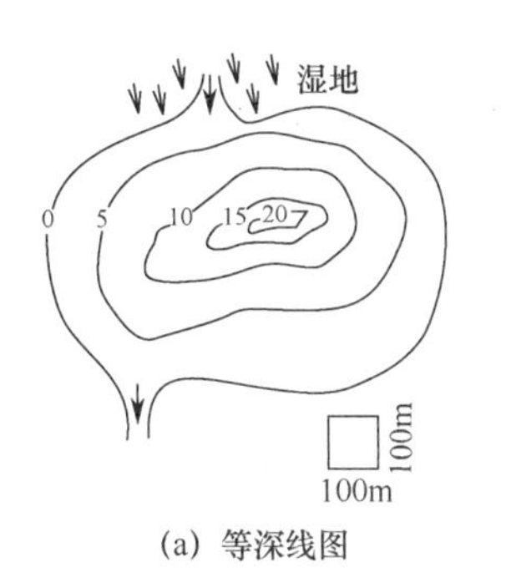

(a) 等深线图

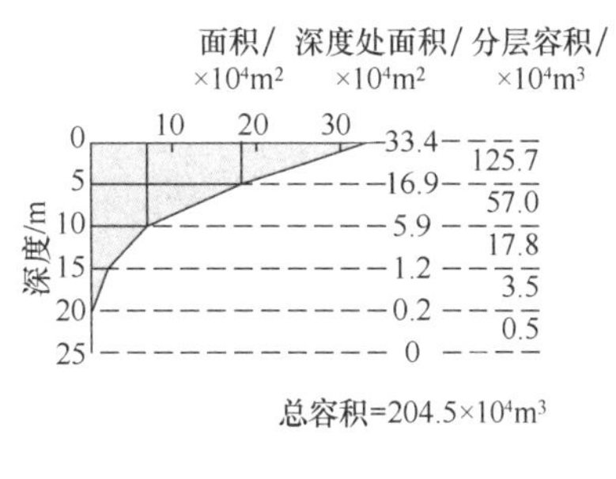

(b) 容积计算方法

图 1.2.1　湖泊的等深线图和容积计算方法

湖泊的面积决定了风所能扰动的距离，同时决定了表面波和内部波的高度。湖泊的面积和最大深度共同决定了湖泊水体是否分层。在分层湖泊中，湖泊的面积在很大程度上决定着湖泊上层水体的深度，继而影响浮游动物所需的光照环境。植物、鱼类及底栖动物的种类随着湖泊面积的增加而增加，同时食物链的长度也会增加。

风力所能到达并能引起扰动的距离称为吹程。吹程可以通过多种方法计算获得。可以直接用湖泊的最大长度（L'）作为吹程，也可以用湖泊的最大长度（L'）与宽度（W）按下式计算吹程：$(L'+W)/2$。吹程不仅是温跃层分布深度的指标，而且是不同粒径和密度的颗粒再悬浮的指标。

2. 湖泊的深度

湖泊平均水深 $\bar{Z}$ 是重要的湖泊地貌形态指标，它不仅是湖泊地貌形态的重要标志，而且会对生物过程产生重大影响。湖泊平均水深 $\bar{Z}$ 等于湖泊的总容积与面积之比，即

$$\bar{Z}=\frac{V}{A}$$

深水湖泊与浅水湖泊之间存在很大的区别，主要表现在二者的营养结构、动力学特征及对于当地营养负荷增加的敏感度等方面。二者最基本的区别：深水湖泊在夏季表现出温度分层特征，沿深度分别为表水层、温跃层和均温层；浅水湖泊的光照条件好，一般没有温度分层现象。水体的营养水平随水深增加而下降，作为初级生产者的藻类随着水深增加而减少，鱼类的捕获量也随着水深增加而减少。浅水湖泊的初级生产力强，适合藻类和大型植物生长，当营养负荷加大后，往往会出现富营养化现象。

水库是一种人工湖泊。除用于农业灌溉的中小型水库以外，还有位于河流上游的峡谷型大型水库，其往往属于深水水库。与自然湖泊相比，进入水库的泥沙负荷和营养负荷相对较大。大型水库的生物群落结构与自然湖泊也有所不同。因径流调节的需要，水库的水位变幅比自然湖泊大。在库岸的水位变动区，水生植物的生长受到很大的限制。由于水库地处峡谷狭长地带，因此水库建成后往往缺乏湖滨带，这就意味着水库岸边的浅水区面积小，水生生物生长条件较差。相反，自然湖泊的湖滨带相对宽阔。湖滨带是大型浮游动物及小型鱼类的避难所和产卵场。湖滨带的特征对整个湖泊生态系统都会产生影响。

3. 湖泊的岸线发育系数

湖泊的平面形状可以用岸线长度表示。具有相同面积的湖泊，如果岸线相对较长，则表示岸线的不规则程度较高，湖滨带面积较大。岸线的不规则程度通常可用岸线发育系数 D_L 表示，定义 D_L 为岸线长度与相同面积的圆形周长之比，即

$$D_L=\frac{L_b'}{2\sqrt{\pi A}}$$

式中，L_b' 为岸线长度；A 为湖泊的面积。

如果湖泊是圆形湖盆，则 D_L=1。火山湖形状较规则，其 D_L 稍大于 1。大多数湖泊的 D_L 为 1.5～2.5。一些山谷洪水形成的湖泊包含众多支流，并且具有树枝状岸线，其 D_L>3.5。例如，2000 年太湖实测面积为 2417km^2，岸线长度为 529km，计算出 $D_L\approx3.04$。D_L 较大的湖泊或水库具有较大的湖滨带面积，适宜鱼类、水禽生长的栖息地发育良好，生长大型植物的湿地面积也较大。同时，岸线的不规则程度也决定了可免受风扰动的湖湾数量和状况。湖湾内的水温、水化学特征和生物种类等与湖湾以外的区域略有不同。

4. 水下坡度

水下坡度 S 是指湖泊横断面边坡比，用度数或百分数表示，可按下式计算：

$$S=\frac{Z_{\max}}{\sqrt{\frac{A}{\pi}}}$$

式中，Z_{max} 为湖泊的最大水深；A 为湖泊的面积。例如，平原丘陵区的大中型浅水湖泊，其面积大，最大水深较小，水下坡度较小，说明湖泊横断面边坡较平缓。

水下坡度表示湖泊横断面边坡的陡峭或平缓程度，同时反映沿岸带的宽度。水下坡度会影响沉积物的稳定性与结构、波浪和水流对湖底作用的角度、底栖动物在沉积物上的丰度及分布、大型植物的生存发展机会，以及鱼类和水禽栖息地。

5．水力停留时间

自然流入湖泊的水蓄满整个湖泊所需要的时间称为水力停留时间，记为 T_s，可按下式计算：

$$T_s = \frac{\bar{V}}{Q_2}$$

式中，$\bar{V}$ 为多年平均水位下的湖泊容积；Q_2 为年平均出湖流量。

上式忽略了蒸发、与地下水互补和湖面降雨等因素。需要指出的是，水力停留时间的计算公式有多个，都属于估算公式。例如，有研究者提出用湖泊容积除以年平均入湖流量与年平均出湖流量之差计算水力停留时间，也有研究者提出用湖泊容积除以年平均入湖流量与湖面降雨之和计算水力停留时间。实际上，几种算法的结果相差很大，需要结合实测数据进行分析判定。水力停留时间由湖泊入流、出流状况及湖盆形状决定，是湖泊污染和营养动力学研究的重要参数。如果湖泊大且深，入流速度缓慢，水力停留时间就长；如果湖泊小而浅，水力停留时间就短。需要指出的是，营养物质的停留时间与水力停留时间不完全一致。冬季，氮和磷的停留时间与水力停留时间相差不多。春季，部分营养物质被湖泊内的藻类吸收留在湖泊内。秋、冬季，部分营养物质由植物分解流出湖泊，而另一些营养物质则随藻类永远沉积在湖底的底泥中。

1.2.2 水文要素调查

微课视频

水文要素是湖泊生态系统中的重要物理因子。由于水密度差异、重力作用和潮汐作用，湖泊中的水处于不断地运动变化的状态。湖面上的风将能量传递给湖泊水体，引起水体定向流动。湖泊水体的运动对湖泊的状态起着巨大的作用，它会重新分配水体，并产生促使水体动力混合的垂直和水平速度梯度。湖泊水体的运动使湖泊水体中的化学营养物质、悬浮物和生物体被搅动并发生扩散，对湖泊生态环境的变化起着重要的作用。

常观测的水文要素有水位、水深和湖流等。

具有相对稳定的流速、流向的湖水流动称为湖流。湖流水团在前进过程中既保持其原有的理化性质，又不断与周围湖水发生掺混而趋于均匀。湖流包括重力流和漂流。

重力流是由于水面倾斜产生重力水平分力而形成的湖流。重力流又分为吞吐流、补偿流、密度流。吞吐流是指出入湖泊的水引起水面局部升降导致水面倾斜，从而形成的湖流。补偿流是指当湖泊中发生增水或减水现象时，由于水的连续性而形成的湖流。密度流，一是指由于湖水水层温度不均匀造成的水密度差异而形成的湖流，二是指入湖河水的温度、溶解度、悬移质泥沙含量与湖水不同，与湖水混合后造成的水密度差异而形成的湖流。

漂流是由风对湖水表面的摩擦力及对同时产生的波浪背面的压力引起的湖水流动。湖流是一种非常复杂的物理现象。在自然湖泊中，很少看到单纯的某种湖流，通常为各种湖流的复合流动。

1. 水位

微课视频

水位是河流、湖泊或其他水体的水面相对于基面（计算水位的起点，现在全国统一用黄海平均海水水面作为起点）的高程。水位观测的允许偏差为 1cm。水文站连续水位自记的允许偏差为 3mm。

常用的水位观测仪器有自记水位计和水尺。自记水位计有浮筒式自记水位计（如 SW-40 型自记水位计）、电传式自记水位计（如 SY-2 型电传水位计）、超声波水位计（如 SB-II 型超声波水位计）和水压式自记水位计等几种。水尺有直立式水尺、矮桩式水尺和倾斜式水尺等几种，其中直立式水尺是最常用的类型。

水位由设立的水尺观读，水尺板上刻度起点与基面的垂直距离叫作水尺的零点高程。水尺的零点高程应预先测量出来。基面应根据当地水准点逐年进行水位测量以进行校核。重要的一点是，要在整个观测系列时期内保持同一基面。应把水尺零点设置在该水文站预期出现的最低水位以下，以免读数出现负值。

自记水位计要参照水尺进行校准。在自记纸上应注明水尺的水位及其观测日期与时间，在更换自记纸时还必须写上站名。

水位观测的次数：在一般情况下，水位观测为每日 1 次；汛期水位变化较大，水位观测增加至每日 2 次或 4 次。

水位升降的观测：风可使湖泊水位升高或降低，这取决于风速和风向。根据年风速、风向的频率分布，可观测不同频率风速下的水位升降，记录最大水位变化。在实测流速、流向时也需要同时观测水位。

2. 水深

微课视频

测量水深一般要根据情况选用合适的测深设备。一般的测深设备有测深杆、测深锤、回声测深仪等。各种测深设备的测深范围和允许误差如表 1.2.1 所示。

表 1.2.1　各种测深设备的测深范围和允许误差

测深范围 *D*/m	测深设备	允许误差 *S*
0～4	测深杆	0.1m
<10	回声测深仪、测深锤（V<1m/s）	0.15m
10～20	回声测深仪、测深锤（V<0.5m/s）	0.20m
>20	回声测深仪、测深锤（V→0）	水深的 1%～2%

根据湖泊的具体情况确定测线为一条或多条，测线上的测点数目根据湖泊的宽窄情况具体分析后确定。需要沿湖轴线设定一条测线。测点位置的确定使用 GPS 完成。

测深最好在水位平稳时进行，否则应记录每条垂线测深时的水位。

3. 湖流

微课视频

微课视频

过水断面上流速的分布是不均匀的，用流速仪只能测得某点的流速，为了掌握过水断面上的流速分布情况，要合理地安排测速垂线和测点。

测速垂线布设：根据湖泊地貌形态、水下地形、底坡等确定测速垂线的位置和密度。测速垂线一般应垂直于流线布设，或者大致垂直于风向布设，或者以入流、出流口为圆心布设成扇形。

测速垂线上测点的分布：一般采用五点法（0.0H、0.2H、0.6H、0.8H和1.0H）或三点法（0.2H、0.6H和0.8H），其中H为最大水深。在分层湖泊中，上层（混合层）至少应有3个测点。测速垂线上测点的间距应不小于流速仪旋桨或旋杯的直径，湖底测点距湖底应不小于2～5cm。

流速测量：通常通过对某个短时段内流速仪的转数进行计数来测量测点的流速。湖水流动通常很缓慢，因此要求流速仪有较高的灵敏度。常用的两种转子流速仪是垂直轴的旋杯式流速仪和水平轴的旋桨式流速仪。

流速仪在使用前必须进行率定。流速仪的率定包括所需测量的流速变化范围的确定。通常用每秒的转数来表示流速与转速之间的关系。对于单个率定的流速仪，应提供该流速仪的率定表或率定曲线和计算公式。按照常规的要求，流速仪在3年以后或经300h使用以后，均应再进行率定。

在用流速仪测量测速垂线上一点或多点的流速时，计数流速仪转数的测速历时不得少于60s。如果已知流速受周期性脉动的影响，则测速历时至少需要3min。当用流速仪在船上测量流速时，应使流速仪不受船所引起的水流扰动的影响。

在不适宜用流速仪测量流速时，可使用浮标法。浮标可以采用水面浮标或浮杆。水面浮标是浸没深度小于1/4水深的浮标。在有风的影响时，不应采用水面浮标。浮杆是浸没深度大于1/4水深的浮标。浮杆不应接触泥底。必须把浮标均匀地投放在横断面上，浮标数目至少为15～20个。

计算测速垂线上的垂线平均流速V_{m}可采用如下公式：

$$V_{\mathrm{m}}=\frac{1}{10}(V_{0.0}+3V_{0.2}+3V_{0.6}+2V_{0.8}+V_{1.0})\quad（五点法）$$

$$V_{\mathrm{m}}=\frac{1}{3}(V_{0.0}+V_{0.6}+V_{0.8})\quad（三点法）$$

式中，$V_{0.0}$、$V_{0.2}$、$V_{0.6}$、$V_{0.8}$、$V_{1.0}$是测速垂线上各测点的流速。

1.2.3 污染物调查

湖泊富营养化原因的诊断分析是制订富营养化控制方案的基础性工作，其工作步骤如下：首先，开展流域内社会经济、土地利用调查，重点查明流域内不同类型的污染源分布和主要污染物；其次，计算不同类型污染物排放量；再次，根据下垫面数据及污染物入湖路径模拟计算产汇流及污染物入湖量，并考虑污染物沿河变化，计算污染物入湖量；最后，根据以上结果，分析流域内各类污染源的贡献率。

1．污染源调查

微课视频

污染源调查包括：①点源污染调查（包括城镇工业废水污染状况调查、城镇生活源污染状况调查及规模化养殖污染状况调查等）；②面源污染调查（包括农村生活垃圾和生活污水状况调查、种植业污染状况调查、畜禽养殖污染状况调查、水产养殖污染状况调查、水土流失污染状况调查、湖面干湿沉降污染负荷调查及旅游污染、城镇径流等其他面源污染负荷调查）；③内源污染调查（包括沉积物、藻类、水生植物、水生动物、湖内养殖、旅游业与船舶等调查项目）。污染源调查项目和调查内容如表 1.2.2 所示。根据历年点源污染和面源污染调查结果、历年污染负荷统计、历年入湖河流水质参数统计、历年水污染控制及治污成效统计，分析湖泊水环境变化趋势。

表 1.2.2　污染源调查项目和调查内容

分类	调查项目	调查内容
点源污染调查	工业废水、生活污水	排放方式、处理现状、悬浮物、COD、TP、TN、pH、溶解氧、五日生化需氧量（BOD_5）
面源污染调查	城镇地表径流	污水和污染物排放量及评价
	农村生活污水	农村生活污水的排放量、水质状况、处理措施与效果
	种植业	种植规模、作物类型、化肥用量、处理现状
	养殖业	养殖规模及方式、粪便处理方式
	水土流失	侵蚀类型、面积、程度，以及自然因素与人为因素
	旅游污染	固体废弃物、废水、噪声、空气污染物等的种类、来源、分布
	干湿沉降	沉降量
内源污染调查	沉积物	TP、TN、有机质、pH、氧化还原电位
	藻类	类型、生物量、Chl-a、水生植物覆盖率
	水生植物	类型、生物量、覆盖率、衰亡规律
	水生动物	类型、生物量、死亡规律
	湖内养殖	养殖类型与规模、投饵情况
	旅游业与船舶	旅游业规模、船内污染物收集及处理措施

2. 不同类型污染物排放量计算

微课视频

1）点源污染

针对工业污染源，先利用实测法或估算法计算出工业废水排放总量，再利用实测法、物料平衡法或单位负荷法计算出工业废水中不同类型污染物的排放量。对于城镇生活污水，先参考《第一次全国污染源普查　城镇生活源产排污系数手册》，查出湖泊流域所涉及行政区的人均产污系数，再乘以实际人口数，即可得到排放量。

2）面源污染

农田径流：由平均施肥量折算纯氮、纯磷施用量，参考国内外污染物排放计算参数，取 N、P 和 COD 污染物流失量系数。其中，COD 污染物流失量系数参考值取 25kg/(亩·a)（1 亩=666.67m^2）。

城市径流：①浓度法，根据地表径流水量水质同步监测数据，计算污染负荷；②统计法，通过分析大量实测数据，用统计法直接建立污染负荷与影响因子的相关关系；③模拟法，对污染过程进行数值模拟。

农村生活污水：参考《第一次全国污染源普查　城镇生活源产排污系数手册》，查出湖泊流域所涉及行政区的农村居民人均污水产生量及人均 COD、TN、TP 排放系数，计算出村落污水总排放量及村落 COD、TN、TP 排放量。综合日本、荷兰及国内若干研究结果，有学者建议农村居民排放系数参考值取 TN 为 0.99kg/(人·a)，TP 为 0.2kg/(人·a)，COD_{Cr} 为 23kg/(人·a)。

畜禽养殖：根据生态环境部提供的排泄系数计算。

旅游污染：在调查旅游设施及其类型的基础上，计算年污水产生量、年污水处理量及年污水直接排放量。

微课视频

3．流域污染物入湖路径分析及入湖量计算

湖泊流域产生的污染物进入湖泊有两种方式。一种是直接入湖，包括通过排污口直接向湖泊排放、附近村落直接排放、降雨过程中周围农田及养殖场地表径流汇入、岸边废弃物、投饵、湖区降水和降尘等。另一种是间接入湖，包括两种形式，一是流域产生的污染物经地表径流先后汇入支流、干流，最后入湖；二是污染物先通过地表渗入地下水，再通过地下水层入湖。

根据下垫面数据及污染物入湖路径模拟计算产汇流及污染物入河量，并考虑污染物沿河变化，计算污染物入湖量。

入湖污染负荷除包括地表或地下径流入湖污染负荷以外，还包括湖面降水入湖污染负荷和湖面降尘入湖污染负荷。其中，地表或地下径流入湖污染负荷 W_1 的计算公式为

$$W_1 = \sum_{i=1}^{n} \frac{Q_i C}{1000}$$

式中，Q_i 为入湖年径流量；C 为地表或地下径流污染物平均浓度；n 为入湖河流条数。

湖面降水入湖污染负荷 W_2 的计算公式为

$$W_2 = P \cdot C \cdot A$$

式中，P 为年降水量；C 为降水中污染物浓度；A 为湖泊的面积。

湖面降尘入湖污染负荷 W_3 的计算公式为

$$W_3 = \frac{1}{n} A \sum_{i=1}^{n} \frac{L_i}{A_i} C_i$$

式中，n 为采样器个数；L_i 为第 i 个采样器采集到的年降尘量；A_i 为第 i 个采样器的底面积；C_i 为第 i 个采样器降尘中污染物含量；A 为湖泊的面积。

4．流域内各类污染源的贡献率分析

为了分析入湖主要污染物来源，需要具体分析各类污染源对主要污染指标的贡献率，主要污染指标包括 COD_{Cr}、TN、TP。各类污染源的贡献率数据记录表如表 1.2.3 所示。在分析各类污染源贡献率的基础上，确定主要污染源，进而明确控制排放和综合治理的主要目标。

表 1.2.3　各类污染源的贡献率数据记录表

污染源	COD_{Cr}		TN		TP	
	排放量/t	比重/%	排放量/t	比重/%	排放量/t	比重/%
工业废水						
生活污水						
农业面源						
水产养殖						
其他						

案例解析：太湖生态现状

1．地貌形态调查

太湖平面形态呈心形，西南部湖岸平滑呈弧形；东北部湖岸曲折，多湖湾与岬角。太湖南北最大长度为68km，东西平均宽度为35.7km，岸线全长为393.2km。在正常水位条件下，太湖水域面积为2340km^2，水深为1.5～2.5m的面积近1700km^2，约占全湖面积的72.6%，平均深度为1.89m，最大深度为2.6m，是一个典型的浅碟形湖泊。

太湖流域大部分地区被巨厚的第四纪松散层覆盖，基岩出露面积很少，但地层齐全，最老地层为前震旦系，最新地层为上第三系上新统。30m以上土体具有多层结构类型，自上而下分布有6层，主要有：①表土层，由冲积、湖积、海积而成的黄褐色亚黏土、亚砂土组成，厚7～15m；②第一软土层，由海积、湖积形成的黑色淤泥质亚黏土、淤泥质黏土、淤泥质亚砂土组成，厚3～10m；③第一硬土层，由陆相、海陆过渡相沉积而成的灰绿色、褐黄色亚黏土、黏土等组成，厚5～10m；④第二层软土层，由海积层淤泥质亚黏土（黏土）及一般黏土组成，厚 10～20m；⑤第二硬土层，由冲积、湖积而成的暗绿色、褐黄色黏土、亚黏土等组成，厚5～10m；⑥非黏土～沙层，为冲积、海积而成的粉细砂层，厚3～20m。

2．水文要素调查

湖泊总蓄水量为4.43×10^9m^3，多年平均入湖径流量为5.74×10^9m^3，蒸发量约为2.2×10^9m^3，湖水更替周期为300d。太湖湖区年平均气温为15.5～16.5℃。一般年份，湖湾和岛屿背风岸可见2cm厚的薄冰。如遇到大寒之年，可出现全湖结冰现象，冰层厚度可达15cm左右。近650年来，全湖冰封共10次。太湖湖区平均年降水量在1100mm左右，其中75%～78%集中在4—10月，5月、6月进入汛期，冬季（12月至次年2月）降水量为110～210mm。太湖湖区平均年蒸发量在1400mm以上，总体来看，北部大于南部，内陆大于沿海，平原大于山区。太湖及其以北和以西地区为全流域蒸发高值区，其中东山、常州和溧阳平均年蒸发量都超过1500mm。太湖湖区平均年日照时间为1870～2225h，总体来看，东北部长、西南部短。

太湖湖区西南为江苏省宜溧山地和浙江天目山地。湖区内除在苏州、无锡、宜兴附近有少数海拔为200～300m的低山丘陵地外，其他地区均为平原区，地面高程为2.5～3.5m。与湖体相通的河（港）达224条，分为入湖、出湖两大系统，主要水系特征如下。

（1）苕溪水系：发源于浙西的天目山南北麓，分为东苕溪和西苕溪两支，是太湖的主要补给水源，约占总入湖水量的70%，两溪在湖州汇合后由小梅口、新港口、大钱口等注入太湖。

（2）南溪水系：发源于宜溧山地和茅山丘陵地区，主流由东坝以下的南河、宜溧河、北溪组成，经西氿、团氿、东氿，于太浦口注入太湖。

（3）洮滆水系：发源于江苏茅山山脉，汇合镇江、丹阳、金坛一带丘陵岗坡径流，经洮滆湖调蓄后由宜兴百渎港、直湖港等入太湖。

（4）合溪水系：发源于苏、浙、皖交界的界岭山地，汇合界岭南坡各路山水，由夹浦港等注入太湖。

（5）黄浦江水系：是太湖径流的主要出路，主要通过东太湖进入太浦河，经黄浦江入海，占总出湖水量的60%～70%。

3. 污染物调查

1）水质调查

据水利部太湖流域管理局发布的水资源资料通报，2019年1月太湖全湖平均水质类别为Ⅴ类，营养状态为中度富营养。水质分9个湖区，按代表面积评价：Ⅰ类占11.7%、Ⅱ类占29.9%、Ⅴ类占13.9%、劣Ⅴ类占44.5%。太湖24.0%的水域营养状态为轻度富营养，76.0%的水域营养状态为中度富营养。与2018年同期相比，太湖水质类别持平，主要水质指标中COD_{Mn}、TP浓度和Chl-a浓度有所下降，TN浓度有所上升，氨氮浓度持平。与2018年年底相比，全湖平均水质变差一个类别，轻度富营养面积有所减小，中度富营养面积有所增大。

2）工业和生活污染

太湖流域的工业主要集中在苏州、无锡和常州等地区，由于政府实施了太湖流域工业废水达标排放政策，因此虽然工业总产值不断增加，但是工业废水排放量并没有随工业生产规模的大幅度扩大而增加。另外，随着太湖流域的经济发展和人民生活水平的提高，生活污水排放量大幅度增加，其排放主要有以下三种途径：①对于部分生活污水，按有关要求设三级化粪池，经过初步处理后的污水被直接排向水环境或通过土壤渗漏；②大多数生活污水经过一级或二级化粪池处理后向土壤渗漏；③少数农户采取传统的方式，室外用厕，将粪尿用作有机肥。根据生活污水排放量中不同污染源的贡献变化可以看出，在入湖污染物的构成中，工业废水排放的污染物比例在下降，农业生产造成的污染、农村面源污染及湖区围网养殖对太湖的影响增大，这是造成太湖主要污染物浓度增加的主要原因。

3）种植业产生的污染

太湖流域是我国最早的农业开发区之一，区内人口密集，经济发达，土地利用集约，农业投入产出水平居全国前列。自20世纪70年代以来，化肥用量的持续增加不仅使化肥的边际效应不断下降，造成了资源的浪费，还对区域环境质量造成严重威胁。同时，这也是造成氮大量流失的原因，是导致水体富营养化的重要因素。目前太湖地区稻–麦（油）轮作系统的平均施氮量已经超过$500kg/hm^2$，部分经济作物的施氮量甚至超过$800kg/hm^2$，远超过氮肥的合理施用量。

4）畜禽养殖业产生的污染

太湖流域人口密度高，城市化水平高，人们对畜禽肉蛋的需求量大，因此规模化的畜禽养殖场在远郊和近郊地区应运而生。大规模的畜禽养殖对周围水环境产生了较大的负面影响。首先，畜禽粪尿的直接流失会导致水体污染。其次，畜禽粪尿与化肥相比，养分含量低而运输成本高，且施用比较费工，因此，大量的畜禽粪尿往往主要集中施在畜禽养殖场附近数量有限的农田中，这使得大量养分得不到充分利用，在一定条件下有很大一部分养分从农田流失到水体中。事实上，在许多畜禽养殖业发达的地区，畜禽粪尿带来的面源污染问题比化肥更严重，是主要的面源污染源。

5）内源污染

太湖的内源污染主要包括太湖底泥中富含的营养物质的释放和围网养鱼产生的污染，尤其太湖底泥是导致水体富营养化的主要潜在污染源。在现有条件下，即使将外源污染源全部控制，仅湖内底泥的再悬浮、溶出也有可能引起水华的暴发。湖内围网养鱼投入的大量饵料是太湖营养物质的重要来源。人工投入的营养物质，除一部分被鱼类消耗以外，大部分氮、磷滞留在水体中，加速了水体的富营养化进程。

任务 3 修复湖泊生态系统

微课视频

案例导入：太湖生态治理

党的二十大报告倡导的人与自然和谐共生理念，激励人们研发与应用创新技术以改善湖泊水质，重视湖泊生物多样性的修复与重建，恢复水生生物群落的稳定结构，综合运用水利工程调控，全面应对湖泊面临的富营养化、萎缩干涸、生态功能退化等问题。

太湖水环境治理的关键是减少外源污染。太湖水环境问题在水中，但根源在岸上。一方面，要着力增加现代服务业和战略性新兴产业的比重，积极改造和提升传统产业，推动发展模式从以要素投入为主向创新驱动发展转变；另一方面，要全力提高生活、工业企业及农业面源治污减污水平，实施控源治污的措施，有效扼制入湖污染持续大幅增长的势头。

蓝藻堆积死亡后与污染底泥混合，经过厌氧发酵导致湖泛，这是引发无锡供水危机的主要原因。蓝藻打捞既可以避免蓝藻堆积死亡引发湖泛，又可以一并将蓄积在蓝藻体内的氮、磷等营养物质捞出湖体，一举多得。太湖蓝藻打捞形成了机械化打捞、工厂化分离脱水、资源化利用的成套关键技术体系，打捞上来的蓝藻实现了生产有机肥、制沼气发电、提炼藻蓝素和蓝藻氨基酸粉等多种用途，提升了蓝藻治理水平。

为了改善太湖水体质量，促进湖区水体交换，增加水环境容量，保障水源地水质，太湖流域管理人员在总结多年引江济太实践经验的基础上，持续开展调水引流工作。利用望虞河从长江引水补充太湖，并利用梅梁湖泵站将梅梁湖的劣质水抽出太湖，形成先从望虞河到贡湖，再分别进入梅梁湖和东太湖的两个流场，持续改善湖区的水体质量。

根据以上信息，结合其他资料，完成太湖生态治理的任务。

（1）指出太湖生态治理采用了哪些方法。

（2）指出这些方法中哪些属于物理方法，哪些属于生物方法。

（3）指出这些方法的使用目的是什么。

1.3.1 物理方法

1. 截污控污

截污控污是指对进入相关水域的污染物进行控制以减轻水体的污染负荷，这是在生态修复前期阶段采用的方法。对于湖水中营养物质浓度较高的富营养化湖泊，即使能完全截除外源污染，湖水中的营养物质依然存在，而实际上降水、地表径流等导致的外源污染也不可能完全被截除。在杭州西湖和南京玄武湖所进行的围隔模拟截污试验表明，截污后水体中的Chl-a浓度不但未见明显下降反而有所上升。对于富营养化严重的湖泊，单纯依靠截污难以有效控制富营养化与水体中的藻类暴发。因此，还需要进一步采取措施消除内源性污染。

2．底泥疏浚

污染底泥是水体污染的潜在内源污染源，在水环境发生变化时，底泥中的营养物质会重新释放出来进入水体。对于宽浅型湖泊，底泥更是不可忽视的重要污染源。因此，底泥疏浚是在水域污染治理过程中普遍采用的方法之一。底泥是水生态系统中物质交换和能流循环的中枢，也是水域营养物质的储积库。在水环境发生变化时，底泥中的营养物质和污染物会通过泥水界面向上覆水体扩散。尤其是城市湖泊和河道，长期以来累积在沉积物中的氮、磷和污染物量往往很大，在存在外来污染源时，这些物质只在某个季节或时期对水环境产生影响，在将外来污染源全部切断后，这些物质会被逐渐释放出来对水环境产生影响，包括增加上覆水体中的污染物含量和因表层底泥中有机物的好氧生物降解及厌氧消化产生的还原物质消耗水体中的溶解氧等，并且会在很长一段时间内维持对水环境的影响。因此，一般而言，疏浚污染底泥意味着将污染物从水域系统中清除出去，可以较大程度地削减底泥对水体污染的贡献率，从而起到改善水环境质量的作用。

底泥疏浚技术属于物理法分类技术。外移内源污染物是底泥疏浚技术的主要内容。就底泥疏浚技术现状来看，主要包括工程疏浚技术、环保疏浚技术和生态疏浚技术等。就技术的成熟度和采用率而言，以工程疏浚技术居首，环保疏浚技术是近年开发并且已进入大规模采用阶段的成熟技术，生态疏浚技术是近期提出并且正在局部实施的新技术。

从实施底泥疏浚技术对水环境质量的改善效果来看，工程疏浚技术以往主要用于以疏通航道、增加库容等为目的的疏浚，长期的实践证明其效果欠佳。环保疏浚技术是以清除水域中的污染底泥、减少底泥中的污染物向水体释放为目的的技术，其效果明显优于工程疏浚技术。环保疏浚技术的特点是有较高的施工精度，能相对合理地控制疏浚深度，以及能较大幅度地减少疏浚过程中的污染。生态疏浚技术是以生态修复为目的的技术，将工程、环境、生态相结合来解决河湖可持续发展问题。生态疏浚技术的特点是以较小的工程量最大限度地清除底泥中的污染物，同时为后续生物技术的介入创造生态条件。

底泥疏浚技术运用声呐探测等先进手段精准定位底泥污染范围、厚度与污染物种类，如确定湖泊中氮、磷等污染物富集区域。操作时选用环保型绞吸式挖泥船等专业设备，其独特的铰刀头可减少对周围底泥的扰动，排泥管可确保底泥安全、高效输送。疏浚后底泥处理方式多样，对于含营养物质的底泥，可脱水后资源化利用，如用于周边土地改良；对于含重金属等有害物质的底泥，可进行安全填埋等无害化处理。太湖流域曾应用底泥疏浚技术清除了大量富营养底泥，降低了内源污染风险，在减少氮、磷等污染物释放和改善水质的同时，注重保护底栖生物与水生植物生态，促进了生态系统的恢复与重建，为水体治理与生态修复提供了有效且环保的解决方案，是现代水环境治理领域一项关键且综合性的技术手段。

底泥疏浚适用于底泥污染程度较高的悬浮层淤泥，针对性较强。但是底泥疏浚工程费用较高，对疏浚的底泥需要进行进一步处理，也需要资金投入，并且施工过程中易产生噪声及其他有毒有害气体。此外，由于底泥疏浚过程挖走了污染层和部分过渡层的沉积物，而大部分沉水植物的根系是扎在过渡层中的，因此若疏浚深度控制不当，则会导致在疏浚的同时将大量的植物根系挖走，这会破坏原有的生态系统，引起不良生态反应，从而使水质恶化。

3. 底泥覆盖

底泥覆盖是指采用相关材料（塑料薄膜或颗粒材料，如粉煤灰）对底泥进行隔绝，以防止沉积物水界面的营养物质释放及底泥中的营养物质进入水体从而增加水体营养负荷。试验表明，底泥覆盖能有效防止底泥中的PCBs（多氯联苯）、PAHs（多环芳烃）及重金属进入水体从而造成二次污染，对水质有明显的改善作用。但是底泥覆盖对生态系统的破坏作用可能高于它对营养物质释放的抑制作用，也不能解决湖底表层新富营养层释放源的迅速形成问题，并不能从根本上降低水体中的营养物质浓度，一般只作为生态修复工程的辅助方法。在太湖 $200m^2$ 围隔区内的试验表明，底泥覆盖既不能控制浮游植物的生长和繁殖，也不能减少浮游植物生物量。

4. 人工增氧

微课视频

人工增氧是在治理污染湖泊和河道时常采用的方法之一。污染严重的湖泊和河道由于耗氧量远高于水体的自然复氧量，因此溶解氧浓度普遍较低，甚至处于严重缺氧状态，此时湖泊和河道的水质严重恶化，水体自净能力低下，水生态系统遭到破坏。人工增氧的目的通常有三个：①在不改变水体分层的状态下提高溶解氧浓度；②改善冷水鱼类的生长环境，确保其正常生存；③改底泥界面厌氧环境为好氧环境，降低内源性磷的污染负荷。其他附带目的或效果包括降低氨氮、铁、锰等离子性物质的浓度等。这种方法往往适用于小型水体，据有关文献，荷兰、英国等国家曾将该方法应用于小型湖泊、水库，取得了较好的效果。对于大型湖泊，这种方法因受到经济技术条件的限制而难以奏效。人工增氧能较大幅度地提高水体中的溶解氧浓度，增强水体的自净能力。人工增氧能加快水体中的溶解氧与臭污物质发生氧化还原反应的速度，提高水体中好氧微生物的活性，促进有机污染物的降解，这些作用对于消除水体中的臭污物质具有较好的效果。通过人工增氧控制藻类水华如图 1.3.1 所示。

图 1.3.1 通过人工增氧控制藻类水华

人工增氧一般有以下两种作用：①加快对污染湖泊和河道进行治理的进程；②作为已完

成治理的湖泊和河道的应急管理措施。人工增氧技术属于物理法分类技术，可以促进对有机污染物的降解。

微课视频

5．生态调水

生态调水是指通过水利设施（闸门、泵站等）的调控引入污染水域上游或附近的清洁水源冲刷稀释污染水域，以改善水环境质量。从 20 世纪 80 年代开始，杭州西湖就从钱塘江引入清洁水以控制西湖富营养化。试验表明，冬季引水的直接效果明显好于夏季；夏季引水虽使湖水中的营养物质浓度有所下降，但对透明度等水质指标的改善无显著作用。在美国摩西湖的试验也表明，引水并不能从根本上减少浮游植物生物量，消除富营养化隐患。一般生态调水只在小规模的景观水域使用。

生态调水的实际作用主要体现在两个方面：一方面，将大量污染物在较短时间内输送到下游，减少原区域水体中污染物的总量，以降低污染物浓度；另一方面，调水时改善了水动力的条件，使水体的复氧量增加，有利于提高水体的自净能力。

生态调水技术属于物理法分类技术。通过稀释作用降低营养物质浓度，改善水质，是生态调水技术的主要内容。然而，因为生态调水技术的物理方法是将污染物转移而非降解，会对流域的下游造成污染，所以在实施生态调水前应进行理论计算和分析，确保调水效果和承纳污染的流域下游水体有足够大的环境容量。在有条件的地方，可将磷、氮浓度低的水注入湖泊，起到稀释湖水的作用。通过稀释，湖水中的营养物质浓度降低，减少了藻类生长所需的营养物质供给，从而使蓝藻、绿藻的生长受到限制。生态调水对控制水华现象、提高水体透明度有一定作用，但一般还需要结合其他治理方法并行实施。

6．黏土除藻

黏土除藻技术源于絮凝原理。在海洋赤潮暴发时，黏土除藻技术曾被作为一种应急技术来使用，并取得了一定的效果，但直接将黏土应用于淡水除藻却并不成功。针对目前黏土除藻技术黏土使用量大的缺点，以及淡水中离子强度低，不利于黏土絮凝藻细胞的特点，有学者发现用天然生物高分子阳离子聚电解质——壳聚糖对黏土进行包覆改性，可大幅度提高黏土的除藻效率，减少黏土的使用量。高效黏土除藻技术不是通过传统的静电吸附机理，而是通过一种架桥网捕作用，就像蜘蛛网一样，将藻细胞黏网后共同沉入水底的。

已经有研究对淡水中的 26 种黏土除藻技术的科学机理与系统分类、黏土的架桥网捕改性技术和各种影响因素及规律进行了深入的研究。目前已经有多种改性剂被开发出来并被深入研究。例如，采用黏土矿复合聚合氯化铝（PAC），与单加 PAC 相比，黏土矿的加入可显著提高絮体的密实度，使沉淀后的活藻絮体在微扰动下不再漂浮上升，并且能大大减小沉淀后底泥的体积，还可降低剩余浊度及出水中藻类和铝的浓度。

黏土除藻是目前韩国的海湾和湖泊中使用的主要除藻方法。黏土因来源充足，并且具有天然无毒、使用方便、耗资少等特点，曾一度受到欢迎。有专家在国际权威科学期刊《自然》上撰文指出，黏土除藻可能是治理水华最有发展前途的方法。在相关文献中也能找到这种方法在日本、美国、韩国、澳大利亚等国家应用的实例。但是黏土除藻技术本身不能防止藻类的再次泛起和对底泥的二次污染，这是导致该技术在淡水湖泊中难以被广泛使用的关键因素。

7. 明矾浆除藻

采用改性明矾浆应急除藻主要基于下列因素：首先，该物质颗粒细，比表面积大，范德华力作用范围广，吸附力强，扩散速度快，能覆盖整个水面并沉降；其次，明矾浆水解可电离生成 Al^{3+}，其与水中颗粒态磷及有机颗粒物的电荷相反，易发生混凝作用，因此对水体中的磷和浮游藻类有特殊的去除效果。

以宁波月湖为例，在实验室和小水体多次模拟试验的基础上，研究者通过对改性明矾浆进行机械喷洒实现了应急除藻。2000 年 8 月 28 日至 9 月 2 日，在 $15m^3$ 定制搅拌罐内分批次将改性明矾浆加水搅拌后，用消防泵在全湖范围内均匀喷洒，共计用量 15000kg，平均每立方米水体用量为 55.6g。试验表明，在各类水体中，改性明矾浆对浮游藻类的去除率一般均能达到 90%以上，特别是在较深的水体中，蓝藻经吸附沉降后，由于得不到光合作用所需的足够光照，细胞难以生长和繁殖，所以其数量能在短期内得到控制。月湖自 2000 年 8 月采用改性明矾浆应急除藻后，藻类细胞总量和蓝藻细胞数在短期内分别下降 90.7%、93.6%，形成水华的优势种颤藻细胞数下降 99.8%，并且这种大型的丝状群体在以后的 1 年时间里基本没有被监测到，说明改性明矾浆不仅适用于在月湖这样的城市浅水湖泊应急除藻，而且对一些较大型的丝状蓝藻，如颤藻、螺旋藻、束丝藻和鱼腥藻等可能具有更明显的沉降效果。一方面，明矾浆 pH 低（为 3～4），喷洒后能迅速且有效地降低因水华蓝藻的光合作用而超常增高的水体 pH，使更多的近中性和偏酸性物种得以生存；另一方面，水体营养物质浓度和 pH 的下降，有利于绿藻在与蓝藻的竞争中成为优势种。此外，明矾浆成分中高比例的硅元素有利于硅藻的生长和繁殖。

由于明矾浆使用量大，因此明矾浆除藻不适合在大水面和流动性大的水体中实施。另外，水底新产生的大量沉积物对底栖生物及其环境也可能造成一定的影响。由于由有机碎屑、细菌、藻类和明矾浆等细颗粒组成的胶黏状云团的比重略大于水的比重，其在风力或上下水层的对流中很容易再悬浮，并在细菌的作用下很快分解，重新参与水体的物质循环，因此明矾浆除藻只能作为临时的应急除藻方法或作为调整藻类结构以利于生物调控的过渡性方法。

8. 超声波除藻

超声波除藻的原理是以藻细胞内的伪空胞结构作为空化核，外加超声波使之发生空化效应，从而破坏藻细胞结构。超声波的空化效应所产生的瞬时高温、高压足以破坏藻细胞的伪空胞结构。有研究表明，超声波作用可导致藻细胞的气泡破裂，使藻细胞下沉，进而降低藻细胞的光合作用能力，增强底栖动物对藻类的捕食，从而达到控藻效果。另有研究表明，经超声波处理后，具有伪空胞结构的钝顶螺旋藻和铜绿微囊藻的沉降效果优于没有伪空胞结构的斜生栅藻的沉降效果，说明伪空胞结构被超声波的空化效应破坏是使藻细胞沉降的重要原因。此外，有研究发现，在超声波作用下微囊藻细胞体积及细胞内 Chl-a 含量升高，说明超声波能抑制藻细胞的分裂增殖。超声波除藻的控制参数主要为超声波频率、超声波功率及超声波作用时间。

超声波频率越低，空化效应越容易发生，越容易破坏藻细胞结构，如 28kHz 超声波比 100kHz 超声波对藻类的抑制作用更强。在高频条件下必须提高声强才可发生空化效应，相对而言，采用高频超声波除藻的能耗较高，经济性较差。高频超声波的处理效果与低频超声波相仿，从实际应用及推广的角度出发，考虑超声波除藻的经济性和作用效果，高频超声波并不具有优势，因此，采用低频超声波除藻较为适合。

超声波功率是超声波除藻的重要控制参数，直接关系到作用效果的强弱。张光明等认为，超声波功率越高，对藻类的抑制作用越强，但超过一定范围时，超声波功率的升高对藻类的抑制作用呈饱和的趋势。另有研究结果显示，低频、低功率的超声波作用可诱导藻细胞内的气泡发生空化破裂，使其内部结构发生紊乱和均质化，但同时可保持细胞膜相对完整，避免了藻细胞内的毒素释放进入水体，提高了超声波除藻的安全性。高功率的超声波作用可通过力学效应和热效应直接破坏藻细胞的生理结构，从而使藻细胞死亡，但其能耗过高，经济性较差。

在武汉军运会铁人三项赛区，我国科研人员使用超声波技术，结合传统的絮凝沉降技术，对梁子湖的一片水域进行了蓝藻水华治理。该技术利用集群式的超声波打破藻内的气囊结构，使藻沉下去，或者直接把藻细胞打破，使藻死亡，成功改善了武汉军运会赛事水域水质。目前市面上比较成熟的国产设备有稳定型超声波除藻机、船舶超声波除藻装置、大友之星超声除藻船等。

超声波除藻具有操作简便、不引入化学物质、条件温和、速度快等优点，但是现阶段对超声波除藻的研究仍存在不足之处，尤其是对超声波强化混凝除藻的研究尚不够深入，主要表现在以下三个方面：①现阶段对超声波除藻的研究多采用纯培养藻液，与天然含藻水存在一定差异，天然含藻水中的颗粒物对超声波作用效果及混凝沉淀过程也有影响，且国内外鲜见超声波强化混凝除藻相关的中试研究，采用天然含藻水进行现场研究更加具有指导意义；②藻类暴发是季节性问题，而一年内水质情况变化较大，适合用超声波处理的水质时期需要通过现场研究确定；③现有研究对藻细胞结构被破坏后胞内物质的释放情况关注较少，虽然低功率、短时间的超声波处理不会导致胞内物质（如藻毒素、嗅味物质等）的大量释放，但考虑到水质安全等因素，仍需考察胞内物质的释放情况，分析超声波预处理可能会给出水水质带来的问题。

9. 打捞蓝藻

打捞蓝藻是指采用人工或机械装置（如藻类收集船）将水体中的蓝藻富集、收集，并移出水体进行处置。该方法可应用于突发事件或特定敏感水域的应急处理，能够迅速见效，有时在大规模除藻行动的开始阶段或除藻前的准备阶段，适当打捞蓝藻、清理水面也是有必要的。

目前在日本琵琶湖建有专门除藻的船舶，其工作流程是先将大量水华絮凝，然后捞藻，最后进行脱水干燥，这样可以十分有效地去除藻类。我国采用人工打捞与机械打捞相结合的方法从太湖打捞蓝藻，2007 年打捞 19.1×10^4t，2008 年打捞 50.1×10^4t，2009 年打捞 70.9×10^4t（含藻水分离站自吸处理蓝藻 16.9×10^4t），相当于从水体中清除了 374.7t 氮和 93.7t 磷，为综合治太提供了保障。我国自主研发的智能蓝藻微能耗加压控藻船在太湖下水并试运行成功。它采用物理水压从细胞内部破解蓝藻生长和繁殖的机制，利用水的不可压缩原理，向处于密闭水容器中的蓝藻水注入压力介质，快速加压蓝藻，能耗极低，并采用序批式自控运行，连续吸入蓝藻水加压后排放，实现大流量吞吐加压蓝藻水。该船还可在无人机的引导下搜寻蓝藻生长带，及时控藻，降低表层水中蓝藻浓度，其对湖面蓝藻控藻率可达 80%以上。此外，还有智慧打捞船，其两只长臂似龙虾触角，长臂顶端装有微型牵引机器人控制开合，行船时可一边抽吸湖水一边过滤水中的藻类颗粒，相比人工拉网清藻效率提升数倍。

10．激光除藻

激光具有普通光源所没有的高单色性、高亮度、大能量、极短的发光时间等特性。随着有机染料激光等技术的发明，制造从短的真空紫外光谱区到长的远红外光谱区且辐射频率可调的激光器已不成问题。目前在生物体的光谱学中所采用的主要波段为200～1000nm。选择上述光谱区域，主要是为了基于生物有机大分子的最大吸收光谱，破坏细胞结构和分子活性，达到杀藻的目的。在汉江水华激光除藻的研究中得出以下结论：激光除藻的最佳波长为532nm，照射时间越长，除藻率越高，但在提高除藻率的同时，需要提高激光辐射能量的利用率。

1.3.2 化学方法

1．化学除藻

化学除藻是目前国内外使用最多，也是最成熟的除藻方法，其发展史较长，技术也相对比较完善。化学除藻是指利用化学药剂对藻类进行杀除。目前，控制藻类最有效的办法就是投加杀生剂（又称杀菌灭藻剂）。总的来说，对化学药剂的一般要求为高效、低（无）毒、无污染、无腐蚀性，具有缓蚀、阻垢作用或能与缓蚀剂、阻垢剂配合使用，同时成本低、生产及运输安全、投药方便。化学除藻的主要优点是操作简便，一次性使用成本低。其缺点一是不能长期投用一种化学药剂，否则会因微生物产生抗药性而失去作用；二是可能对环境产生污染。

杀生剂一般分为氧化型杀生剂和非氧化型杀生剂两大类。化学除藻常采用氧化型杀生剂和非氧化型杀生剂交替使用的方案。除（杀、灭）藻剂为具有除藻效力的杀生剂，杀（灭）菌剂为具有杀灭细菌效力的杀生剂，而杀生剂为具有消灭微生物（包括细菌、藻类、真菌病毒及其芽孢，以及部分低等动物等）功效的化合物，包括除藻剂和杀菌剂等。除藻剂往往同时具有杀灭细菌的功效，杀菌剂往往也同时具有杀灭某些藻类的功效，三者易造成理解上的混乱。目前，国内外一般采用氯（液氯、现场电解法制取的Cl_2）和季铵盐作为杀生剂，其次采用 NaClO 和 O_2 作为杀生剂。目前，溴制剂有取代氯制剂的趋势，非氧化型杀生剂有取代氧化型杀生剂的趋势。

化学除藻工艺简单、操作方便，但同时易造成二次污染。常用的杀生剂对其他水生生物同样具有毒性，同时被杀死的藻类仍存留于水中，并未从根本上解决藻类生长的根源，即氮、磷的循环问题。化学除藻虽能立即见到一定成效，但既不科学也不经济。这种方法不可避免地会造成环境污染或破坏生态平衡，所产生的后果非常严重，而且难以消除，可以说这是一种短视方法或一种权宜之计。因此，化学除藻方法的大规模实际应用存在许多局限性。

2．化学絮凝沉淀

絮凝沉淀是颗粒物在水中絮凝沉淀的过程。在水中投加混凝剂后，悬浮物的胶体及分散颗粒在分子力的相互作用下生成絮状体，并且在沉淀过程中互相碰撞凝聚，其尺寸和质量不断变大，沉淀速度不断加快。悬浮物的去除率不但与沉淀速度有关，而且与沉淀深度有关。

在地面水中投加混凝剂后形成的矾花、生活污水中的有机悬浮物及活性污泥在沉淀过程中都会出现絮凝沉淀的现象。

化学絮凝沉淀技术是一种通过投加化学药剂去除水层污染物以达到改善水质的污水处理技术。随着水体污染形势的日趋严峻，化学絮凝沉淀技术的快速和高效显示了其具有一定的优越性。新型环保清淤材料在生产、使用和废弃过程中，对资源的消耗更少，对生态和环境污染更小，并且往往具有较高的再生利用率。与传统清淤材料相比，新型环保清淤材料更加注重与环境的协调性。一些可降解的絮凝剂，不仅能有效吸附水体中的悬浮颗粒和污染物，促进其沉淀，而且因为具有可降解的特性，所以在完成絮凝后能在自然环境中逐渐分解，减少了湖泊底泥的化学物质积累，避免了传统絮凝剂可能带来的二次污染问题。

3. 重金属化学固定

重金属在水体中积累到一定量时就会对水体-水生植物-水生动物系统产生严重危害，并且可能通过食物链直接或间接地影响到人类的身体健康。日本由汞污染引发的“水俣病”和由镉污染引发的“骨痛病”就是典型例证。水体重金属污染已经成为当今世界上最严重的环境问题之一。

许多重金属在水体溶液中主要以阳离子的形式存在，加入碱性物质使水体 pH 升高，能使大多数重金属生成氢氧化物沉淀。因此，向重金属污染的水体施加石灰、NaOH、Na_2S 等物质，能使很多重金属形成沉淀，从而降低重金属对水体的危害程度。这是目前国内处理重金属污染普遍采用的方法。需要指出的是，重金属化学固定并不能从根本上解决湖泊的重金属污染问题。

1.3.3 生物方法

微课视频

1. 放养滤食性鱼类

放养滤食性鱼类也称为生物操纵技术。生物操纵技术是一种创新的生态修复技术，通过向湖泊中投放或控制特定种类和数量的生物来修复生态。

鲢鱼、鳙鱼是典型的吃浮游生物的鱼类，它们靠滤食器官滤取食物。由于二者滤取食物的鳃耙形状、结构、排列致密程度不同，所以鲢鱼主要吃浮游植物，鳙鱼主要吃浮游动物。据测算，100t 的鲢鱼和鳙鱼一年就能消耗 55000t 蓝藻。它们能通过自身的代谢活动将有害的蓝藻毒素转化成无害物质，这种无害物质以动物蛋白的形式被捕捞出水体，从而使氮、磷等营养元素脱离湖泊。谢平等在武汉东湖进行的围隔实验表明，滤食性鱼类鲢鱼、鳙鱼对微囊藻的水华有强烈的控制作用，这项研究成果已在滇池、巢湖中得到应用。利用鲢鱼、鳙鱼控制水华的非经典生物操纵方法如图 1.3.2 所示。

研究表明，罗非鱼对蓝藻具有特殊的摄食与消化能力。与鲢鱼、鳙鱼不同，罗非鱼属于杂食性鱼类，有滤食、捕食和啮食等多种摄食方式，其特殊的鳃耙结构能过滤微小浮游生物和食物颗粒，并且其上、下咽齿和颌齿能在水底有效摄取底栖动植物和有机腐屑，使其不仅具有宽广的摄食范围，而且表现出较强的摄食能力。尼罗罗非鱼是迄今发现的能消化蓝藻的少数几种鱼类之一，罗非鱼发达的胃腺及其酸性的胃液（pH 常低于 2.5 甚至达到 1.0），使其在蓝藻的消化降解方面有着鲢鱼、鳙鱼无可比拟的优势。

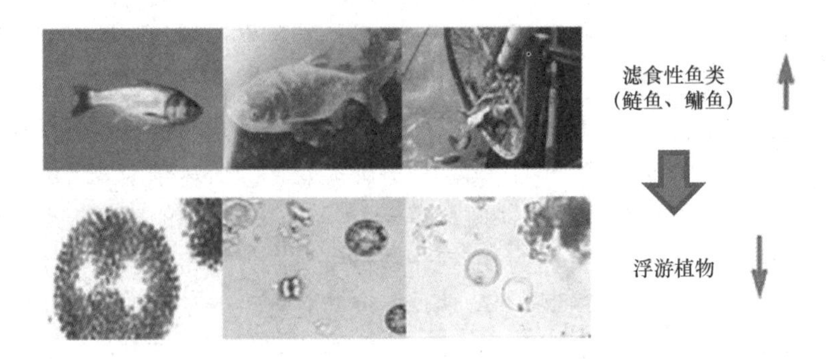

图 1.3.2　利用鲢鱼、鳙鱼控制水华的非经典生物操纵方法

2．控制肉食性、浮游生物食性鱼类

从经典的生物操纵理论、营养级联反应、上行下行理论入手，合理配置湖泊中肉食性、浮游生物食性鱼类的数量，使滤食性鱼类和浮游动物正常生长，这对于控制藻类的过度生长也是有效的，如图 1.3.3 所示。

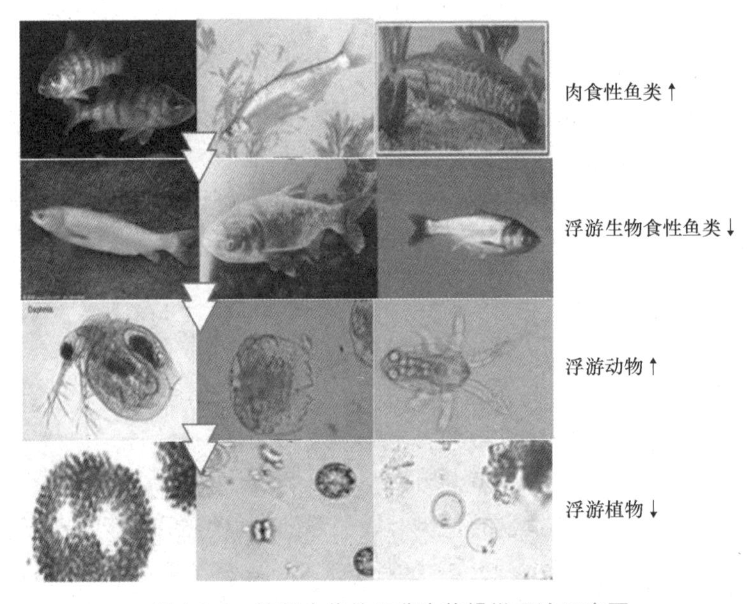

图 1.3.3　控制水华的经典生物操纵理论示意图

肉食性鱼类影响浮游生物食性鱼类的种类和大小，浮游生物食性鱼类影响浮游动物（如水蚤）的丰度和种类。实验表明，控制浮游生物食性鱼类丁鲷和底栖食性鱼类鲤鱼的数量，一年后水体透明度提高了 2.5 倍，无机悬浮固体颗粒浓度减至原来的 1/4.5，Chl-a 浓度也显著降低。

3．软体动物的引入

用于防治水华的软体动物主要为淡水双壳类，即蚌类，如图 1.3.4 所示。蚌类为滤食性物种，其食物主要为浮游植物、细菌、腐屑和小型浮游动物。蚌类的滤食能力极强，可使水体中的浮游生物量大为减少，从而提高水体透明度，提高水体的自净能力。由于蚌类的发育存在变态过程，在钩介幼虫阶段会对鱼类产生危害，所以引入蚌类防治水华的方法通常用于较小的封闭水体或需要恢复原有种群的水体。例如，在长春南湖生态修复工程中投放褶纹冠蚌，以有机态固定在蚌体内的 TP 为 153.384kg（以干质量计，蚌体的平均含 P 量为 0.83%）。该生态工程中凤眼莲、莲、鱼类、河蚌从湖泊中移走的 P 分别占 TP 的 26.1%、4.3%、38.5%、31.1%。

图 1.3.4　用于除藻的河蚌

4．原生动物的引入

原生动物是水生食物链中的重要环节，很多原生动物都以摄食藻类为生。以原生动物作为控藻生物有以下优点：①原生动物取食范围广，已经分离出取食微囊藻、鱼腥藻、束丝藻等滇池优势藻种的原生动物；②原生动物食量大，在实验室中观测到，只要原生动物数量达到某一阈值，体系中的藻细胞就会被迅速消耗殆尽；③很多原生动物在食物耗尽时会形成包囊，度过食物缺乏期，当藻类重新增多时，包囊又会破壁复苏成为食藻营养体；④包囊结构具有很强的抗逆性，这种形式易于包装和运输；⑤原生动物繁殖能力强，可利用有机培养基进行扩大培养。

目前发现和使用的食藻原生动物主要分为鞭毛虫、变形虫和纤毛虫三大类。在自然状况下，有很多原生动物大量繁殖导致水华消退的情形。但人为投放原生动物控制水华的情形并不多见，这种方法大多还处于实验室阶段。四种用于控藻的原生动物如图 1.3.5 所示。

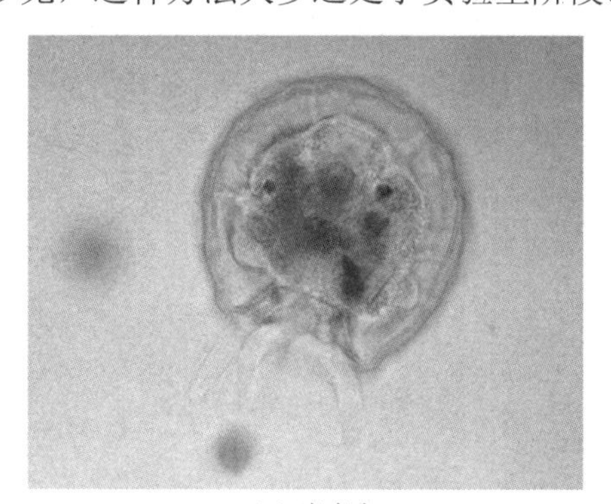

（a）表壳虫

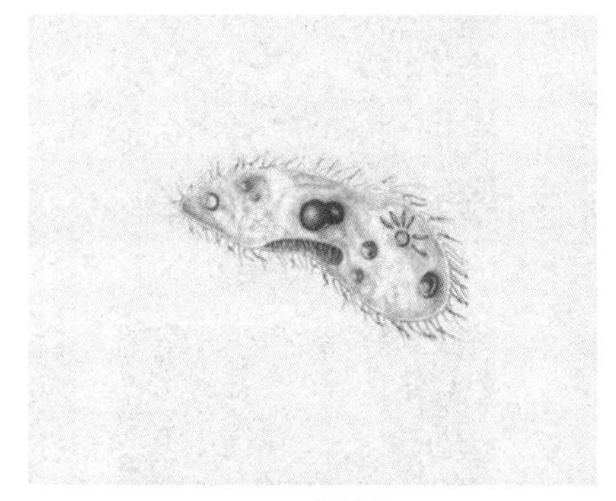

（b）草履虫

（c）聚缩虫

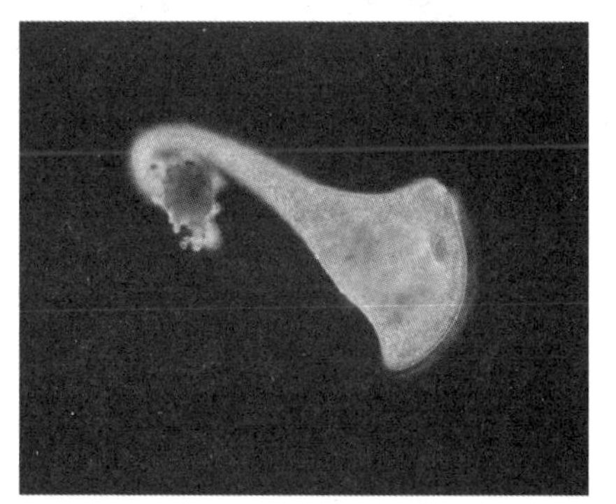

（d）喇叭虫

图 1.3.5　四种用于控藻的原生动物

5．高等水生植物的引种

微课视频

目前已发现多种高等水生植物对藻类具有抑制作用，如表1.3.1所示。研究表明，多数高等水生植物能分泌化感物质抑制藻类生长。化感物质按照化学结构可分为五大类：脂肪族、芳香族、含氧杂环化合物、类萜和含氮化合物。高等水生植物已被广泛应用于富营养化湖泊的生态修复。五种用于控藻的高等水生植物如图1.3.6所示。

表1.3.1　已发现的抑藻高等水生植物

植物名称	抑制藻类
风眼莲、水花生、水浮萍、满江红、浮萍、紫萍	雷氏衣藻、栅藻
水盾草、穗花狐尾藻	铜绿微囊藻、水华鱼腥藻、小席藻
金鱼藻、大茨藻	鱼腥藻
马蹄莲	羊角月牙藻
轮藻	羊角月牙藻、微小小球藻
石菖蒲	栅藻等
芦苇、莲、两栖蓼	铜绿微囊藻、蛋白核小球藻
大麦秸秆	蓝藻

(a) 香蒲　(b) 睡莲　(c) 浮萍　(d) 芦苇　(e) 慈姑

图1.3.6　五种用于控藻的高等水生植物

目前已从不同高等水生植物中分离出多种能抑制藻类生长的化感物质。例如，从凤眼莲中分离出3种化感物质：N-苯基-2-萘胺、亚油酸和亚油酸甘油酯。其中，N-苯基-2-萘胺和亚油酸甘油酯对雷氏衣藻的抑制效果明显。狐尾藻中的抑藻物质主要是五倍子酸和焦性没食子酸（又称焦桔酸），这两种物质对铜绿微囊藻的抑制效果明显。大麦秸秆腐败后释放出的化感物质包含长链脂肪酸、酚类、酸类、醇类等。

高等水生植物的生长需要吸收大量的营养元素，在武汉东湖进行的用凤眼莲净化富营养化湖泊的实验表明，在富营养化湖泊中，凤眼莲对 BOD_5 的去除率在 70%以上，对 TN 的去除率在 60%以上，对 TP 的去除率在 70%以上。何池全等通过实验发现，石菖蒲对 TN 的去除率达 87.14%，对 TP 的去除率达 43.19%，可使溶解氧含量增加 26.16%。东太湖沉积物中 TN、TP 与水生生物的关系研究结果表明，表层沉积物中的 TN、TC 主要经过水生植物的生物沉积途径进入沉积物，脱离湖泊内的营养循环，进入地球化学循环过程，而磷主要经过非生物沉积途径在沉积物中积累，可以防止底泥中的营养物质重新悬浮，提高了水体透明度，改善了水质。此外，我们还要预防水生植物残体带来的沼泽化风险。

1）沉水植物

微课视频

沉水植物是指植物体全部位于水层下面营固着生活的大型水生植物。沉水植物的根系有时不发达或退化，植物体的各部分都可吸收水分和养料，其通气组织特别发达，有利于在水中缺乏空气的情况下进行气体交换。沉水植物是典型的水生植物，其根或根状茎生长在底泥中，茎、叶全部沉没在水中，仅在开花时花露出水面。沉水植物的生长和分布受多项环境因子的影响，其中水中光强、水温和矿质元素是最重要的影响因子。沉水植物的光补偿点等光合特征决定了沉水植物在水下可分布的最大深度光合产量及竞争能力。沉水植物的叶子大多呈带状或丝状，如苦草、金鱼藻、狐尾藻、黑藻等。

沉水植物可供水生动物摄食并为其提供更多的栖息、避难场所，扩大水生动物的有效生存空间。同时，沉水植物能增加水中的溶解氧，净化水质，在水生态修复方面的作用日益受到人们的重视。沉水植物通过吸附水体中的生物性和非生物性悬浮物，提高水体透明度，增加水中的溶解氧，改善水下光照条件，并通过吸收固定水体和底泥中氮、磷等营养元素实现对水质的净化。同时，沉水植物的化感作用可以有效地抑制藻类的生长。常见的用于净化水质的沉水植物有金鱼藻、苦草、伊乐藻、狐尾藻和眼子菜等。

沉水植物作为水生生态系统中的初级生产者，能够发挥多种生态功能。沉水植物一方面可以吸收水体和底泥中的营养物质，减少沉积物中的营养物质再释放；另一方面可以通过与藻类进行资源竞争，分泌化感物质抑制藻类的生长和繁殖。因此，沉水植物可以很好地净化水体。沉水植物在湖泊富营养化治理中的作用主要表现在以下五个方面。

（1）吸收水体中的营养物质。沉水植物由于生活环境的特殊性，地上、地下部分都可以从环境中吸收营养物质。沉水植物能通过根部吸收底质中的氮、磷，通过植物体吸收水中的氮、磷，从而具有比其他水生植物更强的富集氮、磷的能力，并且将其同化为自身的结构组成物质，适时地转化到植物体内。不同沉水植物吸收氮、磷的能力各不相同。对金鱼藻、苦草和伊乐藻三类沉水植物净化受污水体的效果进行的试验研究表明，这三类沉水植物对水质均有良好的净化效果，其中以伊乐藻的净化效果最好，金鱼藻次之，苦草最差。在去除 TN、硝态氮等方面，狐尾藻、微齿眼子菜的效果比金鱼藻、马来眼子菜和苦草的效果好。沉水植物的根、茎对水体和底泥中氮、磷的吸收能力不同，且随生长期的变化而变化。Nichols 等通过研究发现，在将底泥作为穗花狐尾藻唯一的营养源时，穗花狐尾藻可以通过根的吸收满足整个植株的生长需要，当水中氮的浓度足够高（铵态氮浓度高于 0.1mg/L）时，大量的铵态氮被叶吸收，成为植物氮的重要来源。菹草在生长初期几乎完全或大部分靠根吸收底泥中的铵态氮和正磷酸盐，只有在春末夏初生物量最大时，表层茎、叶对水中氮、磷的吸收速率才升高。水中氮、磷浓度及其存在形态等因素影响沉水植物对氮、磷的吸收。伊乐藻、菹草对氮、磷的吸收量随着营养物质浓度的升高而增加，但浓度超过一定值后，会抑制沉水植物的生长，导致沉水植物对营养物质的吸收急剧下降，最后甚至会加速水质的恶化。水体的环境条件也对沉水植物吸收氮、磷有一定的影响。在沉水植物群落中加入其他水生植物构建季相交替的群落是一种很好的净化富营养化水体的方法。由菹草、伊乐藻、野菱和水鳖所构建的季相交替的水生植物群落能在水质变化剧烈、藻类容易暴发的阶段（初春至夏末）持续、有效地抑制浮游植物的生长和繁殖，对水体中的营养物质有较好的去除作用，并且能有效缓解因前一种植物死亡给水质带来的不利影响，使水质保持相对稳定。

（2）凝集颗粒物，澄清水质，提高水体透明度。沉水植物密集的枝叶与水有着非常大的接触面积，能够吸附、沉降水中的悬浮颗粒物，有些种类还可以分泌助凝物质，促进水中小的颗粒物絮凝沉降。除此之外，沉水植物好氧的根际环境也可以起到固持底泥，以及减少或抑制底泥中氮、磷等污染物溶解释放的功能。在冬季水质净化动态模拟试验中，单位鲜重伊乐藻上的固体干物质附着量达 28.71g/kg，单位湖面内的附着量达 279g/m^2，附着物中 TN、TP、TOC、Chl-a 平均含量分别为 0.647%、0.311%、15.4%、0.098%。试验表明，吸附和沉降在净化机制中具有很重要的作用。基于武汉东湖大型试验围隔系统进行的沉水植物水质净化试验表明，沉水植物的存在有效地降低了颗粒物的含量，并且改善了水下光照条件。

（3）与藻类争夺营养物质和光照资源。在水生生态系统中，沉水植物和藻类同属于初级生产者，均以水体中的营养物质、光照和生长空间为生长资源，二者之间通过激烈的竞争相互影响。在光照资源竞争上，浮游藻类具有相对优势。水生生物对水中营养物质的竞争是单向的，沉水植物因可以从底泥中得到营养物质而处于优势地位。当水中光照和营养物质充足时，沉水植物对藻类有明显的生化抑制效应，这种抑制效应可以通过促进藻类沉降而起作用。当水中的营养物质过剩时，藻类具有绝对竞争优势。在苦草生长的地方，浮游生物、细菌和丝状藻的生物量显著减少，而且能减少水体中的正磷酸盐、溶解有机碳和总的悬浮物，提高水体透明度。

（4）释放化感物质抑制藻类生长。沉水植物和浮叶植物对藻类的抑制主要是通过根部释放化感物质实现的，而沉水植物的茎、叶直接释放化感物质能有效抑制周围浮游生物的生长。不同的沉水植物，其化感作用是不同的。有人通过试验对四种沉水植物的抑藻现象进行研究发现，金鱼藻、微齿眼子菜及苦草具有较强的克藻作用，尤其以金鱼藻的克藻作用最显著，而伊乐藻几乎没有克藻作用。沉水植物对藻类的生长抑制是有选择性的。轮藻对羊角月牙藻和微小小球藻具有抑制作用，而对斜生栅藻没有抑制作用。穗花狐尾藻和水盾草对铜绿微囊藻、水华鱼腥藻及小席藻等的生长具有不同的影响。金鱼藻和大茨藻能有效抑制鱼腥藻的生长。苦草能抑制斜生栅藻和羊角月牙藻的生长，抑制作用的强弱与苦草的生物量和种植水浓度有关。近年来，有较多关于从不同沉水植物中分离得到具有抑藻活性的化感物质的报道。化感物质按化学结构可分为脂肪类、芳香类、含氧杂环化合物、类站和含氮化合物五大类。有研究表明，苦草种植水具有较强的克藻作用，且从苦草乙醇提取物的氯仿萃取物中分离得到的化感物质为潜在的抑藻物质。狐尾藻中的抑制物质主要是鞣花酸、五倍子酸、焦性没食子酸和儿茶酚等，主要对铜绿微囊藻具有明显的抑制作用。目前多使用色谱光谱联用技术研究沉水植物的化感物质，这加快了对化感物质的筛选，并且解释了化感物质之间存在的协同增效作用。

（5）提高水生生态系统的生物多样性。沉水植物的良好发育可以为其他水生生物提供多样化的生境，如生物的生活基质，以及鱼类等水生动物的栖息、避难和产卵场所等。

在种植沉水植物之前，往往需要对其生境进行一定的处理以使其适合沉水植物生存，包括提高光照强度、改变底质等。在对光照、底质等生境条件的改造中，除要采取一定的工程措施以外，还要采取一些生态措施，即有选择地人工引进耐受性较高、适应湖泊水质现状的种类作为先锋物种以加快沉水植被的恢复。随着先锋物种群落的形成，水体的生境条件可以得到进一步改善，如通过抑制藻类的生长提高水体透明度，通过根际区域释放大量氧气提高底泥氧化程度等，水环境也逐渐适宜脆弱敏感的种类生长，沉水植物的多样性得以逐渐提高，群落实现自然演替，最终达到与湖泊环境相适应的平衡状态。由于植物种类生长分布的地域性，针对处于不同区域的富营养化水体的沉水植被恢复，所选择的先锋物种往往不同。一般先锋物种的选择应遵循以下原则：①适应性原则，所选物种应对水体流域的气候水文条件有较好的适应能力；②本土性原则，应优先考虑区域内的原有物种，尽量避免引入外来物种，以减少可能存在的不可控因素；③较强的竞争能力和净化能力原则，所选物种相较藻类应具有较强的竞争能力，以及对氮、磷等营养物质有较强的去除能力；④可操作性原则，所选物种应具有较强的繁殖能力，易栽培管理。

沉水植物是水体中重要的初级生产者，是湖泊演替和湖泊生态平衡的重要调控者。恢复沉水植被是控制湖泊富营养化的一种重要的生物方法。沉水植物不仅可以通过自身消耗将氮、磷输出湖泊，促进湖泊营养输出，而且在种植密度较高的情况下，可以改变湖水流向与流强，影响湖水与底泥之间的物质交换平衡，同时对水体中栅藻的生长有明显的抑制作用。当水体中沉水植物种植密度较高时，只有适时将其迁出水体，才能使湖泊营养负荷降低，使富营养化得到控制，防止造成二次污染。沉水植物是宝贵的资源，其营养丰富，成分齐全，有较高的经济价值。对沉水植物进行资源化开发研究，不仅可以实现植物资源增值利用，而且可以降低湖泊生态修复的成本。

基于浅水湖泊富营养化的多态理论，自 20 世纪 90 年代初，国内外的许多研究人员就开始进行沉水植被恢复的研究。经过大量研究和实践，许多国外的小型浅水富营养化湖泊成功地恢复了沉水植被，湖水水质得到了极大的改善，如荷兰、丹麦等国的一些湖泊在这一方面就取得了良好的成效。我国许多地区在“八五”计划期间开始研究富营养化水体沉水植被的恢复与重建技术，在严重富营养化的武汉东湖、江苏太湖、云南滇池等进行了较多的研究与示范，目前在一些示范湖区沉水植被恢复取得了初步的成效。20 世纪 90 年代中期，研究人员通过研究沉水植物在治理滇池草海污染中的作用，论证了在滇池草海恢复沉水植被，建立以沉水植物为基础的湖泊生态系统，是利用水生植物治理滇池草海的最佳措施。20 世纪 90 年代后期，研究人员利用大型围隔研究沉水植被对水体富营养化的影响，结果表明，菹草的恢复使两个大型围隔中的各种营养物质浓度显著低于围隔外围湖水中的营养物质浓度，溶解氧浓度、pH 和水体透明度显著提高，水质得到明显改善。2004 年 4 月国家环境保护总局发布的

《关于发布〈湖库富营养化防治技术政策〉的通知》中将恢复或重建水生植被作为湖泊良性生态恢复的推荐技术措施。

2）其他水生植物

微课视频

高等水生植被恢复方法主要是指使用高等水生植物净化水质。一般认为高等水生植物是污水处理系统中的一个营养储存库，其吸收的营养在生长过程中基本被保留在植株中，通过收割植株可以将营养物质排出水域，降低湖泊的营养负荷。高等水生植物被广泛应用于全世界各种水体（包括湖泊）的污染治理。常见的用于净化水质的高等水生植物主要有香蒲、美人蕉、鸢尾、睡莲、水葱等。

以高等水生植物为主的污水净化系统主要由太阳能驱动，并且在对污水进行深度处理的同时，还可以回收资源和固定能源，处理过程中基本上不使用化学品，也不会产生有害副产品，是一种非常有潜力的绿色处理技术。但是由于在直接利用天然高等水生植物修复水环境时，存在一些阻碍高等水生植物成活、生长和发展的环境阻力，因此要考虑采用其他类似高等水生植物的装置来替代高等水生植物实现净化作用。试验研究表明，人造水草具备高等水生植物改善水环境的两大功能——克藻和净化水质，是一种很有研究价值的水质净化装置。

高等水生植物对水环境的改善主要表现在以下三个方面。

（1）高等水生植物种植在水中，会吸收底泥和水中的营养物质，降低营养物质的浓度；黏附在植物根、茎、叶上的微生物和游离的微生物可以分解水中的有机物；水生植物的光合作用也可以为微生物活动提供氧气；植物的根际分泌物质可以为根周围的有益微生物提供稳定的环境；水生植物的收割可以去除植物自身的那部分营养负荷。

（2）水生植物对陆源营养物质的截留作用。在白洋淀的野外实验表明，水生植被覆盖范围长 290m 的小沟对地表径流 TN 的截留率是 42%，对 TP 的截留率是 65%，4m 芦苇根区对地表下径流 TN 的截留率是 64%，对 TP 的截流率是 92%，被截留比率最大的是正磷酸盐和氨氮。这说明由水生植物构成的湖滨水陆交错带对营养物质的截留非常有效。

（3）对内源营养物质的吸收。成小英等的研究表明，在引种高等水生植物 3 周后，有高等水生植物的围区内水体透明度提高一倍，并长期保持在较高水平；6 周后，围区内水体的 TN 浓度相比对照围区及开放水域分别降低 43.7%和 59.4%，TP 浓度分别降低 50.3%和 57.0%；6 个月后，TN 浓度分别降低 61.6%和 79.7%，围区内水体的 TP 浓度较开放水域降低 72.9%。

（4）对重金属和有机物的吸收。高等水生植物对有毒金属元素有一定的富集作用，通过吸收、吸附将重金属元素吸入体内，从而达到净化水质的目的。试验表明，高等水生植物较多的水域中重金属含量远低于没有高等水生植物的水域。例如，凤眼莲和水花生对多种重金属元素有一定的去除能力，如表 1.3.2 所示。

表 1.3.2　凤眼莲和水花生对重金属元素的去除能力

单位：mg/(g·d)

重金属	Cd	Pb	Hg	Ni	Ag	Co	Sr
凤眼莲	0.67	0.176	0.150	0.50	0.65	0.57	0.54
水花生		0.10	0.15		0.44	0.13	0.16

水生植物还能去除废水中的多种有机污染物。用凤眼莲净化从钢铁厂焦化车间排出的含酚、氰、油（已经进行过生化处理）的污水，效果极其显著。从钢铁厂焦化车间排出的污水虽

经过了生化处理，但仍带有大量的油膜，呈深褐色。在通过面积为 1320m^2 的凤眼莲氧化塘（停留约 6h）后，出口处的水质清澈见底，无油膜，浊度明显降低，水质得到明显改善。凤眼莲对酚的去除率平均为 56.7%，最高可达 85.1%；对氰的去除率平均为 34.1%，最高可达 52.2%；对油的去除率高达 99.4%。植物体从污水中吸收的外源酚通过氧化酶系的作用和一系列生化过程进行转化与分解。酚在植物体内大多与其他物质化合，形成复杂的化合物，最常见的是酚糖苷，此时的酚类物质对植物已失去毒性。植物体中的氰先与丝氨酸结合成腈丙氨酸，然后转化为天冬酰胺和天冬氨酸，从而失去毒性。这就是水生植物在低浓度条件下对含酚、氰废水的净化机制。

6. 以藻控藻

藻类之间也存在竞争和拮抗作用。例如，有学者发现，一株海洋蓝藻可以成为佛罗里达州赤潮优势藻类的控制因子，并且有控制赤潮发生的潜力。在淡水湖泊生态系统中，也有引种水网藻控制水华的情形。水网藻繁殖快、吸收肥料能力强，易于人工收获利用，可以破坏微囊藻等有害蓝藻赖以生长的高营养化条件。在富营养化水库（TN 浓度为 3.34～5.15mg/L，TP 浓度为 0.10～0.19mg/L）和重营养化湖区（TN 浓度为 33.86mg/L，TP 浓度为 1.939mg/L）的试验中，经过水网藻（浓度为 1g/L）处理 2 天、4 天、6 天后，对氨氮、TN、TP 去除率均在 70%以上。

案例解析：太湖生态治理

1. 物理方法

1）控源治污

（1）集中治理工业污染。累计关闭高污染化工企业 3000 多家，同时提高太湖地区环境准入门槛，强力推进结构调整和产业升级；对重污染的八大行业中的 120 余家企业进行节水减排技术改造，年节水能力达到 1.7m^3，减排 COD 1.5×10^{4}t，减排氨氮 1256t，减排 TP 81t。

（2）加快生活污染治理。到 2010 年年底，太湖地区累计建成污水处理厂 235 座，基本覆盖该区域内的所有乡镇，处理污水能力达到 642×10^{4}m^3/d。无锡、常州、苏州的城市污水处理率分别达到 93.8%、88.5%、89.2%，太湖一级保护区内农村生活污水处理设施覆盖率达到 90%左右。

（3）加强农业面源污染治理。对 250 多个规模化畜禽养殖场进行综合治理，拆除河湖围网面积约 1.83×10^{4}hm^3，原有东太湖围网养殖面积从 1.02×10^{4}hm^2 调整压缩到 0.3×10^{4}hm^2。2011 年太湖地区农药、氮肥的施用量比 2005 年分别降低了约 25%和 18%。

2）治理蓝藻

蓝藻大面积暴发并引发湖泛是太湖生态危害的主要表现形式。进行蓝藻打捞和处理不仅可以直接防止因蓝藻堆积死亡而引发的水质黑臭，而且可以治理湖体的部分污染物（蓝藻在生长过程中吸收大量磷、氮等营养物质）。但是，蓝藻打捞和处理难度很大，需要成熟的技术装备和实践经验的支持。经过不断探索和实践，太湖蓝藻打捞从勺舀瓢取的人工打捞和对藻浆简单填埋的原始处理方式，发展到“智能化预警、机械化打捞、工厂化处理、资源化利用”

的产业化作业和智能化管理模式。沿太湖周边地区设立了58个固定打捞平台和200多台套吸藻机泵，投入106条专业机械打捞船，建设了9座固定式、8座移动式藻水分离站，打捞和处理藻浆能力分别达到2×10^4t/d、1.2×10^4t/d。经过分离处理的藻泥可用于有机肥料生产，亦可作为沼气发电厂发电的原料。此外，用蓝藻制作生物柴油等技术也取得了突破，较好地解决了打捞上来的蓝藻的出路问题，避免了可能发生的次生灾害。

3）生态清淤

经过观测分析可知，导致太湖蓝藻暴发和湖泛生态危害的直接原因除外部污染以外，还有湖体内源污染物的大量释放，特别是蓝藻的大面积堆积死亡和处于游离状态的污染底泥，这两种物质是湖泛发生的物质基础。减少湖体污染底泥的释放和防止蓝藻大面积堆积死亡是防止湖泛发生最有效的措施。在解决了生态清淤施工设计、清淤机械选择、清淤精度控制、水体生态保护、余水净化处理、淤泥资源化利用、效果评估办法等关键性技术问题后，相关部门从2008年冬季开始组织实施大规模的生态清淤工程，到2012年累计完成清淤的面积约为80km^2，清出污染底泥约2500×10^4m^3。之后对清出的淤泥进行了检测化验，相关研究结果表明，生态清淤的资源环境效益显著。

4）调水引流

在实施调水引流工程之前，太湖水源除少部分（约20%）来自南部山区以外，大量补充的水源来自湖西上游的数十条中小型河流。这些河流补湖水源绝大多数为Ⅴ类、劣Ⅴ类水质，导致污染物在水体中大量积累，西太湖、梅梁湖、竺山湖受其影响最为严重。在水利部和流域机构的支持下，持续开展引江济太调水引流工作，至2012年，累计从望虞河调水105×10^8m^3，经望亭立交枢纽直接入太湖50×10^8m^3，并结合其他补充水源和雨洪资源利用，向下游地区供水73×10^8m^3。与此同时，为了加快梅梁湖的水体交换，运用梅梁湖泵站常年抽排梅梁湖水体，累计抽出湖水29×10^8m^3。通过大规模调水引流，向下游供水和对部分湖湾区抽水出流，不仅改善了水质，而且增加了湖体的环境容量。

2．生物方法

1）实施生物操纵

从系统角度分析，控制太湖水华应采取双向调控策略，一是减少水体中的氮、磷富集量，二是提高捕食者（一级消费者）种群密度，增强捕食（蓝藻）强度，进而达到控制水华的目的。同位素追踪实验显示，鲢鱼、鳙鱼对蓝藻的消化率为30%～40%，即每增加1kg鲢鱼、鳙鱼生物量，就有50kg蓝藻等浮游植物被消耗掉，实现利用太湖藻类（如优势种微囊藻）吸收水体中的氮、磷，利用鲢鱼、鳙鱼摄食蓝藻这一食物链转换关系达到抑制蓝藻生长、减轻水体富营养化程度的目的。

2）恢复湖滨带生态

湖滨带是湖泊生态系统的生态脆弱带与污染缓冲带，来自陆地的矿物质、有机物及污染物在各种理化（环境梯度或地形和水文学过程）和生物过程作用下跨带进入水体。因此，湖滨带是太湖生态安全的第一道屏障，应选栽具有抗污、净污、抗冲击能力的植物，最内层是以凤眼莲、水花生、水稻、稗草为主的农业生态湿地，次内层以芦苇为主，最外层是以柳树、枫杨为主的沼泽森林，三者合一，构成集生态农业（饲料、有机肥料）、生产燃料、造纸原料和旅游于一体的湿地湖水净化系统，提高湖滨带物种和生态系统多样性，以及景观多样性。

3）种植水生植物

作为草型浅水湖泊，太湖水生植被由生长在浅水区和湖周滩地上的沉水植物（苦草、黑藻、微齿眼子菜、马来眼子菜）、浮叶植物（黄花杏菜、野菱）、漂浮植物（凤眼莲）、挺水植物（茭草、芦苇、莲）及湿生植物等大型植物群落组成，具有显著的初级生产力和环境生态效应。氮、磷入湖后加重太湖的营养负荷，引起水质富营养化，导致浮游藻类暴发形成水华。由于氮、磷同为大型水生植物所必需的营养元素，加之大型水生植物的初级生产力高，对养分消耗大，因此在满足自身生长需求及降低湖中氮、磷等营养负荷的同时，可促进湖泊营养输出，维持其营养平衡，防止富营养化发生。当湖泊中水生植物种群密度较高，空间格局复杂，组成有一定盖度的水生植被时，可以改变湖水流向与流强的动力学特征，从而影响湖水与底泥之间的物质交换平衡，促使悬浮或溶解在湖水中的污染物向底泥转移或沉降，达到净化水质的目的。

任务 4 评估湖泊生态健康

案例导入：太湖生态评价

党的二十大报告倡导的人与自然和谐共生理念，驱动湖泊生态健康评估从狭隘视角迈向全面综合考量，促使人们在评估过程中深入探究湖泊生态系统内部各要素间的复杂关联及其与周边环境的交互作用。

太湖治理在 20 世纪 90 年代后期便得到高度重视，1998 年年底对重点污染工业实施的“零点行动”，使流域污染物的输入得到一定控制。从 1991—1999 年的监测情况来看，1997 年以后水体中的 TN、TP 及 Chl-a 含量等指标均呈现下降趋势。然而，2008 年的研究发现，在沉积物中积累了大量营养物质的情况下，太湖的内源负荷相当重，强烈的风浪扰动特点使太湖沉积物与水体的营养物质交换频繁，能够快速补充水华暴发期间的营养物质需求。2007 年 5 月 28 日至 6 月 3 日，太湖的贡湖湾某水厂发生了严重的水危机事件，太湖的蓝藻水华似乎越来越严重。根据国际上类似的湖泊治理经验，湖泊一旦发生富营养化，往往需要十年甚至几十年的长期控源才能恢复到较低的营养物质水平。1998—1999 年太湖水体中的 TN、TP 和 Chl-a 含量下降趋势是长期趋势还是暂时趋势，需要进行后期的跟踪和分析才能确定。

在蓝藻预警监测工作中，湖体采样点位的布设一般采用两种方式：固定点位和随机点位。固定点位一般应布设在蓝藻水华多发的敏感区及环境条件具有代表性的位置。同时，固定点位也应该根据蓝藻暴发的实际情况来布设：在蓝藻暴发频率相对较高的区域，固定点位布设适当密集；在蓝藻暴发频率相对较低的区域，固定点位布设可以适当减少。在湖体固定点位的监测过程中，若发现有藻类大面积暴发的区域，则在该区域布设随机点位进行监测，以对固定点位进行有效补充。

根据以上信息，结合其他资料，完成太湖生态评价的任务。

（1）太湖蓝藻监测点的布设。

（2）太湖可以采用的采样监测技术。

（3）太湖的富营养化评价。

微课视频

1.4.1　监测点的确定

为了正确了解湖泊生态环境的现状，必须获取反应湖泊生态环境变化特征的有效数据，以探索湖泊生态系统的演化过程和机理，这就要求人们对湖泊进行长期监测和现场调查。

湖泊监测是一项多学科、综合性的监测，涉及水文气象、水化学、水生生物、沉积学，以及水力学、社会经济学等多个学科。各学科相互影响、相互作用、相互制约，形成一个渗透性和交叉性很强的环境系统工程体系。因此，开展湖泊监测应以系统工程思想为主导思想，综合考虑湖泊水环境中各类作用因子，按不同要求、不同层次有序地进行调查和监测。

一旦确定了所要调查或监测的湖泊，首先应收集该湖泊过去的调查资料，充分分析已有数据、报告，并将其整理成系统资料，以对所要调查或监测的湖泊概貌有一个初步了解。

1．选择长期监测点

微课视频

在选择湖泊的长期监测点时，必须充分考虑湖泊的水文条件和湖泊形状（据地图或水下地形图判定）、湖水滞留时间，同时兼顾入湖河流、出湖河流和受外源（点源、面源）影响的水域等诸多因素。长期监测点一旦确定后，不要轻易改动。

对于面积在 1km^2 以内的湖泊，可以只选择在湖心区最深部位的一个点，并将其作为整个水域最具代表性的监测点。

对于面积较大的浅水湖泊，特别是面积大到一定程度且风生流将起重要作用的天然湖泊，可以看到由风生流引起的环流和入湖河水对湖泊产生强烈影响的现象。因此，在选择长期监测点时常选在以下地方：主要入湖河水流入后充分混合的地方；湖水流出的地点；按环流大小选几个点代表不同的水域；由于排污口和污水流入而经常受到污染的地方；湖内温泉水和涌出水流入的地方；等等。选择的长期监测点要能反映水体水质的时空变化特征和受人类活动（如养殖、旅游、沿岸工厂排污等）的影响。长期监测点的数量可以为几个、十几个乃至几十个。

在面积较大的湖泊中，由于环流的存在，在环流上的几个长期监测点往往要连成一条线，形成监测断面。监测断面能较好地反映生态系统的时空变化，湖泊的水文、理化、生物特性，以及造成生态系统演化的内部和外部动力机制，是最具代表性的湖泊水体水域。监测断面既有重要的环境意义，又有“一面观全局”的功能。通常选择能反映湖泊水环境变化的一个或几个湖湾、湖区确定监测断面。

此外，水库等人工湖泊由于受河流下游水流的影响，单一流向占优势，因此沿着河流下游方向在湖泊范围内选择适当的长期监测点即可。

对于盐湖和半盐湖等，在选择长期监测点时还应注意盐分浓度分布的影响。

表 1.4.1 所示为不同湖泊面积应设置的长期监测点个数。一个湖泊中长期监测点的个数应视湖泊大小、自然环境变化和人类活动影响程度而定，同时还应考虑器材、人员和经费的限制。此外，也可以依据近期的大比例尺地形图，按比例设置长期监测点。

表 1.4.1　不同湖泊面积应设置的长期监测点个数

湖泊面积/km^2	<5	[5,20)	[20,50)	[50,100)	[100,500)	[500,1000)	[1000,2000)	≥2000
长期监测点个数	2～3	3～6	6～10	10～15	15～16	16～20	20～30	30～50

湖泊的长期监测点确定之后，如何准确地确定长期监测点的位置以保证资料的可比性，一直是湖泊监测工作的难点。过去常用的罗盘和六分仪等，准确度较差。现在改用 GPS，可以准确地定位。此外，也可以利用湖泊中的航标、灯塔等永久建筑物作为定位的参照物，或者由生态站设置永久浮标等作为定位标志。应将长期监测点的位置标在大比例尺地形图上，以备工作和日后复查使用。

现在也有不少湖泊采用智能水质监测设备，如水质自动监测站、无人船水质监测系统等。水质自动监测站可以实时、连续地监测湖泊水质的多项指标，如水温、pH、溶解氧含量、氨氮、TP 等，并将数据远程传输至管理平台，便于相关人员及时掌握水质变化情况。无人船水质监测系统可以灵活地在湖泊中进行大面积、高精度的水质监测，提高了监测效率和数据准确性。

2．垂直分层监测

进行垂直分层监测首先应参考过去的工作资料或开展预调查，了解湖水垂向变化的趋势。在湖水同温季节，垂直分层监测可以简化。对于水深在 3m 以内的湖泊，采集表层和底层的样品即可。对于水深大于 3m 的湖泊，一般宜分三层采样，即表层、中层和底层，其中中层在水深平均值处采样。

受水的比重和热运动的影响，深水湖泊中常有单循环和双循环等运动现象。在夏季往往形成温跃层，在冬季则形成逆温层。为了更全面、深入地了解湖水的垂向变化规律，可以在有代表性的少数监测点处加密垂向采样。为了区别于前面的采样点，这些采样点可视为垂向剖面采样点位。在这些点位，对于水深为 3～10m 的湖泊，一般分五层进行采样；对于水深大于 10m 的湖泊，一般分七层进行采样；对于个别很深的湖泊，可以酌情增加采样层数。

3．采样的其他要求

（1）采样安全。采样安全是采样工作能顺利完成的根本保证。采样安全注意事项如下：口、皮肤避免接触有毒有害气体和不易分解的有毒有害物质；为采样人员配备救生衣和救生绳，并经常检查它们的可靠性；采样船要具有良好的稳定性，并配备信号旗；避免在不安全的地方或不良天气状况下采集样品；在电厂附近点采样时，要进行特殊的采样设计，以免发生触电事故。

微课视频

（2）采样时间。要充分了解采样期间水质的变化情况，在采样时应尽量避免样品受水质变化的影响，并确保样品具有足够的代表性。因此，采样时间的控制和采样频次的确定是十分重要的。为了获得比较稳定的观测结果，最好在上午进行采样。各监测点每次的采样时间应尽可能大体相同。在同一湖泊中，各监测点的采样应尽量在

微课视频

一天内完成，以免因风及其引起的湖流作用而影响水样测定资料的可比性和准确性。当采样遇到特殊的天气状况时，可以这一状况为中心，进一步进行详细的监测，但必须注意安全。

微课视频

（3）采样频次。对一个湖泊的某些监测点来说，在一定的时期内采样多次，并对采集的样品进行测定是有必要的。从统计学的观点来看，采样频次是指从母体样本中间隔一定的时间抽取样本，并对各个样本进行测定。因此，在一定的时期内，增加采样次数对于正确掌握母体样本是必不可少的，对于提高监测精度也是有利的。但是在母体样本平均值的推断中，采样次数增加到某个值以上，工作量会增加很多，而监测精度几乎不变。

采样频次原则上为每月一次以上，在确定采样频次时，应充分考虑水文条件、水体的季节分层和循环状况、水生生物的演替等。此外，还可以根据实际情况，增加或减少采样次数。采样频次和母体样本平均技术误差的关系如表 1.4.2 所示。

表 1.4.2　采样频次和母体样本平均技术误差的关系

一年内的采样次数	采样频次	95%置信界限计算区间	母体样本平均计算值
4	每季度一次	1.5δ	0.25～1.75
6	两个月一次	1.08δ	0.50～1.50
12	每月一次	0.6δ	0.70～1.30
26	两周一次	0.4δ	0.80～1.20
52	每周一次	0.3δ	0.85～1.15
365	每天一次	0.15δ	0.925～1.075

1.4.2　采样监测技术

微课视频

对于水质状况，需要用一系列指标来加以说明，如溶解性气体、可溶性有机物、悬浮物、营养物质的浓度、生物组成等。因此，采集的样品要满足这些指标的要求。有些指标是需要瞬时测定的，如一些溶解性气体就需要在采样的当时、当地进行固定，尽可能及时完成它的测定，以获取精确的结果，有些指标则不然。由于各种指标的性质和测定方法不同，因此其对应的采样方法和操作方法亦不同。通常采集的样品有理化样品、微生物样品、生物样品。特殊的样品有污染源（物）样品、重金属样品、生态毒性样品，这类样品的种类繁多，其采样方法各异，在此不作详细介绍。

采样方法是根据样品的种类确定的。通常的采样方法有理化采样、微生物采样和水生生物采样。

1. 理化采样

微课视频

在进行理化采样时，要注意采集样品的量，这个量必须满足项目分析的需求，同时要留有余地，以供重复测定、分析使用。采样人员要尽量缩短采样时间，采样器要对所采样品没有污染，并且要便于清洗、操作。

为了正确采集一定深度的水样，必须选用适当的采水器。下面介绍几种常用的适用于湖泊环境调查的采水器。

改良的北原式采水器是在我国的湖泊调查和监测中使用最广泛的采水器之一，其具有结构简单、操作简便等优点，可用于浅水湖泊的水样采集。改良的北原式采水器有金属采水器和有机玻璃采水器两种，如图 1.4.1 所示。金属采水器不适合用作金属离子测定时的采水工具。对于溶解性气体的采样，二者都可使用。

图 1.4.1 金属采水器和有机玻璃采水器

采水器的使用方法如下：①将准备好的橡皮管套在采水器出水嘴上，并将橡皮管夹在采水器上缘；②将绳子拴在采水器的提柄上；③将采水器垂直放入水中，底下阀门自动打开，待采水器到达预定深度后将采水器缓缓提起，下阀门自动封闭；④放下橡皮管，取样。

目前海洋和深水湖泊水样采集普遍采用颠倒采水器，如图 1.4.2 所示。颠倒采水器为圆筒形，总长为 65cm，容积约为 1L，两端各有一个活门，由弹簧调节松紧，各杠杆与同一根连杆连接，使两个活门可同时开启或关闭。颠倒采水器配置了两支颠倒温度计。颠倒采水器上端装有释放器，包括撞击开关和挡片两部分。颠倒采水器下端固定在钢丝绳上，上端利用挡片扣在钢丝绳上，钢丝绳穿过一个重锤的孔。

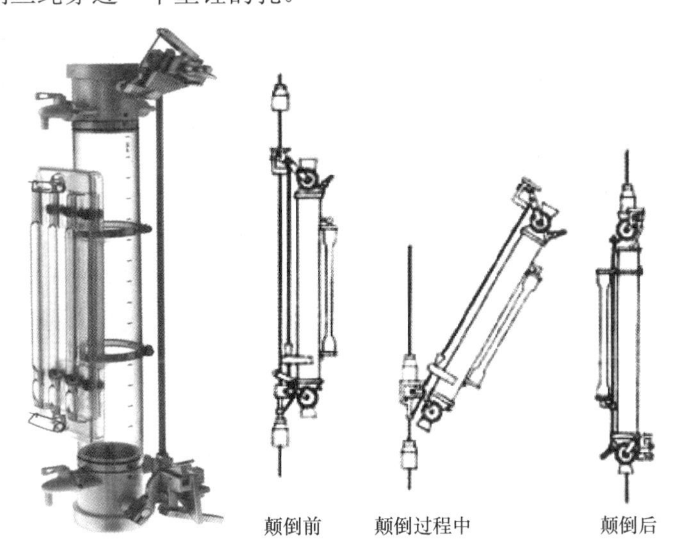

图 1.4.2 颠倒采水器及采水示意图

用钢丝绳将颠倒采水器放入水中，这时两端的活门因颠倒采水器的重力同时打开，水可自由出入。当颠倒采水器到达预定深度后，在水面将重锤释放，自由下降的重锤将释放器上的撞击开关撞开，这时挡片也被移开，不再扣住钢丝绳，颠倒采水器上端脱开钢丝绳倒转 180°，这时颠倒采水器的重力使两端的活门同时关闭。

采集沉积物使用采泥器，常用的采泥器有彼得森采泥器、埃克曼·维奇采泥器和柱状采泥器，如图 1.4.3 所示。使用柱状采泥器可对沉积物进行分层采样，还可进行间隙水的采样及水-土界面的实验研究。较深层的柱状样品只有通过打钻才能获得。采样时需要详细记录采样日期（年、月、日）、采样时间、采样位置（可用 GPS 测定经纬度或用图标出）、采泥器名称及型号等，并对沉积物进行现场描述，如质地、颜色、气味等，还应当现场测定其 pH。样品的现场处理是指把采集的底质样品装到干净的聚乙烯袋中，清除小石子、贝壳、动植物碎片等异物，将样品混合均匀。对于采集的样品应尽可能迅速地进行分析、测定，若不能立即进行分析、测定，则应按照分析项目的要求进行妥善保存。

微课视频

2．微生物采样

湖泊水体中的微生物通常是指对水体生态系统物质循环起作用的细菌。细菌属于原核生物，大多数细菌是单个细胞，其大小不到 1pm。在光学显微镜下可以看到的细菌根据细胞形状可分为球菌、杆菌、螺旋菌、链球菌等。对大多数微生物采样可使用消过毒的玻璃瓶或耐高温且无任何有毒物质的塑料瓶。

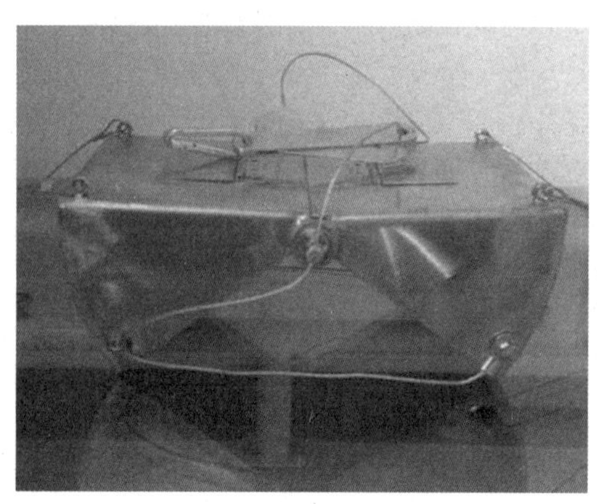
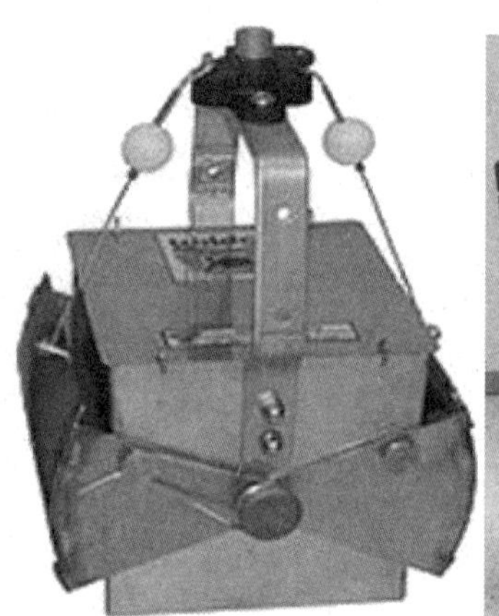

图 1.4.3　彼得森采泥器、埃克曼·维奇采泥器和柱状采泥器

微生物采样通常使用容积为 100～150mL 的深棕色具磨口塞的广口玻璃采样瓶，也可使用带有螺旋帽的无毒或能耐受多次连续高温消毒的聚丙烯塑料采样瓶。将采样瓶洗涤、干燥后，用防潮纸或优质厚牛皮纸将瓶塞与瓶颈部包扎好，在 120℃下进行高压蒸汽灭菌 15～20min。将灭菌后的采样瓶置于半无菌室保存备用，超过 10 天未使用的采样瓶均须重新灭菌。表层湖水的细菌水样可直接用灭菌采样瓶采集，在进行深层湖水采样时可使用自制的简易细菌采样器。采样瓶内应留有足够的空间，以便将水样混合均匀。从采样到分析应不超过 4h，如果超过 4h，则当气温在 10℃以上时，应将水样置于盛有冰的保温桶中冷藏，但保存时间不得超过 6h。水样到达实验室后，如果不能立即进行分析，则必须马上转移到 4℃的冰箱内保存，储存时间不得超过 2d。装有样品的采样瓶应封口，在进行实验分析前不能打开，以防止样品在实验分析前被污染。

3. 水生生物采样

水生生物是湖泊生态系统中最重要的组成部分。水生生物的结构组成与生态功能随水环境变化而变化。水生生物在湖泊生态系统中按其营养方式、生活方式形成复杂的食物网，它们相互依赖、相互排斥。由于水生生物均生活在水环境或与水环境相关的湖底泥中，因此它们对外界环境改变的反应较陆生生物更直接、更迅速。对水生生物的监测是湖泊生态系统监测不可缺少的部分。

水生生物监测的内容包括浮游植物、浮游动物、底栖动物、细菌及鱼类，涉及的项目主要包括水生生物的种群组成、数量变动、生物量、初级生产力等生物指标监测。通过对生物、水质及底质各种指标的综合分析，能更全面、更准确地以生态学观点评价湖泊水环境的现状、污染状况、富营养化水平及其发展趋势。

采集浮游植物水样的工具有浮游植物采集网和采水器。浮游植物采集网为倒圆锥形，如图 1.4.4 所示。网体由 25 号筛绢制成，筛网孔径为 64μm，末端有出水开关塞（通常称为网头）。在采集浮游植物水样时，将浮游植物采集网绑在竹竿上，在水中缓慢地拖动，或者在水中做横“8”字形划动 5～10min。为了尽可能多地采集到各种浮游植物，在拖动或划动浮游植物采集网时，要注意上、下移动。将捞得浮游植物的采集网拉起，滤去多余的水，待只剩下网头中的水时，旋开活塞将其放入标本瓶并用福尔马林溶液固定。在标本瓶上贴上写有采样地点、采样日期、采样编号、采样时间的标签。通过这种采样方法获得的浮游植物水样只能用于浮游植物种类组成的测定，通常称为浮游植物定性水样。

用于浮游植物现存量与生物量分析的水样是浮游植物定量水样。浮游植物定量水样常用沉淀法制取：用采水器按照监测的要求取指定水层或表层、底层混合水样 100mL，将其放到广口瓶中，并加入 10～15mL 的鲁哥氏液作为固定溶液。将水样带回实验室，摇匀后倒入 1000mL 的圆形或筒形分液漏斗，如图 1.4.5 所示，将分流漏斗固定在架子上，并放在稳定的实验台上，静置 24～48h。用细小虹吸管小心吸取上层清液，直至浮游植物沉淀物约为 20mL，旋开分液漏斗活塞将样品放入标有 30mL 刻度的标本瓶，并用少许上层清液冲洗分液漏斗 2～3 次，定格到 30mL。如果定量样品中水样量超过 30mL，并再静置 24h 以上，并小心吸去多余的上清液。如果没有分液漏斗，则可在试剂瓶中以同样的方法将水样量逐次缩至 30mL。在样品瓶上贴上写有采样地点、采样日期、采样编号、采样时间的标签。

浮游植物现存量用定量水样在显微镜下计数获得，单位为 cell/L。浮游植物生物量通过对定量水样中的浮游植物进行分类，测量其长、宽、高，计算出体积并折算成质量获得，单位为 mg/L。在浮游植物监测中也可以用 Chl-a 含量表征浮游植物现存量。

浮游动物种群用浮游动物采集网采集。浮游动物采集网和浮游植物采集网的结构相同，但其筛网孔径为 112μm。此外，在采集时，应注意沿水平和垂直两个方向采集。

浮游动物种群现存量分析用的水样为浮游动物定量水样。浮游动物定量水样一般由两部分组成：一部分是原生动物、轮虫的定量水样，其采集方法和浮游植物定量水样的采集方法相同；另一部分是枝角类、桡足类的定量水样，其采集使用浮游植物采集网和采水器，采集水样的升数视水体中枝角类、桡足类的数量多寡而定，一般为 5～50L。水样用浮游植物采集网过滤后放入标本瓶并用福尔马林溶液固定，福尔马林溶液的用量为水样量的 4%。在样品瓶上贴上写有采样地点、采样日期、采样编号、采样时间的标签。在立体显微镜下对水样进行分类计算，并换算成生物密度，单位为 ind/L。原生动物、轮虫现存量和枝角类、桡足类现存量之和为浮游动物现存量。浮游动物生物量与浮游植物生物量的测定方法一样，单位为 mg/L。

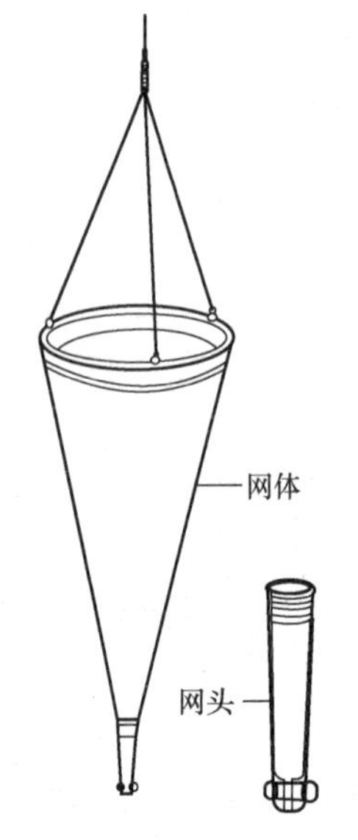

图 1.4.4　浮游植物采集网

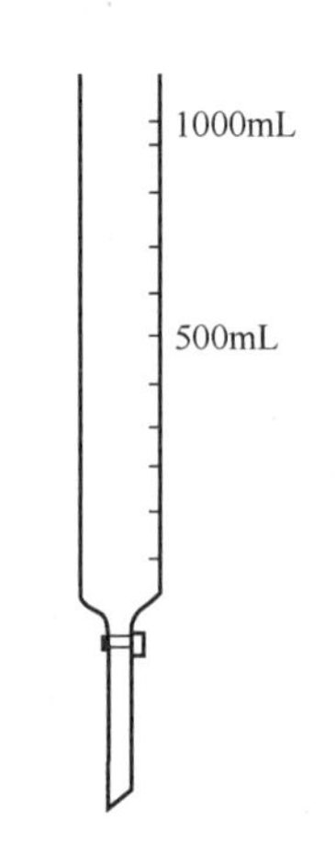

图 1.4.5　分液漏斗

常用的底栖动物采泥器为彼得森采泥器，其开口面积为 1/16m^2，适用于采集淤泥及较软的底泥，主要用于采集水生昆虫、水生寡毛类等小型的软体动物。在使用时把采泥器上的绳子系在船的某处后，打开采泥器，挂好提钩，先将采泥器缓慢放至水底，然后继续放绳，抖脱提钩，再轻轻向上提绳拉紧，估计采泥器两页闭合后，将其拉出水面。将采有底泥的采泥器置于盆中，将采得的底泥倒入盆中，用 40 目筛在水中筛除泥沙，把获得的底栖动物及其腐屑等剩余物装入塑料袋，带回实验室进行分类、镜检。把标明采样地点、采样日期、采样编号和采样时间的标签一并放入塑料袋。

常用开口面积为 1/16m^2 的带网采泥器采集螺、蚌等较大的底栖动物。采得样品后，将网口紧闭，在水中涤荡，除去网中泥沙，将带网采泥器提出水面，捡出其中全部的螺、蚌等底栖动物。

底栖动物中水蚯蚓等寡毛类在固定前要先麻醉，即将标本置于玻皿中，加少量水和 1～2 滴 75%的乙醇，每隔 5～10min 再加 1～2 滴 75%的乙醇，直至虫体被完全麻醉，然后加甲醛和水的体积比为 7∶93 的甲醛溶液固定 24h，最后移到 75%的乙醇中保存。

如果只对环节动物进行单纯的定量分析，则也可直接将其先投入甲醛溶液进行固定，然后移到 75%的乙醇中保存。

对于软体动物中的螺、蚌，在固定前要先在 50℃左右的热水中将其闷死，在壳张口处（螺厣、壳口间）塞入一块小木片，然后向内脏团中注射上述甲醛溶液并将其投入该溶液固定 24h，最后移到 75%的乙醇中保存。对于小型螺、蚌，不必将固定剂甲醛溶液注入其内脏，可用热水将其闷死，待壳张口后固定。对螺、蚌的分类多依据外壳特征进行，所以可以去掉内脏，留壳保存。

水生昆虫一般先直接投入 7%的甲醛溶液固定 24h，再移到 75%的乙醇中保存。固定剂体积应为动物体积的 10 倍以上，否则应在 2～3d 后更换一次固定剂。底栖动物生物量常用直接称重方法获得。

大型水生植物通常分为四大类：挺水植物、沉水植物、浮叶植物和漂浮植物。有的大型水生植物可以从船上直接采样并进行测定。但采集湖底的沉水植物必须使用采集工具，常用的采集工具为带网铁夹。它由边长为 50cm、可张开和关闭的铁条组成正方形框架，边框上缝上孔径约为 1cm 的尼龙网袋，网袋长度约为 90cm，当铁夹完全张开时，框口为正方形，面积为 $0.25m^2$。

采集到的不同种类的大型水生植物用标本夹被制成蜡叶标本或被直接制成浸制标本，每号标本至少制两份，经鉴定后保存。每采集一种植物，必须立即做好采集记录，并贴上采集标签。

大型水生植物现存量的测定多选择在多数大型水生植物的最高生长期（8 月中旬至下旬）进行，对各种生活型或代表性群落，应采集尽可能多的样品，求出每单位面积的大型水生植物现存量，用它制成植被图，乘以植被面积，推算出湖内大型水生植物的总现存量。在测定大型水生植物现存量时不必考虑群落内植物的生长密度，可以根据每平方米内各类植物的总现存量和它们的分布面积，由样品推算出总体，即可求出水体中各类大型水生植物的总现存量及其所占的比例。

鱼类样品一般由研究人员通过撒网、电网等水产作业捕捞方式采集，也可以利用渔民的鱼簖、大兜网、定量网、刺网、滚钩，甚至渔民提供的渔获物采集。无论用哪种方法采集样品，都应尽量避免或减小采样的误差和偏倚，使取得的样品具有充分的代表性。

在采样过程中，如果发现新品种和需要制作标本的鱼类，则每种可取 10～20 尾，稀有或特有品种要适当多取一些。每种鱼的样品应含有不同大小的个体，同时鱼要新鲜，鳞片和鳍条要完整且无明显损伤。将样品鱼洗净，经长度测量和称重后，在其下颌或尾柄系上标签。样品鱼用 5%～10%的甲醛溶液固定。个体较大的样品鱼，须向腹腔注射适量的固定剂。样品鱼宜用纱布覆盖，防止表面风干。待样品鱼变硬定型后，将其移到标本瓶中，加甲醛溶液至淹没鱼体。对于鳞片容易脱落的鱼类，可用纱布包裹起来放到标本瓶中保存。小型鱼类的样品可将多尾鱼连同标签用纱布包在一起保存在标本瓶中，而不必逐一系上标签。

4．样品的保存、运输与处理

用于理化分析的各种水样在从采集到分析的这段时间里，会因物理、化学和生物作用发生各种变化。为了最大限度地减少这些变化，必须在采样时根据水样的不同情况和要测定的项目采取必要的保护措施，并尽快进行分析，特别是在被分析的组分浓度低于 μg/L 量级时。如果在采样后样品的运输过程中不注意对样品进行必要的处理、保存，那么测出来的物质的浓度相较采样时这些物质的浓度将发生很大的变化。

造成这些变化的原因是多种多样的，主要原因如下：细菌、藻类及其他生物体消耗水样中的一些组成物质并产生新物质，改变了水样的性质，如生物活动影响水样中的溶解氧、二氧化碳、氮的化合物、磷的化合物，甚至硅的化合物；有些化合物被空气中的氧气或水中的溶解氧氧化；有些物质可形成碳酸盐、金属盐沉淀出来；吸收空气中的二氧化碳改变了水体的 pH、电导率、二氧化碳含量；金属溶解和水样中的固体物质、装水样的容器表面对一些有机质、胶体物质的吸附；多聚化合物的解聚及一些简单化合物的聚合。这是由水样温度的改变、暴露在光线中、容器性质等导致的水样的化学、生物性质发生的变化。需要强调的是，仅几小时的时间就足以使这些反应发生，因此，无论在什么状况下都必须进行前处理，以尽量减少这些反应。

这些反应绝大部分是由生物过程的不断进行而造成的，故选择一种不会对水样造成污染的保存方法是有必要的。

1）水样保存的要求

采取适当的保护措施虽然能够减小水样变化的程度或减缓水样变化的速度，但是并不能完全抑制其变化，对于那些特别容易发生变化的项目必须在采样现场进行测定。有一部分项目在采样现场采取一些简单的预处理措施后，能够保存一段时间。水样允许保存的时间与水样的性质、分析的项目、溶液的酸度、储存容器、存放温度等多种因素有关。因此，保存水样的基本要求如下：①减缓生物作用；②减缓化合物或络合物水解及氧化还原作用；③减少组分的挥发和吸附损失。保存水样的措施如下：①选择适当材料的容器；②控制溶液的 pH；③加入化学试剂抑制氧化还原反应和生化作用；④进行冷藏或冷冻以降低细菌活性和化学反应速度。

2）简易前处理

①充满容器，用采集的水样把采样瓶充满，盖上盖子，使采样瓶中水样上方不留任何空气；②选择适当的采样瓶，使用不透明或棕色采样瓶以降低光合作用。注意，装过高浓度污染物，特别是一些有机氯杀虫剂的采样瓶不要再装低浓度水样，以免污染低浓度水样。在采集固体、半固体样品时，应采用采样器皿或广口采样瓶。

采样瓶的前处理如下所述。①化学分析采样瓶的前处理。用于对水体进行微量化学组成分析的采样瓶要彻底清洗，把对水样造成污染的可能性降至最低。一般情况下，新玻璃器皿要先用带洗涤剂的水冲洗，除去灰尘和残留物，然后用蒸馏水或去离子水洗净。用于一般微量分析的采样瓶用 1mol/L 的硝酸或氯酸浸泡一天以上后用蒸馏水或去离子水洗净。用于测定磷、硅、硼和硫化合物的采样瓶不能用洗涤剂清洗。用于测定微量有机物的采样瓶按照相关的国际标准进行前处理。②微生物分析采样瓶的前处理。采样瓶要经得起 175℃的温度和 1h 的消毒，并且不能释放任何促进生物活动、生长和死亡的化学物质。当使用较低温度消毒时，可使用多聚碳化物和耐高温的聚酯采样瓶，瓶盖和其他塞子要一起消毒。采样瓶必须不含有酸、碱和有毒物质。玻璃瓶必须先用洗涤剂清洗，然后用水冲洗，再用蒸馏水洗涤，最后用 10%的硝酸和蒸馏水洗涤，以去除重金属或氯化物残留。

3）冷冻或冷藏

必须强调的是，即使在样品采集后立即对其进行处理也需要先对其进行冷冻或冷藏，这是一种极其有效的方法，如果条件允许，可在采样地使用冷藏箱或冷藏柜进行冷藏。

在样品分析前相对较短的时间内，可以把样品储存在温度为 2～5℃的冷藏箱内，但这种储存方式决不能作为长期储存方式。一般在−20℃的冷冻情况下，样品才能长期保存。玻璃采样瓶不适宜用来冷冻水样。此外，用于微生物分析的样品不能冷冻。

对于一些理化样品，可以在采样后直接在样品中或在采样前的空样品瓶中加化学药品来固定样品。最主要的化学药品有酸、碱溶液及生物固定剂。

盛装样品的容器上必须写上整齐、耐擦的编号标记，以便在实验室内能清楚地辨认，不至于因样品的编号标记变得模糊不清而发生差错。

在运输前应根据采样记录或登记表核对、清点样品，以免样品有误或丢失。水样在运输过程中的储存温度不应超过采样时的温度，必要时要准备冷藏设备。应避光、迅速、准确无误地将水样送至实验室。样品送达实验室后，如果不立即进行分析，则必须把样品放在没有污染的地方，盛装样品的容器要放在避免使样品发生任何变化的环境中。样品要放在冷藏室或阴暗、低温的地方。实验室的工作人员要核对采样瓶的编号。

5. 沉积物样品的采集与制备

沉积物是湖泊中在地球化学过程和人类影响下的产物，湖泊中各种营养物质颗粒的沉降及底泥中营养物质的释放，对水体的理化特征有较大的影响。

1）样品的采集

湖泊沉积物样品的采集是决定分析结果是否可靠的重要环节。特别是在沉积物受到严重污染时，其理化组成差异很大，采样误差有时比分析误差大若干倍。因此，采样时必须十分重视样品的代表性。一个样品是否具有代表性和沉积物差异的大小、采样方法、采样工具等均有关。

在进行湖泊沉积物调查时，应根据湖泊的大小和营养物质类型选设适当数量的采样点，但必须包括湖心和其他有代表性的采样点。在主要的河流入湖处和排放口周围增设采样点。如果要详细调查，则需要在湖中按一定规则划分网格设置采样点。

网格大小应根据沉积物的差异情况及分析目的而定，把沉积物划分成若干采样区，呈长×宽网络状。当然每个网格的面积越小，样品越具有代表性，但采样所需要的经费及分析工作量也将相应增加。因此，要选择在样品代表性和经费方面都比较合理的采样点布设方案。

沉积物的采样时间一般应与湖水的采样时间相一致。如果条件允许，可另选择在底泥中所含物质对水体有最不利影响时采样。季节的变化会伴随气温的变化，虽然水温的变化较气温的变化要小，但不同季节湖泊中的水温也会发生变化。水温变化及大湖的潮汐作用等，都将使沉积物成分发生变化。

将柱状采泥器轻轻地垂直放下采集底泥，通过虹吸管除去底泥上部的湖水，把表层 5cm 厚度的底泥装入离心管，以 500r/min 离心 20min，上部的澄清液即间隙水样品。以上过程应在采取底泥样品后尽快进行，以缩短样品与空气的接触时间。

采样时需要详细记录采样日期（年、月、日）、采样时间、采样位置（用图标出）、采样时的气象资料、采泥器名称及型号等，并对沉积物进行现场描述，如质地、颜色、气味等，还应当现场测定其 pH。对于采集的样品，应尽可能迅速地进行分析、测定，若不能立即进行分析、测定，则应按照分析目的的要求进行妥善保存。

2）样品的制备

从野外取回的样品，经登记编号后，都需要经过一个制备过程，即风干、磨细、过筛、混匀、装瓶，以备各项目测定使用。采集到样品后，要先挑出动植物残骸、石粒、砖块等，以除去非底质样品的组成部分，并适当磨细，充分混匀，使分析时所称取的少量样品具有较高的代表性，以减小采样误差。如果要全量分析项目，则样品需要磨细，以便分样能够完全均匀。

在沉积物分析中，人们一般取风干样品而不是烘干样品作为分析样品，因为在样品的烘干过程中有些成分会发生变化或遭到破坏。但是有些成分，如亚价铁、铵态氮、硝态氮及 Eh（氧化还原电位）等，在风干过程中也会发生变化，所以对涉及这些成分的项目应当采用新鲜样品进行分析。

烘干样品是沉积物样品在 105～110℃条件下烘干至恒重的样品，可用于风干样品的含水量计算。

新鲜样品是指从现场采集后未进行任何处理的沉积物样品。新鲜样品一般的制备原则是尽量保持样品的原状态，以保证样品的所需测试组分或性质不发生变化。具体做法是，用柱状采泥器采集到样品后，加盖于采样管，使其与空气隔绝，带回实验室，静放 0.5～1h，待沉积物上部的悬浮沉积物颗粒沉降之后，去掉上覆水，取出样品，除去样品中的动植物残骸及石块等杂物。如需保存，应在低温（4℃左右）阴暗处保存。在测试时，可取一定量样品进行分析，同时取同样质量的样品称重定量。注意，对于那些需要用新鲜样品进行分析的项目，应尽快进行分析，不要放置或保存样品太久，以免样品变质。

将从现场采集的样品在阴凉通风处初步晾干，去掉大部分水分。将半干的底质样品摊在洁净的塑料薄膜或纸上，用玻棒将其碾碎，除去样品中的动植物残骸及石块等杂物，摊开并铺成薄层，在阴凉通风处风干，并不时翻动。

将风干后的沉积物样品用玻棒碾碎后，过 18 目筛（尼龙筛，孔径为 1.00mm）。对过筛后的沉积物样品重复用四分法进行弃取，最后留出足够用于分析的量。弃去的样品另装瓶备用。留作分析的样品用玻璃或玛瑙研钵磨细至全部通过 100 目筛（尼龙筛，孔径为 0.149mm）。将过筛后的样品充分混匀，装瓶备用。在计算分布结果时，样品质量均应换算成在 105～110℃条件下烘干至恒重的沉积物量，以此作为基数。

1.4.3 富营养化评价

目前，湖泊富营养化的主要评价方法有营养状态指数法、综合指数法、灰色聚类分析法、生物评价法、模糊评价法、灰色评价法和物元分析法等。在采用上述方法对某一湖泊进行富营养化评价时，常会遇到这样的问题：选择不同的指标或方法可能得到不同的结果。这是因为湖泊富营养化评价，即确定水体的状态属性，实际上是一个将定性问题定量化的多变量综合决策过程。由于自然界中的湖泊所处的地理位置、环境条件和自身成因等方面的差异甚大，受人类活动影响的程度也不相同，因此湖泊富营养化的类型（如浮游植物型、大型水生植物型等）和富营养化进程的快慢均不一样，其评价方法也不尽相同。因此，对湖泊进行富营养化评价应因地制宜，并以综合评价的方法为主。

目前，我国湖泊富营养化评价采用的基本方法主要有营养状态指数［卡尔森营养状态指数（TSI）］法、修正的营养状态指数（TSI_M）法、综合营养状态指数（TLI）法、营养度指数法和评分法等。综合营养状态指数计算公式为

$$\text{TLI}(\Sigma)=\sum_{j=1}^{n}W_j \times \text{TLI}(j)$$

式中，W_j是第j种参数的营养状态指数的相关权重；TLI(j)是第j种参数的营养状态指数。若以 Chl-a 作为基准参数，则第j种参数的归一化相关权重计算公式为

$$W_j=\frac{r_{ij}^2}{\sum_{j=1}^{m}r_{ij}^2}$$

式中，r_{ij}是第j种参数与基准参数 Chl-a 的相关系数；m是评价参数的个数。中国湖泊（水库）部分参数与 Chl-a 的相关关系如表 1.4.3 所示。

表 1.4.3 中国湖泊（水库）部分参数与 Chl-a 的相关关系

参数	Chl-a	TP	TN	SD	COD_{Mn}
r_{ij}	1	0.84	0.82	−0.83	0.83
r_{ij}^2	1	0.7056	0.6742	0.6889	0.6889

表 1.4.3 中的数据引自金相灿等所著的《中国湖泊环境》，其中r_{ij}来源于中国 26 个主要湖泊调查数据的计算结果。营养状态指数计算公式为

$$\text{TLI(Chl-a)}=10\times[2.5+1.086\ln(\text{Chl-a})]$$

$$\text{TLI(TP)}=10\times[9.436+1.642\ln(\text{TP})]$$

$$\text{TLI(TN)}=10\times[5.433+1.694\ln(\text{TN})]$$

$$\text{TLI(SD)}=10\times[5.118+1.94\ln(\text{SD})]$$

$$\text{TLI}(\text{COD}_{\text{Mn}})=10\times[0.109+2.66\ln(\text{COD}_{\text{Mn}})]$$

式中，Chl-a 的单位为 μg/L，SD 的单位为 m，其他指标的单位均为 mg/L。采用 0～100 的一系列连续数字对湖泊营养状态进行分级：$\text{TLI}(\Sigma)<30$，表示贫营养；$30\leqslant\text{TLI}(\Sigma)\leqslant50$，表示中营养；$\text{TLI}(\Sigma)>50$，表示富营养。其中，$50<\text{TLI}(\Sigma)\leqslant60$，表示轻度富营养；$60<\text{TLI}(\Sigma)\leqslant70$，表示中度富营养；$\text{TLI}(\Sigma)>70$，表示重度富营养。

案例解析：太湖生态评价

1．长期监测点的选择

太湖湖泊生态系统研究站（TLLER）是中国生态监测网络之一，是国家野外科学观测站。从 1991 年起，TLLER 逐月或逐季度对太湖的营养物质、藻类、浮游动物等生态因子进行观测。TLLER 在太湖设的监测点位如图 1.4.6 所示。其中，1991—1997 年监测 1～8 号点（逐月监测），1998—2004 年监测 1～13 号点（其中 1～9 号点逐月监测，10～13 号点逐季度监测），2005—2006 年监测 1～32 号点（1～8 号、10 号、13～14 号、16～17 号、32 号点逐月监测，其余点逐季度监测）。另外，1991—2004 年还在 TLLER 附近设有一个监测点。监测指标逐年增多，包括悬浮物浓度（SS）、SD、TN、TP、Chl-a 等富营养化基本参数，以及水生生物、常见离子、气象条件等。样品采集、分析等均按照湖泊生态系统监测方法进行。

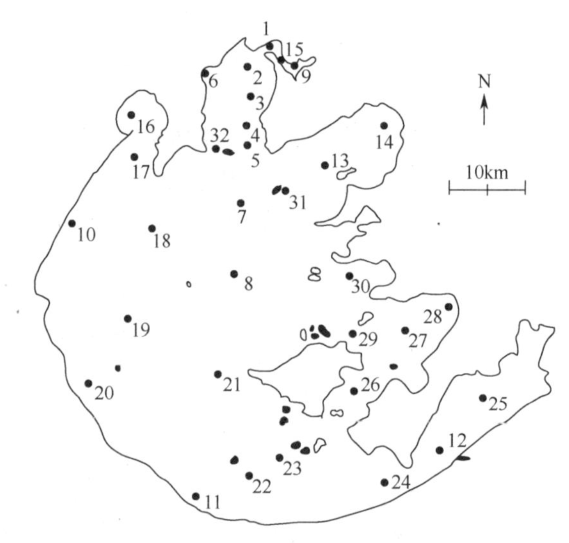

图 1.4.6　TLLER 在太湖设的监测点位

2. 采样监测技术

1）人工监测技术

湖泊水华监测采样频次依据水华程度和监测手段而定。人工监测采样频次一般为每 3 天一次，若受到气象条件、监测条件等因素的影响，则可适当调宽采样频次。对布设的监测点进行人工现场观测，观测人员应配备便携式水质监测仪器现场测定水质参数，如风速、风向、水文条件、水温、SD、pH、溶解氧、蓝绿藻类密度和 Chl-a 浓度（使用在线蓝绿藻和叶绿素分析仪测定）。对于出现异常的水样，还需要采集水样并将其带回实验室进行进一步分析。

2）自动监测技术

水质自动监测代表水环境监测的高级阶段。水质自动监测站的监测方式包括传感器方式、抽水方式及二者相结合的方式。传感器方式是指把外部传感器安装到监测点位置，通过不同传感器对 pH、溶解氧、电导率、浊度、温度等参数进行监测。抽水方式是指先利用水泵把水样抽到采样杯中，或者使水样经过去除泥沙等预处理后进入采样杯，再从采样杯中取水到综合分析仪，分别对 TP、TN、TOD 等参数进行分析。

3）生物监测技术

在对水质的评价过程中，常规的对水环境中 BOD、COD、TOD 和浊度等进行测试所使用的传统理化检测方法，已经不足以反映水环境样品的毒性效应，因此还需要进行多样性的生物监测。应用生物监测技术，可以直接检测出生态系统中已经发生的变化或已经产生影响而没有显示出不良效应的信息。例如，水环境监测利用底栖动物与浮游动物群落、种群及个体数量和形态学的改变反映污染程度，利用活体生物的急性毒性试验反映污染物浓度，利用活体生物的慢性毒性试验反映致畸、致癌、致突变的毒性效应等。

4）遥感监测技术

遥感监测技术主要适用于大范围的水域，通过以往获得的数据建立数学模型，以对一些水体的水质变化进行预测。水体及其污染物的光谱特性是利用遥感信息进行水质监测与评价的依据。利用遥感信息和有限的实地监测数据建立太湖水质参数预测模型，进行太湖水质污染的预测、分析和评价，能较好地反映水质的空间分布特征。

3. 富营养化评价

在比较太湖富营养化的长期变化趋势时，为了提高采样点的代表性，可剔除靠近岸边的一些河口监测数据，分别选取 2 号、3 号、4 号、5 号点代表梅梁湾的情况，选取 7 号、8 号点代表湖心区的情况，选取 6—8 月的监测结果代表夏季的情况。对梅梁湾和湖心区夏季水体 TN、TP、SD 及 SS 的长期变化进行统计分析。

在分析太湖近年来的富营养化空间分布状况时，选取 2005—2006 年 2 月、5 月、8 月、11 月的 32 个采样点监测数据，取 Chl-a、SD 及 TP 数据，按照湖泊富营养化评价综合模型计算各点的 TSI，并将每年 4 个月的 TSI 进行平均，获得年 TSI 及其误差。对 2005 年及 2006 年各采样点的 TSI 进行比较分析，TSI 计算公式为

$$\mathrm{TSI} = 0.540 \times \mathrm{TSI(Chl\text{-}a)} + 0.297 \times \mathrm{TSI(SD)} + 0.163 \times \mathrm{TSI(TP)}$$

式中，TSI(Chl-a)、TSI(SD)、TSI(TP)按照卡尔森提出的营养状态指数计算方法获得，其计算公式为

$$\mathrm{TSI(Chl\text{-}a)} = 10 \times \{6 - [2.04 - 0.68\ln(\mathrm{Chl\text{-}a})] / \ln 2\}$$

$$\mathrm{TSI(SD)} = 10 \times [6 - \ln(\mathrm{SD}) / \ln 2]$$

$$\mathrm{TSI(TP)} = 10 \times [6 - \ln(48 / \mathrm{TP}) / \ln 2]$$

湿地生态修复技术

学习要求

1．分析湿地生态系统的基本结构。
2．列举湿地生态系统的调查手段。
3．掌握湿地生态系统的修复方法。
4．总结湿地生态系统的评估标准。

任务 1 分析湿地生态特征

案例导入：洪河湿地生态分析

党的二十大报告明确指出，必须牢固树立和践行绿水青山就是金山银山的理念，站在人与自然和谐共生的高度谋划发展。因此，我们要充分认识湿地生态系统的价值，基于提升生态系统多样性、稳定性、持续性的目标，进行湿地生态分析。

洪河湿地位于黑龙江省三江平原，是一个重要的内陆湿地和水域生态系统。洪河湿地主要包括泛滥地、草本泥炭地等湿地类型，总面积约为 21835 公顷，地理位置为东经 133° 34′ 38″ ～133° 46′ 29″ ，北纬 47° 42′ 18″ ～47° 52′ 00″ 。洪河湿地东临前锋农场，西与洪河农场接壤，北与鸭绿河农场相接，是三江平原湿地中具有代表性和独特性的一块区域。

洪河湿地生态系统复杂且多样。湿地内的植被保持原始状态，以草本沼泽植被和水生植被为主，间有岛状林分布。湿地内的主要植物种类包括小叶樟、薹草等湿生植物，以及杨树、桦树、柞树、椴树等岛状林树种。湿地内生物类型丰富，包括多种哺乳动物、鸟类、爬行动物、两栖动物和鱼类。其中，珍稀濒危物种较多，如东方白鹳、丹顶鹤、白枕鹤等国家一级保护鸟类，以及野大豆、水曲柳等国家珍稀濒危野生植物。湿地内水系发达，有浓江河和沃绿兰河两条流速缓慢的沼泽型河流。这些河流为湿地提供了丰富的水源，同时也影响着湿地的生态过程和景观格局。

近年来，洪河湿地生态系统的演化受到自然和人为因素的共同影响。气候变化导致湿地内的水文状况、植被分布和动物种群发生变化，而农业开垦等人为活动也加剧了湿地的退化。在保护区建立前，当地大规模的农业开垦活动导致原有湿地迅速退化。此外，为种植水稻而修建的排干渠也加剧了湿地的退化。这些排干渠不仅扰乱了湿地与周边地表水的联系，而且导致了保护区内河流断流和湿地干枯萎缩。

根据以上信息，结合其他资料，完成洪河湿地生态分析的任务。

（1）洪河湿地生态系统的演化过程。

（2）洪河湿地的水文过程。

（3）洪河湿地的生物资源。

2.1.1　湿地的类型与分布

微课视频

湿地分类是湿地整体中各部分之间相互有序关系的反映。对湿地进行分类的工作早在 20 世纪初就开始了，是对欧洲和北美洲泥炭地进行分类。较为系统、完整的湿地分类工作主要是由美国科学家完成的。20 世纪 50 年代初，美国鱼类和野生动物管理局对湿地进行了一次调查与分类。该分类方案相对简单，其将湿地划分为四大类型：内陆淡水湿地、内陆咸水湿地、海岸淡水湿地和海岸咸水湿地。每个大类型又按照不同的水文情势（如水深和淹水频率的不同）划分为 20 个小类型。该分类系统实用性强，于 1979 年前得到了广泛应用，但该分类系统过于强调植物的作用，在进行类型划分时又过于强调水位的差异性，最终阻碍了它的推广。1974 年，美国鱼类和野生动物管理局开始筹划新的湿地分类系统。该分类系统依据水文、地貌、化学和生物因子，首先将湿地与深水生境划分为海洋、河口、河流、湖泊和沼泽五大系统，每个大系统又依次划分为亚系统、类型组、亚类型组、优势类型等不同水平。该分类系统于 1979 年正式发表并被沿用至今。

1990 年，《湿地公约》缔约方大会上发展了一个新的分类系统，并获得通过。该分类系统的显著特点是把人工湿地单独作为一个系统，与海洋、内陆等系统并列。该分类系统将海洋和沿海湿地分为 11 类，将内陆湿地分为 16 类，将人工湿地分为 8 类，共计 35 种类型。1990 年，《湿地公约》缔约方大会上还对该湿地分类系统进行了修正，增补了一些湿地类型，其中海洋湿地分为 12 类，内陆湿地分为 20 类，人工湿地分为 10 类，如表 2.1.1 所示。该分类标准经《湿地公约》批准后，在全球得到了广泛应用，已成为当前全球湿地类型划分的主要依据。

表 2.1.1　《湿地公约》对湿地的分类

1 级	2 级	3 级	4 级
天然湿地	海洋湿地	永久性浅海水域	多数情况下低潮水位<6m，包括海湾和海峡
		海草层	包括潮下藻类、海草、热带海草植物生长区
		珊瑚礁	珊瑚礁及其邻近水域
		岩石性海岸	包括近海岩石性岛屿、海边峭壁
		沙滩、砾石与卵石滩	包括滨海沙洲、海岬、沙丘与丘间沼泽
		河口水域	河口水域和河口三角洲水域

续表

1级	2级	3级	4级
天然湿地	海洋湿地	滩涂	潮间带泥滩、沙滩和海岸其他咸水沼泽
		盐沼	包括滨海盐沼、盐化草甸
		潮间带森林湿地	包括红树林湿地和海岸淡水沼泽森林
		咸水、碱水泻湖	有通道、与海水相连的咸水、碱水泻湖
		海岸淡水湖	包括淡水三角洲泻湖
		海滨岩溶洞穴水系	滨海岩洞穴
	内陆湿地	永久性内陆三角洲	内陆河流三角洲
		永久性的河流	包括河流及其支流、溪流和瀑布
		时令河	季节性、间歇性、定期性河流、溪流和小河
		湖泊	面积>8hm^{2}的永久性淡水湖，包括大牛轭湖
		时令湖	面积>8hm^{2}的季节性、间歇性淡水湖，包括漫滩湖泊
		盐湖	永久性咸水、半咸水、碱水湖
		时令盐湖	季节性、间歇性（半）咸水、碱水湖及其浅滩
		内陆盐沼	永久性（半）咸水、碱水沼泽与泡沼
		时令碱、咸水盐沼	季节性、间歇性（半）咸水、碱水沼泽与泡沼
		永久性的淡水草本沼泽、泡沼	草本沼泽及面积<8hm^{2}的泡沼，无泥炭积累，大部分生长季节伴生浮叶植物
		泛滥地	季节性、间歇性洪泛地，湿草甸和面积<8hm^{2}的泡沼
		草本泥炭地	无林泥炭地，包括藓类泥炭地和草本泥炭地
		高山湿地	包括高山草甸、融雪形成的暂时性水域
		苔原湿地	包括高山苔原、融雪形成的暂时性水域
		灌丛湿地	灌丛沼泽、以灌丛为主的淡水沼泽，无泥炭积累
		淡水森林沼泽	包括淡水森林沼泽、季节性泛滥森林沼泽、无泥炭积累的森林沼泽
		森林泥炭地	泥炭森林沼泽
		淡水泉及绿洲	淡水泉及绿洲
		地热湿地	温泉
		内陆岩溶洞穴水系	地下溶洞水系
	人工湿地	水产池塘	如鱼、虾养殖池塘
		水塘	包括农用池塘、储水池塘，一般面积<8hm^2
		灌溉地	包括灌溉渠系和稻田
		农用泛洪湿地	季节性泛滥的农用地，包括集约管理或放牧的草地
		盐田	晒盐池、采盐场等
		蓄水区	水库、拦河坝、堤坝形成的面积>8hm^{2}的储水区
		采掘区	积水取土坑、采矿地
		废水处理场所	污水场、处理池、氧化池等
		运河、排水渠	输水渠系
		地下输水系统	人工管护的岩溶洞穴水系等

我国是一个多湿地的国家，且湿地类型多样。因此，我国湿地的分类照搬任何一个国家的湿地分类系统都是不合适的。早在 20 世纪 70 年代，我国就开始了对湿地的分类工作，但初期主要是对沼泽，特别是对三江平原沼泽进行系统研究，对沼泽进行分类。20 世纪 70 年代末到 80 年代初，我国对海岸带和海涂资源进行了大规模的普查，提出了我国的海岸分类系统。2009 年，中华人民共和国国家标准《湿地分类》（GB/T 24708—2009）发布，并于 2010

年正式实施。该标准综合考虑了湿地的成因、地貌、水文和植被特征，将湿地分为3级。第1级，按照湿地成因，将全国湿地生态系统分为自然湿地和人工湿地两大类。自然湿地根据地貌特征进行第2级分类，再根据湿地水文和植被特征进行第3级分类。人工湿地的分类相对简单，主要按用途进行第2级分类。我国自然湿地的分类体系如表2.1.2所示。

表2.1.2 我国自然湿地的分类体系

1级	2级	3级
自然湿地	近海与海岸湿地	浅海水域 潮下水生层 珊瑚礁 岩石海岸 沙石海岸 淤泥质海滩 潮间盐水沼泽 红树林 河口水域 河口三角洲/沙洲/沙岛 海岸性咸水湖 海岸带淡水湖
	河流湿地	永久性河流 季节性或间歇性河流 洪泛湿地 喀斯特溶洞湿地
	湖泊湿地	永久性淡水湖 永久性咸水湖 永久性内陆盐湖 季节性淡水湖 季节性咸水湖
	沼泽湿地	苔藓沼泽 草本沼泽 灌丛沼泽 森林沼泽 内陆盐沼 季节性咸水沼泽 沼泽化草甸 地热湿地 淡水泉/绿洲湿地
人工湿地	水库 运河、输水河 淡水养殖场 海水养殖场 农用池塘 灌溉用沟、渠 稻田/冬水田 季节性泛滥用地 盐田 采矿挖掘区和塌陷积水区 废水处理场所 城市人工景观水面和娱乐水面	

我国湿地类型齐全、数量丰富。按照《湿地公约》对湿地的分类，《湿地公约》中所有的湿地类型在我国均有分布，同时我国还具有独特的青藏高原湿地。在我国境内，从寒温带到热带、从沿海到内陆、从平原到高原山区都有湿地分布，而且表现为某一地区内有多种湿地类型和某种湿地类型分布于多个地区的特点，构成了丰富多样的组合类型。我国主要的湿地类型有沼泽湿地、湖泊湿地、河流湿地、河口湿地、海岸滩涂、浅海水域、水库、池塘、稻田等自然湿地和人工湿地。据统计，我国湿地面积约为66×10^6hm^2，约占世界湿地面积的10%，居亚洲首位，世界第4位。其中，天然湿地面积约为25.94×10^6hm^2，包括沼泽约11.97×10^6hm^2，天然湖泊约9.1×10^6hm^2，潮间带滩涂约2.17×10^6hm^2，浅海水域约2.7×10^6hm^2；人工湿地面积约为40×10^6hm^2，包括水库约2×10^6hm^2，稻田约38×10^6hm^2。

微课视频

由于受气候、地形等多方面因素的影响，我国不同区域湿地的主要类型存在明显差异。其中，东部地区以河流湿地居多，东北部地区以沼泽湿地居多，而西部地区由于气候比较干旱，湿地面积明显偏小且多为咸水湖泊，长江中下游地区和青藏高原多湖泊湿地，其中青藏高原具有世界上海拔最高的大面积高原沼泽湿地和湖泊群，形成了独特的生态环境。按地域，我国湿地可分为以下八大类。

微课视频

（1）东北湿地。东北湿地主要位于黑龙江、吉林、辽宁3个省及内蒙古自治区东北部。东北湿地主要以淡水沼泽湿地和湖泊湿地为主，总面积约为7.5×10^6hm^2。该地区包括三江平原、松嫩平原、大小兴安岭、长白山，均为沼泽湿地。其中，三江平原是我国面积最大的淡水沼泽分布区，也是我国重要的商品粮生产基地。该地区成片面积大于1×10^4hm^{2}的湿地有20余处，具有重要的生态服务功能。例如，扎龙湿地、向海湿地等是东北亚水禽的繁殖中心和西伯利亚水禽南迁的必经之地。

（2）黄河中下游湿地。黄河中下游湿地包括黄河中下游地区及海河流域，涉及北京、天津、河北、河南、山西、陕西、山东7个省（直辖市）。该地区天然湿地以河流为主，伴随分布着许多沼泽、洼淀、古河道、河间带、河口三角洲等湿地类型，黄河是该地区沼泽地形成的主要水源。

（3）长江中下游湿地。长江中下游湿地是我国最大的人工和自然复合的湿地生态系统，也是我国湿地资源最丰富的地区之一。该地区主要涉及湖北、湖南、江西、江苏、安徽、上海、浙江7个省（直辖市），是长江及其众多支流泛滥而形成的河湖湿地区，也是我国淡水湖泊分布最集中和最具代表性的地区，我国五大淡水湖都位于该地区。该地区内湿地面积达5.8×10^4hm^2，占全国湿地面积的15%，占长江中下游流域面积的7.4%。长江中下游湿地是扬子鳄、白鳍豚等多种我国特有物种的故乡，也是百余种国际迁徙水鸟的中途停歇地和重要越冬地。同时，该地区是我国人工湿地中稻田最集中的地区之一，为我国重要的粮、棉、油和水产养殖基地，自古就有“鱼米之乡”的美誉。

（4）云贵高原湿地。云贵高原湿地主要分布在云南、贵州、四川3个省的高山与高原冰（雪）蚀湖盆、高原断陷湖盆、河谷盆地及山麓缓坡等地区，该地区湿地数量多、类型丰富、分布不均。另有金沙江、南盘江、元江、澜沧江、怒江和伊洛瓦底江六大水系，构成云贵高原湿地的基础。该地区湖泊众多，其中面积大于1km^{2}的湖泊有60个，总面积为199.4km^2，约占全国湖泊总面积的1.3%，均为淡水湖。该地区内一些大的湖泊，如滇池、抚仙湖、洱海等都分布在断裂带或各大水系的分水岭地带。由于入湖支流水系较多，而湖泊的出流水系普遍较少，因此湖泊换水周期长，生态系统较脆弱。

（5）西北干旱半干旱湿地。西北干旱半干旱湿地是指我国西北内陆地区年降水量在400mm以下的地区，包括新疆维吾尔自治区全境，青海省、甘肃省、宁夏回族自治区的大部分，以及陕西省西北部。该地区湿地主要有河流、湖泊和沼泽等类型。该地区内面积大于 $1km^2$ 的湖泊有 400 多个，总面积为 $1.7×10^4hm^2$。由于该地区处于内陆，气候干旱，降水稀少，地表径流补给不足且蒸发量大，除少量的河流上游湖泊、高山湖泊属于淡水湖或微咸水湖以外，大多数湖泊属于咸水湖或盐湖。

（6）青藏高原高寒湿地。青藏高原高寒湿地分布在西藏自治区、青海省、四川省西部等地区，该地区是地球表面受人类活动干扰较少的地区之一。该地区湿地面积约为 $13.3×10^4hm^2$，湿地主要有草丛湿地、森林湿地、河流湿地和湖泊湿地 4 种类型。其中，草丛湿地总面积达 $4.8×10^4hm^2$，可划分为长江源、黄河源、若尔盖高原三大草丛湿地。森林湿地的分布主要集中在横断山区的河谷地带。河流湿地是该地区最重要的淡水资源，长江、黄河、怒江和雅鲁藏布江等均发源于此。同时，该地区还有地球上海拔最高、数量最多、面积最大的高原湖群区，是我国湖泊分布密度最大的两大稠密湖群区之一。该地区面积大于 $0.5km^2$ 的湖泊有 1770 多个，总面积达 $2.9×10^4hm^2$，占高原总面积的 1.2%。

（7）滨海湿地。滨海湿地涉及我国滨海地区的 12 个省（直辖市）。海域沿岸有 1500 多条大中河流入海，形成了浅海滩涂、珊瑚礁、河口水域、三角洲、红树林等湿地生态系统。近海与海岸湿地以杭州湾为界，分成杭州湾以北和杭州湾以南两个部分。杭州湾以北的滨海湿地由环渤海滨海湿地和江苏滨海湿地组成，杭州湾以南的滨海湿地以岩石性海滩为主。前者除山东半岛、辽东半岛的部分地区为岩石海滩以外，多为砂质海滩。江苏滨海湿地主要有盐城地区湿地、南通地区湿地和连云港地区湿地。环渤海滨海湿地总面积约为 $6×10^4hm^2$，黄河三角洲和辽河三角洲是其重要区域。该地区内的黄河三角洲为我国最大的三角洲，也是我国温带最广阔、最完整、最年轻的湿地。近代黄河三角洲总面积约为 $5400km^2$，其中浅海滩涂湿地面积达 $3014.81km^2$，地势平坦，易受海水冲刷影响，三角洲内另有河流湿地、沼泽湿地、草甸湿地等多种湿地类型。此外，该地区人工湿地面积也相对较高，总面积达 $1654.73km^2$，其中水库与水工建筑总面积达 $1015.09km^2$，占比最大。杭州湾以南的滨海湿地的主要河口及海湾有钱塘江-杭州湾、晋江口-泉州湾、珠江口河口湾和北部湾等。在海南省至福建省北部沿海滩涂、河口的淤泥质海滩上都有天然红树林分布，而西沙群岛、南沙群岛及海南省沿海的北缘有热带珊瑚礁分布。

（8）东南华南湿地。东南华南湿地包括珠江流域绝大部分及两广流域的内陆湿地，涉及福建、广东、广西、海南，湿地类型主要为河流、水库等。另外，该地区是我国红树林分布面积最大的地区，多个著名的红树林保护区均分布于此，如海南东寨港红树林自然保护区、广西北仑河口国家级自然保护区和广西山口国家级红树林自然保护区、香港米埔红树林自然保护区等。红树林在防浪护岸、维持海岸生物多样性和渔业资源丰富、净化水质等方面有重要的生态服务功能。

2.1.2 湿地生态系统的结构

1. 湿地生态系统的水文特征

水是维持湿地生态系统结构和功能稳定最根本的要素，是湿地类型和湿地生态过程的控制者。湿地水文主要包括降水、蒸散发、径流、地下水、洪水、潮汐等多种类型。相应的描述水文特征的指标主要有水位、流速、流量、淹水周期、淹水频率等。湿地水文特征的形成是气候、地形地貌及人类干扰等多因素共同作用的结果。稳定的水文特征是湿地多个生态功能发挥的前提和基础。水文情势即使在很小的尺度上发生变化，都有可能对湿地生态环境产生显著影响。因此，维持湿地水文情势的稳定性是保持湿地生态系统稳定及退化湿地生态修复成功的关键。

1）降水和蒸散发

湿地降水主要包括降雨和降雪。对大多数湿地而言，降水是湿地最主要的水分来源。降水量的多少直接影响湿地径流、湿地补水量及湿地水循环等多个生态过程。湿地降水一部分可直接落到地面或水面上，还有一部分被植物冠层截留，截留的多少取决于降水量、降水强度、植被类型、植被覆盖度等因素。尽管这部分降水未曾落到地面上，但最终会以蒸发的形式回归大气。当前湿地植被降水截留研究主要集中于森林湿地和森林-灌丛湿地。不仅植物群落冠层可以截留降水，湿地中的枯枝落叶层也具有明显的降水截留作用，但一般认为其截留量小于冠层截留量。受气候、地形地貌等多方面因素的影响，湿地降水的显著特点是时空分布不均。在大的空间尺度上，热带、亚热带地区湿地的降水量明显高于温带、寒带地区。在小的空间尺度上，由于地形地貌间的差异，湿地降水也存在空间再分配的问题。在时间尺度上，湿地降水呈现明显的季节差异和年际动态变化。例如，我国洞庭湖流域多年（1986—2008）降水数据表明，该流域月平均降水量整体呈现“抛物线”型变化规律；降水主要集中在每年的4—7月，占全年总降水量的51.7%，而其他月份降水量相对较少；最小降水量发生在12月，仅占全年总降水量的2.8%。

湿地的蒸散发是和降水相反的过程，主要包括植物蒸腾作用和地面-水面-植被表面蒸发两个生态过程，是湿地水分损失的重要途径，尤其在干旱半干旱地区。湿地水分蒸发速率取决于表面蒸气压差与大气蒸气压差、风速和物质传导系数三部分，是三者的乘积。湿地的蒸散发过程受辐射、风速、气温、湿度等水文气象因素和植被类型、覆盖度及生长时期等因素的制约。湿地的蒸散发过程涉及不同层次或时空尺度。关于湿地蒸散发过程的研究可以在植物叶片水平、植物个体水平、生态系统水平及景观或区域水平上开展，但由于不同时空尺度上的湿地蒸散发过程存在明显差异，且这种差异不是简单的叠加，基于小尺度上的研究所建立的模型未必适用于大尺度。因此，如何实现不同时空尺度的过程及参数耦合是湿地蒸散发研究的重点和难点问题之一。

当前蒸散发的测定方法、使用对象、测定精度等存在显著差异。例如，蒸发皿法是测定湿地蒸散发最基本的方法。但该方法精确度较低，因为蒸发皿内的水-土壤-植被环境与实际的环境存在较大的差异，而且无法测定湿地中水-土壤-植被的所有组合类型。蒸散发的测定方法如表2.1.3所示。

表2.1.3 蒸散发的测定方法

实测方法	适用性说明
蒸散发仪法	不能用于间歇性积水湿地
蒸发皿法	设备造价低，使用方便、灵活，估算实际蒸散发量费时费力

续表

实测方法	适用性说明
地下水位昼夜波动法	仅适用于淡水湿地
涡动相关法	物理学基础坚实且测量精度高，适用于各种类型的湿地，设备设计复杂、造价高
大孔径闪烁仪法	可与遥感图像混合像元实现匹配
遥感法	适用于区域尺度

2）径流

径流是研究湿地水循环的重要对象，也是水文水资源研究的难点。湿地径流量及径流过程的时空变化是决定湿地结构和功能的重要因素。在流域尺度上，径流的产汇过程决定了河流水位、流速及流量的变化过程，进而影响流域内生态系统物质和能量的输入、输出，并最终影响流域生态安全。降水或融雪是湿地径流形成最主要的因素。但在不同湿地类型中，降水和径流的形成过程存在差异。例如，在明水面或湿地地下水接近土壤表层及土壤含水量接近饱和的湿地，降水到达水面或地表后，大部分将直接形成地表径流。在地下水位明显低于土壤表面、土壤含水量尚未饱和的湿地，降水到达地面后首先下渗到土壤，待土壤水分饱和后，才会形成地表径流。湿地径流的主要表现形式为坡面漫流和片流，并且受气象、地形地貌、植被发育特征、降水量、土壤质地等自然因素及人类干扰的影响，表现形式极为复杂。尤其是近年来，城镇化的高速发展和工农业用水量的急剧增加，对湿地及流域径流的影响非常明显。

3）地下水

地下水是湿地的重要水源之一，也是决定湿地植物生长、分布的关键要素之一。当地下水位较低时，植物可通过根系直接吸收利用地下水；当地下水位较高时，地下水通过毛管作用向地表移动来影响土壤含水量，进而作用于湿地植物。在很多湿地生态系统中，地下水位的变化是影响湿地植被分布和演替的一个关键要素。例如，在我国的黄河三角洲湿地，当地下水位低于 50cm 时，土壤含水量将不能满足典型湿地植被对水分的需求而被旱生植物代替。在一些干旱半干旱地区，地下水对湿地植被的作用更为重要。例如，在塔里木河流域，地下水位的不断下降和土壤水分的丧失是导致塔里木河流域植被不断退化的主导因素。在地中海季节性湿地，一年生大型植物角果藻分布在年平均水位在 10cm 以上的地方，挺水植物（如香蒲、蔗草属植物）分布在年平均水位为 10～25cm 的地方和夏秋的浅水区域（年平均水位为 0～10cm）。但由于气候变化及大量人类活动干扰，很多湿地地下水位下降严重，导致湿地土壤盐渍化、沙漠化严重，从而导致湿地生态系统的急剧退化。因此，如何合理地保护较为稳定的地下水资源对于湿地生态系统的功能发挥及结构稳定意义重大。

4）水位和淹水周期

在湿地生态系统中，水位是影响湿地植物生长与分布、湿地景观格局、湿地结构和功能的一个最为关键的因子。水位可通过光照、土壤氧化还原电位及根系养分吸收等影响植物生长、繁殖及分布等特征。研究发现，很多湿地植物生物量随水深增加而显著减少。这主要是因为水位超过植物最适生态水位后，水气交换受到限制，植物生长所需的光照和氧气得不到满足，从而导致生物量减少。同时，水位的变化还会对湿地植物的繁殖特征和策略产生重要影响，进而影响湿地植物的分布和演替。例如，沉水植物穗花狐尾藻在 0.2m 条件下的分蘖数明显高于在 0.9m 条件下的分蘖数。随着淹水深度的增加，水蓼根茎芽长度和克隆繁殖生物量明显减少。水位的变化还对水生动物的多样性、分布具有明显的调控作用，这主要是通过对动物栖息地、食物等的影响实现的。例如，在鄱阳湖湿地，低水位时湿地草滩为候鸟的主要生境类型，但随着水位升高，浅水、软泥和草滩等的面积均显著减小，候鸟整体生境范围缩小，进而影响候鸟的食物来源和生存环境。

除水位外，淹水周期也是调控湿地结构、功能及诸多生态过程的一个重要水文因子，尤其是对一些特殊湿地而言，淹水周期可能是最关键的生态水文因子。例如，在滨海的一些潮汐湿地和通江湖泊，有规律的淹水周期给湿地带来了丰富的养分，并且带走了颗粒物和废弃物。对湿地植物而言，不同淹水周期对植物的生长、繁殖及分布等的影响是不同的。与连续淹水相比，在干湿交替的环境条件下芦苇叶片光合速率和叶绿素含量相对较高，更利于芦苇的生长，因此，在芦苇湿地的管理中，干湿交替的环境条件可能更有利。不同淹水周期条件下的控制实验表明，短尖薹草的生长仅受淹水时间的影响，生物量累积和分株数随淹水时间的增加而逐渐减少，而淹水频率的变化对其生长的影响不显著。同时，不同淹水周期条件下湿地植物的繁殖策略有明显的调整，具体表现为游击性分株比例随淹水时间的增加而逐渐增大，但淹水频率过高会显著抑制短尖薹草繁殖策略的调整。淹水周期的改变对湿地动物的多样性、分布等影响显著。在洞庭湖湿地，由于三峡工程等人类工程及气候变化因素的作用，洞庭湖湿地淹水时间近年来呈不断下降的趋势，导致洲滩出露时间延长。这一方面加剧了湿地植被的正向演替，另一方面改变了越冬候鸟的栖息生境和食物来源。例如，洲滩出露提前导致短尖薹草提前萌发生长，而当一些冬候鸟到来时，短尖薹草已不适合一些候鸟取食，导致食草类候鸟的数量发生明显改变。因此，对于一些湿地而言，只有淹水周期保持按一定规律变化，方能维持该湿地生态系统结构的完整性，保证其生态功能的正常发挥。

5）生态需水

生态需水的研究起源于 20 世纪 40 年代，美国鱼类和野生动物管理局通过对河道内流量进行研究，提出了河流最小环境流量的概念。20 世纪六七十年代，研究人员运用系统理论对一些著名流域重新进行评价和规划，于 1971 年提出了采用河道内流量法确定自然和景观河流的基本流量。1988 年，人们提出了基本生态需水量的概念，即提供一定数量和质量的水给自然生态环境，以求最大限度地改变自然生态系统过程，并保护生物多样性和生态完整性。20 世纪 90 年代后，人类逐渐认识到水资源和生态环境之间关系的重要性，这促进了水资源管理观念的改变，更加强调了生态需水的重要性，生态需水研究逐步成为全球的热点。生态需水的研究对象从最初的河道内外生态系统扩展到湖泊、湿地、河口三角洲等生态系统。

在湿地生态系统中，广义的生态需水量可理解为特定生态目标下，维持特定时空范围内生态系统水分平衡所需的总水量。维持湿地生态系统水分平衡主要包括水热平衡、水量平衡、水沙平衡和水盐平衡等方面的内容。狭义的湿地生态需水量是指，湿地为维持自然生态系统、生物多样性、湿地景观和生态过程所需的生态和环境水量。因此，生态需水是一个很复杂的概念，不同研究背景和研究方向的学者给出的概念也不同，同时研究目的的不同也导致生态需水的研究方法和研究结果存在明显差异。当前生态需水的研究方法超过 200 种。在湿地生态系统中，生态需水按照不同的湿地类型可分为河流生态需水、湖泊生态需水、河口生态需水等，在不同类型的湿地中，由于生态过程的差异性，所采用的计算方法也不同。

河流生态需水量主要包括河道断流与湖库萎缩所需的河道基流量、维持河流水沙平衡的最小流动水量、改善江河水环境质量的最小稀释净化水量等。湖泊生态需水量的研究方法有水量平衡法、换水周期法、最小水位法及功能法等。水量平衡法遵循水量平衡基本原理，是较为简单与常用的研究方法。在我国干旱半干旱区湖泊来水及储水量都较小的情况下，湖泊换水会造成湖泊水量得不到补充，从而引起湖泊生态与环境的恶化，因此换水周期法受限难以应用。最小水位法需要确定湖泊出入水量和湖泊最小水位。由于湖泊类型、湖泊功能等条件的不同，不同湖泊最小生态需水量的确定所用到的方法也不同。当前，尽管开展了大量关于湖泊最小生态需水量的研究，但由于方法的局限性，湖泊最小生态需水量的计算值与实际值可能存在明显的出入，因此湖泊最小生态需水量的计算方法仍需进一步完善，同时需要结合新技术［如 GIS（Geographic Information System，地理信息系统）技术］计算湖泊最小生态需水量。

2. 湿地生态系统的土壤特征

土壤是湿地生态系统的重要组成部分，是湿地获取化学物质的最初场所及生物地球化学循环的中介，具有维持生物多样性、分配和调节地表水分，以及分解、固定和降解污染物等多种功能。湿地土壤体现出的生态功能是湿地生态系统得以平稳发展的基础。当前关于湿地土壤没有一个明确的定义。国际上关于湿地土壤的定义通常侧重于湿地具有的特征方面。例如，美国环境保护署将湿地土壤定义为：在植物生长季长期处于饱和、周期性淹水及积水的土壤，以至于在其上部形成了一种有利于水生植物生长和繁殖的还原环境。该定义主要强调了湿地土壤由于长期或短期处于淹水的环境所形成的独特的氧化还原环境。但该定义尚未考虑湿地植物的地位。为此，我国结合湿地的基本组成要素及其独特的水文、植物特征将湿地土壤定义为：在长期或生长季积水、周期性淹水的环境条件下，生长着水生植物或湿生植物的土壤。该定义一方面考虑了湿地植物和湿地水分等湿地的重要组分，另一方面对湿地淹水时间及方式等进行了定义。

由于处于长期或周期性淹水环境，因此湿地土壤的氧化还原过程复杂。在淹水条件下，土壤养分含量较低，以还原态为主的物质在湿地土壤中占据主导地位。湿地土壤表现出明显的还原环境，具体表现为氧化还原电位较低。湿地土壤的另外一个特点就是养分含量丰富，有机质含量高。湿地生态系统中由于排水不畅，因此土壤含水量高，微生物活性弱，导致动植物残体分解缓慢，有机质不断累积。对于某些特殊湿地，如洪泛平原或通江湖泊，每年洪水也会携带大量营养物质进入湿地。这些截留、沉积的营养物质通过生物地球化学循环过程中的迁移、转化，产生了巨大的生态服务功能。这些生态服务功能主要包括生物多样性维持、水质净化、碳储存及水文调节等。

关于湿地土壤的分类，当前国际上没有统一的标准，大多数把湿地土壤分到不同的土壤类型中。我国最新的土壤系统分类也没有统一的湿地土壤土纲。湿地土壤作为独立的综合自然体，不同于水也不同于陆地，因此要想深入了解湿地土壤的特征及功能，需要单独将其作为一个单元列出。我国湿地土壤分类表如表 2.1.4 所示，将我国湿地土壤划分为 1 个土纲、2 个亚纲、3 个土类、12 个亚类、69 个土族。该分类系统依据水作用下的成土过程或与水有密切关系的成土过程确定湿地土壤的最高级别——湿地土纲，依据以人为活动影响为主的成土过程划分湿地土壤亚纲，依据土壤有机质含量大小划分为有机土和矿质土两大类。依据湿地中的水质类型、土壤含盐量大小等，将湿地土壤划分为淡水湿地土壤、碳酸盐湿地土壤、氯化物盐湿地土壤、硫酸盐湿地土壤。依据地貌条件划分土族，依据其他综合条件划分湿地土系。由于我国湿地土壤分布广泛，且具有明显的地带性特点，再加上研究目的、分类依据不同等，因此湿地土壤有不同的分类标准。

表 2.1.4　我国湿地土壤分类表

土纲	亚纲	土类	亚类	土族
湿地土纲	自然湿地土壤	有机土	淡水湿地有机土	①②③④⑤⑥
			碳酸盐湿地有机土	①②④⑤⑥
			氯化物盐湿地有机土	①②③④⑤⑥
			硫酸盐湿地有机土	①②③④⑤⑥
		矿质土	淡水湿地矿质土	①②③④⑤⑥
			碳酸盐湿地矿质土	①②④⑤⑥
			氯化物盐湿地矿质土	①②③④⑤⑥
			硫酸盐湿地矿质土	①②③④⑤⑥
	人工湿地土壤	矿质土	淡水湿地矿质土、水稻土	①②③④⑤⑥
			碳酸盐湿地矿质土	①②④⑤⑥
			氯化物盐湿地矿质土	①②③④⑤⑥
			硫酸盐湿地矿质土	①②③④⑤⑥

注：①高平原湿地土壤；②低平原湿地土壤；③低山谷地湿地土壤；④海岸滩涂湿地土壤；⑤河岸漫滩湿地土壤；⑥湖滨湿地土壤。

3. 湿地生态系统的生物特征

1）湿地植物

微课视频

湿地植物是湿地生态系统的重要组成部分，是湿地生态系统的生产者，在湿地生态系统结构维持和功能发挥方面起着举足轻重的作用。湿地植被组成、结构及生态特征可以很好地反映湿地生态环境的特点和变化特征。随着国内外对湿地的重视和研究加深，湿地植物的研究逐渐成为湿地研究的一个重要方向。湿地植物概念的应用日渐频繁，但至今仍没有统一的定义。国内有学者甚至认为湿地植物就是水生植物。广义的湿地植物是指生长在沼泽地、湿原、泥炭地及水深不超过 6m 的水域中的植物。狭义的湿地植物主要是指生长在水陆交错处、土壤潮湿或有浅层积水环境中的植物。湿地植物类型多样，按照生长环境不同可以分为水生植物、沼生植物和湿生植物；按照生活型不同可以分为沉水植物、挺水植物、浮叶根生植物和自由漂浮植物；按照生长类型不同可以分为草本湿地植物、灌木湿地植物和乔木湿地植物。

我国湿地植物资源丰富、类型多样且地理成分复杂。根据全国湿地资源调查成果，并结合有关资料，可将全国湿地植被划分为 7 个植被型组、16 个植被型、180 个群系，如表 2.1.5 所示。植被型中以莎草型湿地植被型所含群系数最多，为 40 个；其次为禾草型湿地植被型，所含群系数为 20 个。

表 2.1.5　中国湿地植被分类

序号	植被型组	植被型	群系数/个
1	针叶林湿地植被型组	寒温带针叶林湿地植被型	5
		暖性针叶林湿地植被型	3
2	阔叶林湿地植被型组	落叶阔叶林湿地植被型	6
		常绿阔叶林湿地植被型	1
		竹林湿地植被型	2
3	灌丛湿地植被型组	落叶阔叶灌丛湿地植被型	9
		常绿阔叶灌丛湿地植被型	7
		盐生灌丛湿地植被型	11
4	草丛湿地植被型组	莎草型湿地植被型	40
		禾草型湿地植被型	20
		杂类草湿地植被型	16
5	苔藓湿地植被型组	苔藓湿地植被型	9
6	浅水植物湿地植被型组	自由漂浮植被型	7
		浮叶根生植被型	11
		沉水植被型	19
7	红树林湿地植被型组	红树林湿地植被型	14

我国自古就有开发利用湿地植物资源的传统，很多常见的湿地植物（如莲、菱、芡实等）是畅销的天然有机蔬菜。在当今日益兴起的人工湿地建造过程中，湿地植物也起到关键的作用。人工湿地中湿地植物的作用主要体现在以下 3 个方面。

微课视频

（1）吸附污染物，净化水质。湿地植物的根系能直接吸附、吸收和利用污水中的营养物质，并且能富集重金属和一些有毒有害物质，在水质净化方面发挥着重要的生态功能。此外，湿地植物根系的输氧作用促进了深层基质中微生物的生长和繁殖，有利于扩大净化污水的有效空间，在人工湿地污水净化中起到十分重要的作用。

（2）维持湿地环境。湿地植物具有降低水流速度、拦截泥沙和悬浮物、减少污染物再悬浮等功能，为其他生物生存提供了良好的栖息环境。

（3）景观美化功能。在人工湿地建造过程中，需要结合社会、娱乐、美学等综合考虑湿地植物的配置，以达到发挥多种湿地功能的目的，如睡莲、美人蕉等均为常见的湿地美化物种。有学者将我国湿地植物资源分为 3 个大类、24 个小类：①具有环境效益的植物资源类，该类湿地植物又分为 10 个小类，分别为促淤造陆植物类、水土保持植物类、防风固沙植物类、指示植物类、抗污染植物类、野生花卉植物类、绿肥植物类、动物栖息地植物类、动物繁殖地植物类、动物隐蔽地植物类；②具有商品价值的植物资源类，该类湿地植物又可按照用途不同分为 12 个小类，分别为淀粉植物类、野生蔬菜类、香料植物类、蜜源植物类、木材类、纤维植物类、栲胶植物类、能源植物类、中草药植物类、杀虫植物类、油料植物类、其他资源植物类；③具有潜在开发价值的植物资源类，该类湿地植物主要分为湿地特有植物类和作物近缘种植物类。

2）湿地动物

微课视频

湿地动物是湿地生态系统的重要组成部分，在维护湿地生物多样性、湿地生态系统结构完整性及湿地生态系统物质循环和能量流动方面发挥着至关重要的作用。例如，湿地水鸟以湿地为栖息空间，依水而居，构成了湿地的重要景观特征。湿地中的植物、鱼、虾、贝类等为水鸟提供了主要的食物来源，构成了湿地生态系统食物链的重要环节。很多湿地底栖动物能促进有机质分解、营养物质转化、污染物代谢及能量流转等过程，并参与对植物凋落物的粉碎及部分分解作用，在湿地生态系统能量流动和物质循环等方面发挥着至关重要的作用。不仅如此，很多湿地动物还是湿地生态环境变化的重要指示物种，其物种组成及生物多样性的变化可以很好地表征湿地生态环境的受干扰程度。例如，通过对不同年代的黄河三角洲进行土壤动物的调查，可以研究土壤动物的种类组成、分布和季节变化对动物多样性的影响。结果表明，随着成土年龄增加，古代和近代黄河三角洲的土壤动物种类、数量及物种多样性均大于现代黄河三角洲。

我国湿地类型众多，面积巨大，湿地动物多样性高，且包含多种濒危珍稀物种。例如，我国湿地鸟类中被列为国家重点保护鸟类的就有 10 目、18 科、56 种。其中，国家Ⅰ级重点保护鸟类有 12 种，国家Ⅱ级重点保护鸟类有 44 种。在亚洲的 57 种濒危鸟类中，我国湿地中有 31 种，约占 54%。全世界雁鸭类有 166 种，我国湿地中分布着 50 种。我国大部分河流湿地、湖泊湿地和滨海湿地水温适中，光照条件较好，有利于鱼类的生存和繁殖。据统计，我国湿地中鱼类有 1000 余种，占全国鱼类的 1/3，主要由内陆湿地鱼类、近海海洋鱼类、河口半咸水鱼类和过河口洄游性鱼类组成。其中，内陆湿地鱼类最多，约有 770 种；其次为近海海洋鱼类，约有 100 种；再次为河口半咸水鱼类，约有 60 种；过河口洄游性鱼类最少，有 20～30 种。

2.1.3 湿地生态系统的演化过程

微课视频

1. 湿地水文过程

湿地水文过程是湿地形成、发育和演化最重要的驱动机制。正是由于湿地独特的水文过程，创造了不同于其他生态系统的环境条件，进而影响湿地生态格局。根据水分行为，湿地水文过程可分为物理过程、化学过程和生态效应 3 个部分。其中，物理过程通常是指降水、地表径流、地下水、蒸散发、植被截留等生态过程，其研究内容主要涉及湿地水文情势分析与机理、湿地水文循环和湿地水量平衡、水文过程的参数特征及边际效应等几个方面，是当前水文生态学研究的重点和热点。

湿地水文情势主要包括湿地降水的时空分异、湿地水文周期、湿地表层水流模式、湿地水温的季节性变化、土壤湿度和地下水位时空分异等内容。通常情况下，受气候条件及地下水位的影响，湿地水文情势表现出一定的规律性变化，并在年际保持相对稳定性。例如，在美国佛罗里达州西南部大柏树国家保护区，1957—1958 年均匀的季节性降水使其水文周期相对稳定，而 1970—1971 年的干旱导致了约 1.5m 的水位变化。在我国洞庭湖湿地，受长江上游来水及湖南省境内降水季节性变化的影响，每年的 5—10 月为汛期，而 11 月至翌年 4 月为枯水季节，进而形成“冬季河相，夏季湖相”的自然景观。同时，受气候、下垫面条件及人类活动等多方面因素的影响，湿地水文情势又具有明显的时间动态和空间变异，这在一定程度上也制约了人们对湿地水文过程和机理的认识。

湿地水文循环过程主要包括湿地植被对降水的再分配、降水径流的形成过程、地表径流、湿地蒸散发及湿地地下水过程等几个方面。这些过程相互联系，共同组成一个复杂的湿地水文循环系统。

湿地水量平衡是多个湿地水文过程的综合。如果将湿地看作一个闭合的生态系统，则其满足常规的水量平衡方程：

$$\frac{\Delta V}{\Delta t}=P_{\mathrm{N}}+S_{\mathrm{i}}+G_{\mathrm{i}}-E_{\mathrm{T}}-S_{\mathrm{o}}-G_{\mathrm{o}}\pm T$$

式中，$\Delta V/\Delta t$——单位面积蓄水体积的变化；

P_{N}——净降水量；

S_{i}——包括洪水在内的地表进水量；

G_{i}——地下水补给量；

E_{T}——水分蒸发蒸腾损失总量；

S_{o}——地表出水量；

G_{o}——地下出水量；

T——潮汐进水量（+）或出水量（-）。

由于湿地水量平衡涉及湿地水文循环的多个方面，每个水文过程和其他过程之间又存在复杂的关系，因此在实际的计算过程中需要根据湿地类型的不同对计算量进行取舍。

生态水文化学过程不同于生态过程中的化学过程，它主要是指水文行为的化学方面，也就是水质性研究。湿地具有独特的吸附、降解和排除污染物、悬浮物及营养物的功能，在物质循环、水质净化及污染物降解方面具有独特的功能和作用。它可以通过多种物理、化学及生物的三重协调作用实现污染物的分解和净化。例如，许多植物具有富集作用，可通过对多种重金属元素或营养元素的富集实现水体和底泥的净化，进而达到水质净化的目的。

微课视频

湿地水文过程的生态效应主要包括水文过程对湿地生物存活、生长及分布的影响等内容。水文过程控制着湿地生态系统的诸多生物化学过程，如营养物的迁移、矿物质的转化及污染物的降解等，进而影响着湿地生物区系的类型、湿地生态系统的结构和功能等。湿地水文过程的生态作用主要体现在以下 4 个方面：①影响系统的生物多样性水平，并形成独特的物种群落结构；②提高或降低湿地生态系统的初级生产力；③决定生物群落的演替速率及方向；④通过影响生物有机体的分解控制湿地中有机质的累积。

一般而言，植物的分布、多样性等生态特征与水文条件存在明显的对应关系。例如，在我国最大的淡水沼泽湿地三江平原，根据积水深度的不同，三江平原典型的洼地植物分布往往呈现出同心圆式的带状分布格局特点，即中心部位为漂筏薹草群丛，向外依次为毛果薹草群丛、乌拉草群丛、灰脉薹草群丛，边缘为小叶樟、薹草沼泽化草甸等。这是湿地植被对水文条件长期适应进化的结果。

生态水文过程的核心是湿地生物与水文间的相互作用。水文控制着湿地生态系统的形成和演化，是影响湿地类型的主导因子。湿地通过水文过程（如降水、径流、地下水等形式）进行物质交换，制约着许多生物化学特征，进而对湿地生物生态特征和湿地生态系统功能产生影响。例如，长江干流的藻类数量与水流量呈明显的负相关性，随着径流量的逐渐增大，水体中藻类数量逐渐减少，同时藻类优势种也因降水量的不同而具有显著差异。在洞庭湖湿地，受近年来水文节律变化的影响，湿地植被格局已发生明显变化，具体表现为杨树种植面积不断扩大、挺水植物分布带不断向前推移等。此外，水是湿地生态系统中最重要的物质迁移媒介，水文与其他环境内子、生物因子的耦合可以影响湿地多个地球化学循环过程，在元素循环、污染物净化、沉积物拦截等方面具有重要的作用。一般而言，水分的输入是湿地主要的营养源之一。不仅如此，水文条件的改变还会直接影响湿地的其他生态过程，进而对湿地生态系统功能产生影响。例如，对美国宾夕法尼亚州冲积平原人工湿地和自然湿地的水文特征进行比较发现，人工恢复的湿地过于湿润，极大地影响了湿地的功能，同时发现湿地水文的管理对于成功保护和恢复湿地具有至关重要的作用。

2. 湿地地球化学循环过程

微课视频

湿地地球化学循环过程涉及多种元素的物理、化学循环过程，是揭示湿地功能机理的关键，涉及的地球化学循环主要包括氮循环、碳循环、磷循环及硫循环等。受水文情势变化的影响，湿地地球化学循环过程复杂多变，也一直是湿地科学研究的热点。本节主要以湿地生态系统中的氮循环和碳循环为例说明湿地地球化学循环过程。

1）氮循环

氮是构成生物蛋白质和核酸的主要元素，是湿地土壤中最主要的限制性养分之一。氮元素在湿地生态系统中的转化、输移涉及物理、化学及微生物作用等多个复杂过程，对湿地生态系统生产力具有至关重要的影响。首先，大气中的氮通过湿地土壤中的固氮菌和蓝绿藻的固定，转化为有机氮进入生物体，经过矿化作用成铵态氮，再经亚硝化、硝化、反硝化及氨挥发等生物过程返回大气。

在湿地生态系统中，氮素的输入主要有 3 种途径：大气氮沉降、生物固氮和人类活动氮输入。大气氮沉降是湿地氮素输入的主要途径之一。例如，在黄河三角洲滨海湿地植物生长季，大气沉降中的硝态氮、铵态氮对表层 10cm 土壤的月平均贡献率分别为 31.38%和 20.50%，是该区域土壤氮素的主要来源之一。另外，农业生产、畜禽养殖及生活污水排放等人类活动所导致的大量氮随径流被排放到湿地中，成为湿地氮的另外一个重要来源，给诸多湿地，尤其是湖泊湿地带来严重的富营养化风险。

有机氮进入湿地后，先经过以微生物为主导的矿化作用转变为以铵态氮为主导的无机氮，再经过硝化作用形成硝态氮，一部分可溶性无机氮被植物吸收利用并转化为有机氮，最终被动植物转移。湿地土壤中硝化速率受多种环境因子的制约，如土壤 pH、温度及土壤中溶解氧的浓度等。但由于长期或间歇性淹水的影响，湿地土壤往往处于厌氧的环境，部分硝态氮异化还原为铵态氮或氮素经过反硝化过程以 N_2 或 NO_2 的气态形式损失。植物残体等有机氮在湿地沉积物中被固定或被微生物分解为无机氮重新释放到水体中循环往复。

2）碳循环

碳是生命骨架元素，环境中的 CO_2 先通过光合作用被固定在有机物中，然后通过食物链的传递在生态系统中循环。湿地虽然只占陆地表面积很少的部分，但却是巨大的陆地碳库，其储量高达 450Gt，相当于陆地生态圈总碳量的 20%，是一个名副其实的碳汇。其单位面积碳储量在陆地各类生态系统中是最高的，是森林生态系统单位面积碳储量的 3 倍。湿地中的碳主要储存在泥炭和富含有机质的土壤中，在气候稳定且没有人类干扰的情况下，相较于其他生态系统能够更长期地储存碳。但全球变化和人类对天然湿地的开发、利用导致湿地退化、面积锐减，改变了湿地生态系统的环境条件和碳循环过程，从而导致湿地中大量有机碳降解，成为向大气释放温室气体的碳源，并导致全球温度升高。据估计，全球排入大气的 CH_4 有15%～20%来自湿地。

由于湿地经常处于湿润或过湿状态，土壤通气性差，温度低且变幅小，因此植物残体分解缓慢，逐步形成有机质丰富的湿地土壤，该土壤是碳储存的重要场所。湿地中的碳主要储存在土壤和植物体内，尤其是土壤碳储量占湿地总碳储量的 90%以上。湿地中有机碳的分解和矿化受温度、水分、氧化还原电位、干物质含量及碳氮比等条件的影响。例如，我国的三江平原和若尔盖高原湿地两个地区的湿地土壤有机碳含量都相对较高，这主要是由该地区冷湿的气候条件所决定的。由于该地区海拔高、温度低，因此土壤微生物活动弱，植物残体分解慢，造成有机质的大量累积。在湿润的热带亚热带湿地，由于温度高，因此有机碳分解快，不易累积。

在没有人为干扰的情况下，天然湿地植物净同化的碳大概有 15%再释放到大气中。但湿地一旦受到人为活动（如资源开发、农用开垦等）的干预，就会导致湿地水文状况发生明显改变，土壤氧化性增强，植物残体和泥炭分解速度明显加快，碳的排放量增加，从而导致湿地土壤有机碳损失。据估计，在过去近 200 年中，由湿地转化为农田和林地造成的碳素损失大概为 4.1Gt。湿地土壤碳素损失最主要的途径是土壤有机碳经微生物作用分解为简单的气态产物（如 CH_4、CO_2）排放到大气中。有研究表明，温度、水位和基质质量是影响湿地土壤 CH_4、CO_2 释放最主要的三个因子。此外，物种组成的改变及植物生产力的变化通过光合作用和呼吸作用直接影响湿地 CO_2 的释放动态，从而引起湿地生态系统中碳平衡的变化。

3．湿地生物过程

1）湿地植物对环境的适应机制

湿地植物由于所处环境的特殊性，在长期的适应进化过程中形成了独特的适应湿地环境的对策。这些对策主要包括对水文情势的适应、对盐度的适应、对光照的适应，以及对水体、土壤养分的适应等。本节主要以湿地植物对水文情势和盐度的适应为例说明湿地植物对环境的适应机制。

（1）湿地植物对水文情势的适应。水文情势是指湿地水体各水文要素随时间的变化情况，主要表征指标有淹水时间、淹水频率、水深、流量等。水文情势是湿地生态系统中最重要的生态过程，它制约着湿地生物、物理和化学过程，控制湿地的形成、演化和发育，是湿地植被生存及群落形成和演替的主要推动力。湿地植物对水文情势的适应通常可分为两个层次：一是植物个体的适应，主要包括生活史调整、形态结构的变化、繁殖对策的调整、生理过程的变化等；二是植物群落水平上的适应，主要包括群落物种组成的变化、群落优势种与多样性的变化及群落植被演替等内容。在繁殖对策方面，很多湿地植物可通过生命周期的改变来适应洪水的直接改变。例如，在河滨带，湿地植物通常都具有生命周期短、生长迅速等特点，以躲避洪水的干扰。在洞庭湖湿地，短尖薹草通常具有两个生长季，每年 5 月洪水来临前，该植物已完成生活史；10 月洪水退去后，该植物又可以继续萌发生长，直到冬季枯萎。有些植物还会通过有性繁殖和无性繁殖分配的调整来适应不同的水文环境。当水位升高时，有些沉水植物的有性繁殖分配会减少，并通过增加无性繁殖体的营养分配来确保植物个体的自我更新，但当水位过高超过植物的耐受范围时，湿地植物的繁殖效率会下降。此外，还有些湿地植物在水位较高时，可通过闭花受精的方式完成授粉。这种繁殖对策也是湿地植物对长期淹水环境的适应结果，有助于湿地植物在高水位条件下完成其生活史。

在形态结构方面，湿地植物可通过生物量分配的变化、茎的伸长、茎节数的增加等来适应淹水的环境。例如，穗花狐尾藻和微齿眼子菜可改变茎的结构，使茎伸长，植株高度增加，以适应水位的变化。有些湿地植物可通过增加其地上部分生物量来适应淹水的环境。生物量调整的意义在于扩大湿地植物地上部分与空气的接触面积，提升其氧气获取能力，并降低根系的呼吸消耗。一些湿地植物还可通过通气组织的形成和根系结构的调整来适应不断淹水的环境。根系结构的调整包括根系长度的减小、根系直径的增加及形成分布于土壤表层的根系统等。例如，小叶樟可通过减小根系长度来适应淹水的环境。根系长度的减小可以降低根系氧气的损耗，同时减小由厌氧微生物产生的有害物质对根部的损害。根系直径的增加有助于提升根系内部气体的传导能力。通气组织的形成为湿地植物气体在体内运输提供了一条低阻力通道，有助于湿地植物器官间及植物和外部环境间的气体交换，是湿地植物适应淹水环境的一个非常重要的机制。

在生理过程方面，湿地植物适应淹水环境的策略主要包括碳水化合物含量调整、脯氨酸含量调整、植物激素增加、叶绿素含量增加等。在淹水条件下，湿地植物通常会采用缺氧代谢来替代有氧呼吸，以保证自身能忍受短期的淹水环境，但同时也消耗了大量碳水化合物。因此，湿地植物耐淹水能力与其体内碳水化合物储量存在密切关系。例如，在淹水条件下，虉（yì）草、薹草和水蓼 3 种湿地植物的淀粉含量和糖含量均随着淹水时间的增加而呈下降趋势，其中薹草的淀粉含量和糖含量下降得最快，而水蓼的淀粉含量和糖含量下降得最慢。在恢复过程中，水蓼的可溶性糖含量和淀粉含量与恢复前相比有明显的积累，而虉草、薹草的可溶性糖含量和淀粉含量的积累不明显。这表明，与其他两种植物相比，水蓼具有较强的耐淹水能力及淹水后较强的恢复能力。叶绿素含量的高低可直接影响植物的光合能力。一般而言，在淹水胁迫或水位升高条件下，湿地植物会通过提高叶绿素含量来保证最大效率地利用光能。此外，湿地植物还可通过提高脯氨酸含量来适应淹水环境。例如，在 25cm 淹水条件下，水蓼、薹草、南荻 3 种湿地植物的脯氨酸含量分别增加了 69.2%、66.7%、39.6%，表明薹草和水蓼耐淹水的能力明显强于南荻。植物激素（如乙烯、脱落酸、生长素）对植物适应淹水环境的重要性逐渐受到广泛关注。其中，乙烯是植物对淹水胁迫反应最敏感的激素之一。淹水后，植物根部乙烯含量会明显升高。这是因为淹水会导致氧气不足，植物相应地增加了乙烯合成途径，使乙烯合成酶活性增加，导致乙烯大量产生。另外，洪水抑制了植物与外界气体的交换，产生的乙烯难以释放到植物体外，进而在植物体内大量累积，浓度急剧升高。高浓度的乙烯可提高植物组织对生长素反应的敏感性，刺激植物皮孔和不定根的生成，控制植物通气组织的形成等，进而提升植物对淹水胁迫的耐受能力。

在群落水平方面，随着水文情势的变化，湿地植物多样性、优势物种组成及群落结构也会发生明显变化。例如，在三峡库区消落带，与 156m 蓄水期相比，17m 蓄水期的物种数量呈明显减少趋势。其中，宽叶香蒲群落消失，狗牙根群落分布范围扩大。20 世纪 90 年代，白洋淀平均水位为 8.6m，至 2006 年，白洋淀平均水位已下降到 3.9 m，与之对应的水生植物主要群落类型减少了 3 个，并且具有由沉水植物群落向挺水植物群落演变的趋势。此外，沉水植物群落格局及群落生产力也发生了明显改变。在鄱阳湖湿地，由于季节性淹水环境，湿地植物生产力、多样性及群落结构随水位变化具有明显的差异。在丰水期高水位条件下，潜水型湿地植物多采取休眠或耐受的生存策略度过不利时期，该时期沉水植物和浮叶根生植物占优势，如微齿眼子菜、竹叶眼子菜、苦草、罗氏轮叶黑藻等。在低水位条件下，由于洲滩裸露，湿地植被群落以藨草、蒌蒿、灰化薹草等植物占绝对优势。湿地水文情势变化对湿地植物多样性也具有明显影响。在荷兰沿海河口湿地，枯水期湿地植物物种多样性比丰水期高，丰水期河口湿地物种丰度较低。

（2）湿地植物对盐度的适应。盐度是影响湿地植物生长、发育和繁殖的重要环境因子。全球变化、生境的特殊性及人类干扰等因素使湿地植物经常受到不同程度的盐胁迫，尤其在滨海或干旱地区最严重，这对湿地植物的生长、发育、繁殖及整个湿地生态系统功能的发挥和维持产生了深远的影响。盐胁迫对植物组织的破坏作用主要表现在渗透胁迫、离子毒害及活性氧代谢失衡等方面，导致植物体内诸多生理过程（如质膜透性、光合作用、呼吸作用、能量和脂类代谢及蛋白质合成）受到严重损害，进而影响湿地植物生长、发育和繁殖。在长期的适应进化过程中，湿地植物形成了一系列适应策略以减小盐胁迫带来的危害。在某些特殊条件下，如在黄河三角洲等滨海湿地，植物对盐胁迫适应的差异性可能决定了植被分布规律及群落演替的方向。因此，理解植物抗盐机制及其适应策略可为某些特殊湿地生态系统的功能优化及退化湿地的植被恢复提供理论依据。本节主要从植物的生活史对策、形态学调整、生理生化调节等方面深入分析盐胁迫下湿地植物的适应策略。

在生活史对策方面，有些湿地植物可通过改变生命周期的长短避开盐胁迫的直接危害。这些湿地植物生活史一般相对较短，在高盐度到来之前已完成整个生命过程，从而避免了盐胁迫的危害。很多湿地植物的种子可通过调整萌发时间来避开高盐度时期，如灯芯草科植物的种子通常在夏季萌发，此时降水量较大，从而稀释了土壤中的盐分。有些植物，如盐地碱蓬的种子却选择在春季萌发，从而避免了夏季强烈的蒸发作用。有些植物，如盐地碱蓬及三角叶滨藜具有二形性或多形性，在盐胁迫条件下，这些植物可增加耐盐种子的比例，耐盐种子通常个体较大，萌发率高，从而提高了盐胁迫条件下幼苗的存活率。

种子休眠也是植物抵抗盐胁迫的一种重要方式。种子休眠可分为初级休眠和次级休眠。初级休眠是指种子在与植株母体分离以前进行的休眠；次级休眠是指种子与植株母体分离后由于外界条件不适而引起的休眠。湿地植物主要选择次级休眠策略。当土壤或水体中盐度较高时，种子一般不萌发，而进入休眠状态，一旦盐胁迫解除，种子就会迅速萌发，且萌发率不受影响。红树植物的胎生现象也可看作植物抵抗盐胁迫的一种有效策略。所谓胎生，是指一些有花植物的种子成熟后不经过休眠或只短暂休眠便直接在母体上萌发的现象。这种策略的益处在于可避免盐分对种子萌发的抑制，从而提高种子萌发率和幼苗存活率。许多具有克隆繁殖特性的植物可通过繁殖方式的调整来适应外界多变的环境。在盐胁迫条件下，这类植物（如盐地鼠尾粟）主要通过根状茎或其他克隆组织进行无性繁殖，而有性繁殖能力迅速下降。这种策略的积极意义在于不仅可避免种子萌发的能量损耗和较高的幼苗死亡率，而且可通过分株向低盐环境扩展并通过克隆整合作用减缓盐胁迫对植物体的损害。

在形态学调整方面，湿地植物主要可通过生物量分配的调整、营养器官的肉质化和解剖结构变化等来适应高盐度环境。例如，在高盐度条件下，芦苇的地上部分，尤其是茎的生物量分配比例增加，而地下部分，如根和根状茎的生物量分配比例减少。减小地下部分的比重可以减少盐分的吸收，同时可以减少盐分向地上部分的运输量。肉质化是指植物的叶片等器官的薄壁细胞大量增加，可以吸收和储存大量水分。在高盐度条件下，有些植物，如盐地碱蓬、拉关木叶片和茎部的肉质化程度不断提高，从而使胞内盐分浓度降低至不使植物受害的水平。此外，许多湿地植物在受到盐胁迫时，其营养器官的解剖结构会发生一系列的变化来适应高盐度环境。这些变化主要有以下 5 个方面。

① 根茎细胞中木栓层加厚：栓质层的主要成分为难溶于水的脂肪物质，其可使土壤中的盐分很难进入植物根部，起到过滤的作用，从而避免盐胁迫对植物的损害。

② 改变叶表层组织结构：盐胁迫容易造成细胞脱水，为了避免细胞缺水而引起的一系列代谢失衡，有些湿地植物（如秋茄树、木榄树）可通过增加叶表皮细胞和角质层厚度，以及采取气孔下陷等措施来降低植物的蒸腾作用，调节细胞内水分平衡。

③ 叶内层栅栏组织细胞层数增多：栅栏组织内是大型的薄壁储水组织细胞，因此栅栏组织细胞层数的增多可加大叶片的肉质化程度，同时可提高单位面积光合效率。

④ 改变叶绿体亚细胞结构：盐胁迫可导致气孔关闭、叶绿体受损及与光合作用相关的酶失活或变性，从而导致光合速率下降，同化产物减少。叶绿体是植物进行光合作用的主要器官，同时也是最易受到盐度影响的细胞器。有些植物（如芦苇）可通过叶绿体、类囊体和线粒体脊的膨大及淀粉粒的累积等增加细胞光合作用面积，维持胞内代谢平衡。

⑤ 诱导通气组织的形成：在盐渍条件下，土壤中氧气匮乏，植物代谢活动所需氧气靠体内的闭路循环提供。发达的通气组织可提高植物体内气体运输能力，使得气体闭路循环成为可能，如喜旱莲子草（又名水蕹菜、水花生）根茎薄壁组织中的通气组织面积随盐度增加呈递增趋势，从而大大增强了氧气储存和输导能力，满足了植物体对氧气的需求。

在生理生化调节方面，湿地植物抵抗盐胁迫的途径主要有拒盐和泌盐、渗透调节及抗氧化物诱导等。有些湿地植物具有特殊的抗盐机制，可通过根部拒盐防止多余盐分进入体内。例如，红树科植物秋茄树和红海兰等可依靠木质部内高负压力，通过非代谢超滤作用从海水中吸取水分。此外，有些植物的叶片也可能存在拒盐能力。在一些植物，如红树植物白骨壤、蜡烛果（又名桐花树）及水飞蓟（又名老鼠筋）等的叶片中均存在盐腺，这些盐腺可有效地将植物体内多余的盐分排出，并维持体内较低的离子浓度。渗透调节主要包括无机渗透调节和有机渗透调节。参与无机渗透调节的离子主要有 K^+、Na^+、Cl^-等，而参与有机渗透调节的物质主要包括氨基酸、多羟基化合物、蛋白质、可溶解性糖、甜菜碱、总黄酮等。这些相溶性物质通常溶解度较大，极性电荷少，并且分子表面有很厚的水化层，因此不仅可以维持细胞的渗透压，而且稳定细胞质中酶分子的活性结构，保护其不受盐离子的伤害。此外，在盐胁迫条件下，植物体内会累积大量的活性氧分子（Reactive Oxygen Species，ROS），如 H_2O_2、OH^-等，而抗氧化物酶系统在清除 ROS 中起到了决定性的作用。超氧化物歧化酶（Superoxide Dismutase，SOD）是抗氧化物酶系统中的关键酶之一，它可以有效地将 ROS 分解成 H_2O_2 和 O_2，但反应生成的 H_2O_2 仍具有很强的氧化性。因此，需要愈创木酚过氧化物酶（Peroxidase，POD）、过氧化氢酶（Catalase，CAT）将其催化分解为 H_2O 和 O_2。多种抗氧化物酶之间相互协调、共同协作，可有效地抵抗膜质的过氧化，最终达到保护细胞膜结构的目的。

2）湿地动物对环境的适应机制

（1）湿地动物对环境变化的适应。湿地生态系统中的环境变化主要包括水文情势变化、植被类型变化、气候及土壤理化性质变化等。这些变化均会对湿地动物的物种组成、分布格局及多样性水平产生明显影响。例如，在洞庭湖湿地，旗舰物种小白额雁分布的多样性指数（SHDI）与退水时间变化呈现显著的负线性关系，而与薹草生长状况（NDVI）呈现显著的正线性关系，如图 2.1.1 所示。由此可见，洞庭湖退水时间及其导致的薹草生长状况变化是小白额雁物种分布的多样性变化的关键生境因子，薹草生长状况变化是小白额雁物种分布的多样性变化的直接生境因子。退水时间变化通过改变薹草生长状况（食物可利用性），最终影响其物种分布的多样性变化，即提前退水会导致薹草的提前出露、生长和枯萎，进而导致越冬期小白额雁食物匮乏，不利于小白额雁物种分布的多样性维持。在应对提前退水导致的食物可利用性下降时，小白额雁可能会通过寻找最适宜的觅食生境而发生分布区的转移和集中分布在最优觅食生境，导致其物种分布的多样性快速下降。

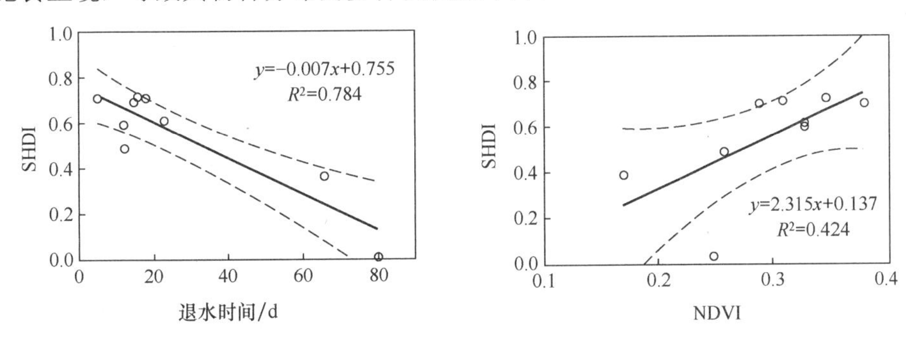

图 2.1.1 小白额雁物种分布的多样性指数与退水时间、薹草生长状况的线性回归曲线

除水文情势外，湿地沉积物类型、盐度等其他环境变化也明显影响湿地动物的分布及组成，并且湿地环境对湿地动物的影响还与尺度有关。例如，在大的尺度上，物种分布与温度相关，而在小的尺度上，自然环境的性质可能对物种分布起决定作用。又如，在一个河口系统中，底栖动物群落的生态学特征主要取决于自然生境的性质，如盐度、沉积物深度和潮汐状况等。植被类型也是决定湿地动物生态特征的一个关键因素。例如，在红树林湿地的不同演替阶段，底栖动物群落特征存在明显差异。在白骨壤+桐花树阶段，大型底栖动物群落的多样性指数、栖息密度、物种数及生物量均最高。在秋茄树+桐花树阶段，大型底栖动物群落的物种数大为减少，尤其是底内型和底上附着型种类急剧减少，生物量也相应降低，栖息密度下降到最低。在木榄树+桐花树阶段，大型底栖动物群落的物种数，尤其是底内型和穴居型种类继续减少，生物量也降到最低，但栖息密度有所上升，多样性指数有所回升。在白骨壤+桐花树阶段，优势种的生活型分别是底内型和穴居型。在秋茄树+桐花树和木榄树+桐花树阶段，优势种的生活型是穴居型。这可能是因为在不同群落演替阶段，植被类型的不同导致林下沉积物化学性质、光照水平及食物来源不同等，进而直接或间接地改造环境从而影响动物群落。

（2）湿地动物对人类干扰的适应。人类活动对湿地动物的影响主要表现为通过改变湿地动物生境、食物来源及湿地环境，使湿地动物生态特征发生改变。例如，洞庭湖缓冲区采桑湖人工湿地在一定程度上可以作为洞庭湖核心区大、小西湖自然湿地的补偿，为越冬候鸟提供适宜的生境。但在 2013 年，该人工湿地生境发生了明显改变，因为该人工湿地被当地政府承包给相关开发商用于种藕、养蟹。研究发现，该人工湿地经种藕、养蟹之后，生境发生剧变，小白额雁的种群密度呈现显著下降趋势。在采桑湖人工湿地生境发生剧变之前，小白额雁的种群密度在采桑湖人工湿地与大、小西湖自然湿地不存在显著差异，而在2013年采桑湖人工湿地生境发生剧变之后，小白额雁在采桑湖人工湿地的种群密度显著低于大、小西湖自然湿地。这主要是因为生境改变后，小白额雁的栖息环境和食物来源等发生了显著变化，改造后的生境已不适合小白额雁栖息，导致小白额雁不得不转移至其他区域越冬。在群落水平上，生境的改变也导致候鸟的群落组成发生明显变化，具体表现为食块茎类，尤其是食草类、食虫类和食鱼类对采桑湖人工湿地的利用率下降（相比大、小西湖自然湿地），而杂食类对采桑湖人工湿地的利用率上升（相比大、小西湖自然湿地）。在物种水平上，采桑湖人工湿地生境剧变导致豆雁、小白额雁、普通鸬鹚、反嘴鹬、白琵鹭、凤头麦鸡、翘鼻麻鸭7种越冬候鸟对采桑湖人工湿地的利用率下降（相比大、小西湖自然湿地），而黑水鸡、白骨顶和针尾鸭3种越冬候鸟对采桑湖人工湿地的利用率上升（相比大、小西湖自然湿地）。

生物入侵导致的生境改变也是影响湿地动物生态特征的一个关键要素。例如，在崇明岛东滩湿地，互花米草的入侵导致鸟类栖息地群落结构和功能发生明显改变。同时，贝类等运动能力差的软体动物在密集的互花米草丛中活动困难，甚至会窒息死亡，造成鱼类和鸟类食物资源不断减少，从而导致整个湿地生态系统生物多样性显著下降。互花米草对湿地动物的影响还与原生境植被情况有关。例如，在无植被覆盖的光滩，互花米草的入侵可为底栖动物提供庇护所，降低其被捕食概率。另外，互花米草较高的生物量可为部分动物提供丰富的食物，从而提升动物的物种丰度和多样性水平。然而也有研究表明，互花米草入侵裸滩后，会对底栖动物群落结构产生负面影响。相对于无植被光滩生境而言，互花米草入侵原生植被区对底栖动物的影响相对较小。但当前相关研究结论也不一致。这是因为互花米草入侵对底栖动物的影响受多个因素的共同制约，包括互花米草对生境的改造、底栖动物食物源供应和摄食压力的变化，以及生境内土壤和间隙水理化性质的改变等。

3）湿地植被演替

微课视频

植被演替是植物群落经过一定历史发展时期由一种类型转变为另一种类型的替代过程。在植被演替过程中，植物群落结构和组成也将发生明显的变化。在湿地生态系统中，影响植被演替的机制非常复杂，植被演替是多个生物因子和非生物因子共同作用的结果，且因子间所起作用的大小不同。一般认为，植被演替发生的原因包括外因和内因两个方面。外因通常是指人为干扰、物种入侵、气候变化及环境因子改变等群落外部的影响因素，而内因主要是指群落内和群落间植被的竞争关系。对一般淡水湿地而言，植被演替通常被认为是由水文情势控制的。例如，随着水位梯度的下降，沉水植物和浮叶根生植物被挺水植物替代，随后一些耐淹水植物也相继入侵，形成以一年生草本植物为主的草甸。在滨海湿地，植被演替通常是由土壤和水体盐度主导的。同时，不同环境因子强度也对湿地植被演替方向具有明显的调控作用。例如，在洞庭湖湿地，除存在由水文情势主导的湿地植被演替模式以外，还存在由泥沙淤积主导的湿地植被演替模式，并且由于泥沙淤积强度不同，因此湿地植被演替模式存在明显差异。例如，当淤积速度很快时，鸡婆柳往往可以快速占据洲滩裸地，形成鸡婆柳灌丛群落；当淤积速度较慢时，先出现薹草群落，然后随着演替的不断进行逐渐发展为芦苇群落、南荻群落，最后发展为森林群落；当淤积速度较快时，先由洲滩裸地发展为虉草群落，然后发展为芦苇群落、南荻群落，最后发展为森林群落，该演替模式常见于航道中孤立的洲滩（如鹿角）及航道两侧的湿地。不同淤积速度下洞庭湖湿地植被演替模式示意图如图 2.1.2 所示。

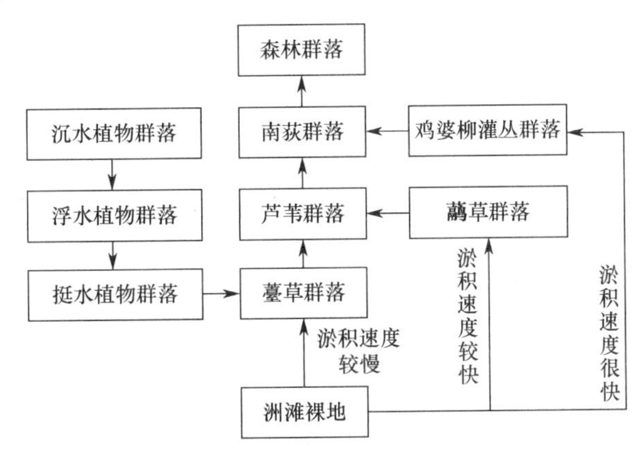

图 2.1.2　不同淤积速度下洞庭湖湿地植被演替模式示意图

不仅如此，由于湿地生态系统的复杂性，湿地植被演替可能同时受多个因子及人为干扰等因素的共同控制，进而形成不同的演替模式。例如，在黄河三角洲湿地，由于植被演替总体受距海远近及黄河入海水道变迁的制约，同时受多种自然和人为因素的干扰，因此植被演替类型多样。该湿地植被演替类型总体可分为以下 4 种。

（1）盐生植被的正向演替。在三角洲沿海滩涂和低洼积水的重度盐渍土壤环境中，最初是裸露的光地，随着新生湿地向海扩展，原有滩涂受潮汐影响减弱，盐地碱蓬群落、柽柳群落开始发育，随着地面的淤高及土壤盐分的不断下降，盐地碱蓬群落、柽柳群落被獐毛群落、假苇拂子茅群落、补血草群落、白茅群落等耐盐性差的草甸植被替代。由于此时地貌环境已比较稳定，因此上述草甸植被一般可以持续十年甚至百年，直至演替到温带落叶阔叶林群落。

（2）盐生植被的逆向演替。该类型的演替是相对于上面的正向演替而言的。当上述植被演替到白茅群落和假苇拂子茅群落时，对土地的不合理开垦利用会导致土壤下层盐分迅速向地表积累，使得上层土壤盐分过高，从而导致耐盐植物的再次入侵，进而导致逆向演替。

（3）湿生植被的顺行演替。河口泥沙淤积最初形成的潮间带下部裸露的滩涂，在外缘泥沙淤积的作用下演替为盐地碱蓬群丛、柽柳群丛、盐角草群丛等盐生植被，随后随着外缘地表的不断抬高，在有短期积水的地方盐生植被就演化为眼子菜群丛、荆三棱群丛、假苇拂子茅群丛，在黄河三角洲外缘潮上带由湿地盐生植被演替为湿生植被一般要经过几十年的时间。

（4）水生植被的顺行演替。该类型的演替多发生在一些面积较小的湖泊、坑塘湿地及水库中，演替序列为沉水植物群落—浮叶根生植物群落—挺水植物群落—湿生植物群丛—陆地中生或旱生植物群落。该类型的演替主要由水深控制。在一些大的湖泊或水库中，由于水位相对稳定，人为干扰小，因此演替过程相对缓慢，仍以沉水植物群落为主。

同时有研究表明，研究尺度不同，得出的影响植被演替的关键因子也会不同。从大的尺度上来看，盐度可能是影响滨海湿地植被演替的关键因子，物种对盐胁迫耐受力的大小决定了其分布的最大空间；从小的尺度上来看，生物作用（如竞争和捕食）可能对湿地植被演替起到决定性的作用。由此可见，对湿地植被演替规律的研究需要在不同尺度上联合进行方能得出较为清晰、准确的结论。

案例解析：洪河湿地生态分析

1. 地形演化

洪河湿地位于合江内陆断陷盆地次一级构造单元，抚远中心南一侧。该地区从上古代开始受海侵，至中生代海侵范围扩大，相继沉积了海陆交互的石炭二叠纪、中下侏罗纪地层。自中生代以来，该地区始终处于大面积以下沉为主的间歇性沉降运动中，第三系厚度大于200m。据1980年钻孔分析结果，第四系最大厚度达224.36m，形成了地面盖层。受新构造区长期下降的影响，洪河湿地内两条河流的水分线、河间阶地发育明显，河漫滩广阔，最宽处为3.5km，最窄处为1.5km。区内地势西南高、东北低，微倾斜，西南端海拔为54.5m，东北最低处海拔为51.5m，地面坡降为1/1500～1/10000。

区内地貌可分为冲积低平原漫滩和阶地两种类型。漫滩分布在浓江河、沃绿兰河两岸，呈条状、蝌蚪状分布。漫滩海拔为51.5m，与一级阶地坎式接触，有明显陡坎。漫滩由重沼泽组成。一级阶地面积较大，地表覆盖 5.65～14.5m 的沉积物。黏土沿浓江河右岸地形局部隆起，相对高差为1.0～1.2m，阶地内多为沼泽洼地。

2. 水文过程

浓江河是流经洪河自然保护区的主要河流，该河流为平原沼泽性河流，是黑龙江的一级支流。浓江河发源于青龙山农场东部湿地，自西向东穿过洪河湿地，全长116m，在洪河湿地内长25.7km，全流域面积为2630km^2，在洪河湿地内面积为284km^2，占全流域面积的11%，河槽深 1.5～2.0m，但滩地最宽为3～4km，在雨季或丰水年，河水畅通，最终汇入黑龙江。浓江河中间稍高，地形多线状、碟形洼地，上游与水泡相连，无明显河床，弯曲度大，流水不畅，洪水经常泛滥，因此形成三江平原特有的洪河内陆湿地。其支流沃绿兰河全长7km，贯穿该地区，也是洪河湿地的主要水源之一。

洪河农场气象站多年的降水资料显示，该地区年平均降水量为585mm，大气降水年给水量为 1.28×10^8m^3，直接补给浓江河水量为 0.03×10^8m^3。该地区地下水资源丰富，含水层厚且稳定，总厚度为160～220m，透水系数为12.9～35.8m/d，单井涌水量为1000t，属于地下水极丰富地区。地下水开采量达 40.31×10^8m^3，地下水埋深为5～8m，大部分为5～6m。地下水水力特征为微承压水，承压水头在 0.1～10m 处。由于表层普遍分布 5.0～14.6m 厚的黏土、亚黏土，透水性很差，渗透系数一般为0.635～0.045m/d，因此构成了隔水层。隔水层可阻止水分下降、渗透，使地下水与大气降水无水力联系。大气降水以地面径流形式排泄到浓江河、沃绿兰河中，地下水侧向补给，水力坡度较小，为1/38000，流动速度为2.83m/a 左右，矿化度小于0.3g/L，pH为7.0，总硬度为3.96德国度，地下水为重碳酸根钙积型水，水质良好。

3. 土壤分析

该地区土壤为第四系沉积黏土，发育在黏土类型上的土壤主要有白浆土、沼泽土和泛滥地土壤三个类型。

白浆土分为岗地白浆土、草甸白浆土和潜育白浆土三个亚类，白浆土面积为 11311hm^2，占总面积的 51%，分布在一级阶地上，黑土层厚度为 6～20cm，过渡层为白浆层、无结构、灰白色，养分含量低，下层为沉积层，俗称蒜瓣土，土质黏重，不透水，养分含量低。60%的白浆土季节性积水。

沼泽土分为腐殖质沼泽土和泥炭沼泽土两个亚类，面积为 6419hm^2，占总面积的 29%。该类土壤分布在浓江河、沃绿兰河两侧及鱼眼泡子、洼地上。

泛滥地土壤面积为 4105hm^2，占总面积的 20%，主要分布在浓江河滩地上，常年积水，生长水生植物或湿生植物。

4．植物资源

该地区在植被地理区划上属于小兴安岭—老爷岭植物区，穆棱—三江平原亚区，地带性植被为温带红松针阔混交林，但因立地条件的影响，形成了洪河自然保护区大面积的沼泽非地带性植被，蕴藏着丰富的野生植物资源，共有 1012 种，其中经济植物有 628 种，约占植物总数的 62.06%，包括药用植物 381 种，饲用植物 257 种，纤维植物 56 种，食用植物 38 种，鞣料植物 36 种，蜜源植物 92 种，观赏与环保植物 163 种，油脂植物 45 种，淀粉植物 44 种，药用植物 32 种，芳香植物 36 种，染料色素植物 16 种，木材植物 29 种。

该地区有珍稀濒危植物 6 种，即野大豆、刺五加、黄芪、黄润、胡桃楸、水曲柳，占黑龙江省 16 种珍稀濒危植物的 37.5%。还有许多第三纪残遗植物，如黄栗、山葡萄、五味子等。

洪河自然保护区的植被类型包括森林、灌丛、草甸、沼泽植被和水生植被，其中森林主要是以山杨、白桦和蒙古栎为优势种的次生林，呈岛状分布在保护区内，又称岛状林。灌丛是以柳、水冬瓜和榛子为优势种的次生灌丛。草甸包括典型草甸和沼泽化草甸两类，典型草甸以中生植物或部分湿生植物为主要层片，优势种为小叶樟，同时混生有柴桦等小灌木；沼泽化草甸以中湿生植物或湿中生植物为优势类群，优势种为小叶樟，同时混生有沼柳、水冬瓜、柴桦等灌木和一些湿生植物种类。沼泽植被以湿生和沼生草本植物为优势种，多为莎草科植物，轻沼泽以薹草为优势种，泥炭沼泽以毛果薹草和漂筏薹草为建群种，腐泥沼泽以禾本科植物为优势种，主要有甜茅、芦苇、小叶樟、毛果薹草和漂筏薹草。水生植被以水生植物为优势种，包括沉水型水生植物、浮叶型水生植物、漂浮型水生植物和挺水型水生植物 4 个类型。

5．动物资源

该地区在动物地理区划上属于古北界东北区长白山亚区。动物资源以寒温带栖息类型的动物为主。该地区环境复杂，既有平原草甸、大片湖泊、沼泽，又有岛状林，因此表现出动物资源的多样性。据统计，该地区有脊椎动物 5 纲、30 目、71 科、178 属、284 种，共有国家一级保护动物 12 种，国家二级保护动物 40 种，省级保护动物 28 种。

由于缺乏大面积的水面及较大的河流，因此该地区鱼类少且以小型湖泊鱼类为主。该地区内共有鱼类 4 目、6 科、23 属、25 种，占全省鱼类的 23%，且缺少特有种，优势种有泥鳅、鲤、鲫、葛氏鲈、塘鲈等。该地区湿地面积较大，食物丰富，为两栖动物提供了良好的栖息环境，两栖动物种类及数量较多。该地区共有两栖动物 2 目、4 科、5 属、8 种，占全省两栖动物的 67%，优势种为黑龙江林蛙。该地区共有爬行动物 1 目、3 科、3 属、3 种，占全省爬行动物的 18%。

该地区鸟类资源丰富，特别是水鸟种类及数量较多。该地区共有鸟类 215 种，占全省鸟类总数的 62.4%，但鸟类组成的季节性变化较大，且多为旅鸟及夏候鸟，占本区鸟类总数的 72.2%。该地区共有国家一级保护鸟类 11 种，国家二级保护鸟类 33 种，省级保护鸟类 24 种，“中日候鸟及栖息地保护协定”保护鸟类 124 种。

该地区兽类种类较少，仅有 6 目、12 科、27 属、33 种，占全省兽类的 34%，以食肉目和啮齿目占优势。该地区共有国家一级、二级保护兽类 8 种，省级保护兽类 4 种。由于湿地退化、人为干扰及环境变化等，许多种类（如马鹿、水獭、猞猁等）已经绝迹。

任务 2 调查湿地生态现状

案例导入：洪河湿地生态现状

党的二十大报告提出的坚持节约优先、保护优先、自然恢复为主的方针，要求调查工作关注湿地资源的节约与保护情况及自然恢复的成效，考察湿地的生态承载能力、生物多样性的恢复状况等，以了解湿地生态变化趋势。

在洪河湿地的生态调查中，采用了遥感监测法，即利用卫星遥感、无人机航拍等技术，对湿地生态系统进行大范围、连续性的监测，以快速获取湿地生态系统的空间分布和动态变化信息，为生态调查提供有力支持。

第一步是数据收集。根据生态调查的具体需求，选择具备多光谱、高分辨率成像能力的卫星对洪河湿地进行拍摄，捕捉湿地植被、水体、土壤等地表覆盖类型的图像。这些图像数据不仅覆盖了可见光波段，而且覆盖了近红外、短波红外等多个波段，为后续的数据处理与分析提供了基础资料。

第二步是数据处理与分析。首先，对获取的卫星图像进行一系列的预处理工作，如辐射校正、几何校正等，以消除各种干扰因素，提高图像的准确性和可用性。其次，利用遥感图像处理软件，采用分类算法，对图像中的湿地地表覆盖类型进行分类和提取。同时，结合光谱特征、纹理特征等信息，进一步提高分类的精度。最后，根据分类结果，计算湿地生态系统的各项生态指标，并监测其动态变化，为湿地的保护和管理提供科学依据。

根据以上信息，结合其他资料，完成洪河湿地生态现状调查的任务。

（1）洪河湿地的生态调查采用什么方法。

（2）洪河湿地的生态调查如何获取基础数据。

（3）洪河湿地的生态调查如何进行结果分析。

2.2.1 调查的范围和内容

湿地生态调查的目的是查清我国湿地资源及其环境的现状，了解湿地资源的动态消长规律，建立全国湿地资源数据库和管理信息平台，并逐步实现对全国湿地资源进行全面、客观的分析和评价，为湿地资源的保护、管理、合理利用提供统一完整、及时准确的基础资料和决策依据，为加强湿地资源的保护、管理、合理利用，以及履行《湿地公约》及其他有关国际公约或协定服务。

湿地调查的范围覆盖我国领土范围内符合湿地定义的各类湿地资源，包括面积为 8 公顷以上（含 8 公顷）的近海与海岸湿地、湖泊湿地、沼泽湿地、人工湿地，以及宽度在 10m 以上、长度在 5km 以上的河流湿地。

根据湿地的重要性及调查内容的不同，湿地调查可分为一般调查和重点调查。

一般调查是指对所有符合调查范围要求的湿地斑块进行面积、湿地类型、分布、植被类型、主要优势植物种和保护与管理状况等内容的调查。

重点调查是指对符合以下条件之一的湿地进行详细调查。

（1）已列入《湿地公约》的国际重要湿地名录的湿地。

（2）已列入《中国湿地保护行动计划》的国家重要湿地名录的湿地。

（3）已建立的各级自然保护区、自然保护小区中的湿地。

（4）已建立的湿地公园中的湿地。

（5）其他符合下列条件之一的湿地：省（自治区、直辖市）特有类型的湿地；分布有特有濒危保护物种的湿地；面积大于或等于 10000 公顷的近海与海岸湿地、湖泊湿地、沼泽湿地和水库；红树林；其他具有特殊保护意义的湿地。

一般调查的内容包括所有符合调查范围要求的湿地的类型、面积、分布（行政区、中心点坐标）、平均海拔、所属流域、水源补给状况、植被类型及面积、主要优势植物种、土地所有权、保护与管理状况，以及河流湿地的河流级别。

重点调查的内容除一般调查的内容以外，还包括以下内容。

（1）自然环境要素：包括位置（坐标范围）、地形、气候、土壤。

（2）湿地水环境要素：包括水文要素、地表水和地下水水质。

（3）湿地野生动物：包括湿地内重要陆生和水生湿地脊椎动物（如水鸟、兽类、两栖动物、爬行动物和鱼类），以及湿地内占优势或数量很大的某些无脊椎动物（如贝类、虾类、蟹类等）的种类、分布及生境状况。

（4）湿地植物群落和植被。

（5）湿地的利用状况、社会经济状况和受威胁状况等。

湖泊湿地、河流湿地、沼泽湿地及人工湿地的遥感解译应选取近两年丰水期的遥感图像。如果丰水期遥感图像的效果影响到判读解译的精度，则可以选取最靠近丰水期时期的遥感图像。近海与海岸湿地的调查应选取低潮时的遥感图像。湿地的外业调查应根据调查对象的不同，分别选取适合的时间和季节进行。

2.2.2 调查的方法

1. 一般调查

一般调查采用以 RS（遥感）为主、GIS 和 GPS 为辅的 3S 技术，该技术将空间技术、传感器技术、卫星定位与导航技术和计算机技术、通信技术相结合，是多学科高度集成的，对空间信息进行采集、处理、管理、分析、表达、传播和应用的现代信息技术，代表了地理信息技术领域的一系列创新和突破。

3S 技术通过遥感解译获取湿地的类型、面积、分布（行政区、中心点坐标）、平均海拔、植被类型及其面积、所属流域等信息。通过野外调查、现地访问和收集最新资料获取水源补给状况、主要优势植物种、土地所有权、保护管理状况等数据。在多云多雾的山区，如果无法获取清晰的遥感图像，则应通过实地调查进行补充。对于通过遥感图像无法解译的湿地型类和植被类型，也应通过实地调查进行补充。

1）遥感判读准备工作

（1）获取调查区相关图件和资料。图件包括调查区地形图、土地利用现状图、植被图，以及湿地、流域等专题图；资料包括调查区有关文字资料和统计数据等。

（2）遥感数据源的选择。遥感数据的获取应在保证调查精度的基础上，根据实际情况采用特定的数据源。一般应保证分辨率在 20m 以上，云量小于 5%，最好选择与调查时最接近的遥感图像，其时间相差一般不应超过 2 年。

（3）遥感数据的处理。对遥感数据要以湿地资源为主体进行图像增强处理，并根据 1∶50000 地形图进行几何精校正。基于经过处理的遥感数据，按标准生成数字图像或影像图。

（4）解译人员的培训。为了保证遥感解译的准确性，要对参加解译的人员进行技术培训，使其熟悉技术标准，掌握 GIS 与遥感技术的基础理论及相关软件的使用方法。解译人员除应进行遥感判读知识培训以外，还应进行专业知识的学习和野外实践培训等。

（5）建立分类系统及代码。具体参见湿地分类技术标准与湿地编码规定。湿地类型、代码及划分标准如表 2.2.1 所示。

表 2.2.1 湿地类型、代码及划分标准

代码	湿地类别	代码	湿地类型	划分标准
1	近海与海岸湿地	101	浅海水域	在浅海湿地中，湿地底部基质由无机部分组成，植被覆盖度<30%，多数情况下低潮时水深小于 6m，包括海湾、海峡
		102	潮下水生层	在海洋潮下，湿地底部基质由有机部分组成，植被覆盖度≥30%，包括海草层、海草、热带海洋草地
		103	珊瑚礁	由珊瑚聚集生长而成的浅海湿地
		104	岩石海岸	底部基质 75%以上是岩石和砾石，包括岩石性沿海岛屿、海岩峭壁
		105	沙石海滩	由砂质或沙石组成的植被覆盖度<30%的疏松海滩
		106	淤泥质海滩	由淤泥质组成的植被覆盖度<30%的淤泥质海滩
		107	潮间盐水沼泽	由潮间地带形成的植被覆盖度≥30%的潮间沼泽，包括盐碱沼泽、盐水草地和海滩盐沼
		108	红树林	主要由红树植物组成的潮间沼泽

续表

代码	湿地类别	代码	湿地类型	划分标准
1	近海与海岸湿地	109	河口水域	从近口段的潮区界（潮差为零）至口外海滨段的淡水舌锋缘之间的永久性水域
		110	三角洲/沙洲/沙岛	河口系统四周冲积的泥/沙滩，沙洲、沙岛（包括水下部分）植被覆盖度<30%
		111	海岸性咸水湖	海滨区域有一个或多个狭窄水道与海相通的湖泊，包括海岸性微咸水、咸水或盐水湖
		112	海岸性淡水湖	起源于潟湖，与海隔离后演化成的淡水湖泊
2	河流湿地	201	永久性河流	常年有河水径流的河流，仅包括河床部分
		202	季节性或间歇性河流	一年中仅季节性（雨季）或间歇性有河水径流的河流
		203	洪泛平原湿地	在丰水季节由洪水泛滥的河滩、河心洲、河谷、季节性泛滥的草地及保持常年或季节性被水浸润的内陆三角洲所组成
		204	喀斯特溶洞湿地	喀斯特地貌下形成的溶洞集水区或地下河/溪
3	湖泊湿地	301	永久性淡水湖	由淡水组成的永久性湖泊
		302	永久性咸水湖	由微咸水/咸水/盐水组成的永久性湖泊
		303	永久性内陆盐湖	由含盐量很高的卤水组成的永久性湖泊
		304	季节性淡水湖	由淡水组成的季节性或间歇性淡水湖（泛滥平原湖）
		305	季节性咸水湖	由微咸水/咸水/盐水组成的季节性或间歇性湖泊
4	沼泽湿地	401	藓类沼泽	发育在有机土壤上的、具有泥炭层的、以苔藓植物为优势群落的沼泽
		402	草本沼泽	由水生和沼生草本植物组成优势群落的淡水沼泽
		403	灌丛沼泽	以灌丛植物为优势群落的淡水沼泽
		404	森林沼泽	以乔木森林植物为优势群落的淡水沼泽
		405	内陆盐沼	受盐水影响，生长盐生植被的沼泽。以苏打为主的盐土，含盐量>0.7%；以氯化物和硫酸盐为主的盐土，含盐量分别大于1.0%、1.2%
		406	季节性咸水沼泽	受微咸水或咸水影响，只在部分季节维持浸湿或潮湿状况的沼泽
		407	沼泽化草甸	典型草甸向沼泽植被的过渡类型，是在地势低洼、排水不畅、土壤过分潮湿、通透性不良等环境条件下发育起来的，包括分布在平原地区的沼泽化草甸及分布在高山和高原地区具有高寒性质的沼泽化草甸
		408	地热湿地	以地热矿泉水补给为主的沼泽
		409	淡水泉/绿洲湿地	以露头地下泉水补给为主的沼泽
5	人工湿地	501	库塘	以蓄水、发电、农业灌溉、城市景观、农村生活为主要目的修建的，面积不小于8公顷的蓄水区
		502	运河、输水河	为输水或水运而建造的人工河流湿地，包括以灌溉为主要目的的修建的沟、渠
		503	水产养殖场	以水产养殖为主要目的修建的人工湿地
		504	稻田/冬水田	能种植一季、两季、三季的水稻田，或者冬季蓄水或浸湿的农田
		505	盐田	为获取盐业资源而修建的晒盐场所或盐池，包括盐池、盐水泉

2）建立解译标志

（1）选设3～5条调查线。调查线选设原则：在遥感假彩色图像上色彩齐全；对工作区有充分的代表性；实况资料好；类型齐全；交通方便。

（2）线路调查。通过对遥感假彩色图像的识别，利用 GPS 等定位工具，建立直观图像特征和地面实况的对应关系。

（3）室内分析。依据野外调查确定的图像和地物间的对应关系，借助有关辅助信息（湿地图、水系图、湿地分布图及有关物候等资料），建立遥感假彩色图像反映的色调、形状、图形、纹理、相关分布、地域分布等特征与相应判读类型之间的相关关系。

（4）制定统一的解译标准，填写判读解译标志表。通过野外调查和室内分析对判读类型的定义、现地景观形成统一认识，并对各判读类型在遥感图像上的反映特征的描述形成统一标准，形成解译标志，填写判读解译标志表。对于不同遥感图像资料或时相差异大的遥感图像资料，应分别建立解译标志。

（5）判读工作的正判率考核。选取 30～50 个判读点，要求判读人员对湿地类型进行识别，只有湿地类型正判率达到或超过 90%的判读人员才可上岗。湿地类型正判率不足 90%的判读人员要进行错判分析和纠正，并进行第二次考核，直至湿地类型正判率达到或超过 90%，并填写判读考核登记表和修订判读解译标志表。

3）判读解译

（1）人机交互判读。判读人员在正确理解判读类型定义的情况下，参考有关文字、地面调查资料等，在 GIS 软件支持下，将相关地理图层叠加显示，全面分析遥感图像的色调、纹理、地形特征等，将判读类型与其所建立的解译标志有机结合起来，准确区分判读类型。以面状图斑和线状地物分层解译，建立判读卡片并填写遥感信息判读登记表。

（2）图斑判读要求。在以图斑为基本单位进行判读时，以采用遥感图像进行勾绘判读或在计算机屏幕上直接进行勾绘判读为主，GPS 野外定位点为辅。每个判读样地或图斑要按照一定规则进行编号，作为该判读单位的唯一识别标志，并按判读单位逐一填写判读因子，生成属性数据库。

（3）河流的判读。河流的判读范围为宽度在 10m 以上、长度在 5km 以上的全国小型河流。如果遥感图像达不到解译要求，则可以采用典型调查的方式，即借助地形图和 GPS 野外定点调查现地调绘。

（4）双轨制作业。在以样地为单位进行判读时，要求两名判读人员对同一幅地形图内的遥感判读样地分别进行判读登记。当判读类型一致率在 90%及以上时，可对不同点进行协商修改；当判读类型一致率达不到 90%时，应重判。在以图斑为单位进行判读时，要求一人按图斑区划因子进行图斑区划并进行判读，另一人对前一人的区划结果进行检查，发现区划错误要进行协商修改。区划确定后第二人进行“背靠背”判读，当判读类型一致率在 90%及以上时，可对不同图斑进行协商修改；当判读类型一致率达不到 90%时，应重判。

（5）质量检查。质量检查是指对遥感图像的处理、解译标志的建立、判读的准备与培训、判读及外业验证等各项工序和成果进行检查。组织对当地熟悉和有判读实践经验的专家对解译结果进行检查验收，对不合理及错误的解译及时进行纠正。

（6）湿地类型的判读精度要求。沼泽湿地要求判读精度在 85%及以上，其他湿地要求判读精度在 90%及以上。

4）数据统计

（1）面积计算。遥感解译完成后，在GIS软件中，将面状湿地解译图、线状湿地解译图、分布图和境界图叠加进行分析，计算各图斑的面积，面积单位为公顷，输出的数据保留小数点后一位。解译出的主要单线河流的面积，可根据野外调查给出的平均宽度而求得。

（2）统计。按各省（自治区、直辖市）分县（市、区）统计各湿地类型的面积和其他相关数据，也可按二级流域统计各湿地类型的面积。

2．重点调查

1）水环境要素调查

通过野外调查获取湿地水文数据。对于无法开展野外调查的湿地，可从附近的水文站和生态监测站获取相关资料，但应注明该站的地理位置（经纬度）。水质调查要在野外选取典型地点采集地表水和地下水的水样，由具有专业资质的单位进行化验分析，获取相关数据。

湿地水文调查的内容包括：①水源补给状况，分为地表径流补给、大气降水补给、地下水补给、人工补给和综合补给5种类型，如果数据来源于资料，则应注明资料出处和年份（下同）；②流出状况，分为永久性流出、季节性流出、间歇性流出、偶尔流出和没有流出5种类型；③积水状况，分为永久性积水、季节性积水、间歇性积水和季节性水涝4种类型；④水位（单位为m），地表水位包括年丰水位、年平水位和年枯水位，采用自记水位计或标尺测量，也可从水文站和生态监测站获取相关资料；⑤水深（湖泊、库塘水深，单位m），包括最大水深和平均水深，从水利等部门获取有关资料；⑥蓄水量（湖泊、沼泽和库塘蓄水量，单位为万立方米），从水利等部门获取有关资料。

地表水水质调查的内容包括：①pH，采用野外pH计测定，对测得的结果进行分级；②矿化度（单位为g/L），采用重量法测定，对测得的结果进行分级；③透明度（单位为m），采用野外透明度盘测定，对测得的结果进行分级；④营养物质，包括TN和TP，需要在野外采集水样并进行实验室测定，其中TN（单位为mg/L）用紫外分光光度法测定，TP（单位为mg/L）用光度法测定；⑤营养状况，将测得的透明度、TN、TP结果按照营养状况分级标准进行分级；⑥COD（单位为mg/L），是指在一定条件下用强氧化剂处理水样时所消耗氧化剂的量，目前应用最普遍的测定方法是酸性高锰酸钾氧化法与重铬酸钾氧化法；⑦主要污染因子，调查对水环境造成有害影响的污染物名称，包括有机物质（油类、洗涤剂等）和无机物质（无机盐、重金属等）；⑧水质级别，遵循《地表水环境质量标准》（GB 3838—2002）。

2）湿地野生动物调查

微课视频

在湿地生境中生存的脊椎动物和在某一湿地内占优势或数量很大的某些无脊椎动物，包括水鸟、两栖动物、爬行动物、兽类、鱼类，以及贝类、虾类、蟹类等。其中，对于水鸟，应查清其种类、分布和数量，对于其他各类以种类调查为主。考虑到各调查对象的调查季节和生境不同，湿地野生动物调查可以不在同一样地进行。

湿地野生动物调查时间应选择在动物活动较为频繁、易于观察的时间段内。水鸟数量调查分繁殖季和越冬季两次进行。繁殖季一般为每年的5—6月，越冬季为12月至翌年2月。各地应根据本地的物候特点选择最佳调查时间，其原则如下：调查时间应选择调查区域内的水鸟种类和数量均保持相对稳定的时期；调查应在较短时间内完成，一般同一天内的数据可以认为没有重复计算，面积较大的区域可以采用分组方法在同一时间范围内开展调查，以减少重复记录。两栖动物、爬行动物调查宜在夏季和秋季入蛰前进行。兽类调查宜以冬季调查为主，春、夏季调查为辅。鱼类及贝类、虾类、蟹类等调查以收集现有资料为主，可在全年进行。

湿地野生动物调查方法分为常规调查方法和专项调查方法。常规调查方法是指适用于大部分调查种类的直接计数法、样方法、样带法和样线法。对于那些分布区狭窄而集中、习性特殊、数量稀少，难以用常规调查方法调查的种类，应进行专项调查。

（1）水鸟调查。水鸟数量调查采用直接计数法和样方法，在同一个重点调查湿地中同步调查。直接计数法在调查时以步行为主，在比较开阔、生境均匀的大范围区域可借助汽车、船只进行调查，在有条件的地方还可开展航调。直接计数法是通过直接计数得到调查区域中水鸟绝对数量的调查方法，适用于越冬水鸟及调查区域较小、便于计数的繁殖群体的数量统计。记录对象以动物实体为主，在繁殖季还可先记录鸟巢数，再将其转换成种群数量（在繁殖期被鸟类利用的每个鸟巢应视为一对鸟，在鸟类孵化期观察到的每只成体鸟应视为一对鸟）。计数可借助单筒或双筒望远镜进行。如果群体数量极大，或者群体处于飞行、取食、行走等运动状态，则可以 5、10、20、50、100 等为计数单元来估计群体的数量。春、秋季候鸟迁徙季节的调查以种类调查为主，同时应兼顾迁徙种群数量的变化。通过直接计数法得到的某种鸟类数量的总和就是该区域这种鸟类的数量。

微课视频

样方法是指通过随机取样估计水鸟种群的数量。在群体繁殖密度很高或难以进行直接计数的地区可采用此方法。样方面积一般不小于 $50\times50m^2$；同一调查区域的样方数量应不少于 8 个，调查强度应不低于 1%。样方法的计数方法同直接计数法。样带（方）数量计算公式为

$$N=\bar{D}\cdot M$$

式中，N——调查区域某种动物的数量；

$\bar{D}$——调查区域该物种的平均密度；

M——调查调查区域总面积。

$$\bar{D}=\frac{\sum_{i=1}^{j}N_i}{\sum_{i=1}^{j}M_i}$$

式中，$\sum_{i=1}^{j}N_i$——在 j 个样带（方）调查的该物种数量和；

$\sum_{i=1}^{j}M_i$——j 个样带（方）总面积。

（2）两栖动物、爬行动物调查。两栖动物、爬行动物调查以种类调查为主，可采用野外踏查、走访和利用近期的野生动物调查资料相结合的方法，记录到种或亚种。依据看到的动物实体或痕迹进行估测，在调查现场换算成个体数量。国家Ⅰ级、Ⅱ级重点保护物种应查清物种分布和种群数量。野外调查可采用样方法，即计数在设定的样方中所见到的动物实体，通过数量级分析来推算动物种群数量状况。样方

微课视频

应尽可能设置为正方形、圆形或矩形等规则几何图形，样方面积应不小于 $100\times100m^2$。

微课视频

（3）兽类调查。兽类调查以种类调查为主，可采用野外踏查、走访和利用近期的野生动物调查资料相结合的方法，记录到种或亚种。依据看到的动物实体或痕迹进行估测，在调查现场换算成个体数量。国家Ⅰ级、Ⅱ级重点保护物种应查清物种分布和种群数量。野外调查宜采用样带法或样方法，样带（方）布设依据典型布样，样带（方）情况应能够反映该区域兽类分布的所有生境类型，通过数量级分析来推算种群数量状况。样带长度应不小于 2000m，单侧宽度应不小于 100m，面积一般不小于 $50\times50m^2$。

样带（方）法兽类、两栖动物、爬行动物数量级计算是指把整个重点调查湿地调查过程中得到的每种动物数量总和除以这种动物总数，求出这种动物所占百分数。百分数大于或等于 50%表示这种动物为极多种，用“++++”表示；百分数为[10%,50%)表示这种动物为优势种，用“+++”表示；百分数为[1%,10%)表示这种动物为常见种，用“++”表示；百分数小于 1%表示这种动物为稀有种，用“+”表示。

（4）鱼类及贝类、虾类、蟹类等调查。鱼类及贝类、虾类、蟹类等调查以收集现有资料为主，主要查清湿地中现存的经济鱼类、珍稀濒危鱼类、贝类、虾类、蟹类等的种类及最近三年来的捕获量。

微课视频

3）湿地植物群落调查

首先，收集调查区域的卫星图像、航空图像、地形图等。无论是遥感图像还是地形图，其比例尺均不应小于 1∶100000。其次，了解湿地植物群落的基本情况，包括建群种、群落类型（如单建群种群落、共建群种群落）、群落结构及其特征等。如果缺乏这些资料，则需要进行预调查。最后，重点调查面积超过 5 万公顷的湿地，根据基本地形地貌来划分调查单元，每个调查单元面积不超过 5 万公顷，面积不足 5 万公顷的湿地作为独立调查单元进行处理。湿地植物群落调查宜采用样方法。

在每个调查单元内，设置一条以上贯穿调查单元的样带。在设置样带时应遵循以下原则：①尽可能选择不受或少受人为干扰的地段；②若地表形态起伏不平，则可以沿着地形梯度变化的方向设置；③沿着水浸梯度变化的方向设置；④根据湿地面积的大小和湿地生境的复杂程度适当确定样带的数量。

样带确定后，利用 GPS 按一定间距均匀布设样方，调查单元内每个植物群系布设样方数量应不少于 10 个。在确定样方位置时应遵循以下原则：①典型性和代表性，使有限的调查面积能够较好地反映出植物群落的基本特征；②自然性，选择人为干扰和动物活动影响相对较小的地点，这些地点在较长时间内不会被破坏，如不会受到流水冲刷、风蚀沙埋、过度放牧或开垦等的影响；③可操作性，选择易于调查和取样的地段，避开危险地段。

乔木植物样方面积为 $400m^2$（20m×20m）（树高≥5m）；灌木植物的平均高度≥3m 的样方面积为 $16m^2$（4m×4m），平均高度在 1～3m 范围内的样方面积为 $4m^2$（2m×2m），平均高度<1m 的样方面积为 $1m^2$（1m×1m）；草本（或蕨类）植物的平均高度≥2m 的样方面积为 $4m^2$（2m×2m），平均高度在 1～2m 范围内的样方面积为 $1m^2$（1m×1m），平均高度<1m 的样方面积为 $0.25m^2$（0.5m×0.5m）；苔藓植物样方面积为 $0.25m^2$（0.5m×0.5m）。

微课视频

如果植物群落在垂直结构上出现两个或两个以上层次，即群落中出现乔木层、灌木层、草本层、蕨类层与苔藓层不同层次的组合，则需要进行分层调查。在分层调查中，首先要确定主林层（能反映出群落总体外貌的层次），进行主林层的植物调查，然后在主林层样方内选择有代表性的地方设置次林层的样方，进行各个次林层的植物调查。

调查应避开汛期，根据植物的生活史确定调查季节，其原则如下：①对于生活史为一年的植物群落，应选择生物量最高和（或）开花结实的时期；②对于一年内完成多次生活史的植物群落，根据生物量最高和（或）开花结实的情况，选择最具有代表性的时期；③对于多年完成一个生活史的植物群落，选择开花结实的季节；④对于具有两个或两个以上层次的群落，依据主林层植物确定调查季节。

湿地植物群落调查对象包括 4 个类型的植物：被子植物、裸子植物、蕨类植物和苔藓植物。记录内容包括：①湿地名称、调查单元序号、样方序号、海拔、经纬度、积水状况、小生境等；②植物群系、主林层、样方面积；③植物名称及其数量特征（乔木与灌木的平均冠幅、平均高度、平均胸径、株数，草本、蕨类与苔藓的平均盖度、平均高度、株数）。通过湿地植物群落的样方调查数据，逐级进行统计，分别汇总出重点调查湿地和全省的植物群系汇总表、植物名录。

4）湿地受威胁状况调查

以野外调查和资料调研相结合的方式，了解湿地受威胁状况，重点查清湿地受威胁因子、作用时间、影响面积、已有危害及潜在威胁。湿地受威胁状况调查包括 5 个方面的内容：①湿地受威胁因子，根据野外调查、访问和查阅有关资料确定；②作用时间，通过访问调查和查阅有关资料确定；③影响面积，根据遥感资料和有关图面材料测算；④已有危害和潜在威胁，对每个湿地受威胁因子简要描述已有危害和潜在威胁；⑤受威胁状况等级评价，根据调查得出的湿地受威胁状况，在综合分析的基础上，给予每块湿地一个定性的评价值，受威胁状况等级分为安全、轻度和重度。

案例解析：洪河湿地生态现状

1. 图像获取

在分析湿地区域土地利用的基础上，根据土地利用分类的原则和研究区域的实际情况，考虑遥感方面的可操作性，确定研究区域的湿地遥感分类系统，并选取适当的波段组合，处理遥感图像，以便充分地判读所需信息。在现场判读过程中，利用 GPS 进行补助定位。在对图像所有不同的颜色斑块进行人工判读后，在 GIS 中对斑块进行计算机屏幕勾绘，并结合 MATLAB 软件进行之后的数据处理、输出及地理数据库的更新。湿地遥感调查流程图如图 2.2.1 所示。

遥感数据源的选择是整个遥感调查工作中最基本、最重要的工作。不论应用何种遥感方法和遥感数据源，其基本目的都是根据研究目的，将特定的目标从背景中探测出来。遥感数据源的选择一般包括遥感图像的分辨率选择、遥感图像的时相选择、遥感图像的波段选择。另外，在具体的工作中，遥感数据源的选择还要综合考虑其他非图像数据内容本身的因素，如遥感图像的价格、遥感图像获取的难易程度等。综合考虑以上几个方面的因素，选取 1967 年的地形图（1：100000），以及 1985 年、1995 年、2005 年和 2017 年的 TM 图像作为遥感数据源，其像元大小为 30m×30m，辐射分辨率为 256 个数级。在图像中，研究区域无明显云层分布，湿地地物光谱在此时间较易区分。此遥感图像在湿地宏观调查中是比较适用的。

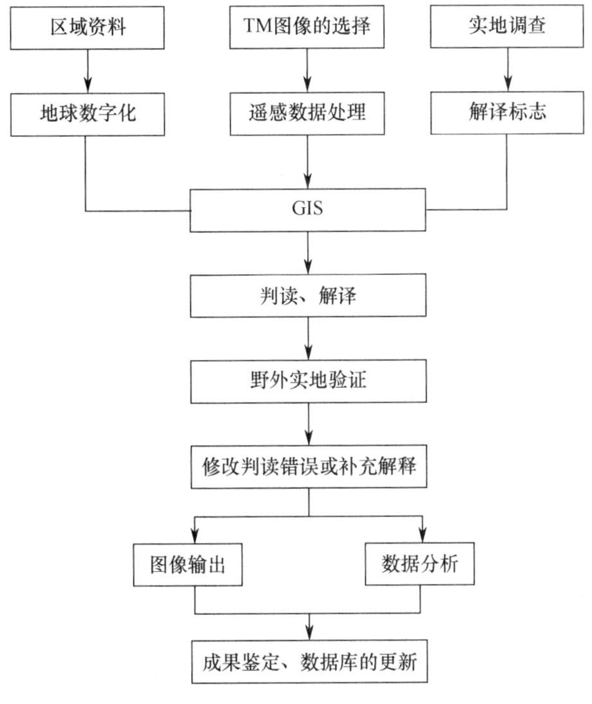

图 2.2.1　湿地遥感调查流程图

2. 数据判读

对于湿地遥感调查而言，根据 TM 各波段的主要特征及适用范围和湿地调查的目的与要求，并充分考虑地物的波谱特性，进行多波段图像的组合分析，采用基于三基色合成原理的假彩色 453（RGB）图像合成。经过试验、训练区的选择、野外实地建标，可以发现在合成的假彩色图像上，洪河湿地遥感解译标志如表 2.2.2 所示。在图像的几何校正中，采用 ENVI 软件的地图对图像校正功能，以 Google Earth 上研究区的地理坐标为参照，设置通用横轴墨卡托投影作为投影坐标系，选取图像上相对清晰的点作为控制点，添加参照数据上相应的控制点，控制点要均匀且位置相对稳定，至少为 10 个。采用二次多项式采样方式对其进行校正。校正后残差 RMS 要小于 1px。

表 2.2.2　洪河湿地遥感解译标志

类型	色彩	形态	结构	分布
水域	黑色	不规则片状、规则圆形、椭圆形，边缘平滑	质地均匀	浓江河、沃绿兰河及低洼处
灌木林	红色	不规则片状、岛状	质地不均匀	地势稍高处
乔木林	暗红色	不规则片状，有突起感，边缘平滑	质地较均匀	浓江河的南岸及中部地势较高处
沼泽	褐色	形状不规则，边缘平滑	质地不均匀	地势低平处
耕地	浅红或深色	块状分布	质地均匀	西部或西南部

续表

类型	色彩	形态	结构	分布
荒草地	浅红色	形状不规则	质地较均匀	地势平坦处
沟渠	深褐色	规则线状延伸	边缘清晰	湿地四周
道路	浅粉色	规则线状或弧形延伸	边缘清晰	中部偏北
居民点	浅色或亮白	块状分布	质地均匀	西部

将处理后的遥感图像和其他资料输入 GIS，进行湿地类型的判读解译。考虑到机助屏幕解译在成图比例尺、成图质量、适用范围等方面的优点，这里应用机助屏幕解译的方法进行判读和解译。屏幕解译的目的一方面是人机结合进行判读，另一方面是将数据转化为计算机可以利用的数据格式。经过多次调查研究，根据与采用的图像处理软件 ERDAS 配合使用的要求，这里选用国际上广泛使用的 GIS 软件 ARC/INFO 进行地类勾绘、数据数字化及空间叠加分析。具体过程如下：①建立工作区，设置工作站环境；②建立图层，其控制点坐标由行政区划图生成；③在开始数字化前，设置编辑环境、节点结合环境和绘图环境；④进行湿地地类勾绘，数字化弧段；⑤构造拓扑关系并进行标号点的赋值；⑥改正未封闭多边形，修改悬挂弧段等错误；⑦重构拓扑关系；⑧进行图层叠加分析；⑨检查无误后，保存结果。

3. 结果分析

由卫星图像分析可知，洪河自然保护区内土地利用类型发生了明显变化，在 20 世纪 80 年代中期到 20 世纪 90 年代初的这段时间内，首先是水域和湿地面积急剧减小，水域面积从 1985 年的 1.133km^2 到 1993 年以后的 0.032km^2，减小了 1.101km^2，湿地面积在此期间减小了 30km^2 以上，其次是有林地面积迅速增大。

出现这样的结果是由综合因素导致的，但主要原因在于洪河自然保护区周围的洪河农场、前锋农场及鸭绿河农场三大国有农场。为了开垦洪河自然保护区周围的湿地，各农场在保护区上游修建了大型排水工程，别拉洪河中上游河道被人工取直挖深，原来浓江河上游水流入别拉洪河进而进入乌苏里江，在浓江河上游开挖了 7 条排水干渠，把本来流入保护区的水改道直接排入黑龙江，形成了所谓的地表水文“短路”现象，在保护区下游东部边界也开挖了一条排水沟，整个保护区被 4 条排水渠包围起来，上游水源被切断，下游水被排走，保护区内部湿地中的水也通过排水渠源源不断地排出。近年来，洪河湿地缺水十分严重，湿地生态环境遭到破坏，生物多样性已受到严重威胁，核心区水位下降了 0.70m，许多湿地已退化，水生生态系统受到一定程度的破坏，局部地区的沼泽向干草甸演替，甚至有些地方已有岛状林出现，主要问题集中在以下 4 个方面。

（1）近年来，由于地表水分被疏干，湿地严重退化，原始真草甸植被及沼生和湿生植被受到不同程度的破坏，导致植被发生演替，生态系统结构趋于单一化，湿地发育过程受阻。

（2）湿地逐渐被农田蚕食，大型成片的湿地被分割成一个个小型湿地，各个小型湿地之间相互隔离。由于水源的丧失和周围环境的变化，保护区内湿地生态系统正在逐渐退化：大天鹅、白鹳的繁殖种群已不足 50 只，雁鸭类数量减少了 70%以上，现在的繁殖种群的密度不足 1 对/hm^2，白尾海雕、水车前等日趋减少，冠麻鸭、梅花鹿、马鹿、水獭、猞猁等已经绝迹。

（3）人为活动干扰保护区内生物的正常生活，保护区周围的农场在开荒前一般先放火烧荒，火常常会蔓延到保护区内，由于保护区内草丛茂密，秋、冬季风又很大，大火迅速在保护区内蔓延，多处树木和荒草被烧毁，使许多动物无处藏身，有的甚至被烧死。

（4）保护区生态环境受到污染，保护区内农田面积逐年增加，保护区周围的农场经常用飞机喷洒农药。大量农药和化肥的使用，致使保护区生态环境，特别是湿地水生生态环境受到一定程度的破坏。

任务 3 修复湿地生态系统

案例导入：洪河湿地生态治理

党的二十大报告确立的提升生态系统多样性、稳定性、持续性目标，要求进行湿地修复，增强湿地自身抗干扰与恢复机能，尊重自然规律，遵循自然恢复为主、人工修复为辅的科学路径，维护湿地结构功能完整，筑牢生态安全屏障。

洪河湿地生物修复工作的核心在于恢复并提高湿地的生物多样性。这个过程既依靠自然恢复的力量，也要适时采取人工干预手段。对于退化程度较轻的区域，可以通过减少人为干扰，让湿地植被自然恢复；对于自我恢复能力较弱的区域，可以采取人工种植的方式，引入适宜的湿地植物，如芦苇、荇菜等，它们不仅能有效净化水质，而且为水生动物提供了必要的栖息地和食物来源。同时，还可以通过人工放养和增殖放流，恢复湿地原有的动物种群，如鱼类、鸟类，它们在湿地生态系统中发挥着不可替代的作用，有助于维持生态平衡。

湿地生境修复旨在改善湿地生态环境，为生物提供适宜的生存和繁衍条件。为了实现这一目标，可以对湿地周边的沟渠进行平整和改造，建立水系连通网络，以确保湿地间正常的水文连通，维持湿地的水文循环和生态平衡。同时，还可以根据湿地生态恢复的需要，对地形地貌进行适当改造，如打造微地貌岛状林鸟类栖息生境岛，为生物提供多样化的栖息地和繁殖场所。此外，还可以采取生态隔离措施，保护修复后的湿地免受人类活动的干扰和破坏，维护湿地的完整性和稳定性。

通过采取湿地生物修复和湿地生境修复措施，湿地的水质净化能力得到显著提升，湿地植物能够吸收水中的营养物质和重金属等污染物，净化水质。同时，湿地的气候调节功能也得到加强，有助于维持区域气候的稳定和平衡。此外，恢复后的湿地为各种生物提供了适宜的栖息地和繁殖场所，有助于维护生态平衡和促进生物多样性的发展。

根据以上信息，结合其他资料，完成洪河湿地生态治理的任务。

（1）洪河湿地生态治理进行了哪些生物修复。

（2）洪河湿地生态治理进行了哪些生境修复。

（3）洪河湿地生态治理进行了哪些功能修复。

2.3.1 湿地生境修复

湿地生境是指湿地生物生活栖息的生态环境，包括水分、土壤、地形、光照、气温等生态因子。在同一气候条件下，生物种类、群落组织及生长演替受上述各种生态因子的综合作用而发生变化，由此构成了种类繁多的湿地生境。

湿地生境修复是指用生态、生物及工程等技术手段，通过改变湿地生物所依赖的生态环境（水、土、地形等环境因子），提高生境的异质性和稳定性，为湿地生物提供良好的生存条件并保持生物多样性，保障湿地生态系统稳定运行，主要体现在湿地基底稳定、土壤健康、水系连通等方面。在湿地生境修复的工程实践中通常采用的技术措施包括基底修复技术、土壤修复技术、水系改良技术等。

1. 湿地基底修复

湿地基底是湿地生态系统发育和存在的载体。基底修复技术通常包括生态清淤、基底修复与重建、底质改良、多自然基底和生态护岸等。

1）生态清淤

湿地沉积物内往往含有大量有机污染物及重金属，它们是造成湿地二次污染的主要内源。生态清淤是改善底泥营养物质含量高的水体的一种有效手段，但需要注意挖掘底泥的地点和深度。在清淤之前要对周围地理环境、底泥分布范围、底泥深度、底泥成分、水体特征等进行充分的调查分析，根据实际情况选择合适的清淤设备及工艺。目前主要的清淤方式有抽干后回水清淤及静水吸泥式清淤等。清淤不宜过深，因为过深将会破坏湿地生态系统原有的生物种群结构及其生境条件，削弱湿地恢复能力。

目前国内外相关的工程技术主要包括干法疏浚技术与湿法疏浚技术。干法疏浚技术是通过在近岸湿地设置围堰，将围堰内的水抽干来疏浚底泥的技术。该技术的缺点是对原有的生态系统和环境影响较大，投资高。其优点是疏浚的可控性好，可较为彻底地去除污染底泥，疏浚深度易于精确控制，便于进行水下地形重塑。干法疏浚技术在太湖东岸及贡湖沿江高速以北区域的生态修复中得到广泛使用。

湿法疏浚技术包括生态疏浚技术和传统抓斗式疏浚技术。其中，生态疏浚技术为近十年研发出来的新疏浚技术，采用 GPS 精准定位，以绞吸式方法去除湿地底泥。该技术的优点是疏浚深度控制精度高，对湿地生态环境影响相对较小。其缺点是投资高，疏浚区易受非疏浚区流泥的污染，造成疏浚不彻底，另外过程控制较难，技术工艺较复杂，设备要求高，并且需要大面积的排泥场，余水量较大。同时，疏浚后的底泥因量大、污染物成分复杂、含水率高而难以处理。常规的填埋和土地利用方法，不仅要占用大量土地，而且可能会使污染物再次释放，造成环境污染。资源化利用是底泥安全处理处置的发展方向，当前应用较多的资源化利用方法是制作填方材料及建筑材料等。

2）基底修复与重建

基底修复与重建技术从生态系统根基出发，突破了传统湿地保护仅聚焦于表面植被与水体的局限性，融合土壤学、水文学、生态学等多学科知识与生物炭添加、微生物修复、生态混凝土等技术手段，重塑适宜生物生存的基底条件，展现了理念与技术方法的创新性。

基底修复要与生物修复目标相结合，根据现有的湿地基底条件，改造基底地形地貌，提高基底的多样性，为生物生长提供条件。例如，依据水生植物正常生长所需水位，在水生植物恢复区营造由岸向湿地中间的多自然坡地。去除传统整治河道时铺设在河床上的硬质材料，恢复河床自然泥沙状态，恢复河床的多孔结构，构筑生态河床。在生态系统相对完整的湖滨带（海滨带），波浪水流对植物生长有一定的影响，可以在湖滨带外侧基底上填充土工管袋，防止波浪水流的侵蚀，或者在适当高程散落布置块石，以削减水流的作用，保持基底稳定。

基底重建针对的是由于人为或自然因素影响已经完全损坏的湿地基底，这类生态系统恢复较难，通常采用工程措施重建基底，营造生物生长所需的水深环境，往往需要配合消浪、基底保护等措施，缓解波浪水流等不利水文条件对湿地生态恢复的干扰，共同创造生态系统发育和存在的载体及环境。例如，在太湖无滩地-大堤型湖滨带的整治项目中，在运用土工管袋潜堤消浪创造了稳定水文条件的前提下，采取吹填造滩的方式，重建了湖滨带多自然基底，为太湖的湖滨带生物修复提供了保障。

3）底质改良

湿地原有基底底质中通常含有丰富的营养物质和重金属，即使在没有外界污染物输入的情况下也会对湿地水体造成污染。底质改良是指在生态清淤之后，根据湿地生物修复或水文需要，通过客土等方式恢复基底生境。例如，在基底铺设土壤渗透性较强的沙土等，不仅能有效提高湿地的水力学特性，而且能为基底微生物及底栖动物提供更大的附着面积，提升系统对污染物的净化能力。湿地底质改良集成了土壤学、微生物学、环境工程学等多学科技术手段，运用微生物修复技术调节底质化学性质，以物理方法改善通气透水状况，采用生物炭等新材料吸附污染物并促进微生物生长，借助专用设备精准把控改良参数，在理念融合、技术集成、材料设备应用与场景拓展等方面均展现出显著的创新性。

4）多自然基底

通过人工生境空间营造，构建多自然基底，为生物提供各种各样的生存条件。例如，减小河流人工直线化的程度，增加河道的自然蜿蜒形态，改变单一的河床断面结构，采用复式断面，在基底上铺设抛石等，提高基底多样性，进而提高水生生物的多样性；在湿地中构建生境岛，为鸟类营造良好的栖息环境；加拿大多伦多的汤米汤姆森公园在恢复过程中将原木堆放在基底上，以此来模拟构筑浅滩和礁石，为鱼类提供栖息环境，并在原木层间放置一些碎石或树枝等，这样既增加了基底的异质性，又为多种鱼类提供了避难场所。

5）生态护岸

生态护岸是指将工程防护与生态保护结合起来，以起到防洪和恢复生态的效果。目前，国内外针对生态护岸的研究成果较多。对于城市狭窄河流的岸坡，可采用空心砌块生态护面的加筋土轻质护岸技术、石笼网状生态袋和废旧轮胎联合的生态护岸技术。采用保水基质-耐淹植物覆土护岸技术，不仅可以缓解硬质护岸给河流生态系统造成的危害，而且可以提高区域内的生物多样性。

生态护岸是指利用由石头、木材、多孔环保混凝土等制成的柔性结构对河岸进行加固，防止河道淤积、侵蚀和下切，同时多孔护岸材料可以为植物的生长提供有利条件，为野生动物提供栖息地，保障自然环境和人居环境的和谐统一。透水的护岸保证了地表径流与地下水之间物质、能量的交换。

随着技术不断进步和完善，生态护岸也出现了许多不同的种类。按照天然材料在护岸材料中的比例，将生态护岸分为自然原型护岸、自然型护岸和多自然型护岸。自然原型护岸是指单纯种植植被保护河岸，保持自然河岸特性的护岸。国内自然原型护岸的主要形式有植草护岸和防护林护岸。植草护岸常用的草种有白车轴草、野牛草、草地早熟禾、紫苜蓿、百喜草、假俭草等。防护林护岸主要采用木本灌木和乔木，最常用的是柳属、杨属和山茱萸属等植物。国外自然原型护岸形式较多，主要有灌丛席、灌丛层、根系填塞、活性淤泥植物、活枝扦插、枝条篱墙、垄沟式种植、压枝、枝干篱墙等。自然原型护岸具有投资低、技术简单、维护成本低、近自然程度高等优点，但该类型护岸防护能力有限，抵抗洪水的能力较差，容易遭到破坏，使用寿命短。因此，自然原型护岸一般适用于流速较慢、坡较陡的河岸。自然型护岸是指不仅种植植被，而且采用石头、木材等天然材料的护岸。利用石头、木材等天然材料增加护岸稳定性，为植物的生长创造良好条件。自然型护岸具有抗冲刷能力强、整体性好、应用比较灵活等特点。因此，自然型护岸比较适用于流速快、河床不平整的河道横断面。自然型护岸的主要形式包括栅栏护岸、生态坝护岸、石笼护岸、石积护岸等。多自然型护岸是指在自然型护岸的基础上，采用混凝土、钢筋混凝土等材料的护岸。多自然型护岸的主要形式包括混凝土覆土绿化、混凝土坡面打洞与回填、混凝土组合砌块和生态混凝土等，该类型护岸的生态功能也大大增强。多自然型护岸既能提供较高的防护能力，又能满足生态的需要，但投资较高，适用于城市的河岸防护。

微课视频

2. 湿地水文修复

湿地水文是湿地生态系统的“血液”，直接控制着湿地的生物多样性与系统稳定性，制约着湿地的形成与演化，是维持湿地生态系统稳定和健康的决定性因子。湿地水文修复是湿地生态修复的重要环节之一。湿地水文修复一般包括水文连通、生态补水、水流与水位控制、湿地蓄水防渗等方面。在实施湿地水文修复工程时，通常会使用各种工程技术建设水利设施，如堤坝、沟渠与水道及其他水流与水位控制设施等。这些设施的建设既要能保证各水文过程的顺利进行，又要营造出良好的陆地与水文环境，利于水生植物的栽培及动物的定居。

1）水文连通

湿地斑块之间的水文连通对湿地生态系统的形成及生态过程具有关键作用。水文连通对湿地生境格局及生物多样性维持至关重要。水文连通对湿地生境格局的影响主要体现在重塑湿地地形、改变生境分布结构及扰动湿地理化性质等方面。水文连通良好的湿地生态系统能够使水体中的营养物质在多变的外界环境中保持相对稳定的状态，促进营养物质的生物地球化学循环，在水体净化中起着重要作用。水文连通对生物的影响主要通过生境的改变，如理化性质、水文条件的改变，影响生物定居、迁移扩散等，并通过食物链（网）的级联效应影响更高营养级的生物组成与行为，最终改变湿地生物群落分布及生物多样性。水文连通的中断或受阻将严重影响湿地生物的物种稳定性及群落结构的抵抗力，降低物种在不同生境间的迁移能力，增加物种种群的孤立，从而导致生物多样性下降。

人为水文调控会导致湿地水文连通结构和功能发生变化，湿地生态过程紊乱，从而带来一系列生态环境问题。为了缓解湿地面积减小、结构受损、功能失调等问题，修复、重建和加强各类型湿地斑块之间的水文连通进行湿地生态修复迫在眉睫。部分欧洲国家、美国及澳大利亚等在 20 世纪 90 年代就充分认识到水文连通修复在湿地修复中的重要地位，并开展了系统的工程试验。在淡水湿地修复方面，美国利用 2 年时间重建了佛罗里达州退化淡水草本沼泽湿地的水文连通；加拿大通过筑坝围水的方式对退化湿地的水文生态进行修复；瑞典科学家提出通过抬高水位和降低湖底的方法防止湿地退化。近年来，受损湿地水文连通修复机理研究受到众多学者的关注，良好的水文连通有助于湿地斑块之间的物质、能量、生物信息流动与交换。然而，湿地的修复受多个因子的限制，且不同区域的不同湿地类型都存在各自特有的限制性因子，所以单纯复制水利工程措施的成功概率很低。由于缺乏对湿地修复工程成功或失败原理的认识，因此修复技术的使用与推广存在很大的局限性。

湿地水文连通是指根据区域内地形地貌等特征，合理改善地形，适当控制水位，优化水资源分配格局，重新建立各水系供求关系。在具体修复实践中，可采用构筑生态沟渠或水道、扩挖或沟通小水面、区域滞水等多种形式，综合利用多种修复技术，完善水文生态修复效果。维持水系连通可以明显地改善湿地生态环境，维持湿地生态环境及生物多样性，保障防洪安全和水资源可持续利用。

2）生态补水

微课视频

大部分受损湿地都会出现缺水的问题，需要通过河道、沟渠或铺设管道来为湿地补充水源。在充分了解湿地恢复区水文变化规律和湿地生物季节变化规律的前提下，根据水文特征或汛期差异合理补水，保证湿地生态需水量。

自 20 世纪 80 年代以来，黄河来水、来沙逐渐减少，使黄河三角洲失去了维系本区水系和水文生态平衡的主要条件。这一变化不仅改变了黄河三角洲淤积和蚀退的状态，而且造成了湿地面积缩小，湿地植被发生正向演替。为了遏制黄河三角洲湿地的退化趋势，相关部门实施了经刁口河故道向三角洲北部地区进行生态补水的工程（2010 年 6 月 24 日—8 月 5 日）。生态补水在短时间内改变了刁口河流经线路的自然环境，使植被类型发生了相应变化。2011 年后通过生态补水的措施，湿地内生长的盐地碱蓬群落、白茅-獐毛群落、芦苇草甸、芦苇-盐生杂草甸及柽柳群落基本转化为芦苇沼泽，盐渍地变成水域或芦苇沼泽。大部分区域的植被类型转化为芦苇沼泽或有向芦苇沼泽演替的趋势。采取调水、调沙和生态补水措施使研究区的湿地基本恢复，有效遏制了生态退化的趋势，生物多样性得以提高，生态类型和景观结构得到优化，生态系统功能得到改善，鸟类保护取得一定的成效，种群数量增加。

美国佛罗里达州以塞普勒斯克里克运河作为水源对庞帕诺海滨的城市野生公园进行生态补水，这一工程使佛罗里达州森林湿地在短时间内恢复了之前的生机。

3）水流与水位控制

微课视频

在湿地恢复工程中，可以使用调节水位、排水和区域内单元间的截留或导向水流等方式来控制水流，常见的水流控制设施有堤坝、槽堰、水闸等。修筑堤坝是蓄水和保持大面积水域的常见方法，但由于无法控制区域内的水位，因此经常会因为水位问题导致许多生物失去栖息的环境，使生态系统遭到破坏。因此，在湿地修筑堤坝时一定要慎重决定，特别是堤坝的位置，不应破坏原来的土地轮廓，同时要使水资源和湿地资源利用达到最大化。此外，还应该注意修筑堤坝使用的材料、堤坝的斜率及压缩度等，这些因素对堤坝的稳定性都有直接影响。研究发现，黏土、淤泥土和壤土具有高压缩度、低缩水膨胀率，非常适合用来修筑堤坝。

槽堰设计简单、操作方便，是应用比较广泛的水流控制设施，特别是针对因地势差异而形成的湿地，既能维持湿地的水位，又能调节水的供给方式，可以有效解决缺水问题。但是，在高污染负荷情况下，高水位会造成系统阻塞，湿地的水力传导能力会下降，槽堰的作用也会被大大减弱。此外，湿地植物的枯萎凋谢及洪水拔起的植物，会使水体中存在大量的有机碎屑，在建设水流控制设施时要注意将其去除，以防止阻塞的发生。

4）湿地蓄水防渗

对于区域因干旱等导致的缺水现象，往往采用围堰筑顶等方式进行蓄水，在工程实践中具体采用水泥、黏土等建筑材料修筑，也可采用生态辅助材料修筑。例如，在甘肃省玛曲沼泽湿地的水文恢复中，人们利用生态袋筑顶的方式分段填培排水沟，并将排水沟中的水以“扇形”逐级辐射至周边需水草场，从而解决了草场缺水问题。对于基底渗透性能高、持水性能差的区域，需要采取一定的防渗措施，通常采用构筑混凝土的方式进行防渗，但这种方式通常针对的是水域面积较小的湿地。对于水域面积较大的湿地恢复工程，一般采用铺设防渗膜、黏土夯实等方式进行防渗。

3. 湿地水质净化技术

微课视频

目前，国内外用于水生态修复的工程技术根据处理原理可分为物理法、化学法、生态-生物法 3 种。物理法是指对污染水体采用物理或机械的方法进行治理，该方法工艺设备简单且易于操作。常见的物理法有调水稀释、底泥疏浚和人工增氧等。化学法是指向受污染的水体中投加化学药剂，以去除水体中的污染物。化学法通常可分为混凝沉淀法、化学除藻法和重金属固定法。生态-生物法是指利用生物维持自身生存需要分解、利用水体中的无机和有机污染物这一特点，促使污染水体恢复其自我净化能力。常用的生态-生物法包括微生物强化、生物膜净化、稳定塘净化、人工湿地净化、生态浮岛净化、水生植物净化等。

1）微生物强化

微课视频

微生物对污染物具有降解作用，当水体受到污染时，微牛物的降解能力不足，需要人为创造条件强化微生物对污染物的降解，目前可采取的措施有以下两种。

（1）直接向污染水体中投加微生物菌剂或酶制剂。该措施采用的集中式生物系统应用了由美国研究者研发的一种生物修复水体技术。该技术是在无固定装置的自然状态下，通过向流动的水体中喷洒微生物菌团，增加水体中微生物的数量和种群，利用微生物的生命代谢活动降解污染水体中的有机物。微生物菌团主要包括光合菌、乳酸菌、放线菌、酵母菌等。此外，喷洒的微生物菌团还可使淤泥脱水，使水和淤泥分离，淤泥再经转化，从而消除水体污染的内源，达到净化水质的目的。重庆桃花溪利用此技术取得了较好的治理效果，水体中有机质、氮、磷含量都大幅度降低。上海徐汇区上澳塘的一段河道在投加生物促生剂后，水体黑臭现象明显改善，水体中溶解氧增加，有机质含量迅速下降，生物多样性也相应提高。

（2）向污染水体中投加微生物促生剂，促进水体中“土著”微生物的生长。微生物促生剂是高效复合微生物菌群的总称。EM（有效微生物）技术是日本的比嘉照夫教授于20世纪80年代初开发的一项生物技术。微生物菌群由多种微生物，包含酵母菌、放线菌、乳酸菌、光合菌等，采用特殊的方法培养而成，其在生长过程中能快速降解有机物，依靠共生繁殖和协同作用产生抗氧化物质，生成稳定复杂的生态系统，激活水中有降解功能的微生物，抑制有害微生物。

微生物强化技术基于对湿地微生物的深入认知，人为筛选培育高效菌株或菌群，精准调控其在湿地生态系统中的作用。针对特定污染物，投加特殊微生物以提升净化效率，突破传统局限，并且结合现代监测手段实时追踪微生物群落变化以调整策略，相比传统方式在多个方面有创新，在湿地水质净化方面极具应用与发展潜力。

2）生物膜净化

微课视频

生物膜净化是指使微生物群体附着在某些载体的表面上呈膜状，膜上的微生物通过与污水接触，能截留、吸附或降解污染物，使污水中污染物含量降低。以往这种技术主要用于污水处理厂处理污水，近年来也较多用于水体修复。建于日本江户川河滩地的古崎净化场对支流坂川的污水采用卵石接触氧化法进行水质净化，水流在卵石间流动时与卵石上附着的生物膜接触，使污染物得到去除，去除率达80%以上。国内有学者对污染河道采用软性填料作为载体或采用蜂窝陶瓷作为载体，挂膜成功并取得了一定的处理效果。日本的京都、韩国的良才川及泰国的河水净化中都有对生物膜净化技术的研究和应用，并且取得了较好的水质净化效果。

3）稳定塘净化

微课视频

稳定塘是一种利用细菌和藻类等微生物的共同作用处理污染水体的自然生物处理技术。稳定塘通过4种作用净化水质：微生物的代谢作用、维管束植物的作用、浮游生物的作用，以及稀释、沉淀和絮凝等物理化学作用。稳定塘可以由污染水体附近的洼地或鱼塘经适当改建而成。对于中小型河流，还可以在河道上直接筑坝拦水，此时可称其为河道滞留塘。此外，还有多水塘技术，该技术利用多个天然水塘或人工水塘净化污染水体。江苏新沂河采用3座污水地涵和2个闸门将污水专道分隔成5段，并采取了闸、坝拦截等合理调度措施，结果表明，经5级稳定塘处理后，COD的去除率超过了80%。也有污染河道采用完全储存塘和连续出水塘两种方式进行净化，结果表明，完全储存状态比连续出水状态的污染物去除率高。在工程应用中，稳定塘可作为预处理方法，也可与其他技术手段（如底泥生物氧化、曝气充氧、水体生态恢复等）相结合。

4）人工湿地净化

人工湿地净化是20世纪七八十年代在人们长期应用天然湿地净化功能的基础上发展起来的一种污水处理生态工程措施。人工湿地净化过程依靠物理、化学、生物等多方面协同作用完成，是一个综合性的生态过程。人工湿地净化是对天然湿地净化功能的强化，基质材料、湿地植物、附着微生物及原生动物是人工湿地实现污水处理功能的3个要素。人工湿地按运行方式主要可分为表面流人工湿地、水平潜流人工湿地和垂直流人工湿地。

（1）表面流人工湿地。污水在湿地表面漫流，与自然湿地相似，投资低、易操作、运行成本低，湿地水体表面复氧能力强，污染物的去除主要通过湿地植物吸收及根系生物膜完成。表面流人工湿地不为填料的淤堵问题所限制，但占地面积大，水力负荷小，污水处理能力有限，在寒冷地区易结冰且卫生条件差。表面流人工湿地一般作为污水的预处理措施。

（2）水平潜流人工湿地。污水在湿地床内渗流，可以充分利用湿地系统的水生植物、填料、微生物的协同作用去除污染物，具有较强的脱氮除磷作用。由于污水在湿地地表下流动，因此不会对湿地周围环境产生影响，但存在堵塞问题，湿地的净水效果也受到污染负荷的影响。水平潜流人工湿地卫生条件较好，受气候影响小、保温性好，是目前工程中实际应用较多的一种污水处理系统。

（3）垂直流人工湿地。垂直流人工湿地是一种新型、实用且有效的污水处理系统。污水从湿地表面纵向流向湿地床底部，依次流经不同基质的上行和下行填料层，以强化湿地对污染物的过滤与吸附，氧气通过大气扩散和水生植物传输进入湿地系统，以强化湿地复氧能力。垂直流人工湿地占地面积小、投资低、出水水质好，但是工艺控制相对复杂，存在堵塞及污染负荷问题，湿地构造费用较高。

人工湿地的净化机理有以下 3 种。①填料作用：填料在人工湿地中发挥基础性载体作用；填料为湿地植物提供载体及营养物质，为微生物生长与繁殖提供稳定的附着表面；填料比表面积大，可吸附、沉淀悬浮颗粒物；填料可与某些污染物发生物理化学反应，产生稳定固态物质，利用沉积作用去除污染物。②微生物作用：微生物是人工湿地净化污水、降解有机物的主体，为污水净化提供了足够的分解者；有机污染物的降解与转化主要由湿地植物根系及填料附着的生物膜微生物完成。③植物的作用：水生植物是人工湿地不可缺少的主要组成部分，湿地植物生长快、生物量大，通过发达根系的吸收、吸附、富集等作用去除污水中的污染物并向湿地系统传输氧气；湿地植物发达的根系与填料交错，为微生物提供具有巨大比表面积的附着载体形成生物膜，促进湿地生态系统的脱氮，提高湿地系统的水质净化能力。

目前，人工湿地净化技术在污染河流治理和生态修复工程中的应用越来越多。

微课视频

5）生态浮岛净化

生态浮岛又称为生态浮床或人工浮岛，它是以水生植物群落为主体，根据物种间的共生关系，充分利用水体营养生态位和空间生态位的原则建立起来的人工生态系统，主要用于减轻水体的污染负荷。生态浮岛的生物载体一般是毛竹、木料和泡沫板等，植物在载体上漂浮生长，不受水深和水位变化的影响。生态浮岛净化水体的原理如下：一方面，水生植物根系发达，比表面积大，可形成浓密的网，能有效吸附水体中大量的悬浮物，并逐渐在植物根系表面形成生物膜，生物膜微生物利用水体中的好氧及厌氧微环境来降解有机污染物，并将部分产物同化为自身的营养物质，通过人工收割浮床植物去除水体中的营养物质；另一方面，生态浮床通过庞大的床体遮挡阳光，抑制水体中藻类的光合作用，减少自由漂浮植物的生长量，利用接触沉淀作用促使自由漂浮植物沉降，有效抑制水华发生，提高水体的透明度，同时浮床植物可供鸟类栖息，下部植物根系形成鱼类和水生生物共生的水生态系统。

生态浮岛净化技术的优点：①浮床床体的形状、大小灵活可变，易于制作；②无土栽培技术安全可靠，植物成活率高；③无须专人维护，只需定期清理，运行成本低；④净水效果好，生态效应显著。生态浮岛净化技术在应用过程中也可能出现以下情况：①夏季高温、台风，冬季低温都不利于水生植物净化水体中的污染物，净水效果受季节影响较大；②浮床植物老化腐败后若不及时清理、收割，容易对水体造成二次污染；③浮床植物生长茂盛，床体重量增加，且浮床床体上易积累外界沉降物，浮床长期运行有可能缓慢下沉。

生态浮岛净化技术在国内外的众多河流、湖泊和池塘中得到了应用。

6）水生植物净化

水生植物净化是指利用水生植物，包括沉水植物、自由漂浮植物、浮叶根生植物和挺水植物等对水体中的氮、磷等营养物质与重金属进行吸收，以及利用在植物根系中寄居的微生物对水中的有机污染物进行降解去除。一方面，水生植物，特别是大型维管束植物能够大量吸收营养物质，以满足自身生长需要，同时能够降解有机污染物；另一方面，植物根区周围存在的好氧及厌氧微环境，有利于对氧有不同需求的微生物生存，为其发挥硝化作用、反硝化作用和降解、转化水体中的污染物提供了好氧及厌氧微环境。水生植物净化主要通过以下3 个方面的作用达到去除污染物的目的。

（1）物理作用。水生植物发达的根系与水体接触面积很大，对污染物中颗粒态氮、磷具有截留、吸附、促进沉降等作用。

（2）吸收作用。水生植物直接吸收污染水体中的溶解态氮、磷等营养物质，将其同化为自身的组成成分，通过人工收割水生植物将其固定的氮、磷等营养物质带出水体。

（3）微生物作用。水生植物发达的根系为附着微生物提供了好氧及厌氧微环境。一方面，微生物能将污水中的有机态污染物降解或转化成溶解性小分子物质，被植物体吸收利用；另一方面，由于在水生植物根系微环境存在好氧区与厌氧区，因此部分铵态氮和硝态氮可通过转化、反转化过程去除。微生物作用可控制水体的富营养化。

4. 湿地土壤修复

湿地土壤修复技术主要包括农艺修复技术、物理修复技术、化学修复技术及生物修复技术。农艺修复技术利用作物秸秆还田、种植绿肥、改土培肥等农艺方法改善土壤的组分与结构，从而达到改良土壤的目的。物理修复技术能够改变土壤中的水盐运动方式，具体方法包括坡面工程、抬高地形、微区改土、冲洗压盐等。随着材料科学的发展，现在还出现了使用沸石、地面覆盖物等改良土壤的物理方法。化学修复技术包括淋洗络合、改变土壤碱度、施用高聚物改良剂或重金属钝化剂等，这几种技术均能有效改善土壤环境，减少污染土壤对环境的影响，但工程费用偏高，实际工程量较大，所以只适用于面积小、污染严重的场合。生物修复技术是综合利用动物、植物及微生物的生命代谢活动，使土壤中的有害污染物得以去除或稳定化存在，以提高或改善土壤质量的技术。生物修复技术因为具有成本低且不会造成二次污染等优点，所以应用较为广泛。生物修复主要分为植物修复、微生物修复及植物-微生物联合修复。

1）植物修复

狭义的植物修复是指利用植物生长修复污染土壤。广义的植物修复是指利用植物提取、吸收、分解、转化或固定土壤、沉积物、污泥及地表水、地下水中有毒有害污染物，具体通过植物萃取、根际过滤、植物固定等技术修复污染土壤。一般认为，湿地植物修复是通过植物本身和其根际微生物的联合作用去除或降解污染物的。湿地植物通过根系生长疏松土壤结构，为微生物提供氧气，从而刺激根际微生物的降解作用。同时，植物根系能分泌用于维持根际微生物生长和活性的有机化合物，促进微生物降解，从而间接进行植物修复。此外，还有一些植物降解是植物通过向环境中分泌大量的酶（如过氧化物酶和脱氢酶等），将一些有机污染物直接降解或完全矿化实现的。

为了优化湿地植物修复效果，必须选择合适的植物品种，即所选植物要适应特定地点的条件，对特定的污染物有耐受性，并且能够增加土壤微生物群落的数量及提高其降解能力，这是植物修复成功与否的关键。在用植物进行石油污染湿地修复时，通常选择湿地典型植物或能适应湿地特殊环境的植物品种，如红树林植物、灯芯草、互花米草。十字花科遏蓝菜属植物具有很强的吸收锌和镉的潜力。据报道，现已发现镉、钴、铜、铅、镍、硒、锰、锌超富集植物 400 余种。

用植物进行污染修复的前提是保证植物有一定的生物量，能够适应污染地区特定的生长环境。湿地区由于具有特定的水分、盐度、pH 等物理化学条件，因此植物种类往往比较单一，这给植物修复技术的广泛应用带来一定的困难。有研究尝试通过基因工程技术来提高超积累植物的生物量，从而强化植物在污染修复中功能。需要注意的是，植物或微生物的生长对污染物浓度有一个耐受极限，因此植物修复效果与污染物浓度有很大关系。近年来有不少研究开始关注石油烃污染物浓度与植物修复效果之间的相关性。

2）微生物修复

微生物与重金属具有很强的亲合性，能富集许多重金属。有毒金属被储存在细胞的不同部位或被结合到胞外基质上，通过代谢过程，这些离子可被沉淀或被轻度螯合在可溶或不溶性生物多聚物上。细胞对重金属具有适应性，通过平衡或降低细胞活性达到稳态条件。微生物积累重金属的过程与金属结合蛋白、肽及特异性大分子结合有关。

微生物能够改变金属存在的氧化还原形态，如某些细菌对 As^{5+}、Fe^{3+}、Hg^{2+}、Hg^{+}、Se^{4+} 等离子有还原作用，而另一些细菌对 As^{3+}、Fe^{2+}等离子有氧化作用。随着金属价态的改变，金属的稳定性也发生变化。有些微生物的分泌物可与金属离子发生络合作用，产 H_2S 细菌又可使许多金属离子转化为难溶的硫化物被固定。微生物可对重金属进行甲基化和脱甲基化，其结果往往会提高该金属的挥发性，改变其毒性。甲基汞的毒性大于 Hg^{2+}，三甲基砷盐的毒性大于亚砷酸盐，有机锡的毒性大于无机锡，但甲基硒的毒性小于无机硒化物。在细菌作用下的氧化还原过程是比较有潜力的有毒废物微生物修复过程。

3）植物-微生物联合修复

在实验室环境下，将具有微生物降解作用的细菌加到污染土壤中（微生物修复），通常能够有效地加速污染物的分解，但在室外环境下往往很难成功地进行微生物修复。将植物种植在污染土壤中以代谢和去除土壤中的有毒化合物（植物修复）也面临同样的问题，因为即使植物在一定程度上对土壤中的污染物具有耐受性，但是植物生长通常会受到明显的影响，以至于植物不能达到足够的生物量使其在一定时间内实现对污染物的有效降解。克服传统的植物修复和微生物修复局限性的方法之一是，将具有微生物降解作用的植物和微生物相结合，进行植物-微生物联合修复。在过去十几年的时间里，有大量研究工作成功地用这种方法去除了土壤中的有机污染物。这些新的研究成果和应用实践使其区别于传统单一的修复方法，在湿地修复中有广阔的应用前景。

植物-微生物联合修复主要分为植物与污染物专性降解菌的联合修复，植物与菌根真菌的联合修复，以及植物与根际促生菌的联合修复。在植物与污染物专性降解菌的联合修复中，大部分具有生物降解作用的细菌能有效地结合到植物根部，利用根系分泌物作为自身代谢的能源对特定污染物发挥降解作用。在植物与菌根真菌的联合修复中，菌根作为真菌与植物的结合体，有着独特的酶途径，可以降解不能被细菌单独转化的有机物，不仅可以从微生物修复角度影响有机物的降解，而且可以从植物修复角度影响有机物的降解。植物与根际促生菌的联合修复近年来也有较大发展，在这种联合修复中，微生物通过自身作用促进植物生长，从而提高植物吸收、降解污染物的能力。促进植物生长的细菌可能通过直接或间接作用促进植物生长。外源添加降解菌能否适应湿地特定的环境条件，以及能否有效地和植物协同作用都是植物-微生物联合修复应该研究的主要问题。

2.3.2 湿地生物修复

微课视频

物种是湿地生态系统的重要组成部分，也是评价湿地生态系统的重要标志。其中，湿地植物能够通过吸收、过滤、沉降和根际微生物的分解作用净化水质；湿地中的微生物和部分以藻类等浮游植物为食的水生动物在一定程度上也能缓解水资源的富营养化。现在所说的湿地生物修复一般均指湿地植被恢复。作为第一性生产者，湿地植被能够为湿地的生物多样性打下基础，保证湿地生态系统中各过程的有序展开，植物及其生物多样性保育是植被恢复及其功能发挥的基础。湿地植被能够反映环境特征，并且能及时地对环境的变化做出相应的调整，促进湿地生态系统的发育与演替，维持湿地生态系统的稳定和平衡。因此，湿地生态修复和重建工程中最重要的一步就是恢复湿地植被。湿地植被恢复使用的技术有物种筛选和配置、物种引入与栽培、种质资源保存、种群动态调控、群落结构优化配置及组建、群落演替控制等。

微课视频

1. 物种筛选与配置

1）物种筛选

植物种类是水生态修复效果的主要影响因素。一方面，不同植物对水质的适应性不同，在营养物质含量较低或污染物浓度较高时，一些植物的生长可能会受到抑制甚至死亡。例如，选择宽叶香蒲、灯芯草和锐穗黍作为工具种来处理养猪场氧化塘废水，试验结果表明，宽叶香蒲和锐穗黍能很好地在该含高浓度污染物的废水中生长，而灯芯草在第一年生长缓慢，第二年夏季死亡。另一方面，不同植物的生物量、根系长度、输氧能力等不同，对水体的净化能力也不同。例如，风车草和菖蒲对富营养化水体中氮、磷的去除效果比富贵竹要好。不同植物对水体中氮、磷的去除效果也有差异，一些植物除氮效果好，另一些植物除磷效果好。美人蕉对 TN、铵态氮的去除效果较好，对 TP 的去除效果较差，而千屈菜和风车草的除磷效果较好。按对水体中 TN 的去除效果从高到低排列依次为水葱>黄菖蒲>芦苇>水烛，按对水体中 TP 的去除效果从高到低排列依次为水烛>水葱>芦苇和黄菖蒲。在进行湿地植物筛选时一般遵循以下原则。

（1）土著性原则。例如，历史上异龙湖沉水植物种类丰富，据《云南植被》记载，有 11 种。2013 年调查发现，异龙湖沉水植物由 11 种减至 5 种。为了恢复异龙湖的沉水植物群落，应遵循土著性原则、限制性原则、生态适应性和净化能力原则，对异龙湖的沉水植物进行选种。

（2）限制性原则。在水体的透明度达不到植物生长需求的情况下，沉水植物的恢复较难成功。因此，沉水植物的恢复应分阶段恢复不同种类，以耐低光、耐低溶解氧的植物为优先恢复对象，其他沉水植物待水质好转以后逐步实施恢复。

（3）生态适应性和净化能力原则。沉水植物对水环境的耐受程度不同，应根据沉水植物的适生条件，在不同的水深、区域选择不同的沉水植物进行培植，按照水环境的变化，形成具备一定梯度差异的沉水植物群落，同时考虑沉水植物的净化能力，为后续沉水植物的净化提供良好的基础。

用于水生态修复的植物工具种的选择对于水生态修复效果至关重要，植物工具种应具有生物量大、根系长、输氧能力强等特点。一般而言，根系长，截留污染物的能力和输氧能力也就强，因此，应用浮床时应优先选择这样的植物。同时还要遵循耐污能力强、去污效果好、适应当地环境、根系发达、抗病虫害能力强、具备美观和经济价值等原则。

针对富营养化水体修复物种的筛选，可采用以下量化评估方法：①指标筛选，根据富营养化水体特征筛选出要调查的水体理化指标；②野外调查，在典型区域范围内对河流或湖泊采用传统方法进行调查，记录样方中所有水生植物的物种名称，采集水样，测定水体物理指标；③标准化无量纲数据计算，按生态型将水生植物分为沉水植物、浮叶根生植物和挺水植物 3 类，并按生态型计算每个物种对应的水体理化指标的标准化无纲量数据；④赋予权重及总标准差计算，对水体理化指标赋予权重后计算每个物种无量纲数据的总平均值和总标准差；⑤排序及量化评估，该方法操作简便、快速、准确，可满足河流、湖泊等湿地恢复的要求，促进湿地生态环境的高效恢复和功能群的配置。

2）物种配置

水生植物是湿地植被中最重要的组成部分，水生植物的恢复也是受损或退化湿地植被能够成功恢复的关键所在。湿地功能的发挥与水生植物密不可分，并且水生植物还可净化水质、抑制水华的发生。因此，应尽可能为水生植物的恢复创造适宜的环境条件，利用多样化的技术手段，恢复适宜的水生植物，同时合理配置水生植物的群落结构。

针对多样化的微地形与复杂的水环境、水资源条件，研发不同生活型植物（耐涝、耐旱、耐污、季节）的配置与组合技术，构筑存在种间互利且健康、稳定的植物群落，奠定健康水生生物群落的基础。

（1）在不同水深选择不同的植物类型及植物品种配置栽种。不同类型的植物有不同的适宜生长的水深范围，如挺水植物的茎、叶伸出水面，根和地下茎生于底泥中；自由漂浮植物的茎、叶或叶状体漂浮在水面上，根系垂悬于水中漂浮不定，在浅水区域有的根系可扎入泥土，具有特化的适应漂浮生活的组织结构；浮叶根生植物的根部固定在底泥中，叶漂浮在水面上；沉水植物的根扎于底泥或漂浮在水中，植物完全沉没于水中。

（2）在不同土壤、水环境条件下选择不同的植物品种栽种。在静水环境下选择浮叶根生植物栽种，在流水环境下选择挺水植物栽种；在养分含量高、保肥能力强的土壤环境下选择喜肥的植物栽种，在贫瘠、沙化严重的土壤环境下选择耐贫瘠的植物栽种。

（3）在不同季节选择不同的植物类型栽种。在水体流域中栽种植物时应该预料到配置的各种植物的生长旺季及越冬时的苗情，防止在栽种后出现因植株生长未恢复或越冬植物太弱而不能正常越冬的情况。另外，在同一区域内应该同时有不同季节性的植物，合理搭配，以免在不同季节出现植物全部死亡的情况，影响水体流域的生态功能。因此，在进行植物配置与选择时，应该先确定设计栽种的时间范围，再根据此时间范围并以植物的生长特性为主要依据进行植物的配置与选择。

（4）在不同地域环境下选择不同的植物品种配置栽种。在进行植物配置时，主要应以本土植物品种为主，在人工湿地建设时更应遵循这个原则。对于一些新奇的外来植物品种，在配置前，应该参考其在本地区或附近地区的生长表现后再行确定，防止因盲目配置而造成生态危害。

微课视频

2. 物种引入与栽培

1）物种移植

（1）播种法。该方法成本较低，易于大面积作业，但失败的风险较大。

（2）营养体移植法。对可无性繁殖的植物而言，营养体移植法不失为成功率较高的好方法。但该方法费工、费时，成本较高。在进行营养体移植时，定植密度是最重要的参数，在种源有限的情况下，斑块状定植的效果较好。

（3）草皮移植法（Block/Turf 法）。该方法是指将未受干扰（或受干扰较小）的自然植被切块后移植到受损裸地，以达到湿地恢复的目的。对富营养化沼泽而言，移植斑块的厚度需大于优势植物的地下茎层厚度（一般在数厘米至 40cm 范围内），且应达到地下水位的高度。该方法是在群落水平（包括繁殖体库及土壤生物区系）上最自然的恢复方法，可使受损湿地迅速恢复到群落发展的高级阶段。其缺点是工程量较大，且易对邻近的自然植被造成二次破坏。

对种子植物而言，春季移植比秋季移植成活率高；植株对早期水位变动的敏感性比对晚期水位变动的敏感性高。对种子库而言，室外发芽率由高到低的季节依次为秋、冬、春、夏；移植斑块需在秋冻前进行，以使斑块泥炭有充足的时间与恢复地基质衔接，保证地下水上升至斑块内。

2）种子库引入

广义的种子库是指土壤表面或基质中具有繁殖能力的种子、果实、无性繁殖体及其他能再生的植物结构的总称。狭义的种子库是指存留在土壤表面及基质中有活力的植物种子的总和。不管是狭义概念还是广义概念，种子库都是过去植物的“记忆库”，决定着植被能否自然恢复。因此，种子库对退化或受损湿地的植被恢复意义重大，可以及时为湿地补充新个体，使演替重新进行并最终完成。

受损湿地上层土壤中的种子库对植被恢复的作用正日益受到重视。按照种子库衰减的特征，可将湿地植被的种子库分为 3 类：短暂留存种子库、短期留存种子库、长期留存种子库。种子库的规模在 10 年后仅存 1%～4%。少数可以在干土中埋藏 11 年后萌发。种子库的移植是受损湿地恢复的必要手段，在开采高位泥炭前应移取表土并湿藏，且应在 5 年内尽快实施恢复。

利用种子库恢复植被的技术称为种子库引入技术。种子库引入技术涉及对种子库的组成、种子活力的维持与激发、种子的传播和萌发条件进行控制等多个环节的精细操作和探索，是指先把含有种子库的土壤通过喷洒等手段覆盖在受损湿地表层，然后利用土壤中存在的种子完成湿地植被的恢复和重建。由于区域内不同植被状况及生境类型会使种子库中所包含的植物种子数量和种类有很大差异，因此在对湿地进行植被恢复和重建时，应尽量选择与湿地环境状况相似或接近的种子库土壤，这样将更加有利于植被的恢复和重建。

种子库引入技术在引入种子库的同时也引入了土壤，这些土壤可以改善受损生态系统的土壤质地和结构，为植被的恢复和重建创造良好的生长环境。在种子库引入技术中有一种表土法，也称为客土法或原位土壤覆盖法。该方法可较好地应用于河流周边的湖沼等湿地植被的恢复，不仅可以保全河流固有的植物群落，而可以减少搬运土壤所产生的费用。

3）水生植物栽植

水体透明度、水下光照强度及水质污染情况等都会影响沉水植物的生长、生存及繁殖。因此，在恢复沉水植物时，应将工程技术与生物技术相结合，通过人工调控，减少湿地的内外源污染，净化水体，提高水体透明度与水下光照强度，保证沉水植物的有效恢复。

（1）生长床-沉水植物移植技术。该技术适用于淤泥较少或没有淤泥的区域。深水区域的沉水植物由于得不到足够的光照，因此生长迟缓，此技术利用生长床可以有效解决这一难题。沉水植物生长床包括浮力调控系统、植物与生长基质、深度调节系统、固定系统 4 个部分。其中，浮力调控系统包括浮球组与浮力竹节组。植物与生长基质包括沉水植物、生长基质和承泥竹节。深度调节系统利用浮球及沉水植物和生长床之间的连接线来控制生长床的深度，这个深度取决于污染水体的透明度。生长床体 4 个边角和浮球的连接线上有刻度，能精确到毫米，用于精确地调控生长床的深度。固定系统包括浮球之间、浮球和生长床之间、生长床内部之间，以及沉水植物和生长床之间的定位构件。

（2）浅根系沉水植物恢复技术。将浅根系植株-土壤复合体直接抛植入水，或者将植株根部与土壤用无纺布包裹后抛植入水。入水后复合体会沉入水底，植株最初会利用自带的土壤生长。该技术适合在湿地浆砌基地或无软底泥的湿地水域使用，所用的植物除了要求为浅根系植物，还应对水深要求不高，如竹叶眼子菜、罗氏轮叶黑藻、伊乐藻等。

（3）深根系沉水植物恢复技术。在恢复区域水体透明度较低，以及要求栽种后立刻出现成果的情况下，可采用容器育苗种植法，即先把深根系沉水植物种植在营养钵或板内，待培养成高大植株后再进行移植。可选用的沉水植物包括菹草、罗氏轮叶黑藻等。深根系沉水植物恢复除了可以采用容器育苗种植法，还可以采用悬袋种植、沉袋种植等方法。

（4）挺水植物恢复技术。在进行挺水植物恢复时首先要对基底进行改造，进行平整处理后再进行地形地貌的再造，最终形成一个整体平坦、局部起伏的基地环境。在完成对基底的改造后，先引入先锋物种，改善环境条件，再逐步营造其他挺水植物群落。

（5）浮叶根生植物恢复技术。浮叶根生植物较沉水植物与挺水植物对水质的耐受力更强，繁殖体粗壮，能够蓄积更多的营养物质，供浮叶根生植物生长。浮叶根生植物的叶片多浮于水面，能够直接与空气和阳光接触，所以其生长与生存对水质和光照没有特殊要求，可直接种植或移栽。其中，菱可以直接撒播种子种植，方法简单，且种子易收集，但需要注意初夏不宜移栽幼苗。荇菜的种子大，发芽率高，但在深水区域成活率会有所下降，种植一般使用移苗的方式。金银莲花在秋天会形成一种特化的肉质莲座状芽体，芽体掉入水中越冬后，可以在第二年春天萌发成新的植株。睡莲一般在早春萌芽前进行块茎移栽，还可以直接移栽幼苗、开花的植株，成活率普遍较高。

微课视频

3．种质资源保存

植物种质资源保存方法有很多，其分类方式也有很多，总的来说可以分为两大类：一类是就地保存；另一类是迁地保存。在实际应用中，可以根据具体材料采用不同的方法。

1）就地保存

就地保存是指在原来的自然生态环境下，就地保存野生植物群落或农田中的栽培植物种群，又称原地保存。就地保存是较原始的种质资源保存方法，但近年来越来越受到人们的重视。该方法的优点是植物保存在原生长地点，不需要经过人工迁移及适应环境变化的驯化过程，从而避免了人工控制环境下对植物基因的选择。同时，原生境保存还保证了原产地的生态多样性，植物在原产地仍可接受自然选择，确保植物的自然进化。

常用的就地保存方法为通过建立自然保护区或天然公园等途径保存处于危险状况或受到威胁的植物物种，该方法主要适用于群体较大的野生及近缘植物。就地保存既能保存遗传资源，又能保护产生遗传多样性的进化环境。相对迁地保存来说，就地保存能使植物保持进化和对环境的适应能力，保存所有水平的多样性，即生态系统多样性、物种间多样性和物种内多样性。但这种保存方法需要大量的土地和人力资源，成本高，且易遭受人类活动、病虫害、气候条件变化等的影响，很难完全以人力进行控制。例如，野大豆的生长对光照要求较高，因此在对其种群进行保存的同时，要保证充足的光照强度和光照时间。花蔺对水分和光照的要求较高，尤其是对水分的需求很大。当湿地面临水体污染、水资源缺乏及湿地退化等重大的问题时，当务之急是改善水质，恢复退化的湿地，为野大豆和花蔺的生长提供一个较为理想的生境。野大豆和花蔺的就地保存工作，还包含对其伴生种的保护。这些伴生种在群落中虽然不起主要作用，但是在群落中经常出现，与野大豆和花蔺之间具有一定的联系。因此，在对野大豆和花蔺进行就地保存的同时，也要加强对其伴生种的保护力度。在对野大豆和花蔺的伴生种进行适当保护的同时，也要控制其竞争种的种群数量。例如，建立自然保护小区或对野大豆的集中分布区域设置围栏、警示牌等，降低其所受人为干扰的程度。

2）迁地保存

除就地保存外，迁地保存也是植物物种长期保存的重要方法，特别是对于那些野外生境消失或生境严重片段化的物种，以及遭受外来物种入侵、污染或其他人为活动导致迅速灭绝的物种而言。在迁地保存下，通过人工繁殖复壮种群，并在原生境或其他适宜生境回归重建自然种群是物种保护的终极之路。

迁地保存又称异地保存，是指将种质资源迁移出原生地栽培保存或离体保存，包括田间集中保存法、种质资源圃保存法、种质库保存法、离体保存法等。

（1）田间集中保存法。该方法以植物园、标本园、果园等形式保存种质资源，管理栽培容易，并且能获得经济效益。

（2）种质资源圃保存法。该方法集中定植种质资源到适合植物生长、有一定生态代表性的圃地，以便长久保存种质资源。种质资源圃保存法解决了就地保存中植物生长地易受影响的问题，可以对各类种质资源进行栽培化管理，是目前最重要的种质资源保存方法之一。该方法的保存数量原则上乔木每种 5 株，灌木和藤本每种 10～12 株，草本每种 20～25 株，重点品种保存数量可以适当增加。但该方法同样存在弊端，如占地面积大，管理费用高，还会受到病虫害和不利环境因子的影响。

（3）种质库保存法。该方法是以种子、花粉等繁殖器官为主要保存对象的一种保存方法。种质资源保存并不是不经筛选全盘保存所有未知的基因。种子和花粉是植物遗传信息的高效载体，种子和花粉保存简便、经济，并且基因多样性也可以保存下来，应当被列入优先考虑的范围。现代种质库保存法在保存条件方面、种子处理环节融入了许多新技术。目前，我国国家种质库保存的种质数量已达到 3 万余份，单库长期保存的种质数量达到世界前列，为我国作物育种和生产提供了雄厚的物质基础。

（4）离体保存法。该方法通过延长离体培养的继代时间实现离体种质保存目的。在 20 世纪 70 年代初，人们对离体种质保存进行了最初的尝试。在其后的 20 多年间，离体种质保存新技术迅速发展起来。用于进行离体种质保存的材料很灵活，可以是子叶、幼胚、细胞、愈伤组织、原生质体、茎尖或小苗等，相对于种质资源圃保存法来说，离体保存法既经济又安全。通过离体培养技术，更为广泛的远缘杂交、胚胎早期败育、芽变、细胞融合、转基因等技术产生的新种质资源都可以通过离体培养的形式保存下来。在离体培养过程中，植物的生长都在人为控制的环境下进行，这使植物免受病虫害及环境气候条件的影响，从而保持一定的基因稳定性。通过离体培养，植物可以在短期内在数量上形成一定的规模，并且有利于在国家或地区间进行运输与交流。离体保存法较传统种质资源保存方法有较大的优势。离体保存法最大的优点就是材料一直处于生长状态，可以随时用于检测与育种研究。

4. 种群动态调控

1）种群动态调节

在湿地生物修复中，可以通过调节湿地环境因子调控植物种群动态，进而控制湿地植物群落结构与动态。在湿地生态系统中，水文情势是调控种群结构与动态最基本、最重要的环境因子之一。对河岸带湿地的研究发现，随着水位的持续下降，虉草的萌蘖率明显升高，并取代胀囊薹草成为群落优势物种。在松嫩平原向海湿地，当生境湿生化时，芦苇根茎节芽能快速萌发，并取代羊草成为优势种群。

2）种群竞争控制

在湿地生物修复中，即使物种适应当地的环境和土壤条件，有时也必须与当地的杂草群落竞争。竞争最终可能导致两种结果：一是恢复地上“正常”的杂草联合体，先前土地利用留下来的和来自周围环境的种源形成杂草联合体；二是“问题”杂草，尤其是木本攀缘植物，通常在曾经围湿造田的土地上面临较大的竞争压力。

目前，主要有两种控制种群竞争的方法：耕作和除草剂。耕作主要是指对要进行生物修复的湿地进行翻地。研究发现，翻地能够显著提高滩地阔叶苗木的生存率和生长力，但有些低洼湿地可能会限制这种方法的应用。除草剂能够有效抑制草本植物间的竞争。除草剂在使用后一般都在土壤中残留活性，必须在除草剂使用和苗木种植之间留出充足的时间间隔。除草剂大多数在整地时采用全面喷洒的方法。一般必须在种植前采取控制措施，一旦种植了苗木，就没有可操作的控制措施。例如，木本攀缘植物，通常情况下即使在种植后控制了其竞争，苗木的死亡率也会达到甚至超过 60%，尤其是在“问题”杂草和入侵种上，种植前采取的积极控制措施将决定生物修复的成败。也有很多研究表明，在种植后采取种群竞争控制措施对苗木的生存率、生长率及材积量等没有益处，在一些控制措施非常强烈的地块，苗木通常较矮。

其他的一些控制措施（如整地、施肥、避免草食动物破坏等），需要根据恢复地的环境条件决定是否需要采取。例如，在放牧现象比较严重的地区，可以采用围栏以防止牲畜进入从而破坏苗木。

2.3.3 湿地生态系统结构和功能修复

湿地生态系统结构和功能的修复内容包括湿地物种群落结构优化配置、湿地植被带修复与功能区划分、湿地生态系统功能构建与集成、湿地生态系统管理等。湿地生态系统结构和功能修复技术目前仍处于不断地摸索和试验的过程中，尚未形成比较完整的理论体系，这使得湿地生态系统结构和功能修复技术成为湿地生态修复实践中的重点与难点。目前亟须针对不同类型的退化湿地生态系统，对湿地生态修复的实用技术进行研究，如退化湿地生态系统修复关键技术、湿地生态系统结构和功能的优化配置与重构及其调控技术，以及物种与生物多样性的恢复与维持技术等。

1. 湿地物种群落结构优化配置

1）湿地物种群落空间配置

应根据湿地的形态、底质、水环境乃至气候等多重条件确定群落的水平及垂直结构，复合搭配各类生活型的植物物种，提高物种多样性，加强群落的稳定性，提高群落的适应性，还可以利用优势种的季节变动性，保持湿地植物四季常绿。最终通过湿地植物物种的筛选及群落的配置技术，在受损或退化湿地上构建出从近到远依次由陆生植物群落、挺水植物群落、浮叶根生植物群落、沉水植物群落组成的植被带。

对于物种的配置，应在各个区域现有物种的基础上，根据各区域的不同情况与条件，选择适合在该区域生长、具有较大生态位、与其他植物种类有较大生态位重叠的物种进行组合。

（1）湖泊、池塘湿地植物配置。由于湖泊与池塘水深小、风浪相对较小、基质厚，因此能够按照挺水区、浮水区和沉水区来合理配置湿地植物。挺水区多种植芦苇、南荻、菖蒲、莲、水葱、香蒲、灯芯草、千屈菜、酸模叶蓼等物种，浮水区多种植睡莲、芡实、荇蓬草、莕菜、莼菜、满江红等物种，沉水区多种植苦草、竹叶眼子菜、菹草、大茨藻、罗氏轮叶黑藻、狐尾藻、金鱼藻等物种。

（2）河流湿地植物配置。河流水流速度快、水位落差大、岸边多砂石、基质贫瘠，植物不易成活，并且栽植植物还要注意不能阻碍泄洪和通航，所以一般不会在非主河道或开阔处栽种湿地植物。

（3）水库湿地植物配置。水库水深大、水位落差大，且在泄洪时植物易被水冲起，所以在栽植植物时应该选择能适应水深大、水位变幅大的物种。水深是限制水库湿地植被恢复的关键因子，很多挺水植物都无法在较深的水库中种植、存活。对于这种情况，可以使用人工浮岛技术来种植挺水植物。对于浮叶根生植物，可以选择荇菜、水鳖、槐叶苹等物种，栽植在浮水区，但一定要注意远离泄洪口，并尽量建立围栏对其进行保护。沉水植物要种植在光照充足的区域，如果水库水体透明度高，则沉水植物的分布深度较大。根据经验来看，沉水植物可以种植的深度能够达到水体透明度的两倍之多。在水库的水陆交界处，有时季节性水位变动能够达到数米，在这些区域应该多种植高茎的草本植物或湿地木本植物。

对于陆地植物，一般认为种植时应该形成复合结构，建立从高到低的垂直结构，并在周围建立顶极群落与边缘群落，一方面促进植物的生长，另一方面维持生物多样性。在进行水生植物栽培时，应该按照不同植物的不同水位需求，将种植区分为浅水植物区、深水植物区和耐水湿地植物区，根据具体植物的特性将其栽种在不同区域。在池塘湿地栽种植物时，既要满足维持生物多样性的要求，又要维持田园风光，以最低的成本投入取得最大的恢复效果。

在一些特殊的湿地环境中，植物的配置要根据具体的环境条件进行更改与调整。例如，当湿地驳岸需要满足防洪要求时，枯水位以下的驳岸应该全部固化；枯水位以上、平水位以下的驳岸可固化，也可用鹅卵石堆积进行保护；平水位以上、丰水位以下的驳岸可以采用栽植法（在驳岸横切面间或网格间栽植草本植物）和筑堤法（在筑堤的石块间种植草本植物）进行保护，两种方法的常用植物包括狗牙根、狗尾草、结缕草、白茅、络石、麦冬、沿阶草等；丰水位以上的驳岸可全部绿化。如果全部驳岸都需要进行固化，则可以在其上搭建花台，种植一些攀缘植物以美化驳岸，此方法常用的植物有云南黄馨、紫藤、凌霄等。

生态修复的群落镶嵌组合是根据种群的特性，将不同生态类型的种群斑块有机地镶嵌组合在一起，构成的具有一定时空分布特征的群落。时间上的镶嵌可以保证群落的季相演替，空间上的镶嵌可以满足局部生境的空间条件差异。湿地植物多为草本类，生长期较短，一些湿地植物在衰亡季节往往会影响景观，有的甚至会造成二次污染。为了保证在不同的季节均有植物存活、生长并充分发挥其生态功能，在进行河滨带湿地植被恢复与重建时，在物种选择上除应注意土著性原则以外，还应注意不同季相物种的镶嵌组合种植，以及乔、灌、草的配置。

2）湿地物种群落季节配置

植物的季相变化是在进行湿地恢复设计时应该注意的一个重要问题。水生植物的生长状况与净化率有关。在夏、秋季，许多喜温水生植物处于生长旺季，因而表现出较高的净化率，然而到了秋、冬季，许多喜温水生植物已处于衰老和死亡阶段，自然会失去其净化效能。但对于耐寒植物来说，情况刚好相反，其在寒冷季节对废水中的污染物有较高的净化率。因此，可以充分利用习性不同的水生植物群落间的相互作用及进行人工干预，以解决冬季绿化问题。例如，石菖蒲具有越冬生长的优势，能保持生态工程的冬季运行。因此，需要以湿地物种群落季相演替为原则重建镶嵌组合的群落。

2．湿地植被带修复与功能区划分

1）湿地植被带修复

在进行湿地植被带修复时，首先在所选定的区域内进行先锋水草带建设。通过选用新型、高效的人工载体，将先锋植物放置在选定的区域作为生态基质，以改善水环境。先锋水草带的宽度为 10～15m。经过一段时间后，先锋水草带上能够自然出现由各种细菌、藻类、原生动物、后生动物等形成的稳定生物群落，重现完整食物链。这种由人工基质材料构成的生态缓冲区不仅有助于提高水体透明度、净化水质、创造生物栖息空间、提高生物多样性，而且有助于削减风浪对沿岸的冲刷。然后开始进行其他湿地植被带的修复，主要通过构建 3 个植被带实现对湿地植物群落的修复和重建。

（1）岸带水域挺水-浮叶根生植被带。主要在水陆交错带进行湿生与挺水植物群落构建，以及在近岸带进行浮叶根生植物群落构建。该植被带构建过程也是先锋植物群落构建过程，即用先锋水生植物进一步改善水体环境，从而为后续有效构建沉水植物群落提供适宜的环境。由于生态系统在恢复的过程中可能会出现小幅度的波动，因此先锋植物群落可能需要重复多次进行构建才能形成稳定的群落结构。在水环境条件满足沉水植物功能群的发展需求时，开始构建沉水植物功能群，同时削减先锋植物密度，以促进沉水植物功能群的发展。同时，还要根据水环境各指标的连续监测结果，判断是否满足沉水植物功能群的发展需求。该工程还应该结合生态岸带改造同时进行。另外，在自然护坡区域，可以构建芦苇群落、南荻群落、香蒲群落等水生植物群落。在环境特别恶劣、不适宜水生植物生长的地段，可结合先锋水草带的建设，采用人工水草等生态型高科技材料，构建人工水草区域，改善水体环境。

（2）近岸水域浮叶根生-沉水植被带。待水体透明度逐渐提高后，可以在离堤岸一定距离外逐步增加浮叶根生植物与沉水植物的栽种数量。浮叶根生植物应种植在挺水植物外围，与挺水植物相邻，栽种后浮叶根生植物的覆盖度不宜超过 30%，可栽种的植物种类包括睡莲、荇菜、萍蓬草、金银莲花等。

（3）离岸沉水植被带。在环境合适的范围内可以使用人工种植的方法栽种沉水植物，在环境条件逐渐变好后，可以适当扩大沉水植物的种植范围，使所种植的各种沉水植物能够连成一个整体的沉水植物群落。主要种植的水草种类有苦草、罗氏轮叶黑藻、狐尾藻、金鱼藻、竹叶眼子菜、鸡冠眼子菜等。

除根据不同的植被带使用不同的修复技术以外，由于不同淹没带植被特征、土壤特征及受干扰程度均有一定的差异，因此在湿地植被带修复过程中还应该根据各淹没带实际情况采取不同的修复技术。

（1）重度淹没带植被修复技术。重度淹没带植被平均覆盖度低，砾石裸露，土壤稀少且 pH 偏高，土壤营养元素，尤其是氮素匮乏，需要以人工绿化为主要修复技术，采取人工种植和补植水陆交错带湿生植物、客土等措施进行修复。另外，重度淹没带受水文影响严重，在一些水流冲击较大的区域需要修建小型防浪墙等工程设施。

（2）中度淹没带植被修复技术。中度淹没带多为草本植物，植被平均覆盖度为 40%～50%，土壤质量比重度淹没带有一定提高，但是砾石裸露面积仍较大。中度淹没带应以人工绿化为主要修复技术，通过人工补植和客土方式开展水陆交错带植被修复与重建工作。

（3）轻度淹没带植被修复技术。轻度淹没带植被以灌木和草本植物为主，土壤和植被状况良好，而且受水文影响较小。因此，应采用人工辅助工程促进其自然修复，主要措施有降低人工干扰强度与频次、围栏封育、人工施肥及补植少量植物等。

（4）微度淹没带植被修复技术。微度淹没带为疏林地，整体植被和土壤状况最佳，且受水文影响最小。因此，在轻度淹没带植被修复中不采取人工措施，视受损状况，一般利用水陆交错带自身变化就可以实现其被动修复。

2）湿地功能区划分

在对受损或退化湿地进行生态修复时，可以根据不同的植被特征与环境条件把恢复区划分为多个功能区，之后再分区进行修复与重建。这样既有利于提高修复效率，又有利于日后对湿地进行管理和监测。在不同的研究中将不同的受损湿地划分为不同功能区，以便进行湿地修复。例如，在《鄱阳湖双退区湿地植被恢复方案探讨》中，将鄱阳湖双退区湿地划分为生物多样性繁育区、生态景观区、植被群落重建区及缓冲区四大功能区。

（1）生物多样性繁育区。该区主要进行有关湿地植物繁育和筛选的实验，并在此基础上构建生物多样性保育区。在修复湿地生态系统的工程中，该区要注重加强对生物多样性的提高，通过各种方式，如招引鸟类、投放鱼苗、创造适宜的栖息环境等，吸引动物的到来，提高该区的生物多样性。

（2）生态景观区。该区以恢复水生植被为主，构建既具有生态功能，又具有旅游观光功能的湿地。

（3）植被群落重建区。该区在实施修复工程前没有水生植被或水生植被极其稀少，在该区要积极构建各种水生植被带，合理搭配，实现对植物群落的有效修复和重建。

（4）缓冲区。该区一般在陆地和湿地的交界处，有时还会受到农业面源污染。在该区首先要利用香根草等植物对沙化地块进行固化，改善土壤品质后再通过改善地表径流与植被恢复工程，构建健康完善的缓冲区。该区一方面可以净化入湖河水；另一方面可以为旱生植物向湿生植物过渡提供适宜的环境。

3. 湿地生态系统构建与集成

生态系统的健康稳定发展依赖于生态系统结构和功能的完整性。其中，生态链（食物链）的完整性是生态系统维持自我平衡的关键。由于长江水体中氮、磷等污染负荷较高，一些初级生产者一旦引种，生长速度和生物量往往会比较高，有些甚至会疯长，如凤眼莲、喜旱莲子草等。因此，必须注意在适当的时机引种草食性鱼类等生物，以控制初级生产者的蔓延。此外，还应注意选择一些附生功能菌比较丰富的土著物种，以提高生态系统对自身生物残体的分解、降解能力，维护生态系统的自我平衡机制。

在保证水生植物净化功能的前提下，完善人工生态系统的食物链和食物网结构，放养一定种类和数量的肉食性鱼类与底栖动物，提高水生生态系统的稳定性。水生动物的放养要充分考虑水生动物物种的配置结构，科学合理地设计水生动物的放养模式。

利用生态学生物操控理论，在水体中构建合理的鱼类牧食链，利用肉食性鱼类对下行生物的群落控制，达到削减水体中藻类生物量、保持水体质量的目的，并最终通过渔产品的形式提取水体中的污染物。肉食性鱼类的配置要考虑对沉水植物的保护及对湖体中草鱼及杂食性鱼类的控制，选取鳜鱼及青鱼作为肉食性鱼类群落构建物种。根据底栖动物的摄食习性，选择螺贝类作为群落调控主要种类。岸边落叶、湖中水草等形成的有机碎屑，以及水生动物的粪便、尸体等形成的有机物易污染景观水体，在湖中放养一定数量的青虾以摄取有机碎屑，可以起到净化水质的作用。根据水质要求，投放轮虫、枝角类等滤食性浮游动物，滤食水中的细菌、单细胞藻类和原生动物，可以起到控制藻类的作用。

对于藻型湖泊，可以修复与重建高等水生植物群落，使其成为初级生产力的主体。在空间和营养生态方面，高等水生植物与浮游植物竞争，抑制浮游植物过度生长，可以使水体透明度得到提高。此外，从湖泊生态系统的生物多样性角度出发，高等水生植物为其他水生生物生存、繁衍提供了重要的生境条件，是提高水生动植物群落多样性的基础。因此，恢复水草群落，可以使湖泊生物多样性得到恢复，使受损的湖泊水生生态系统得到逐步修复，最终优化了生态环境。

鱼类的游动不仅促进了水体的对流，而且为水生植被所需营养物质的转化创造了有利条件。在生态系统中，若草食性或杂食性鱼类密度过大，则会抑制水生植被生长，导致系统崩溃。鱼类调控主要是指通过驱除或放养肉食性或以肉食性为主的偏杂食性鱼类，控制工程区内杂食性鱼类密度，减少草食性鱼类对水生植物的牧食破坏，减少因杂食性鱼类的牧食行为而导致的沉积物再悬浮。

在任何水生生态系统中，营养物质的循环流动都与系统中生物的食物链密切相关。底栖动物是水生态系统的重要组成部分，它们生活在水体底部，从底质中吸取营养物质，在一定程度上对底质的改良起着重要的作用。底栖动物的多样性，有助于水生生态系统的稳定，并使其朝有利的方向发展。

生态管理是维护生态系统长期稳定的重要手段，它基于生态学、经济学、管理学、社会学、环境科学、资源科学和系统科学等理论，修复生态系统的结构和功能，维护生态系统健康稳定性、可持续性和生态多样性，最大限度地支持社会经济的可持续发展。对于人类干预频繁、环境胁迫压力大的生态系统，生态管理是必不可少的手段。

微课视频

4．湿地生态系统管理

对恢复的植被进行管理，是湿地生态恢复初期不可或缺的一步。但随着植被逐渐稳定，管理也应逐渐弱化直到停止。如果持续对植被进行人工管理，那么最终恢复的植被将无法形成天然植被，多是人工植被或半自然植被。湿地生态系统管理主要包括以下管理技术。

1）湿地水管理

植物栽种后，可以适当提高水位，一方面为植物的生长提供足够的水分，另一方面可以阻止陆生杂草的出现。但也不能一味提高水位，切不可淹没栽种植物的嫩芽。随着植物的不断生长，可以多次适当提高水位。如果湿地的水资源不足，可以每隔 5～10d 对植物进行一次漫灌，保证植物生长需水。在植物生长稳定后，特别是经过了一个完整的生长季节后，即使遇到短期干旱，植物也可以凭借湿地中的水分继续生存。如果遭遇严重的干旱，则虽然植物的地上部分会死亡，但地下部分一般会保存下来，待环境条件再次恢复，植物会恢复生长。对于水生植物，在每年春天其发芽时，要保证水位不会太高，不至于淹没了刚刚萌发的嫩芽，以保证水生植物顺利萌发。同时，还要使水位处于动态变化状态，这样有利于植物群落的形成与维持，特别是能够恢复湿地水环境的自然水位涨落系统。

2）湿地植物管理

在湿地生态恢复初期每15d检查一次，除要检查是否有杂草以外，还要检查是否有动物对新栽的植物进行采食破坏、环境中是否有淤泥淤积等。对发现的生长状况不好的植株，应该及时清除补种。每年春季，对恢复区内的空白区域进行及时补种；每年秋季，在不影响湿地动物的前提下，对水生植物进行适当收割。在湿地周围的缓冲区内出现的杂草要及时去除，防止其向湿地内部扩散。在缓冲区还可以修建栅栏，以防止牲畜进入湿地。每隔一段时间还要检查栅栏状况，及时整修或替换受损栅栏。

3）湿地杂草与虫害管理

要做到及时发现杂草，并在第一时间清除，不要等到它们形成种群后再进行清除。一般来说，在湿地生态开始恢复后的4～6个月内，每15d检查并清除一次，之后可以每3个月检查并清除一次。

水生植物的生长极易受到真菌感染、害虫侵蚀，从而造成植物表面腐烂、花叶生长畸形，这都将严重阻碍水生植物的健康生长。防治方法包括：避免引入带病、带虫植株；控制好栽植密度，保证良好的通风与足够的光照；密切观察植株的生长状况，一旦发现带病、带虫植株，及时清除。

如果虫害预防失败，则要针对不同的昆虫，选用不同的方法进行灭虫，如喷洒药剂、人工去除虫卵、黑光灯诱捕等。

4）湿地施肥管理

施肥能够有效促进种子植物的生长，但也有实验证明，施肥只对种子植物幼苗的生长有促进作用，对其成熟的个体无显著影响。

5）湿地封育管理

对正在进行生态恢复的湿地进行封育管理，能够有效加速其恢复过程。通过封育管理，可以降低人为因素对湿地的干扰，加速湿地植被恢复，提高植被覆盖度，提高生物多样性。

除进行封育管理外，还要注意对水生动物及牲畜的管理。如果湿地出现了大量草食性水生生物，则极有可能会对新栽种的植物造成极大威胁。这些生物，特别是一些水禽，会将植物连根拔起，但只食用植物的嫩芽。如果水禽的数量庞大，阻止又不及时，则它们可能在几天内将所有植物破坏殆尽。虽然不能完全清除这些水生动物，但在湿地生态恢复初期一定要严格控制它们的数量。对于鸟类，可以通过安装不同的装置防止它们进入湿地。在湿地缓冲区栽种硬叶植物或修建栅栏，可以防止牲畜进入湿地。

案例解析：洪河湿地生态治理

1. 生物修复

在洪河自然保护区保护带外，进行旱改水，发展水田，建立人工湿地，灌溉采用地表梯级蓄水模式，既保护了地下水，又使保护区的湿地得到有效的调节。

积极进行退耕还湿，根据三江平原地区退耕还湿计划，到2010年，洪河自然保护区完成退耕还湿 3000km²，其主要建设内容如下：①自然恢复。在湿地退化程度较轻、自然恢复潜力较大的区域，采取自然恢复的方式。通过减少人类活动的干扰，如禁止过度耕种、捕捞和排放，为湿地植被的自然恢复创造有利条件。②人工种植。在湿地退化严重、自然恢复能力较弱的区域，采取人工种植的方式加速植被恢复。人工种植的植物种类应具有耐水湿、生长快、净化能力强等特点，如芦苇、香蒲、菰等挺水植物，以及浮萍、眼子菜等浮叶植物和沉水植物，这些植物不仅能够快速覆盖湿地表面，减少水土流失，而且能够吸收水中的营养物质和重金属等污染物，净化水质。③大力发展生态安全型农业。保护区周围的农场要大力发展有机农业，使用有机肥料，减少对洪河湿地的污染。④增殖放流。针对洪河湿地中的鱼类等水生动物种群，采取增殖放流的方式进行恢复。通过向湿地中投放适量的鱼苗或鱼种，增加其种群数量并提高其繁殖能力。⑤人工放养。针对洪河湿地中珍稀濒危或数量稀少的动物种类，采取人工放养的方式进行恢复。通过引进或培育适宜的物种，将其放养到湿地中，增加其种群数量并促进其自然繁殖。⑥把洪河自然保护区与邻近的三江自然保护区及别拉洪河流域湿地通过湿地廊道连接起来，不仅可以提高生物抵抗风险的能力，而且有利于维护生物多样性。⑦恢复湿地植被景观。位于三江自然保护区与洪河自然保护区之间的浓江河段的核心区属于常年积水区，是水源最丰富的地方。中心为芦苇群落带，向外为荪群落带、薹草群落带和小叶樟–杂类草群落带等。核心区属于严格保护带。

2. 生境修复

水是维持湿地生态最重要的因子，洪河湿地缺水退化主要是因为人类活动的干扰，特别是大面积排水与用水，导致天然水文情势发生变化，从而导致湿地发育过程受阻。因此，对洪河湿地进行保护与修复必须依据生态学原理，尊重湿地形成、发展的生态过程，恢复其天然水文情势。

为了恢复洪河湿地的水分供应，提高洪河自然保护区的水位，可以采取以下措施：一是在保护区东北部与前锋农场交界处修建两级蓄水坝，总蓄水量为 $3\times10m^3$，以补充保护区内的水资源。另外，将保护区西南部和南部 12km 的界沟填平，设置铁丝栏网，保证地表水、地下水持续、稳定地流向保护区。该工程长 12km，蓄积水能力为 $3\times10m^3$，同时禁止保护区周围农场继续开挖新的排水渠，并在周围地势低洼、粮食产量不高的地段适当填平沟渠，恢复浓江河上游天然径流。在还湿区域内，机井全部废掉、填平。二是拦截地表水，在保护区西北角的浓江河堵口坝上扒口建闸，从浓江河和沃绿兰河总干流引水进入保护区，并在浓江河和沃绿兰河总干流上设节制水闸，将水源引入保护区的核心区。三是扩大保护区面积，从之前的 21835km² 扩大到 48200km²，也就是说把整个浓江河–沃绿兰河流域的沼泽都包括在内，这样才能减少浓江河上游大面积开发对洪河湿地的影响。四是进行生态廊道建设。洪河自然保护区距三江自然保护区 80km，两个保护区由浓江河相连。浓江河宽 100m，在浓江河两侧建设保护带，形成带状自然保护区生态廊道，通过建立生态廊道，将三江自然保护区和洪河自然保护区连接起来，为基因交换、物种迁移提供一条“绿色通道”，同时给缺乏空间扩散能力的物种提供一个连通的栖息地网络。

3. 功能修复

分区规划，重点治理，自然保护与试验示范相结合。在充分调查研究的基础上，根据湿地类型、地貌特征、植被、动物及其栖息地等，把整个保护区划分为核心区、缓冲区和实验区三个区。用种群生存力分析法确定核心区，用层次分析法（Analytic Hierarchy Process，AHP）确定缓冲区，以缓冲区和保护区边界为依据确定实验区。核心区重点保护，缓冲区重点治理，实验区试验研究。

结合“三退三还”工程，改革农业集约化经营方向，保护和恢复湿地水源。保护区周边的5个农场主要以种植旱作大豆为主，经营粗放，管理落后，经济效益较低。结合退耕还林、退耕还草和退耕还湿的“三退三还”工程，全面规划，重点改造，改“一水二路三开荒”的排涝开荒种大豆的旱作模式为“一水二蓄三种稻”的节水灌溉模式，并结合富营养化防治措施，保护和恢复湿地水源。

生物措施和工程措施相结合，恢复、保护、利用水资源。首先，在保护区周边建设绿色保护带，封闭保护区，削弱外界因素对保护区的干扰。同时，配合其他水利工程措施，既要防止保护区的水源外流，又要控制外界污水流入保护区。其次，在科学观测、实验的基础上，建立水资源管理模型，制订、实施便捷有效的补水方案。

任务4 评估湿地生态健康

案例导入：洪河湿地生态评价

党的二十大报告倡导的绿水青山就是金山银山理念，促使湿地生态评估以全新视角审视湿地价值，聚焦湿地生态系统内部物种丰富度、群落结构稳定性及生态功能可持续性等关键指标，判断湿地生态健康状况与发展态势。

洪河湿地生态评价是一个多维度、综合性的评估过程，旨在全面了解湿地生态系统的健康状况和生物多样性水平。生态评价过程涵盖物种多样性及遗传多样性的评估，通过统计湿地内植物、动物的种类和数量及分析关键物种的遗传结构，揭示湿地生物多样性的水平和独特性。例如，洪河湿地中珍稀濒危物种（如东方白鹳、丹顶鹤等）的存在，是评价其生物多样性的重要指标。

同时，对物种丰度与分布进行监测，记录关键物种和指示物种的种群数量及空间分布，以反映湿地生态系统的稳定性和生态位分化情况。例如，东方白鹳的数量可以作为评价洪河湿地保护成效的重要指标。

此外，生态评价还涉及生态系统功能的评估，包括物质循环、能量流动及生态服务功能的分析，如水源涵养、洪水调蓄、水质净化、气候调节、生物多样性维护等，以揭示湿地对区域生态环境的贡献，评估其对人类社会的价值。

在生态健康状况评价方面，通过评估生态完整性，分析胁迫因素，如人类活动干扰（如污染、过度开发等）、气候变化等，对湿地生态系统的影响程度和趋势，了解湿地生态系统的抵抗力和恢复力，以及人类活动和气候变化对湿地的影响。

根据以上信息，结合其他资料，完成洪河湿地生态评价的任务。

（1）洪河湿地生态评价要考虑哪些因素。

（2）洪河湿地生态评价使用了哪些方法。

（3）洪河湿地生态评价如何定量进行。

2.4.1　湿地生态系统监测

1．湿地生态系统监测的依据与规范

湿地生态系统监测主要依据《陆地生态系统水环境观测规范》《陆地生态系统土壤观测规范》《陆地生态系统生物观测规范》进行。湿地生态系统监测方案制订的依据如表 2.4.1 所示。

表 2.4.1　湿地生态系统监测方案制订的依据

名称	编号	名称	编号
《水质采样　样品的保存和管理技术规定》	HJ 493—2009	《水质　钙的测定　EDTA 滴定法》	GB/T 7476—1987
《土壤环境监测技术规范》	HJ/T 166—2004	《水质　钙和镁总量的测定　EDTA 滴定法》	GB/T 7477—1987
《地表水环境质量标准》	GB 3838—2002	《水质　氯化物的测定　硝酸银滴定法》	GB/T 11896—1989
《土壤环境质量　农用地土壤污染风险管控标准（试行）》	GB 15618—2018	《水质　硫酸盐的测定　铬酸钡分光光度法（试行）》	HJ/T 342—2007
《土壤环境质量　建设用地土壤污染风险管控标准（试行）》	GB 36600—2018	《生物多样性观测技术导则　内陆水域鱼类》	HJ 710.7—2014
《湿地监测技术规程》	DB11/T 1301—2015	《碱度（总碱度、重碳酸盐和碳酸盐）的测定（酸滴定法）》	SL 83—1994
《水位观测标准》	GB/T 50138—2010	《降水量观测规范》	SL 21—2015
《水环境监测规范》	SL 219—2013	《陆地生态系统生物观测规范》	
《水质　总氮的测定　碱性过硫酸钾消解紫外分光光度法》	HJ 636—2012	《水域生态系统观测规范》	
《水质　总氮的测定　气相分子吸收光谱法》	HJ/T 199—2005	《陆地生态系统水环境观测规范》	
《硝酸盐氮的测定（紫外分光光度法）》	SL 84—1994	《陆地生态系统土壤观测规范》	
《水质　亚硝酸盐氮的测定　分光光度法》	GB 7493—87	《湖泊生态系统观测方法》	
《水质　总磷的测定　钼酸铵分光光度法》	GB 11893—89	《湿地生态系统观测方法》	
《水质　高锰酸盐指数的测定》	GB 11892—89		

2．湿地生态系统监测的内容

湿地生态系统监测的内容主要包括湿地特征、生物特征、水环境特征、土壤和气象等，如表 2.4.2 所示。

表 2.4.2 湿地生态系统监测指标体系

<table>
<tr><th>监测类别</th><th colspan="2">监测项目</th><th>监测指标</th><th>监测频率</th><th>方法与操作要求</th></tr>
<tr><td>湿地特征</td><td colspan="2">湿地地理位置、湿地面积、水域面积、植被面积等</td><td></td><td>1 次/5 年</td><td>野外调查和航片解译相结合，分别判读出典型沼泽类型或湿地植被类型</td></tr>
<tr><td rowspan="12">生物特征</td><td colspan="2">生境要素</td><td>植被类型、植物群落名称、郁闭度、群落高度、地理位置、地形地貌、水分条件、地下水位、土地利用方式、动物活动、演替特征、土壤 pH、土壤全碳、土壤全氮、土壤全磷等</td><td>1 次/5 年</td><td>野外调查</td></tr>
<tr><td rowspan="3">洲滩湿地植物</td><td>群落特征</td><td>植物名、高度、覆盖度、株数、物候期、绿色部分鲜重、立枯鲜重、绿色部分干重、立枯干重、总鲜重、总干重、凋落物干重</td><td>1 次/季，每年监测一个季节动态</td><td>样方调查，草本为 1m×1m 样方，灌丛为 2m×2m 样方，乔木为 10m×10m 样方，5～10 个重复</td></tr>
<tr><td>物候期</td><td>萌芽期/返青期、开花期、结实期、种子散布期、枯黄期</td><td>1 次/年</td><td>观测群落优势种和指示种</td></tr>
<tr><td>优势植物矿质元素含量与能值</td><td>土壤全碳、土壤全氮、土壤全磷、土壤全钾、土壤全硫、土壤全钙、土壤全镁、热值</td><td>1 次/年</td><td>分器官测定，具体方法与生物量监测方法相同，常规元素分析法、热值测定用燃烧法分别用于计算去灰分和不去灰分的热值</td></tr>
<tr><td colspan="2">微生物生物量碳</td><td>土壤微生物生物量碳等</td><td>每 5 年监测一个季节动态</td><td>氯仿熏蒸法</td></tr>
<tr><td colspan="2">底栖动物</td><td>种类、数量、生物量</td><td>每年监测一个季节动态</td><td>抓斗式采泥器或三角拖网采样</td></tr>
<tr><td colspan="2">高等水生植物</td><td>群落类型、覆盖度、种类、生物量</td><td>每年监测一个季节动态</td><td>野外监测</td></tr>
<tr><td colspan="2">鱼类</td><td>种类、数量</td><td>每年监测一个季节动态</td><td>野外监测</td></tr>
<tr><td colspan="2">两栖动物、爬行动物及兽类</td><td>种类、数量</td><td>每年监测一个季节动态</td><td>野外监测</td></tr>
<tr><td colspan="2">浮游植物</td><td>种类、生物量、Chl-a 含量</td><td>每 5 年监测一个季节动态</td><td>野外监测</td></tr>
<tr><td colspan="2">浮游动物</td><td>种类、生物量</td><td>每 5 年监测一个季节动态</td><td>野外监测</td></tr>
<tr><td colspan="2">鸟类</td><td>种类、数量</td><td>每年监测一个季节动态</td><td>野外监测</td></tr>
<tr><td rowspan="2">水环境特征</td><td colspan="2">水质物理要素</td><td>水深、酸碱度、地下水位、电导率、温度、透明度等</td><td>1 次/月</td><td>野外监测</td></tr>
<tr><td colspan="2">水质化学要素</td><td>溶解氧、氧化还原电位、矿化度、酸碱度、氯化物、TN、铵态氮、硝态氮、TP、磷酸盐、COD、TOC、K^+、Na^+、Ca^{2+}、Mg^{2+}等</td><td>1 次/月</td><td>实验室分析</td></tr>
</table>

续表

监测类别	监测项目	监测指标	监测频率	方法与操作要求
水环境特征	水文特征	湿地水总量、地表径流量、年进出湿地水量、降水量、蒸发量、水位等	1次/月	野外监测
土壤	表层土壤速效养分	碱解氮、有效磷、速效钾	1次/年	0～20cm
	表层土壤养分及酸度	有机质、全氮、酸碱度、缓效钾	1次/年	0～20cm
	表层土壤阳离子交换性能	阳离子交换量、交换性钙、交换性镁、交换性钾、交换性钠	1次/5年	0～20cm
	表层土壤速效中量及微量元素	有效铜、有效锌、有效硼、有效硫		
	剖面土壤养分全量	有机质、全氮、全磷、全钾	1次/5年	0～20cm^2 20～40cm^2 40～60cm^2
	剖面土壤微量元素全量	铁、锰、铜、锌、硼、钼	1次/10年	0～20cm^2 20～40cm^2 40～60cm^2
	剖面土壤重金属全量	铬、铅、镍、镉、硒、砷、汞		
	剖面土壤矿质全量	SiO_2、Fe_2O_3、Al_2O_3、TiO_2、MnO、CaO、MgO、K_2O、Na_2O、P_2O_5、烧失量、全硫		
	剖面土壤机械组成	0.05～2mm 的砂粒含量、0.002～0.05mm 的粉粒含量、<0.002mm 的黏粒含量		
	剖面土壤容重	容重		
气象	自动站观测、人工观测气象要素	净全辐射、总辐射、反射、辐射、光合有效辐射、日照时数、风向、风速、气压、干球温度、湿球温度、毛发湿度、大气最高温度、大气最低温度、地面温度、地面最高温度、地面最低温度、暗筒式日照、雨雪量、水面蒸发量等	人工观测每天3次，观测时间分别为8:00、14:00和20:00	

1）湿地特征

湿地特征包括湿地地理位置、湿地面积、水域面积和植被面积等。

2）生物特征

（1）生境指标。生境指标包括植被类型、植物群落名称、郁闭度、群落高度、地理位置、地形地貌、水分条件、地下水位、土地利用方式、动物活动、演替特征、土壤 pH、土壤全碳、土壤全氮、土壤全磷等。

（2）动物指标。动物指标包括鸟类、鱼类、浮游动物和底栖动物的种类、数量及生物量，濒危野生动物数量、动态及迁徙规律。

（3）植物指标。植物指标包括洲滩湿地植物的群落特征、物候期、优势植物矿质元素含量与能值等，高等水生植物的群落类型、覆盖度、种类、生物量、群落面积及分布特征，浮游植物的种类、生物量、Chl-a 含量及其分布特征。

（4）其他指标。其他指标包括微生物生物量碳等。

3）水环境特征

（1）水文指标。水文指标包括湿地水总量、地表径流量、年进出湿地水量、降水量、蒸发量、水位等。

（2）水质物理指标。水质物理指标包括水深、酸碱度、地下水位、电导率、温度、透明度等。

（3）水质化学指标。水质化学指标包括溶解氧、氧化还原电位、矿化度、酸碱度、氯化物、TN、铵态氮、硝态氮、TP、磷酸盐、硫酸盐、COD、TOC、K^+、Na^+、Ca^{2+}、Mg^{2+}等。

4）土壤

土壤指标包括表层土壤速效养分、表层土壤养分及酸度、表层土壤阳离子交换性能、表层土壤速效中量及微量元素、剖面土壤养分全量、剖面土壤微量元素全量、剖面土壤重金属全量、剖面土壤矿质全量、剖面土壤机械组成、剖面土壤容重。

5）气象

气象指标包括净全辐射、总辐射、反射、辐射、光合有效辐射、日照时数、风向、风速、气压、干球温度、湿球温度、毛发湿度、大气最高温度、大气最低温度、地面温度、地面最高温度、地面最低温度、暗筒式日照、雨雪量、水面蒸发量等。

3. 湿地生态系统监测采样点布设

采样点应能覆盖所需的生态系统监测和评价范围，除特殊情况（有地形、水深和监测目标的限制）外，所有采样点均应在监测范围内均匀布设，可采用网格式、断面式或梅花式等布设方式，以便确定监测要素的分布趋势。

水样采样点采用断面式的布设方法，土壤样采样点的布设与水样保持一致，分别根据《水质　采样方案设计技术规定》（HJ 495—2009）及《土壤环境监测技术规范》（HJ/T 166—2004）采集水样和土壤样。水生浮游植物和水生浮游动物的监测采样点一般尽量与水化学监测采样点一致。挺水植物、浮叶根生植物、沉水植物的样方面积应不小于群落最小面积，可根据物种-面积曲线来确定。挺水植物和浮叶根生植物的样方面积一般选取 1m×1m 或 0.5m×0.5m，沉水植物的样方面积为 0.5m×0.5m 或 0.2m×0.2m。采样点的布设可采用断面法，根据湖泊的形状、水文情况、植物的分布等设置断面，断面最好是平行排列的，或者呈“之”字形。断面与断面的距离一般为 50～100m（可根据实际情况而定）。断面上的定点数目最好为奇数，即断面中间应设一个点，没有大型水生植物的地区可不必设定。鸟类监测采样点布设见鸟类监测方法。采样点一经确定，不应轻易更改，不同时期的采样点应保持不变。

4. 湿地生态系统监测的时间和频率

针对湿地生态系统监测的具体范围，在正式开展生态环境监测以前，应对湿地生态环境的背景进行调查监测，以便确定常规湿地生态系统监测指标体系及生态系统评价的背景值。背景值主要包括湿地地理位置、湿地面积、水域面积、植被面积、水体总量、地表径流量、年进出湿地水量、降水量、蒸发量、湖沼湿地与地下水的交换量、供给水量等。背景调查监测应在一个年度内完成，调查应不少于 4 次，分别在春季、夏季、秋季、冬季各开展一次调查监测。

1）自然指标

为了保证采样的连续性和周期性，在水环境和土壤环境的自然指标中，通常对可在线进行连续监测的指标（如水量、水温、电导率、酸碱度、溶解氧等）通过自动监测系统进行实时连续监测，其他指标的监测设置为在丰水期、平水期、枯水期各采样 1～2 次。

2）生物指标

（1）植物。植物监测要选择在植物开花或结实的时期，分不同季节进行调查，以获得全面且准确的资料和典型的标本。由于全国各地气候差异悬殊，因此在各监测区域应根据本地气候和植物生长发育特点确定最佳监测时间。

（2）鸟类。鸟类数量监测分繁殖季和越冬季两次进行，繁殖季一般为每年的 5—7 月，越冬季为 12 月至翌年 2 月。在各监测区域应根据本地的物候特点确定最佳监测时间，其原则如下：监测时间应选在监测区域内的水鸟种类和数量均保持相对稳定的时期；监测应在较短时间内完成，以减少重复记录。鸟类迁徙情况监测主要在春、秋鸟类迁徙季节进行。

（3）鱼类。鱼类监测可以采用捕捞法，通常应在每个季节调查监测一次，一般以每年 5 月、8 月、11 月和翌年 2 月分别代表春季、夏季、秋季、冬季。也可以通过与水产部门、渔民及相关管理人员沟通，获得相应资料。

（4）两栖动物、爬行动物及兽类。两栖动物、爬行动物的监测主要在春季进行，记录两类动物的种类、数量（成体、幼体）、栖息地状况等信息。兽类监测主要在冬季，与冬季鸟类监测同时进行。当在繁殖季节对鸟类进行数量监测时，应兼顾对兽类的监测。

2.4.2 湿地生态系统评价技术与方法

1. 水质评价

1）水污染指数法的评价原理

水污染指数法是一种计算简单、灵敏、快捷的水质评价方法，该方法的基本评价原理是基于单因子评价法的悲观评价原则确定水体的综合水质类别。该方法可由 WPI 直观地反映出主要的污染指标并判定水质类别，也可对水质进行定量和定性分析，而且评价结果能反映出水质的时空性。根据水质类别和 WPI，利用内插法计算出各参评因子的 WPI，取最大的 WPI 作为断面的 WPI。水质类别与 WPI 的对应表如表 2.4.3 所示。

表 2.4.3 水质类别与 WPI 的对应表

水质类别	Ⅰ类	Ⅱ类	Ⅲ类	Ⅳ类	Ⅴ类	劣Ⅴ类
WPI 范围	WPI≤20	20<WPI≤40	40<WPI≤60	60<WPI≤80	80<WPI≤100	WPI>100

（1）当未超过Ⅴ类水标准极限值时，对于一般指标的 WPI，可按如下公式进行计算：

$$\mathrm{WPI}(i)=\mathrm{WPI}_{\mathrm{l}}(i)+\frac{\mathrm{WPI}_{\mathrm{h}}(i)-\mathrm{WPI}_{\mathrm{l}}(i)}{C_{\mathrm{h}}(i)-C_{\mathrm{l}}(i)}\times\left[C(i)-C_{\mathrm{l}}(i)\right]$$

式中，$C_l(i) < C(i) \leqslant C_h(i)$

当溶解氧，即 DO≥7.5mg/L 时，取评分值 20 分。当 2mg/L≤DO<7.5mg/L 时，按如下公式计算溶解氧的 WPI：

$$\mathrm{WPI}(i)=\mathrm{WPI}_l(i)+\frac{\mathrm{WPI}_h(i)-\mathrm{WPI}_l(i)}{C_l(i)-C_h(i)}\times\left[C_l(i)-C(i)\right]$$

（2）当超过Ⅴ类水标准极限值时，对于一般指标的 WPI，可按如下公式进行计算：

$$\mathrm{WPI}(i)=100+\frac{C_l(i)-C(i)}{C_5(i)}\times 40$$

当 DO<2mg/L 时，按如下公式计算溶解氧的 WPI：

$$\mathrm{WPI}(i)=100+\frac{2-C(\mathrm{DO})}{2}\times 40$$

（3）断面 WPI 的确定。根据如下公式计算断面的 WPI。

$$\mathrm{WPI}=\max\left[\mathrm{WPI}(i)\right]$$

上述公式中各变量的含义如下：

$C(i)$——第 i 个指标的实测值；

$C_l(i)$——第 i 个指标所处类别标准的下限值；

$C_h(i)$——第 i 个指标所处类别标准的上限值；

$C_5(i)$——第 i 个指标在水质标准中Ⅴ类水的标准浓度限值；

$\mathrm{WPI}_l(i)$——第 i 个指标所处类别标准的下限值所对应的指数值；

$\mathrm{WPI}_h(i)$——第 i 个指标所处类别标准的上限值所对应的指数值；

$\mathrm{WPI}(i)$——第 i 个指标所对应的指数值。

此外，当《地表水环境质量标准》（GB 3838—2002）中两个水质等级的标准值相同时，按低分数值区间插值计算。

2）评价指标与评价标准的选取

选取 DO、COD、铵态氮、COD_{Mn}、TP、BOD_5、TN 这 7 个水质指标作为评价因子，将《地表水环境质量标准》（GB 3838—2002）作为评价标准，采用水污染指数法对恢复湿地入口、中间和出口 3 个监测断面的水质进行综合评价，确定各水质指标的 WPI 及水质类别。

2. 土壤质量评价

1）土壤质量评价的概念

土壤质量评价是指综合不同的土壤功能，包括保持生产力、维持环境质量和保证动物健康的属性，对这些属性进行时间尺度或空间尺度上的衡量。目前，并没有统一的土壤质量评价标准，由于不同评价者的评价目的不一样，侧重考察的土壤功能也不一样，因此评价指标存在差异。土壤质量评价也可以看作一种工具，用来评估、管理土壤的变化，连接与土地管理措施有关的现有资源。

土壤质量评价本身并不能防止土壤环境的退化或增加生产力，但是可以通过对土壤性质的研究，了解土壤质量的变化和管理措施对土壤质量的影响，从而为土壤质量的改善及可持续利用提供方法和依据。许多农场为了让更多的人意识到环境和生产力的问题，已经通过建立土壤质量评价标准和实施最好的土地管理措施来提高农田的土壤质量。

2）土壤质量评价指标与评价方法

土壤质量的好坏取决于土地利用方式、生态系统类型、地理位置、土壤类型等，土壤质量评价应借助土壤质量评价指标完成。土壤质量评价指标与具体的土壤性质和土壤质量有着密切的关系。例如，有机质是一种广泛应用的土壤质量评价指标，因为它提供了土壤肥力、土壤结构、土壤稳定性、土壤营养保持力等诸多方面的信息。相似地，植物指标，如根的深度，可以提供关于土壤密度和紧密度方面的信息。

（1）土壤质量评价指标的选取原则。土壤质量评价指标的选取应遵循一定的原则。土壤质量评价指标应当与生态系统过程有关联，并且需要考虑土壤的性质和这些性质所参与的生态系统过程，应易于被多数用户接受，且对管理方式和气候的变化敏感。综合考虑，土壤质量评价指标的选取原则有以下 4 个。

① 主导性原则：影响土壤质量的因素众多，应从这些因素中选取主要的、有代表性的物理、生物和化学因素，以正确反映土壤的基本功能，避免使指标体系复杂化。

② 敏感性原则：选取的指标应对土壤利用方式、气候和管理方式的变化比较敏感。

③ 实用性原则：选取的指标应容易定量测定，并且为多数用户所理解，不管是在田间还是实验室测定，都具有较高的再现性和适宜的精度水平。

④ 独立性原则：所选的指标之间不能存在因果关系，避免重复评价。

另外，土壤质量评价指标的选取与评价目的有着直接的关系，不同的评价目的对应着不同的土壤功能，从而对应着不同的评价指标。例如，加拿大从一定区域的农业生产和环境质量的关系出发，根据往年的农业普查数据和气候资料，选取了 6 个方面的指标，用来评价土壤恢复的趋势和风侵蚀、盐化的趋势。

① 土壤退化风险：包括水侵蚀、风侵蚀、盐化程度、耕作侵蚀、土壤结实度和有机质。

② 农田资源管理：包括土壤恢复和用地管理、输入管理。

③ 水污染风险：包括氮、磷、农药。

④ 温室气体平衡：包括 CH_4、CO_2、N_2O。

⑤ 生物多样性变化：包括种类和环境。

⑥ 输入利用效率：包括灌溉、化学物质和能量。

（2）土壤质量评价指标。土壤质量评价指标一般包括土壤物理、化学和生物性质 3 个方面的指标，反映了内在的土壤作用特征和可见的植物特征，可以用来监控导致土壤发生变化的管理措施。目前用于土壤质量评价的重金属指标较少，多数为物理指标和营养元素指标。

① 物理指标：评价土壤质量的基本物理指标包括土壤质地和结构、土层和根系深度、土壤容重和渗透率、土壤含水量、土壤团聚稳定性等。

② 化学指标：评价土壤质量的基本化学指标包括有机碳、全氮、有效磷、交换性钾、pH、阳离子交换量（CEC）、电导率、Zn、Mo 等。

③ 生物指标：生物指标可以敏感地反映出土壤质量的变化，是土壤质量评价的重要指标，包括土壤上生长的植物、土壤动物和土壤微生物等。

（3）土壤质量评价方法。相关研究人员从影响土壤质量的可持续生产、环境质量、人和动物健康3种主要功能出发，提出了由六大因素构成的土壤质量模型：

$$SQ = f\left(SQE_1, SQE_2, SQE_3, SQE_4, SQE_5, SQE_6\right)$$

式中，SQE_1——食物的生产量；

SQE_2——侵蚀度；

SQE_3——地下水质量；

SQE_4——地表水质量；

SQE_5——空气质量；

SQE_6——食物质量。

基于生态修复和环境保护方面的考虑，土壤质量评价指标体系应根据植物生长、生物分解和与大气、地下水之间的物质交换3种重要的功能，选取pH、有效磷、有效钾、黏土含量作为生产力指标，有机碳、Pb、Cd、Cu、Ni、Zn作为生物分解指标，植物中Cd含量作为人类活动下的可持续利用指标，潜在磷流失量作为物质交换指标。通过对这些指标进行分级来解释土壤的质量状态，为不同的土壤提供进行比较的依据。

3. 湿地生物多样性评价

1）湿地生物多样性评价指标的选取原则

湿地生物多样性评价指标体系的构建是一个复杂的过程，需要在科学性与可操作性之间找到平衡点，并且依赖于大量、长期的监测数据。湿地生物多样性评价指标的选取应遵循以下原则。

① 科学性原则：应基于对湿地所有生物物种的充分认识和深入研究，选取能够反映湿地生物多样性的基本特征、现状及变化规律的指标。

② 代表性原则：选取能够直接反映湿地生物多样性本质特征的指标，筛除与主要特征关系不密切的从属指标，使指标体系具有较高的代表性。

③ 简明性原则：指标数量不宜过多，以避免数据采集、加工和处理的工作量成倍增长，并防止指标含义重叠和信息冗余。应甄选能够直接反映和影响生物多样性的首要因素，使指标体系简单明了。

④ 可操作性原则：指标的选取与划分应清晰明确，使专业技术人员和湿地规划者与管理者能够快速掌握并熟练运用该指标体系进行湿地生物多样性评价。

⑤ 实用性原则：指标的选取应考虑数据获取的难易程度、来源的可靠性和计算的难易程度等因素，使构建的指标体系具有较强的实用性。

2）湿地生物多样性评价指标体系的构建

根据湿地生物多样性评价指标的选取原则及湿地生物多样性评价指标体系应具备的特征，选取生物多样性的内在价值和影响生物多样性的外部因素两个层面的9个评价指标，构建湿地生物多样性评价指标体系。

（1）生物多样性的内在价值指标。

① 物种多度（Sa）：物种多度，即物种的数量，是反映一个地区物种多样性程度最直观、最便捷的指标。湿地是生物多样性最丰富的生态系统之一，由于湿地生态系统中低等生物的

数量巨大、种类繁多，一部分物种还没有为人类所认识，还有同物异名等问题存在，因此对湿地生态系统中所有生物的类群进行全面统计是十分困难的。据有关研究报道，生态系统中的各生物种类可通过食物链联系起来，生态系统中的高等级生物与低等级生物的数量呈一定的比例关系，而且人们已经较好地掌握了高等维管植物和高等动物物种及其种群。同时，高等生物也是在实际操作中最容易获得数据的种群。由于鸟类是湿地中主要的顶级消费者，与其他湿地脊椎动物相比，获取其准确数据相对容易和准确，因此本评价指标体系选用高等植物和鸟类反映物种多度。

② 物种相对丰度（Sra）：物种相对丰度是指评价区域内的物种数占所在生物地理区或行政省内物种总数的比例。本评价指标体系选用高等植物反映物种相对丰度。

③ 稀有物种（Rs）：稀有物种是指评价区域内高等维管植物和高等动物的稀有程度。不同等级的湿地稀有物种的赋值标准如表 2.4.4 所示。

表 2.4.4 不同等级的湿地稀有物种的赋值标准

动物稀有等级	赋分	植物稀有等级	赋分
CIETS 附录物种	60	国家Ⅰ级保护植物	40
国家Ⅰ级保护动物	50	国家Ⅱ级保护植物	30
国家Ⅱ级保护动物	40	国家级保护植物	20
区域重点保护动物	30	区域重点保护植物	10
国家“三有”保护动物	20		

注：国家“三有”保护动物是指国家保护的有重要生态、科学、社会价值的陆生野生动物。

④ 群系多度（Fa）：植物群系是一定数量的相同建群种和共建群的联合，其数量的多少，即群系多度在一定程度上反映了植物群系层面的多样性。

⑤ 保护地类型（Par）：保护地类型根据国际重要湿地、国家级湿地自然保护区、国家重要湿地、省级湿地自然保护区、国家级湿地公园的不同类型分别进行赋分。

⑥ 湿地类型数量（W_t）：根据《湿地公约》和我国湿地资源的现状，我国湿地分为湖泊湿地、沼泽湿地、河流湿地、滨海湿地和人工湿地五大类型。湿地类型越多，湿地的生境就越丰富，对应的湿地生物多样性也就越高。评价区域内仅有湖泊湿地、沼泽湿地、河流湿地、滨海湿地中的一种类型，分值为 30，每增加一种类型加 20 分，人工湿地分值为 10，具体计算方法如下：

$$W_t = 30i + 20j + 10k$$

式中，$i,k=\{0,1\}$，$j=\{0,1,2,3\}$，如果 $i=0$，则 $j=0$。

（2）影响生物多样性的外部因素指标。

① 外来物种入侵（Ias）：评价区域内外来入侵物种的数目与该区域内高等动植物数目的比值。外来物种入侵会对湿地生态系统的结构、功能及生态环境产生严重的干扰与危害。

② 植被破坏程度（Vde）：评价区域内受破坏植被的面积占评价区域面积的百分比。

③ 保护意识与管理水平（PM）：评价区域内人们的环境保护意识及相关管理部门或机构的管理水平。评价区域内湿地保护意识与管理水平赋分标准如表 2.4.5 所示。

表 2.4.5 评价区域内湿地保护意识与管理水平赋分标准

评价维度	赋分	评价维度	赋分
政策法规执行	25	湿地生态系统健康状况	20
保护措施落实	25	其他	10
公众参与意识	20		

3）湿地生物多样性评价方法

（1）分析方法。为了保证以上湿地生物多样性的 9 个评价指标能构成一个系统，可采用层次分析法构建湿地生物多样性评价指标体系，该指标体系可分为目标层、准则层和指标层，如表 2.4.6 所示。

表 2.4.6 湿地生物多样性评价指标体系

目标层	准则层	准则层权重	指标层	指标层权重
湿地生物多样性评价	内在价值	0.79	物种多度	0.15
			物种相对丰度	0.11
			稀有物种	0.11
			群系多度	0.14
			湿地类型	0.16
			保护地类型	0.12
	外部因素	0.21	外来物种入侵	0.05
			植被破坏程度	0.09
			保护意识与管理水平	0.07

（2）权重设置。通过专家咨询、打分法确定各指标层权重，并根据各指标的评价因子进行赋值，指标层权重如表 2.4.6 所示。

（3）指标量化标准。湿地生物多样性评价指标体系中的各指标采用具体标准进行赋分，具体标准如表 2.4.7 所示。

表 2.4.7 湿地生物多样性评价指标体系中的各指标赋分标准

指标层	量化指标	100 分	80 分	60 分	40 分	20 分
物种多度	维管植物数量	≥500	[400,500)	[250,400)	[100,250)	<100
	鸟类数量	≥200	[150,200)	[100,150)	[50,100)	<50
物种相对丰度	维管植物比例	≥40%	[30%,40%)	[20%,30%)	[10%,20%)	<10%
稀有物种	物种等级	≥25%	[20,25)	[15,20)	[7,15)	<7
群系多度	群系数量					
湿地类型	湿地类型数量					
保护地类型	湿地重要级别	国际重要湿地	国家级湿地自然保护区	国家重要湿地	省级湿地自然保护区	国家级湿地公园
外来物种入侵	外来入侵物种比例	≤0.5%	[0.5%,1%)	[1%,3%)	[3%,8%)	>8%

续表

指标层	量化指标	100 分	80 分	60 分	40 分	20 分
植被破坏程度	区域内植被破坏比例	<5%	[5%,10%)	[10%,15%)	[10%,20%)	≥20%
保护意识与管理水平	湿地保护、管理水平					

注：物种多度的得分为“维管植物数量”和“鸟类数量”得分的平均值。

（4）评价方法。湿地生物多样性评价指标的计算方法为所有指标分值乘以其权重之和，具体计算方法如下：

$$\mathrm{WBI}=\sum_{i=1}^{9}B_i\times W_i$$

式中，WBI——湿地生物多样性评价指标；

B_i——第 i 个指标的具体分值；

W_i——第 i 个指标对应的权重。

（5）评价等级划分。根据计算结果，将湿地生物多样性划分为 7 个等级：生物多样性极丰富（91～100 分），生物多样性丰富（81～90 分），生物多样性较丰富（66～80 分），生物多样性一般（46～65 分），生物多样性较贫乏（30～45 分），生物多样性贫乏（21～30 分），生物多样性极贫乏（21 分以下）。

4．湿地面积退化评价

湿地面积退化用退化率表示，即减少的面积占原始面积的百分比：

$$e=\frac{S-S'}{S}\times 100\%$$

式中，e——湿地退化率；

S——湿地原始面积；

S'——湿地现有面积。

5．植被现状与趋势评价

植被现状与趋势评价主要涉及植被面积变化趋势、植被利用和破坏情况、植物种类数量变化趋势、有无外来物种分布等方面。

6．湿地生态综合评价

采用综合指数法，选取代表性、多样性、自然性、适宜性、稀有性和生存威胁 6 个指标作为一级指标，并各自分解成多层次的下一级指标，构成湿地生态综合评价指标体系，如表 2.4.8 所示。先由多位相关学科领域的专家直接对指标的权重进行赋值，然后统计平均值和均方差，综合各位专家的意见，再将统计结果反馈给各位专家进行咨询，最后确定各指标的权重。

表 2.4.8　湿地生态综合评价指标体系

一级指标	二级指标	三级指标
代表性		
多样性	物种多样性	
	生境多样性	
自然性		
适宜性	面积适应性	
	植被覆盖度	
	水质条件	
	水体盐度	

一级指标	二级指标	三级指标
稀有性	物种濒危程度	
	物种地区分布情况	
	生境稀有性	
生存威胁	稳定性	物种生活力
		种群稳定性
		生态系统稳定性
	人类威胁	直接威胁
		间接威胁

湿地生态综合评价以 100 分为满分，先对每个子体系中最低一级的评价指标进行分级处理并确定赋值标准，然后根据湿地生态的实际监测和调查结果对照赋值标准逐项打分，最后将各级评价指标所得分数累加，即可得到湿地生态综合评价总分。根据分值的高低，将湿地生态划分为 5 个等级，如表 2.4.9 所示。根据分值可确定湿地生态的级别与生态水平。

表 2.4.9　湿地生态分级

序号	分值	级别	生态水平
1	[85,100]	Ⅰ	很好
2	[70,85)	Ⅱ	较好
3	[50,70)	Ⅲ	一般
4	[35,50)	Ⅳ	较差
5	[0,35)	Ⅴ	很差

案例解析：洪河湿地生态评价

1. 层次分析法

层次分析法是一种定性与定量相结合的决策分析方法。该方法将问题决策分解为不同的要素，并将这些要素归并为不同的层次，形成多层次结构，按照一定的规则量化这些要素的重要性并构建判断矩阵，得出该层要素对其上一层要素的权重。先采用相对尺度，将各要素两两对比，全部比较结果可形成判断矩阵，对判断矩阵进行计算后可得到最大特征根及对应的特征向量，然后进行一致性检验。当一致性比率 CR≤0.1 时，认为判断矩阵有满意的一致性，否则需要重新构建判断矩阵。1～9 级尺度的含义如表 2.4.10 所示。

表 2.4.10　1～9 级尺度的含义

尺度 C_{ij}	含义（对其上一层要素的影响程度）
1	C_i 与 C_j 的影响同样重要
3	C_i 比 C_j 的影响稍微重要

续表

尺度 C_{ij}	含义（对其上一层要素的影响程度）
5	C_i 比 C_j 的影响比较重要
7	C_i 比 C_j 的影响十分重要
9	C_i 比 C_j 的影响绝对重要
2、4、6、8	C_i 与 C_j 的影响之比在上述两个相邻等级之间
1/2、1/3、…、1/9	C_i 与 C_j 的影响为上面 C_{ij} 的相反数

建立洪河湿地生态评价的层次结构，如图 2.4.1 所示。

总目标层 A：构建洪河湿地生态评价指标体系的总目标就是进行洪河湿地生态评价。要素层 C：根据湿地生态环境保护功能从多样性、稀有性、自然性、稳定性、人类威胁 5 个方面进行分析，用这几个方面来反映总目标的价值。它们的意义如下：①多样性，多样性是生物种群数量与类型的重要指标，多样性程度越高，湿地的生态保护价值越大，湿地景观的高度异质性导致了湿地生态多样；②稀有性，稀有性用于评价湿地物种存在的稀有程度，是具体评价中常用的直观概念；③自然性，自然性是自然保护区的基本属性，是免受人类干扰和影响而保持相对自然原始状态的程度；④稳定性，稳定性反映了生态系统对外来环境变化的内在敏感程度，它与脆弱性相对应；⑤人类威胁，人类威胁是指人类自身活动对生态系统的影响与干扰。指标层 P：具体反映要素层的多个指标，根据洪河湿地生态系统的自然环境条件构建的生态评价指标体系，共确定了 13 个评价指标。

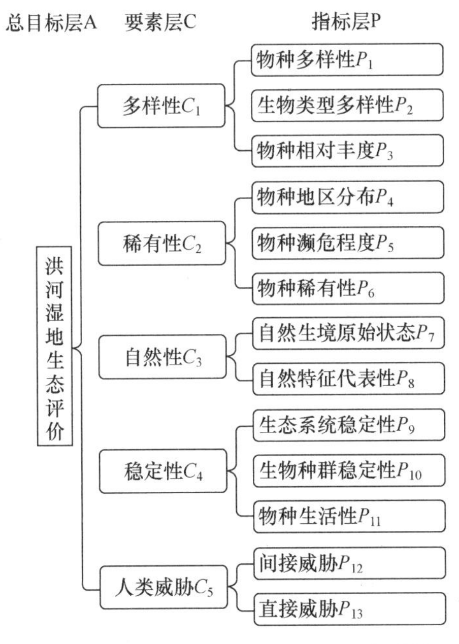

图 2.4.1　洪河湿地生态评价的层次结构

通过查阅洪河湿地的相关资料及文献，确定要素层各要素的相关关系，并以归一化分值的形式表示出来（中间过程数值四舍五入），来代替层次分析法、专家打分法或问卷调查等确定权重的传统方法。按照图 2.4.1 对总目标层 A 和要素层 C 构建判断矩阵，并进行一致性检验，如表 2.4.11 所示。通过计算可以看出，$CR<0.1$，所以总目标层 A 对要素层 C 的判断矩阵

通过一致性检验。采用同样的方法可得到要素层 C 对指标层 P 的判断矩阵的最大特征根及其相应的一致性检验结果，均满足 CR<0.1。

表 2.4.11　总目标层 A 对要素层 C 各相关因子的判断矩阵

	C_1	C_2	C_3	C_4	C_5	权重	排序
C_1	1	1	2	22	3	0.29762	1
C_2	1	1	2	2	3	0.29762	1
C_3	0.5	0.5	1	1	2	0.15790	3
C_4	0.5	0.5	1	1	2	0.15790	3
C_5	0.3333	0.3333	0.5	0.5	1	0.08895	5
λ_{max} = 5.05879		CI = 0.01470		RI = 1.12		CR = 0.01312	

利用表 2.4.11 层次单排序的结果，综合得出本层次各因素对上一层各因素的影响程度，最后得出指标层 P 对总目标层 A 的影响大小顺序。对各间接判断矩阵的向量进行权重计算并进行排序得到表 2.4.12。

表 2.4.12　各评价因子的权重及排序

具体评价因子	C_1 0.29762	C_2 0.29762	C_3 0.15790	C_4 0.15790	C_5 0.08895	指标组合权重	排序
P_1	0.16667					0.0496	8
P_2	0.16667					0.0496	8
P_3	0.66667					0.1984	1
P_4		0.34306				0.1018	4
P_5		0.08194				0.0241	12
P_6		0.57500				0.1717	2
P_7			0.50000			0.0790	6
P_8			0.50000			0.0790	6
P_9				0.14286		0.0226	10
P_{10}				0.71429		0.1128	3
P_{11}				0.14286		0.0226	10
P_{12}					0.90000	0.0801	5
P_{13}					0.10000	0.0089	13

根据归一化后各指标权重排序结果，指标层 P 中的 13 个指标权重如图 2.4.2 所示。物种相对丰度、物种稀有性占较大比重，对湿地生态的贡献较大。这是因为洪河湿地具有独特的生态系统和自然栖息地结构，在整个生物地理区域内的作用和地位非常突出，已被列为“国际重要湿地”。无论是从其所在生物地理区域的角度衡量，还是从其所属行政省内物种数量的角度衡量，洪河自然保护区内的物种数所占的比例无疑都是非常高的。

生物种群稳定性、物种地区分布相对而言处于次要地位，洪河自然保护区内的动植物多为水生生物、湿生生物和陆生生物，多为典型的湿地物种，它们在整个国家乃至全球的地理分布范围较窄，虽广布但是局部少见，但保护区内总体生物个体数量较多，密度高，相对来说最小生存种群可以维持，生物种群比较稳定。

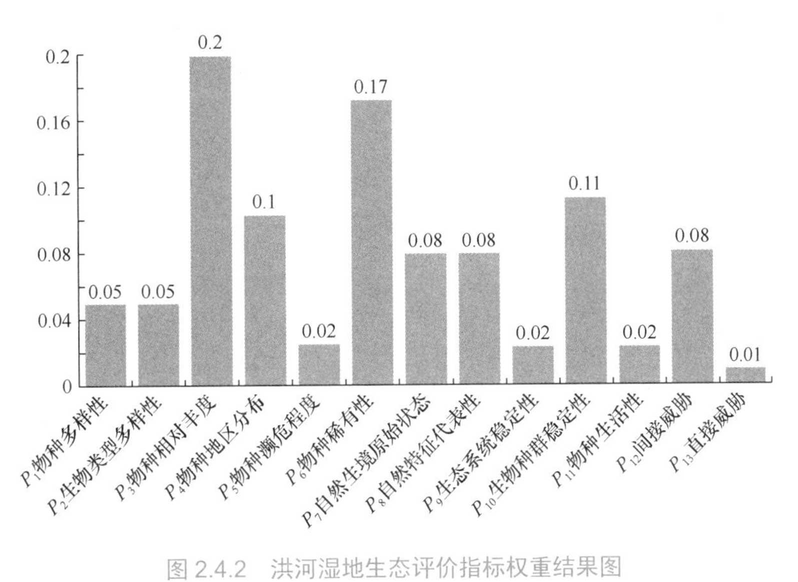

图 2.4.2　洪河湿地生态评价指标权重结果图

2. 综合指数法

可以采用综合指数法判断洪河湿地的生态现状，综合评价指数为

$$\mathrm{CEI}=\sum_{i=1}^{13}E_i\times W_i$$

式中，CEI——综合评价指数，取值范围为 0～1；

E_i——第 i 个指标的具体分值；

W_i——第 i 个指标对应的权重，$\sum_{i=1}^{13}W_i=1$。

湿地综合评价指数等级划分如表 2.4.13 所示。

表 2.4.13　湿地综合评价指数等级划分

等级	CEI	含义
1	(0.85, 1]	生态质量很好
2	[0.7, 0.85)	生态质量较好
3	[0.55, 0.7)	生态质量一般
4	[0.4, 0.55)	生态质量较差
5	(0, 0.4)	生态质量很差

经计算得出，洪河湿地综合评价指数 CEI＝0.74。根据表 2.4.13 可知，CEI 在[0.7, 0.85)范围内，表明洪河湿地生态质量较好，又因其较接近 0.7，所以洪河湿地生态质量有下降的风险。这是因为其被众多农场及乡镇环绕，周边的农业生产必然会对洪河自然保护区造成一定的间接威胁。洪河自然保护区是国家级自然保护区，洪河湿地也于 2002 年被批准列入“国际重要湿地”，今后随着公众对湿地保护意识的增强，再加上科学的管理手段和管理理念，洪河自然保护区必定会成为众多野生动物生存栖息理想的天然场所。

河流生态修复技术

学习要求

1. 分析河流生态系统的基本结构。
2. 列举河流生态系统的调查手段。
3. 掌握河流生态系统的修复方法。
4. 总结河流生态系统的评估标准。

任务1 分析河流生态特征

案例导入：黑水河生态分析

党的二十大报告倡导的人与自然和谐共生理念，促使河流生态分析聚焦于河流生态系统的完整性与稳定性，河道形态演变与河岸带生态功能的协同效应等核心内容，为河流生态保护与修复策略的科学制定提供了关键依据。

黑水河发源于四川省凉山彝族自治州昭觉县的玛果梁子，河流自北向南流经昭觉、普格、宁南三县，最终在宁南县葫芦口处汇入金沙江。黑水河的主要支流包括则木河和西罗河（又称西洛河），它们增加了黑水河的水量并改善了其水动力条件。

黑水河流域地处金沙江干热河谷地带，地貌特征鲜明，以高山深谷为主。流域内山势陡峭，河谷深切，形成了独特的峡谷地貌。这种地貌不仅赋予了黑水河湍急的水流特性，也为其水能资源的开发提供了得天独厚的条件。

黑水河的河床主要由岩浆岩类的玄武岩构成，呈现出青黑色的独特景观。河流水质清澈，物理化学性质稳定，酸碱度（pH）维持在适宜生物生存的范围内（约为 7.4），溶解氧含量高，总硬度适中，铁质及有害物质含量低，这些条件构成了黑水河良好的水环境。

黑水河丰富的水资源和适宜的水环境为多种水生生物提供了理想的栖息地。河流中鱼类资源丰富，共发现 37 种鱼类，其中包括 15 种长江上游特有鱼类。黑水河下游河段因具有多样的河床底质、适宜的水深和流速条件，成为鱼类资源最丰富的区域之一。此外，河流两岸还分布着茂密的植被和多样的野生动物，它们共同构成了黑水河独特的生物群落。

根据以上信息，结合其他资料，完成黑水河生态分析的任务。

（1）简要分析黑水河的水文地貌特征。

（2）简要分析黑水河的生物结构特征。

微课视频

3.1.1　水文结构

1. 水文循环

水文循环是联系地球水圈、大气圈、岩石圈和生物圈的纽带。水文循环是生态系统物质循环的核心，是一切生命运动的基本保障。

微课视频

自然界的水在太阳能的驱动下不断地从海洋、河流、湖泊、水库、沼泽等水面及土壤和岩石等陆面蒸发，从植物的茎叶面散发。实际上，很难把蒸发与散发这两种水分损失现象严格区分开，因此常用蒸散发这个词把两个过程结合起来进行表述。蒸散发形成的水汽进入大气圈后，在适当的条件下凝结为水滴，当水滴足以克服空气阻力时就会以降水的形式降落到地球表面，形成雨、雪和冰雹。地表面的降水会被植物枝叶截留，临时储存在植物枝叶表面，当水滴重力超过植物枝叶表面张力后才落到地面。截留过程延缓了降雨形成径流的时间。落到地面的降雨一部分在分子力、毛管力和重力作用下渗透到地下，首先进入土壤表层非饱和的包气带，包气带中的水体存在于土壤孔隙中，处于非饱和状态，形成由土壤颗粒、水分和空气组成的三相结构。包气带的表层参与陆面蒸发，包气带的下层连接地下水层。地下水层是饱和的土壤含水层，是一种由土壤颗粒与水体组成的二相结构。地下水层与河流、湖泊连通，水体随之注入河流、湖泊。降雨的另一部分在重力作用下形成地表径流进入河流、湖泊、水库，最后汇入海洋。水的蒸散发—降雨、降雪—水分截留—植物吸收—土壤入渗—地表径流—汇入海洋的过程构成了完整的水文循环，如图 3.1.1 所示。

微课视频

近百年来由于人类经济社会发展的需要，对水资源进行了大规模开发利用，改变了自然水循环模式。一方面，从河流、湖泊、水库及地下水层中取水，以满足工农业发展和生活需求；另一方面，将含有污染物的废水、污水排到河流、湖泊中，造成水体污染。另外，工业化和城市化进程改变了土地利用方式，在城镇地区形成了新的降雨截留和蒸发机制，人类活动对自然水循环模式产生了巨大影响。

2. 河川径流

径流是水文循环中的重要组成部分。径流包括坡面径流、地下潜流、饱和坡面径流和河川径流等多种形式，这几种产流机制可以单独存在，也可以组合存在。其中，河川径流对人类生存和生态系统的影响最大。河川径流的水体通过降雨、融雪、地下水补给等多种形式补充，其中降雨是径流的主要来源。降雨的范围、时机、强度、历时对径流的水量、水质和过程都会产生重要的影响。在水文学中采用“流量”这个概念描述河流径流量。流量的定义是单位时间通过河流某特定横断面的水体体积，其单位通常采用 m^3/s。流量与流速的关系如下：

$$Q = V \cdot A$$

式中，Q 为流量，单位为 m^3/s；V 为横断面平均流速，单位为 m/s；A 为横断面面积，单位为 m^2。在水文测验中，先通过测量河流横断面多点的流速计算横断面平均流速，再测量横断面面积，最后用上式计算该横断面的流量。

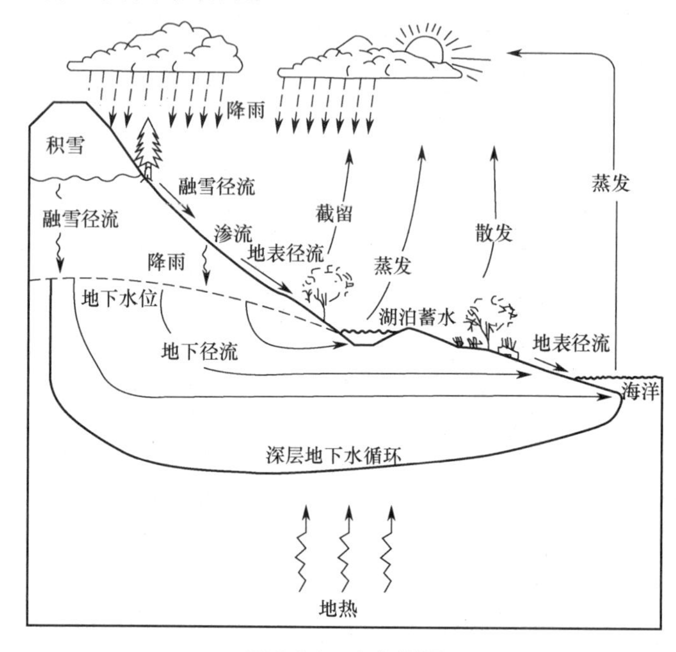

图 3.1.1　水文循环

径流随时间变化的过程常采用时间-流量过程线表示，如图 3.1.2 所示。在规划设计工作中，通常把时间-流量过程线划分为两部分：第一部分是基流，是指在小雨或无雨时期水体从河床周围介质中缓慢渗入河床形成的径流。在时间-流量过程线中，基流过程线较为平缓；第二部分是暴雨径流，是指短期发生的强降雨产生的径流。在暴雨径流过程中，水体通过地面或地下介质进入河床。暴雨径流过程线较为陡峭。图 3.1.2 中显示暴雨径流峰值迟于降雨峰值出现，这是因为降雨落到地面以后，先经历植物截留、填洼和入渗等过程，然后才形成地表径流，所以暴雨径流形成过程滞后于降雨过程。

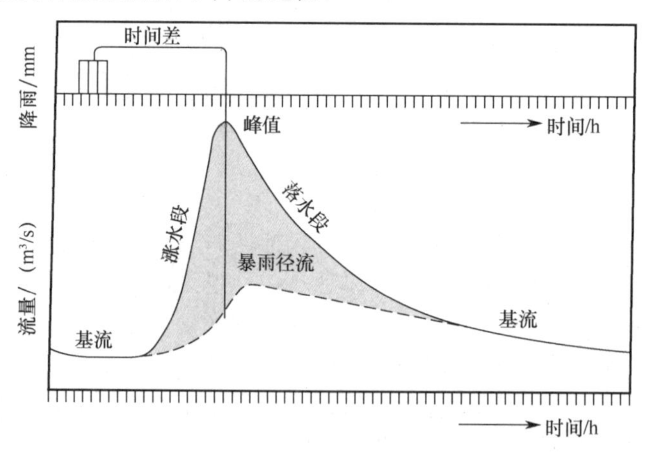

图 3.1.2　降雨与径流过程

流量-过程线的形状与降雨区移动方向有关。如果降雨区从上游向下游移动，各个支流同时汇入干流，就会使流量陡增，形成陡峭的流量-过程线。如果降雨区从下游向上游移动，则当上游大量来水到来时，下游的水已经下泄，所以流量-过程线显现出扁平形状。植被和土地利用状况对流量-过程线的形状也有影响。由于植被具有涵养水分的功能，因此植被良好的流域在暴雨期形成的流量-过程线相对比较平缓。但是一旦森林植被被砍伐，就容易形成尖峰流量。另外，城市化发展造成地面硬化，导致雨水入渗量减少，总径流量增加，汇流时间缩短，峰值升高，从而引起城市内涝。

3．水量平衡

水量平衡概念为实施水资源管理提供了一种有效工具。水量平衡是针对特定的体积单元而言的，所谓体积单元，既可以指整个地球，也可以指流域甚至河流集水区。

水量平衡概念认为，水体总是处于流动状态，对于特定的体积单元，输入水量等于输出水量加上蓄水变化量。降雨量用公式表示为

$$P = E + R_{\mathrm{Sw}} + R_{\mathrm{Gw}} + \Delta S_{\mathrm{w}} + \Delta S_{\mathrm{o}} + \Delta G_{\mathrm{w}} + D_{\mathrm{H}}$$

式中，P 为降雨量；E 为蒸散发量；R_{Sw} 为地表径流量；R_{Gw} 为地下径流量；S_{w} 为地表水；G_{w} 为地下水；S_{o} 为土壤含水量；Δ表示存储变化量；D_{H} 为人类取水量。上式针对的是采用的时间间隔小于季节时段的情况，在这种情况下，存储变化量 Δ 项是不能忽略的。如果时间间隔是年或多年，则由季节变化引起的存储变化量 Δ 项可以忽略，此时上式可以简化为

$$P = E + R_{\mathrm{Sw}} + R_{\mathrm{Gw}} + D_{\mathrm{H}}$$

以上两个公式中，降雨量 P 是唯一向体积单元输入的水量。这种情况适用于没有其他水体输入的封闭流域。如果定义体积单元的边界是开放的，上式中就应该增加输入水量，包括地表径流和地下径流输入水量。在公式中，可以分别用地表径流和地下径流输出水量与输入水量之差 ΔR_{Sw}、ΔR_{Gw} 表示，即

$$P = E + \Delta R_{\mathrm{Sw}} + \Delta R_{\mathrm{Gw}} + D_{\mathrm{H}}$$

式中，ΔR_{Sw} 为地表径流输出水量与输入水量之差；ΔR_{Gw} 为地下径流输出水量与输入水量之差。此公式应用较为广泛，其含义如下：对于特定的体积单元，在年或多年的时间间隔内，降雨量、地表径流与地下径流输入水量等于蒸散发量、地表径流与地下径流输出水量和人类取水量之和。式中各要素（如降雨量、地表径流量和地下径流量、土壤含水量、蒸散发量等）数据需要使用专门的仪器测得，并用适当的计算方法进行处理。

4．物质循环和营养物质输移

生态系统的物质循环过程与水文循环过程密切相关。作为水文循环的重要组成部分，土壤水先被植物根部吸收进入叶片，然后以散发的形式进入大气。存在于绿色植物中的水分作为主要原料，参与了光合作用。光合作用是绿色植物在阳光照射下通过一系列复杂的代谢反应，把二氧化碳和水转变成碳水化合物等有机物并且释放氧气的生化过程。二氧化碳来源于大气，由气孔进入叶片内部，而水则靠植物根部吸收进入叶片。水在光合作用中具有至关重要的作用。这是因为存在于植物中的水既是光合作用的原料，又影响叶片气孔的开闭，还间接影响二氧化碳的吸收，当水分缺乏时，光合速率会下降。

绿色植物是食物网中的生产者，其通过光合作用把无机物转变为碳水化合物，碳水化合物可以进一步合成脂肪和蛋白质，这些都可以作为食物网中消费者的食物来源。分解者包括细菌、土壤原生动物和部分小型无脊椎动物，它们的作用是对落叶、枯草、动物残肢、死亡的藻类等连续地进行分解，把复杂的有机物转变为简单的无机物，再回归到大自然中，从而完成物质循环的全过程。

河流的一项重要功能是通过水文过程输送泥沙、植物营养物质和有机物进入湖泊、湿地、海洋。进入河流的氮、磷这两种元素是控制藻类群落生产速率和生物量的关键营养元素。流域的营养物质向河流的输入量随流域面积、坡度和流量增加而增加，还受到地表地质性质和土地利用方式的影响。森林覆盖率高或植被良好的流域，氮和磷滞留率高，输入河流的氮、磷总量低。在农业种植区、高密度养殖区和城市地区，由于河流接纳了工业和城市废水及农业污水，因此营养物质输出量明显较高。另外，植被良好的河滨带能够发挥缓冲带作用，有效截留土壤颗粒和吸收营养物质。沿河湿地除吸收营养物质外，还能通过反硝化作用减少来自农田退水中的硝酸盐进入河流。

陆地产生的有机碳通过土壤流失进入河流水体。在森林覆盖率高的流域，落入河流的枯枝落叶、植物果实和动物残骸是有机物的重要来源，这些有机物呈条块状或颗粒状靠水流输移。土地覆盖类型影响有机物的吸收和释放速率，如林地不但可以涵养水分，而且可以保持有机物。河道及河漫滩结构对有机物的输移存储过程有重要影响。如果河道地貌复杂性较高，如蜿蜒性发育完善，则有机物被截留的机会较多，有利于有机物的滞留。滞留在河段内的有机物先被自然力加工，再被消费者食用，较细小的有机物会被滤食动物捕获进入食物网。

5. 水文过程的生态功能

基于水文过程的生态影响，可以把河流年内水文过程线划分为三种水流组分，即低流量、高流量和洪水脉冲。低流量是指枯水期的基流；高流量是指发生在暴雨期、高于低流量且低于平滩流量的流量；洪水脉冲是指高于平滩流量的流量。三种水流组分在水文过程线上的位置如图 3.1.3 所示。

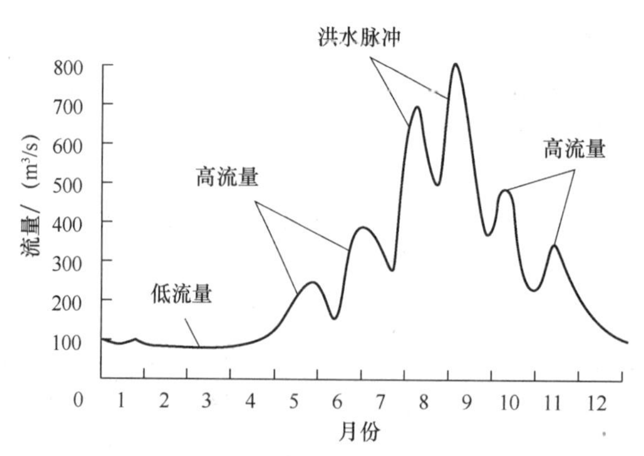

图 3.1.3　三种水流组分在水文过程线上的位置

三种水流组分具有不同的生态功能，如表 3.1.1 所示。

表 3.1.1 三种水流组分的生态功能

基流		高流量	洪水脉冲
正常水位	干旱水位		
• 为水生生物提供有效栖息地。 • 维持合适的水温、溶解氧和化学成分。 • 维持河漫滩的土壤湿度。 • 为陆生动物提供饮用水。 • 保持鱼卵可悬浮，使鱼类能够运动到索饵场和产卵场。 • 支持生活在饱和状淤泥中的河底生物生存	• 可使部分河漫滩植物生存。 • 清除水域和河滨带群落中的入侵和引入物种。 • 集中被捕食者供给捕食动物	• 维持河道的基本地貌形态。 • 构造河道自然形态，包括深潭—浅滩序列。 • 确定河床基质材料（包括沙、砾石和卵石）的粒径。 • 防止河滨带植物侵占河道	• 提供鱼类迁徙和产卵的信号。 • 引发生命循环的新阶段（如昆虫）。 • 可使鱼类在河漫滩产卵，为幼鱼提供成长环境。 • 为鱼类和水禽提供觅食机会。 • 补给河漫滩地下水。 • 为河漫滩孤立湿地和水塘补水。 • 控制河漫滩植物分布及数量。 • 使营养物质在河漫滩沉积。 • 维持水域和陆域群落物种平衡。 • 塑造河漫滩自然栖息地。 • 使砾石和卵石在产卵场沉积。 • 在洪水回落时使有机物（食物）和木质碎屑进入河道。 • 从水域和河漫滩群落中清除入侵物种。 • 输送岸边植物种子和果实。 • 驱动河势侧向摆动形成次生河道或牛轭湖，成为新的栖息地。 • 保持土壤湿度，为种子发芽提供机会

低流量过程是河流的主要水流条件，它决定了一年中大部分时间内生物可以利用的栖息地数量，对河流的生物量和多样性有着巨大的影响。高流量过程不仅奠定了河流的基本地貌形态——河流的宽度、水深和栖息地的复杂性，而且确定了河流中物种生存所需要的基本条件。洪水脉冲过程是河流生态系统中重要的流量过程，它影响着河流生物的丰度和多样性。洪水脉冲具有为鱼类洄游和产卵提供信号，控制河漫滩植物分布及数量，使岸边植物种子向下游传播，使营养物质在河漫滩沉积，以及补充地下水等诸多生态功能。

3.1.2 地貌结构

河流地貌结构的形成是一个长期的动态过程。多样的河流地貌结构决定了栖息地的多样性特征，为生态过程提供了物理基础。

1. 河流泥沙运动

水流在流域范围内对土壤的侵蚀、对河床的冲刷及对泥沙的输移和淤积作用，是河流地貌结构演变的主要原因。流域侵蚀是产生河流泥沙的根源。基岩在机械分离和化学分解作用下风化成粗细不同的颗粒，并且在水流作用下汇集到河流中，一部分被输送到河口进入海洋，另一部分在河谷内沿程落淤形成冲积层，河流就在其形成的冲积层上流动，并且不断塑造河床。

泥沙的物理化学性质包括泥沙颗粒的大小、形状、单位体积质量、矿物成分及泥沙混合物的性质，其中泥沙粒径指标最为重要。根据粒径大小可以将泥沙分为若干类型，如漂石、砾石、卵石、沙、粉沙、黏粒等。泥沙混合物的颗粒组成常用粒径分布曲线表示。水流动力是泥沙运动和河道演变的主要动力。河道水流内部运动特征及运动要素直接影响泥沙运动和河道地貌变化。天然河流的流态都是紊流。紊流的基本特征是，流场中任一点的流速、压力等运动要素都随时间做不规则的脉动。同时，水流具有扩散和掺混特征，在水流中能够传递动量、热量和物质。水流中充满不同尺寸的涡体，这些涡体既做 3D 坐标运动，又做旋转运动。因为水流中存在大量尺寸不同的涡体，它们以不同的速度和旋转方向运动，所以构成了特有的流速场和剪力场。

紊流对于泥沙颗粒起动、悬浮和输移具有重要意义。当水流流经河床时，床面上的泥沙颗粒会受到水流拖曳力和上举力的作用。当这些力的作用大于或等于泥沙颗粒抗力（重力、黏滞力）的作用时，泥沙颗粒从静止状态变为运动状态。泥沙的运动形式与水流强度、泥沙颗粒的大小和形状、在河床上的位置有关。对于一定的水沙条件，当水流强度较小时，泥沙颗粒在床面上以滑动、滚动、跳跃和成层移动等方式运动，称为推移质。当水流强度增大后，一部分泥沙颗粒脱离床面进入主流区，在紊动涡体挟带下随水流向下游运动，称为悬移质。随着水流强度不断增大，转化为悬移质的泥沙颗粒不断增加。

因为推移质运动速度一般小于该处流速，所以推移质运动需要消耗水流能量。推移质在运动过程中不断与床沙进行交换，当这种交换处于平衡状态时，河床处于相对稳定状态，否则就会出现冲淤变化。单位时间内通过河流横断面的推移质泥沙量称为推移质输沙率。悬移质运动速度接近该处流速，由于维持泥沙悬浮的能量主要是水流的紊流动能，因此悬移质运动对水流的平均能量不产生影响。单位时间内通过河流横断面的悬移质泥沙量称为悬移质输沙率。通过河流某一横断面的推移质和悬移质泥沙总量称为总输沙量。总输沙量的推算方法有 3 种：①根据水文站实测泥沙资料推算总输沙量，主要是指根据不同流量下的实测泥沙资料，应用流量-输沙率关系曲线及流量-频率关系曲线，推算总输沙量；②由流域的土壤侵蚀量推算总输沙量；③根据水库淤积量推算总输沙量。

水流中含沙量高达一定程度后称为高含沙水流，其水流特征及输沙特性与一般挟沙水流不同。另外，当清水与浑水相遇时，由于水体密度差异，在一定条件下会产生异重流，其水流特征及输沙特性也有别于一般挟沙水流。

2. 河床演变

微课视频

河床演变是指河床受自然因素或水工建筑物的影响而发生冲淤变化。河床演变是水流与河床交互作用的结果，二者互相依存、互相制约，表现为泥沙的冲刷、输移和淤积过程。河床演变现象非常复杂，其表现形式包括河道纵剖面和横剖面的冲淤变化，以及河道平面形态演变。河床演变是诸多因素综合作用的结果，与流域地质、地貌、气候、土壤和植被密切相关，其主要影响因素有 4 个：①水流及其变化过程；②流域来沙量及其级配；③河流纵比降；④河床地质。本节重点讨论河道平面形态演变问题。水流动力是河道演变的驱动力。河道水流结构具有多样性特征，河道水流除存在顺河方向的主流以外，还存在与主流流向垂直的次生流。次生流是因为流线弯曲形成的。主流与次生流叠加便形成了弯道特有的螺旋流。次生流对流速场格局、泥沙冲淤，特别是河床演变有重要影响，是形成、改变河流地貌特征的主要因素。

弯道环流是一种重要的次生流，它是水流在弯道中因流线弯曲形成的环形流动。图 3.1.4 所示为河流横断面流速分布和弯道螺旋流。横断面 1、5 位于顺直河段，水流方向为顺河主流方向；横断面 2、3 位于弯曲河段，与顺直河段相比，弯曲河段对水流的阻力更大。由于河流走向的差别，顺直河段和弯曲河段具有不同的流速分布，如图 3.1.4 所示。在顺直河段，最高流速发生在水流阻力最小的河道中央处水面偏下的位置。在弯曲河段，最高流速发生在凹岸岸边处（横断面 3）。

微课视频

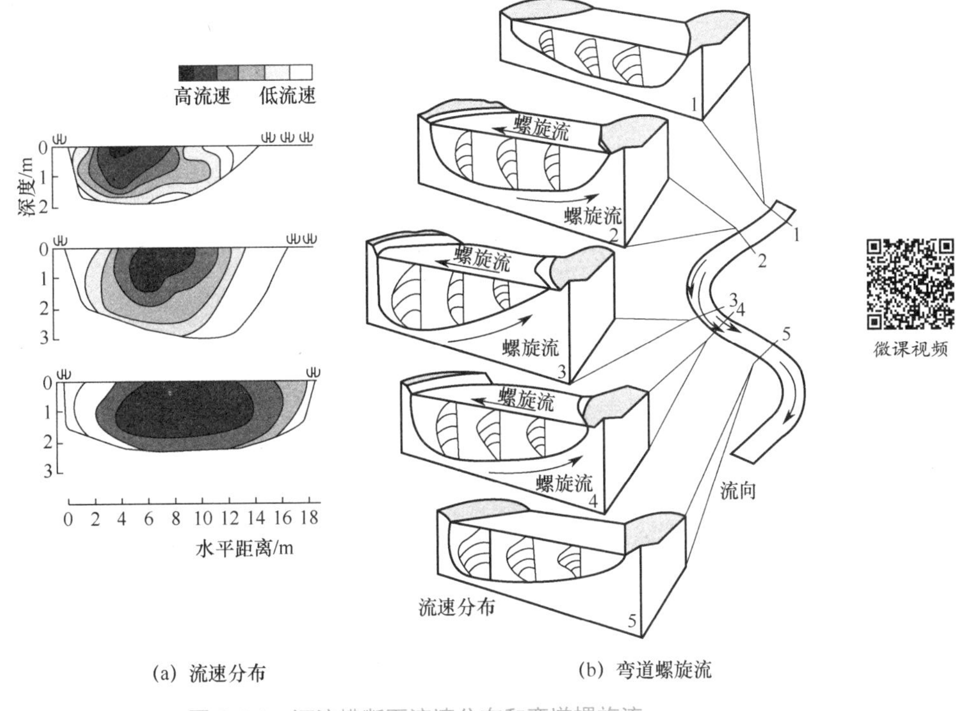

(a) 流速分布　　(b) 弯道螺旋流

图 3.1.4　河流横断面流速分布和弯道螺旋流

微课视频

弯道水流受河湾的制约，在离心惯性力的作用下产生水面横比降和弯道横向环流运动。弯道横向环流和纵向流动合成螺旋流，直接影响弯道的泥沙运动。其现象为表层流速较高、含沙量较小的水流冲向凹岸、潜入河底，并且从凹岸携带大量泥沙（多为推移质）以斜向朝凸岸输移，引起凸岸泥沙堆积，形成弯道横向输沙不平衡。凹岸不断被淘刷形成深潭，凸岸泥沙堆积形成浅滩，在这种情况下，微弯型河道就会演变成蜿蜒型河道。由于常年的冲淤变化，所以形成了凹岸不断崩退、凸岸边滩不断淤积延伸的演变趋势。由于主流靠近弯道凹岸下半部环流强度较高，崩岸严重，导致弯曲率增大，即曲率半径减小、中心角增大、河道总长度加长，因此整个河道呈现向下游蠕动的趋势。如果蜿蜒型河道的弯曲率不断增大，就会演变成曲流河道，又称蛇曲河道，河道弧线的平面形状近似为环形。当上下游的河道弧线逐渐靠近时，会形成狭窄的曲流颈。当洪水发生时，曲流颈被切割，开辟出新的顺直型河道，这就是自然裁弯取直过程。此后，水流流经新河道，而旧河道形成静水湖泊，称为牛轭湖或故道型湖泊。蜿蜒型河道的演变如图 3.1.5 所示。

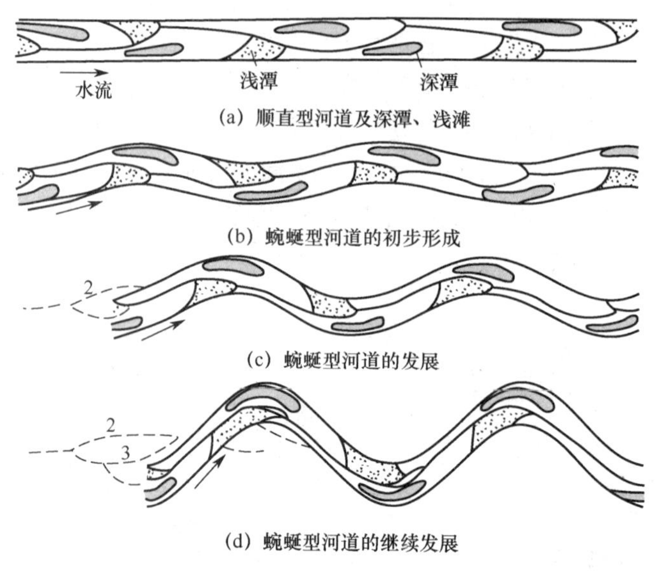

(a) 顺直型河道及深潭、浅滩

(b) 蜿蜒型河道的初步形成

(c) 蜿蜒型河道的发展

(d) 蜿蜒型河道的继续发展

图 3.1.5　蜿蜒型河道的演变

3．河流的自调整

河流系统总是趋于在水流运动、泥沙输移和河床形态变化之间达到平衡。河流能够通过自身调整纵比降及河床平面形态，以适应流域来水、来沙条件变化。当然，平衡是一个相对的概念。由于年际流量是不断变化的，因此输沙能力也是变化的，导致河流形态发生某种程度的变化。但是，年际流量变化大体是围绕着平均值上下波动的，因此总体维持一种相对平衡状态。这种相对平衡状态一般会维持十年以上。当时间尺度达到数十年甚至上百年时，由于自然条件变化及人类干预作用影响，流域水沙条件会发生较大变化，当河流原有相对平衡状态被破坏时，会引起河流形态的缓慢演变，逐步建立起新的平衡。

河流的自调整功能是通过水流作用下的泥沙冲刷、输移和淤积过程实现的。当流域来沙量与特定河段水流的挟沙能力相匹配时，河床处于相对平衡状态。当来沙量大于挟沙能力时，多余的泥沙就会淤积下来，使河床升高。当来沙量小于挟沙能力时，水流会冲刷河床上的泥沙，将河床刷深。河床的冲淤变化改变河宽、水深、纵比降、糙率及床沙组成等水力学、泥沙因素，从而使特定河段的挟沙能力与上游来沙条件相适应。具体表现为，当河床发生冲刷时，水深增大，流速相应减小，导致冲刷能力逐渐减弱，直到冲刷停止；当河床发生淤积时，水深减小，流速相应增大，导致淤积速度逐渐减小，直到淤积停止，达到新的平衡。

有研究者试图建立河床地貌与流量之间关系的经验公式：

$$L_m = K_1 Q_b^{0.5}$$

式中，L_m 为蜿蜒波形波长；Q_b 为平滩流量；K_1 为系数，根据特定河流实测数据率定获得，有些案例中 K_1 取 54.3。

研究成果表明，河流形态因素与水流泥沙因素存在某种函数关系，称为河相关系。河相关系可以通过经验性方法或理论推导求得。可选取比较稳定或冲淤幅度不大的人工渠道和天然河道进行长期观测，建立河流形态因素与水流泥沙因素之间关系的经验公式。有研究者试图通过理论途径推出河相关系式。根据流域来水、来沙条件和河道边界约束，根据已有的水流泥沙运动定律求解河宽、水深、流速及纵比降 4 个参数。建立如下一组方程。

水流连续方程：

$$Q = BhV$$

水流运动方程：

$$V = \left(h^{\frac{2}{3}} J^{\frac{1}{2}}\right) / n$$

水流挟沙能力方程：

$$S = k\left[V^3 / (gh\omega)\right]^m$$

式中，B 为河宽；h 为水深；V 为横断面平均流速；n 为曼宁糙率系数；J 为河道纵比降；S 为水流挟沙能力；g 为重力加速度；ω 为泥沙沉降速度；k、m 为经验系数与指数；Q 为代表性流量，一般采用造床流量。所谓造床流量，是指定义某个单一流量，假定在这个流量作用下，其造床效果与多年流量过程的综合造床效果相同。通常采用平滩流量作为造床流量。在上述 3 个方程中，包含 4 个未知数，即河宽、水深、流速和纵比降，还缺少一个条件才能求解。为此，一些研究者提出了不同方法再补充一个方程，如河宽经验公式等方法。

4．河道稳定性

河道稳定性包括河道平面形态侧向稳定性、纵坡稳定性和河道岸坡局部稳定性。保证河道稳定性，既是防洪的需要，也是维持生物栖息地可持续性的需要。本节重点讨论河道平面形态侧向稳定性问题。

河道平面形态侧向稳定性主要取决于河道纵比降、泥沙特性和岸坡的抗冲性。不同岸坡材料抗冲性不同。辫状河道是河流上游河段，一般位于易受侵蚀的产沙山区。由于纵坡较大、水动力作用强，因此河床在流量大时被冲刷，在流量小时被淤积。洪水期大量粗颗粒沉积物（粗砂、砂砾）主要以推移质方式沿河向下游输移。因为冲刷和输移作用强烈，所以辫状河道易于发生突发性的整体侧向移动。当河流进入冲积平原区后，纵坡变缓，水动力作用减弱，同时泥沙颗粒变细，河流以输送悬移质为主，形成蜿蜒型河道。蜿蜒型河道的深潭—浅滩序列是一种较为稳定的结构。由于水动力持续作用，因此蜿蜒型河道河湾不断向弯曲方向缓慢发展，蜿蜒型河道整体向下游蠕动。蜿蜒型河道在洪水作用下，局部会发生自然裁弯取直，导致河道平面形态侧向变形失稳。当河流进入下游平原和三角洲地区后，形成网状河道。因河道纵坡变缓，水动力作用减弱，而泥沙为细颗粒悬移质（黏土、细沙、粉沙），加之河岸植被茂密，使得河岸不易被冲刷，故河道稳定性较高。顺直型河道侧向稳定性也较高。需要指出的是，河道稳定性高不等于河道不发生自调整过程，仅意味着河道演变的速度缓慢。图 3.1.6 按照河道水动力学因素、泥沙输移条件区分河型的方法，给出了 14 种河型与水动力学因素及泥沙输移条件的对应关系图解。需要指出的是，即使是人工渠道化的顺直型河道，由于河道左右两岸冲刷与淤积交错发生，导致边滩交错发育，因此河道会以缓慢的速度从顺直型河道向蜿蜒型河道演变，如图 3.1.7 所示。在数十年或更长的时间尺度内，由于水沙条件变化，不同河型可以发生转化，如从辫状河道转化为蜿蜒型河道，也可能发生逆转，这种转化称为变形。至于河流长距离、持久的系统性演变，则是在流域尺度内历经数百年或更长时间发生的。

综上所述，一条河流从河源到河口的大体规律是，纵坡由陡变缓，水动力作用由强变弱，泥沙颗粒由粗变细，相应的河型依次是辫状河道、蜿蜒型河道、网状河道和顺直微弯型河道，它们的侧向稳定性依次增高。

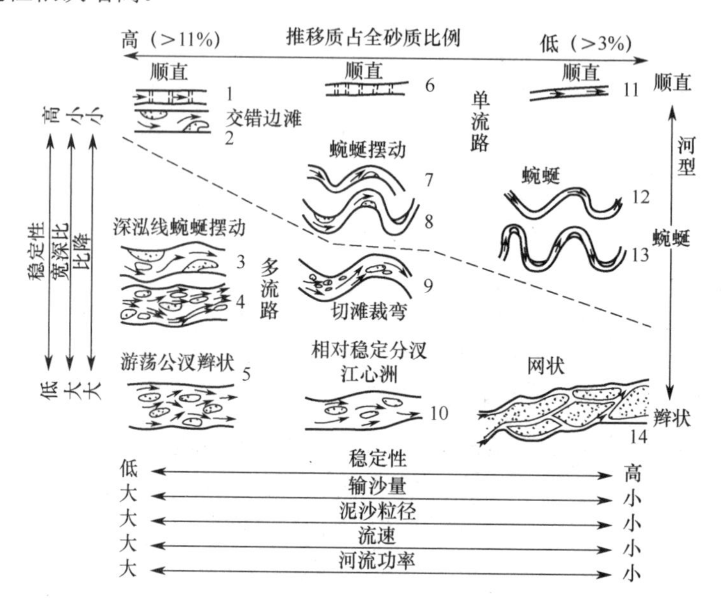

图 3.1.6　不同河型与水动力学因素及泥沙输移条件的对应关系

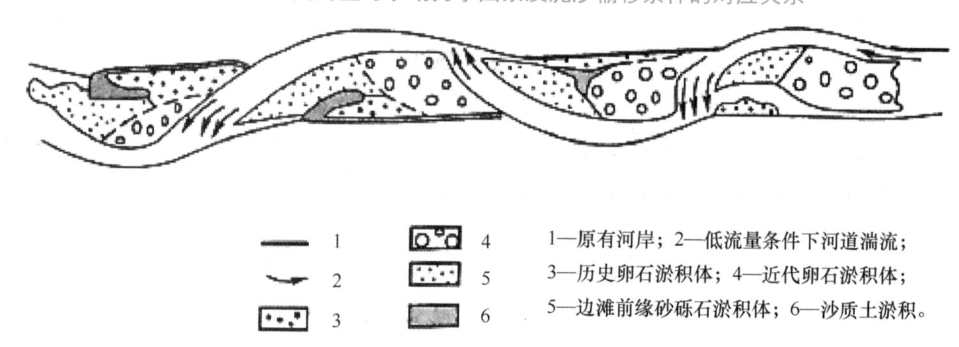

图 3.1.7　人工顺直型河道侧向沙滩演变和蜿蜒型河道形成过程

3.1.3　物理化学结构

河流中的水流运动、水温及泥沙为水生生物提供了重要的生境条件。河流水体中的溶解氧是生物呼吸的必要条件。包括氨氮在内的营养物质和金属被水生生物吸收，经历复杂的迁移转化，完成物质循环的全过程。

1．物理结构

1）水流运动

水流运动是河流最重要的物理过程之一。河流通过水流运动，向下游输送营养物质和溶解物质。同时，水动力挟带泥沙运动是塑造河道及河漫滩的驱动力。

描述水流运动的水力要素包括水深、流速和流量。流速是描述流体质点位置随时间变化的矢量，其方向是流体质点的运动方向，其大小是流体质点位移对时间的变化率。流量是单位时间内通过某一过水断面的流体数量。如果流体数量以体积计，则称为体积流量，单位为

m^3/s；如果流体数量以质量计，则称为质量流量，单位为 t/s。研究具有自由水面的水流运动规律及计算方法的学科，称为明槽水力学。河道水流和渠道水流都属于明槽水流。如果明槽水流的水力要素，如流量、水深等不随时间变化而变化，则称为明槽恒定流，人工渠道水流和明流隧洞水流都属于明槽恒定流。如果水流运动要素，如流速、流量、过水断面面积等随时间变化而变化，则称为明槽非恒定流。描述明槽非恒定流规律的连续方程和运动方程，可以表述为以下一维非恒定渐变流基本方程组：

$$\frac{\partial Q}{\partial s}+\frac{\partial A}{\partial t}=0$$

$$i-\frac{\partial h}{\partial s}=\frac{1}{g}\frac{\partial V}{\partial t}+\frac{V}{g}\frac{\partial V}{\partial s}+\frac{V^2}{C^2R}$$

式中，Q 为流量；A 为过水断面面积；s 为距离；t 为时间；i 为河道纵比降；h 为水深；V 为流速；C 为谢才系数，单位为 $m^{0.5}/s$；R 为水力半径，单位为 m；g 为重力加速度。其中，谢才系数 C 可按曼宁公式计算：

$$C=\frac{1}{n}R^{1/6}$$

$$R=A/\chi$$

式中，n 为糙率，可查相关手册获得；R 为水力半径；A 为过水断面面积；χ 为水流与固体边界接触部分的周长，称为湿周。

求解非恒定渐变流基本方程组，当前主要采用差分法或有限元法等数值解法，对此有不少商用软件可以利用，输出结果为流速场数值和等值线图等。

2）水温

河流水温变化对于所有水生生物的初级生产力、分解、呼吸、营养循环、生长率、新陈代谢等生态过程都具有重要影响。大部分淡水动物都是冷血动物，无法调节自身的体温或新陈代谢，它们的新陈代谢取决于外界温度。河流水温是多种类型热交换的结果，如陆地表面流入河流的水体通过接触被太阳加热的地表获得热量，河流水体与河床固体间的热传导，与上游和支流水体之间的热对流，蒸发和风力影响的热消耗，岸边植被、树冠的遮阴作用等。需要指出的是，地下水通常在夏季温度较低，浅层地下水流入河流的水体温度往往低于河流水温。另外，流域内的地面覆盖状况会直接影响水温，通过城市水泥路面的地表径流进入河流后，会提高受纳河流的水温。

水温变化对河流生态系统会产生重要影响，其直接影响包括：①所有淡水生物都有其独特的生存水温承受范围，水温在生物群落结构形成方面起到关键作用；②水温升高将提高整个食物链的代谢率和繁殖率；③对无脊椎动物、鱼类来说，水温变化是其生命史中的外部环境信号，如长江四大家鱼，在 5—8 月水温升高到 18℃以上时，如逢洪水，便集中在重庆至江西彭泽的 38 处产卵场进行繁殖。水温变化的间接影响包括：①水温升高会使水体中的溶解氧浓度降低，溶解氧是水生生物生存的基本条件之一，鱼类和其他水生生物如果长期暴露在溶解氧浓度为 2mg/L 或更低的条件下，则会死亡；②耗氧污染物对水体的胁迫作用随着水温升高而增强；③水温升高会导致有毒化合物增加。这些间接影响都会对水生生物的生存环境构成威胁。

3）泥沙

本节重点讨论泥沙对水生生物的影响。泥沙在河流中输移和淤积，直接影响河流形态和水生生物栖息地的质量与数量。大量的泥沙淤积会使河道基质组成变细，导致水生生物栖息地质量退化。大量细沙淤积会明显影响鱼类产卵场的质量。细沙进入河床砾石间隙会降低河床渗透性，并使砾石间水流速度下降，从而限制鲑鱼胚胎发育，并减少它们代谢废物所需的含氧水供应量。此外，高含沙水流会对水生生物构成直接威胁，可造成包括鱼类在内的水生生物窒息死亡。泥沙还会堵塞和磨损鱼鳃，使底部鱼卵和水生昆虫的幼虫窒息。过多的细沙淤积会扼杀孵化卵、小鲑鱼和鱼苗。

2. 化学结构

河流水体中的溶解氧、营养物质和重金属等被水生生物利用或吸收，经历复杂的迁移转化，完成物质循环的全过程。除河流水体自身的化学过程外，人类向水体中排放各类污染物及有机化学品，也会造成水体污染，导致严重的生态后果。

1）pH、碱度、酸度

水的酸性或碱性一般通过 pH 来量化。pH 为 7 代表中性条件，pH 小于 5 代表中等酸性条件，pH 大于 9 代表中等碱性条件。许多生物过程，如繁殖过程，不能在酸性或碱性水中进行。pH 的急剧波动也会对水生生物造成压力。在酸性条件下，重金属盐的溶解度将会增加，使得沉积物中储存的有毒化学物质释放，从而加剧有毒污染。低 pH 水体中的物种丰度容易降低。

2）溶解氧

溶解氧反映水生生态系统中的新陈代谢状况。溶解氧浓度可以说明大气溶解过程、植物光合作用放氧过程和生物呼吸耗氧过程之间的暂时平衡。溶解氧是鱼类等水生生物生存的必要条件。一般清洁水溶解氧浓度大于 7.5mg/L。溶解氧浓度大于 5mg/L 的环境适合大多数鱼类生存，溶解氧浓度小于 2mg/L 会导致鱼类等水生动物死亡。低溶解氧浓度利于厌氧细菌生存，这类细菌代谢会产生有害气体，使水体产生恶臭气味。淡水中溶解氧浓度随水温和盐度上升而降低。溶解氧浓度随湖泊和水库的水深增加而降低，在湖泊和水库底层常会呈现厌氧状态。

水中的氧气主要通过水生植物、动物和微生物的呼吸而消耗，当水中的植物生物量过多时会消耗大量氧气。人为向河湖排入大量需氧有机污染物，会产生生物化学分解作用，大量消耗水中的溶解氧。水中耗氧有机污染物被微生物分解所需的溶解氧量称为生化需氧量（Biochemical Oxygen Demand，BOD）。需要指出的是，BOD 是一个等效指标，而非真正的物理或化学物质，可用它衡量微生物降解污染物所需的溶解氧总浓度。农业施肥和养殖业等生产活动排入水体的污染物，都会导致较大的 BOD。溶解氧的补充主要依靠大气复氧作用实现，通过河湖中的风浪和重力等作用引起水层之间的搅动，形成很强的溶解氧扩散梯度，这是溶解氧快速补充的主要机制。因此，风力、瀑布和激流的曝气作用是自然界复氧的重要途径。

此外，中小型河流滨水树木遮阴作用也有利于复氧。论其机理，一方面，树冠可以起到遮挡太阳辐射的作用；另一方面，树冠下空气温度降低，也可以起到水体降温作用。没有树冠遮阴的河流，太阳辐射作用强，会促进光合作用，使初级生产力（藻类）和次级生产力得到发展。

3）营养物质

除二氧化碳和水以外，水生植物（包括藻类和高等植物）还需要营养物质支持其组织生长和新陈代谢，氮、磷是水生植物和微生物需求量较大的元素。

在水环境中，氮的存在形式包括溶解的气态氮（N_2）、氨氮（NH_3和NH_4^+）、亚硝酸盐氮（NO_2^-）、硝酸盐氮（NO_3^-）及有机氮。磷在淡水系统中以颗粒相或溶解相形式存在。虽然氮气在大气中约占 79%，但是只有少量生物（如某些细菌和蓝藻）有能力从大气中固氮。大气中的氮气经蓝藻固氮作用后，通过水生植物的同化作用在植物体内合成有机氮（蛋白质），并进一步被其他食植动物吸收利用。动植物死亡、分解、排泄的颗粒有机质可以被亚硝酸盐细菌和硝酸盐细菌通过硝化作用氧化成NO_2^-、NO_3^-。同时，在溶解氧浓度较低的条件下，反硝化细菌可以进行反硝化作用，将NO_2^-、NO_3^-转变成大气中的氮气，从而完成氮元素在河流水体中的物质循环过程。

水体中的磷主要来自流域。在林地覆盖率较高的流域，由于植物根系对氮、磷的截留及吸收作用，进入河流的水体中氮、磷浓度较低。在这种情况下，磷的需求量大于供应量，磷的滞留率高，输送到下游水体的磷量较少，其形态以溶解态的有机磷为主。在农区，大量施用的农药、化肥等物质随地表径流进入河流水体，造成水体中氮、磷浓度偏高。磷被吸附在土壤颗粒上并被输送到下游水体，这种情况在暴雨期尤为常见。磷在淡水环境中经历不断的转化，一些磷被吸附在河道沉积物上，不参与物质循环。水生植物可吸收正磷酸盐并将其转化为有机磷。随后水生植物可能被食腐质者和食草动物捕食，这一过程又将部分有机磷转化为正磷酸盐，继而被水生植物迅速吸收。人类活动加剧了氮和磷向地表水的迁移。在许多经济发达的区域，河流水体中主要的营养物质来源是污水处理厂直接排放的废水。一些河流水体中主要的营养物质来源是流域内的非点源，包括农田和城郊草坪施肥、牲畜及家禽饲养场粪便废物。

富营养化是水体中营养物质类大量积累，引起藻类和其他浮游生物异常增殖，导致水体恶化的现象。天然水体中一般都有维持藻类正常生长所需的各种营养物质类（主要是氮、磷、钾、钙、镁等元素）。但是当天然水体接纳含有氮、磷营养元素的农田排水和地表径流，以及水体中自生的有机物腐败分解释放的营养物质后，会使水体中的营养物质不断得到补充，导致藻类异常增殖，从而导致水体富营养化。对于湖泊等封闭或半封闭的水体及流速缓慢的河流来说，富营养化是一种普遍、进程缓慢的自然现象。当含有大量氮、磷的城市污水、工业废水和农田排水进入河流后，会刺激藻类异常生长，显著加速水体富营养化进程。

4）重金属

在环境污染方面所说的重金属主要是指汞、镉、铅、锌等生物毒性显著的元素。重金属如果未经处理便被排入河流、湖泊和水库，就会使水体受到污染。重金属由点源或非点源进入水体。老工业区土壤中的重金属通过土壤侵蚀和泥沙输移进入河流、湖泊。酸性矿山废水是重金属的主要来源，高酸度增加了许多金属的溶解度。废弃煤矿是许多河流的有毒金属负荷来源。

重金属污染物有如下特征：①重金属在水中主要以颗粒态存在、迁移、转化，其过程包括物理、化学和生物学过程；②多种重金属元素具有多种价态和较高的活性，能参与各种化学反应，随着环境变化，其形态和毒性也发生变化；③重金属易被生物摄食吸收、浓缩和富集，还可以通过食物链逐级扩大，达到危害顶级生物的水平；④重金属在迁移、转化过程中，在某些条件下，形态转化或物相转移具有一定可逆性，但重金属是非降解有毒物质，不会因化合物结构被破坏而丧失毒性。

重金属积累会对水生生物造成严重不利影响。重金属可被水生生物摄取，在生物体内形成毒性更大的重金属有机化合物。重金属进入生物体后，常与酶蛋白结合，破坏酶的活性，影响生物正常的生理活动，使生物的神经系统、呼吸系统、消化系统和排泄系统等功能异常，导致生物慢性中毒甚至死亡。如果人类进食累积了重金属的鱼类、贝类，重金属就会进入人体，使人产生重金属中毒，严重者可能导致人死亡。

5）有毒有机化学品

有毒有机化学品（Toxic Organic Chemicals，TOC）是指含碳的化合物，如多氯联苯、大多数杀虫剂和除草剂。由于自然生态系统无法直接将 TOC 分解，因此其大都在环境中长期存在且不断累积。尽管一些剧毒的化合物（如 DDT 和多氯联苯）已在一些国家被禁用长达几十年，但仍可导致许多河流水生生态系统出现问题。TOC 可通过点源和非点源进入水体。未达标排放的点源会向水体输入大量 TOC。TOC 非点源污染包括农药、除草剂和城市地表径流。与土壤颗粒吸附性较强的有机物一般随土壤侵蚀作用输入河流，而溶解性较强的有机物主要随暴雨径流冲刷作用进入水体。有机污染物在水环境中的迁移、转化过程包括溶解、沉淀、吸附、挥发、降解及生物富集。

3.1.4 生物结构

河流生物结构的研究重点是淡水生物多样性、河流生态系统中生物的交互作用及河流生物群落。

1．淡水生物多样性

生物多样性是指各种生命形式的资源，是生物与环境形成的生态复合体及与此相关的各种生态过程的总和。它包括数以百万计的动物、植物、微生物和它们所拥有的基因及其生存环境形成的复杂生态系统，也包括它们的生态过程。生物多样性包含遗传多样性、物种多样性和生态系统多样性 3 个层次。淡水生物多样性是全球生物多样性的重要组成部分。据估计，全球有超过 45000 种已知物种依赖淡水环境生存。如果再加上未知的物种，那么这个数字可能超过 100 万。

1）淡水生物多样性的分布格局

淡水生物多样性的分布格局与陆地或海洋生物多样性有着根本的区别。相比陆地或海洋生境，淡水生境是相对孤立的。淡水生物的空间分布一般与当前或历史上的河流流域或湖泊相一致。淡水生物的生境范围、物种群落和生态系统类型都具有很强的区域性，即使是小型河流或小型湖泊，也可以养育独特的区域性生命。如果生态条件发生剧烈变化或发生灾难性气候，则淡水生物无法轻易迁出其栖息的流域。

不少淡水生物有具体的生境要求，如某些生物必须寻找或避开特定形式的水流漩涡、特定流速范围、水温、庇护所和基质等，而且在生命周期的不同阶段，生物有不同的生境条件要求。就鱼类而言，其栖息地包括完成全部生活史过程所需的水域范围，如产卵场、索饵场、越冬场，以及连接不同生活史阶段水域的洄游通道等。河流鱼类栖息地不仅可以为鱼类提供所需的生存空间，而且可以为鱼类提供适合其生存、生长、繁殖的全部环境因子，如水温、地形、流速、pH、饵料生物等，这些条件决定了生物的空间分布格局。

许多生活在洞穴中或地下的淡水生物（如鱼类、两栖动物和甲壳动物）的生境范围受到很大限制，有的甚至局限在一个洞穴中或含水层内，它们四处分散的可能性很小。有些昆虫在水中产卵，成年后才长出翼，它们的生境范围通常会被局限在某个特定的河段内。大量的甲壳动物通过进化已经可以占据一些季节性池塘，以度过生命周期中的抗干旱时期。表 3.1.2 所示为不同尺度的鱼类栖息地范围和限制因素。

表 3.1.2 不同尺度的鱼类栖息地范围和限制因素

项目	小型栖息地	中型栖息地	大型栖息地
范围	几厘米至几米，如生境单元	10m 到几百米，如深潭、浅滩	几百米到几千米，如河漫滩、水库、流域
限制因素	局部的水深、流速和底质	河宽、水深、流速、河道形态	水温、河道特征、流量

水生维管植物的祖先是陆地植物。大部分水生维管植物的分布比较广泛，有些水生维管植物是世界性的。我国幅员辽阔、水系众多，水生维管植物形成一个非常庞大的类群。我国水生维管植物共计有 61 科、145 属、317 种，15 个变种，2 个变型。有学者统计了除低等藻类和苔藓类植物以外的 42 科水生维管植物类群在我国东北、华北、华中、华东、西南、西北、华南 7 个大区中的分布状况，发现有 17 科水生维管植物类群分布在 6 个以上大区，其中眼子菜科、禾本科、金鱼藻科、小二仙草科、蓼科、莎草科、泽泻科、浮萍科的分布最为广泛。

2）淡水生物多样性的适应性和丰度

淡水生物在长期的进化过程中适应了淡水生境条件，形成了许多独特的适应能力。例如，淡水鱼类长出了鳃，以便从水中吸取氧气；生活在水下的淡水生物的身体经过进化后符合水动力原理，可以省力地游泳；生活在河流基质上的生物通过进化形成了特殊的肢体，可以附着在河底，避免被水冲走。另外许多鱼类及淡水植物还能利用水流传输鱼卵、幼苗和种子。沉水植物的根系发达，能够扎根固定，防止被水冲走。在水陆交错带生长着两栖动物，其在水中产卵，在陆地生活。相反，爬行动物，如蛇、巨蜥、鳄鱼和淡水龟，在陆地产卵，在水中生活。表 3.1.3～表 3.1.5 列出了主要淡水植物、微生物、无脊椎动物和脊椎动物的主要特征及与淡水生态系统的关联，包括其在食物网和营养结构中的地位及对于栖息地条件的多种需求。

表 3.1.3 淡水植物和微生物的主要特征及与淡水生态系统的关联

类型	主要特征	与淡水生态系统的关联
病毒	微生物。在生物的细胞中繁殖	在水生生物中引发疾病，与人类水传染病（如肝炎）有关

续表

类型	主要特征	与淡水生态系统的关联
细菌	微生物。数量丰富，可达每立方厘米 10 万个，大部分细菌从无机化学物质和有机物中获得能量	生活在水中碎石上，负责分解、转化有机质和死亡生物体。许多细菌会引发水生生物和人类疾病
真菌	微生物。循环有机物质，分解死亡生物体	生活在水中碎石上。一些真菌可以引发水生生物和人类疾病
藻类	我国已发现的淡水藻类约有 9000 种，包括大型水藻、浮游藻类、周丛藻类。藻类的生命周期短，只有几天至几个星期。水沙运动和食藻类动物消长对藻类集群的组成、丰度、时空分布均会产生重要影响	藻类负责初级生产，是湖泊和河流缓流区的初级生产者。浮游藻类易于在风力和水流作用下被动运动。夏、秋季节，蓝藻在湖泊、池塘中可大量繁殖，形成水华。周丛藻类在特定条件下可形成优势，其生物量甚至超过浮游植物
水生植物	分为沉水植物（如狐尾藻、金鱼藻）、浮叶植物（如芡实、睡莲）、漂浮植物（如浮萍、凤眼莲）和挺水植物（如芦苇、慈姑、菖蒲、莲）。水生植物分布呈一定规律，自沿岸带向深水区呈连续分布态，依次为挺水植物、浮叶植物、漂浮植物、沉水植物。水位是决定水生植物分布、生物量和物种结构的主导因素。挺水植物水位在平均水位和最低水位之间；浮叶植物的最大适应水深一般为 3m，沉水植物水位为 10m 左右。水生植物种子能够漂浮在水面上随水流传播	水生植物是主要的初级生产者，是水生态系统中生物的食物和能量的供给者，对水生态系统的物质循环和能量流动起调控作用。水生植物及其周丛生物可直接作为一些鱼类和水生生物的天然饵料，支持了捕食和碎屑食物链。水生植物为人类提供食品、药品和建筑材料。水生植物的生产力水平取决于其光合速率，其中光强和二氧化碳是否充足对生产力水平影响极大

表 3.1.4　无脊椎动物的主要特征及与淡水生态系统的关联

类型	主要特征	与淡水生态系统的关联
原生动物	单细胞微生物，分布广泛，具有附着性，多为滤食动物	以碎石或其他微生物为食，多寄生在藻类、无脊椎动物或脊椎动物上
轮虫	接近微生物，分布广泛，多为附着性滤食动物，另有一些为食肉动物	可支配河流中的浮游生物
粘原虫	微生物，有些粘原虫有肉眼可见的囊	寄生在鱼类体内或身上
扁形虫	包括涡虫和寄生生物（如吸虫、绦虫）	涡虫生活在水底，吸虫包括血吸虫，绦虫也是带虫。后两种虫类是鱼类和其他脊椎动物的寄生虫。软体动物通常是中间寄主
环虫	淡水中主要有两大类：寡毛虫和水蛭	寡毛虫居住在水底，以沉积物为食；水蛭寄生在脊椎动物身上，部分水蛭是食肉动物
软体动物	淡水中主要有两大类：双壳类（如蚌）和腹足类（如蜗牛）。物种丰富，属于地方特有物种	蜗牛是可移动食草和食肉动物。双壳类动物是附着性滤食动物，生活在水底。许多双壳类动物的幼卵寄生在鱼类身上。双壳类动物的进食方式有助于保持水质。一些双壳类动物被用来监测重金属、有机杀虫剂和放射性元素等污染物
甲壳动物	具有相连的外骨骼，包括虾、小龙虾、蟹、桡足动物等	虾、小龙虾生活在水底，蟹生活在湖泊边缘、河流和河口地区，桡足动物寄生在鱼类身上
昆虫	包括蜉蝣、蜻蜓、石蛾、石蝇、摇蚊等一大类动物	河流中水生昆虫在淡水生态系统中占有重要地位。水生昆虫是食物网中间层的主导者。昆虫幼虫集中在水生植物茂密地带生活，常出现在比较清洁的水体中。水生昆虫对重金属污染物较敏感

表 3.1.5 脊椎动物的主要特征及与淡水生态系统的关联

类型	主要特征	与淡水生态系统的关联
鱼类	鱼类占脊椎动物物种的一半以上。中国内陆水域鱼类有 795 种，分隶于 15 目、43 科、228 属	鱼类是河流生态系统中的顶级消费者，通过下行效应对水生态系统中其他物种的存在和丰度进行调控，进而影响水生态系统的结构与功能。鱼类栖息地包括产卵场、索饵场、越冬场及洄游通道，需要满足特定的流速、水深、水温、溶解氧、pH、底质和饵料生物等多种需求。蜿蜒型河道的深潭—浅滩序列为鱼类提供了多样性生境。浅滩区光热条件优越，氧气充足，饵料丰富，适合鱼类栖息和索饵；深潭区是鱼类的庇护所和有机物存储区
两栖动物	包括青蛙、蟾蜍、蝾螈、火蜥蜴等	需要淡水生境。大部分两栖动物的幼卵只有在水中才能发育。青蛙、蝾螈、火蜥蜴生活在河流和池塘中。成年两栖动物是食肉动物
爬行动物	包括甲鱼、鳄鱼、蜥蜴、蛇等	所有鳄鱼和许多甲鱼生活在淡水中，却在陆地筑巢。蜥蜴生活在水边环境。部分蛇类是水生动物。大多爬行动物是食肉动物或食腐动物
鸟类	高级食肉动物。我国有 1400 多种，根据生活习性和形态特征分为游禽、涉禽、鹑鸡、鸠鸽、攀禽、猛禽和鸣禽 7 种生态类型	河流、湖泊鸟类包括鹈形目的鹈鹕、鸬鹚，雁形目的鸭、雁、天鹅等，它们常年栖居在河流、湖泊水域，摄取水中食物。沼泽湿地鸟类包括鹳形目、鹤形目鸟类，它们适合在湿地、沙滩和沼泽中觅食，如常见的苍鹭、白鹭、灰鹤等，其中珍贵而稀有的物种是我国特有的世界珍禽朱鹮
哺乳动物	高级食肉动物和食植动物。极少数哺乳动物属于水生动物（如淡水豚、鸭嘴兽），另有部分哺乳动物，如海狸、水獭、麝香鼠、水鼠、河马，以水生动物为主，常在水边出没	当前，多数大型哺乳动物受到栖息地变化和捕猎的威胁

由于栖息地条件恶化及渔业捕杀，我国一批珍稀、特有淡水生物受到严重威胁，世界级保护动物白鳍豚面临灭绝危险，国家一级保护水生野生动物中华鲟、白鲟、扬子鳄等都处于濒危状态。

微课视频

2. 河流生态系统中生物的交互作用

1）河流生态系统的能源

就能量生产而言，河流中的生物主要分为两大类：自养生物和异养生物。前者从无机物中获得能量，后者从自养生物中获得能量。自养生物靠光合作用生产有机物，由于这个过程要用无机物生产有机物，所以这种物质生产称为初级生产。河流初级生产的能量主要有两个来源：①河流内通过光合作用生产有机物；②由陆地环境进入河流的外来物质，如落叶、残枝等。异养生物以自养生物作为食物，即摄食初级生产者并转化为新的生物量，这个过程称为次级生产。

植物是河流内的主要初级生产者，主要有三种类型：藻类、苔藓和大型植物。藻类主要有两种：一种是丝状绿藻，它以长卷须形态出现；另一种是硅藻，数量巨大的硅藻是河流大型无脊椎动物最重要的食物来源。硅藻是呈褐黄色的单细胞生物，它在河底卵石上构成一种褐色的黏滑覆盖层。这种黏滑覆盖层称为生物膜。生物膜的组成成分除硅藻外还包括风化物、小型无脊椎动物、细菌和真菌，这种微型生态系统是一种独立实体，称为微生物环。悬浮在水体中的藻类称为浮游植物，它们通常从湖泊或河滩被冲入河流，一般情况下不在动水条件下繁殖。浮游植物是滤食生物的食物来源。

在上游河段，水体较冷，氧气充足，有大量的苔藓生存。苔藓依附在植物叶片上，喜欢弱光和激流条件。苔藓的生长速度快，因为它们只在上游河段生活，所以其分布受到限制，在整个河流生态系统中并不占重要位置。

水流缓慢和细沙淤积的条件，适合固着被子植物生长。眼子菜属、伊乐藻属和毛茛属大多以稀疏形式生长。处于生长期的被子植物并不是大型无脊椎动物重要的食物来源，其只有死亡腐烂并变成碎屑后，才成为大型无脊椎动物丰富的食物来源。

由陆地环境进入河流的外来物质是重要的初级生产食物来源。这些物质包括落叶、残枝、树干和枯草。进入河流的有机物称为粗颗粒有机物，其粒径大于1mm。实际上，粗颗粒有机物并不适合直接作为生物的食物。粗颗粒有机物进入水中后，靠数量巨大的碎食者和各种真菌、细菌转化才能成为生物丰富、美味的食物。经过物理破碎、冲击及微生物活动形成的有机物称为细颗粒有机物，其粒径小于1mm。细颗粒有机物与硅藻是河流生态系统中的主要食物来源。

2）河流食物网

水生动物为了生存、生长和繁殖，不仅对食物的数量和质量有要求，而且对食物供应时间有要求。在整个生命周期中，水生动物的食物需求是随时间变化的，如成鱼的食物需求与幼鱼就有很大差别。成年鳟鱼进食体长较大的无脊椎动物和小鱼，而幼年鳟鱼摄食蚊虫和昆虫幼虫，直到长大以后，才能摄食尺寸较大的食物。大多数消费者都具有专门的口器和进食器官。

生物可以按照食物来源和在食物网中的位置进行分类，在进行生物分类时还需要考虑食物的获取位置、季节、可达性及其变化。在食物网连接中充满了竞争。在生物之间，因为要争夺食物、空间、生殖伙伴等，所以存在竞争关系。竞争也是一种生命调节机制，可借以确定生物个体在生态系统中的数目和位置。例如，供食功能组是一种基于食物网的生物分类系统，是以食植动物—食肉动物—杂食动物—食碎屑生物为食物网构架的生物分类系统。在这个食物网构架中，主要的生物类型是碎食者、食植者、收集者、滤食者和捕食者。这个理论主要是以昆虫为主导发展起来的，这是因为昆虫是在众多河流中至今发现数量最多的动物门类，而且其在取食方法上极具多样性特征。

（1）碎食者。河流能够接纳粗颗粒有机物。对于河滨有落叶树林的小型河流来说，碎食者是重要的供食功能组。碎食者包括石蝇、双翼昆虫幼虫、飞雏及大蚊科、沼石蛾科。碎食者生活在流水环境中，这种环境中氧气充足，落叶等有机物丰富并且能够变软，碎食者的口器能够取食这种变软的食物。正因如此，在湖泊、池塘等静水环境中，粗颗粒有机物堆积体表层变软部分能够被碎食者食用。碎食者在进食过程中对食物进行物理粉碎，产生排泄物颗粒，使粗颗粒有机物转化为细颗粒有机物。碎食者从落叶、细菌和真菌中获得能量。

（2）食植者。食植者包括石蚕幼虫、蜉蝣等。它们生长在阳光充足并且能照射到河底的环境中，这种环境适宜藻类生长。藻类是食植者的主要食物来源。食植者的口器能够取食长卷须状藻类和在岩石表面生长的固着生物。食植者以刮擦的方式进食，在进食后通过排泄及分离藻类细胞生产出大量细颗粒有机物。

（3）收集者。收集者是最大的供食功能组。这个供食功能组还可以细分为滤食者—收集者和采集者—收集者两组，顾名思义，它们通过收集、滤食、采集等方式获取食物。两组动物毫无例外地都从细颗粒有机物中取食，其功能是通过进食过程把细颗粒有机物变得更细。滤食者—收集者功能组，如石蛾幼虫和黑蝇幼虫都发展了自身的滤食器官和适应动水的身体构造，可以从动水中过滤细颗粒有机物。采集者—收集者功能组的食物是颗粒较大的细颗粒有机物。这类动物（如飞蝼蛄类）在岩石下面、卵石表面或水流变缓的河床底部沉积区采用简单行走的采集方式取食。

（4）捕食者。捕食者以其他动物为食，是终端供食功能组。捕食者遍布河流生态系统，具有很强的适应性，能够捕捉、猎取其他动物。大部分石蛾类动物和大多数毛翅目昆虫家族属于食肉动物。蜻蜓目的蜻蜓和蜻蛉及广翅目动物也属于食肉动物。

（5）鱼类。鱼类通常按照所需食物进行分类，而不按照上述供食功能组进行分类。例如，鲤鱼是杂食动物，鳟鱼是食肉动物。鱼类可以按照获得食物的位置进行分类，即分为水体表面进食者、水体中部进食者和水底进食者。另外，有些鱼类不只在某一层觅食，而在几层间运动觅食。

3）河流生态系统结构

图 3.1.8 所示为供食功能组的结构框架。选择河流的一个典型横断面，表示河流内和岸边陆地在能源生产中如何形成初级生产力，以及这些能源如何被河流内的不同供食功能组利用。图 3.1.8 上方，表示河流外的能量及物理、化学物质的输入，包括阳光、水文、温度、营养物质和水流。图 3.1.8 右侧，表示岸边有落叶、残枝和枯草进入河流，再加上岩屑形成粗颗粒有机物。粗颗粒有机物成为碎食者的食物，通过碎食者的进食过程，变成细颗粒有机物。图 3.1.8 左侧，表示自养生物——藻类、大型植物和苔藓，通过光合作用，利用无机物生产有机物，进行初级生产。在次级生产阶段，食植者以藻类和大型植物为食，生产出大量细颗粒有机物，同时为捕食者提供食物。图 3.1.8 右下方，表示刮食者食用粗颗粒有机物生产细颗粒有机物，同时为捕食者提供食物。图 3.1.8 下方，表示收集者一方面把细颗粒有机物进一步磨细，另一方面为捕食者提供食物。捕食者以其他动物为食，是供食功能组的终端。

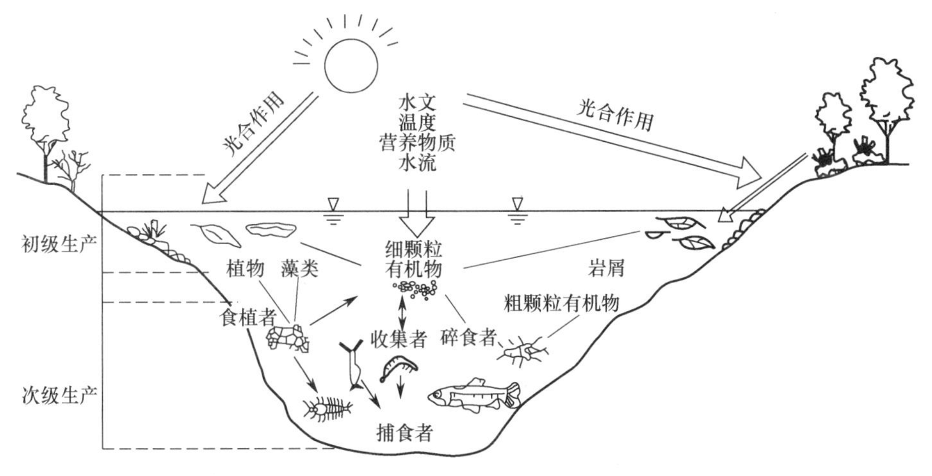

图 3.1.8　供食功能组的结构框架

（单线箭头表示供食方向）

3. 河流生物群落

由于生物在空间上有竞争和补偿关系，在营养方面有依赖和控制关系，因此生物间存在不可分割的联系。这些相互依存又相互制约的关系随着时间的推移逐步得到调整和完善，形成具有一定特点的生物集合体，称为生物群落。所谓生物群落，是指在一个特定的地区中由多个种群共同组成的、具有一定秩序的集合体。

群落物种多样性是指群落中物种数的多少。群落物种多样性是衡量群落规模和重要性的基础，也是比较不同群落的重要参数。常用数学公式计算多样性指数，以反映物种丰富程度，主要公式如下。

（1）Margalef 指数。

$$D=\frac{S-1}{\ln(N)}$$

式中，S 为群落中的总物种数；N 为观察到的总个体数。

（2）Simpson 指数。该指数表示从无限大的群落中随机抽取的两个个体为同一个物种的概率，其计算公式为

$$D=1-\sum_{i=1}^{S}\left(\frac{n_i}{N}\right)^2$$

式中，n_i 为第 i 个物种的个体数；N 为观察到的总个体数；S 为群落中的总物种数。$\sum_{i=1}^{S}(n_i/N)^2$ 可作为优势度指数。

（3）Shannon 指数。

$$H=-\sum_{i=1}^{S}\left(\frac{n_i}{N}\right)\ln\left(\frac{n_i}{N}\right)$$

式中，符号含义同前。均匀度指数 J 计算公式为

$$J=-\sum_{i=1}^{S}\frac{\left(\frac{n_i}{N}\right)\ln\left(\frac{n_i}{N}\right)}{\ln(S)}$$

影响群落物种多样性的因素有很多，包括水分、生产力、气候、竞争、捕食和干扰等。其中，生境的空间异质性对群落物种多样性具有重要影响。研究表明，生境的空间异质性越高，或者说包括的小生境、小气候、避难所和资源类型等越多样化，能容纳的物种数越多，即群落物种多样性越高。

可以将生物群落成员按照重要性分为两大类，即优势种类和从属种类。所谓优势种类，是指群落中若干种数不太多的成员，它们往往通过数量和活动能力对群落产生重要影响，从而决定群落的特点。一般来说，在群落中数量最多、生产力（或生物量）最大的种类就是优势种类。例如，富营养化湖泊中的蓝藻、绿藻通常是初级生产者中的优势种类，鲤科鱼类是消费者中的优势种类。与优势种类相反，多数种类的存在对群落的性质并无决定性的影响，它们通常数量少，或者出现时间及活动能力有限，这些种类即所谓的从属种类。

河流生物群落在其所占空间中，为了实现空间及资源的充分、合理利用，呈现出一定的立体格局。在垂直方向上，群落中的生物呈现分层现象。淡水水体垂直剖面自上而下依次是大气层、水表层（水-气交界面）、水下层和水底层。生物依据水体分层形成垂直格局，这种现象以静水沿岸的高等植物垂直格局最为典型。具体而言，挺水植物冠层进入大气层，浮叶植物和漂浮植物利用水表层，沉水植物占据水下层大部分空间。水生生物的平面格局与水深和流速密切相关。群落生物组成呈现自上游至下游逐步变化的趋势。上游多着生种类，下游多浮游或游泳种类。

案例解析：黑水河生态分析

1. 水文地貌

黑水河发源于凉山彝族自治州昭觉县玛果梁子，自北向南流经昭觉、普格、宁南 3 县，于宁南县东南部葫芦口镇注入金沙江干流，属于金沙江下游白鹤滩水电站库区左岸一级支流。黑水河全长为 173.3km，流域面积为 3591km^2，上下游河道天然落差为 1931m，平均比降为 1.12%，属于典型山区型河流，河道狭窄，河谷深切，大部分河段横断面呈“V”字形，水流湍急，水土流失较为严重，底质以砾石、石块为主，局部河段存在巨石，河道易变，形成了各河段河谷地貌、河床、水文等级不相同的水域环境。黑水河流域径流量少量由化冰、融雪形成，主要由降雨补充。黑水河位于北回归线北侧，属于亚热带季风气候区，全年气候干燥，境内热量丰富，年平均日照时间为 2000～2400h，平均气温为 14～17℃，平均年降水量为 1000～1100mm。

黑水河河口在 2007 年至 2015 年多年平均流量为 68.31m^3/s，年平均输沙率为 142.01kg/s，多年平均年输沙量为 448.56×10^{4}t，多年平均径流量为 21.54×10^{8}m^3。流量年际变化大，在 2012 年平均流量最大，为 89.7m/s；在 2011 年平均流量最小，为 43.2m^3/s。流域年内不同季节的流量差异较大，主要集中在汛期的 6—10 月，多年平均流量为 119.18m^3/s，占年径流量的 72.66%；而属于枯水期的 12 月至翌年 5 月多年平均流量为 32.51m^3/s，仅占年径流量的 27.34%。

2. 鱼类资源

根据前期鱼类研究调查，共统计渔获物 20817 尾，120.45kg，隶属于 4 目、10 科、44 种。其中，鲤科鱼类 14 属、15 种，约占 34.09%；鳅科鱼类 7 属、12 种，约占 27.27%；平鳍鳅科鱼类 3 属、3 种，约占 6.82%；鲱科鱼类 3 属、7 种，约占 15.91%；鰕虎鱼科 1 属、2 种，约占 4.55%；鲇科、鲱科、钝头鮠科、合鳃鱼科、丽鱼科各仅 1 属、1 种，各约占 2.27%。44 种鱼类中有长江上游特有鱼类 11 种，分别为鲈鲤、短须裂腹鱼、齐口裂腹鱼、裸体异鳔鳅鮀、山鳅、短体副鳅、西昌高原鳅、前鳍高原鳅、长薄鳅、中华金沙鳅、四川爬岩鳅；列入《中国生物多样性红色名录——脊椎动物卷》的易危物种 4 种、濒危物种 1 种、近危物种 2 种，四川省保护动物 4 种；入侵物种 1 种，为尼罗罗非鱼。

任务 2 调查河流生态现状

案例导入：黑水河生态现状

党的二十大报告倡导的人与自然和谐共生理念，促使河流生态现状调查从片面走向全面，促使人们注重对河流生态系统各要素的完整性评估，深入分析其动态变化及相互影响机制，揭示河流生态健康的真实水平。

金沙江支流黑水河的生态现状正面临生境退化的严峻挑战。随着流域内人类活动的不断增加，黑水河的水质受到污染，物理生境遭到破坏，影响了鱼类的自然栖息和繁殖环境。尽管已经启动了生态修复工程，但这些工程实施难度大，效果显现慢，生境退化趋势尚未得到根本扭转。此外，金沙江流域包括黑水河在内的多条支流还存在水土流失加重的问题，进一步使河流生境恶化。

与此同时，黑水河的鱼类资源也面临退化的风险。珍稀保护鱼类的数量因生境破坏、水质污染等因素而减少，鱼类群落结构可能发生变化，一些适应性强的物种数量增加，而对生境要求较高的物种数量减少甚至消失。此外，鱼类小型化趋势明显，这与食物链中断、竞争压力增加等因素有关。尽管已经通过模拟改造裂腹鱼产卵生境等方式实现了自然繁殖的突破，但原生生境仍难以满足其繁殖需求，鱼类资源的保护和恢复工作仍任重道远。

根据以上信息，结合其他资料，完成黑水河生态现状调查的任务。

（1）黑水河的生境退化表现在哪些地方。

（2）黑水河的生物退化表现在哪些地方。

3.2.1 河流调查与分析

河流调查内容包括流域社会经济调查、水资源开发利用情况调查、水文信息采集分析、泥沙测验与计算、水质状况调查与监测及水质评价、河流地貌调查等。

1．地图测绘

河流生态修复规划需要收集与绘制的地图包括流域地图、规划区现状图、规划方案图和项目河段地形地貌图。流域地图可以表征流域边界及特征、规划区位置、流域土地利用方式等。规划区现状图可以反映规划区范围及地形地貌现状、现有基础设施和水利工程、河漫滩范围边界、土地产权等。规划方案图可以说明规划方案的总体布局、比选方案及最终方案、规划分区及河流分段、项目完成后的面貌及效果。项目河段地形地貌图用于详细描述项目河段的地形地貌、工程布置、施工布置及监测系统布置。表 3.2.1 列出了这四种地图的内容、数据来源和用途。

表 3.2.1　河流生态修复规划地图的内容、数据来源和用途

地图类型	内容	数据来源	用途
流域地图	流域边界及特征、规划区位置、流域土地利用方式等	地形图、遥感图像、公共 GIS 数据库	流域土地利用方式分析、对水文条件和泥沙输移的影响分析、景观格局分析
规划区现状图	规划区范围及地形地貌现状、现有基础设施和水利工程、河漫滩范围边界、土地产权等	流域地图、地形地貌测绘、河道和植被调查	表示项目环境和约束条件，为水文分析、冲淤分析、水力学计算及地貌分析提供地形地貌数据
规划方案图	规划方案的总体布局、比选方案及最终方案、规划分区及河流分段、项目完成后的面貌及效果	利用规划区现状图，绘制比选方案及最终方案布置图和效果图	说明最终规划方案的总体布局与实施效果、河道及河漫滩修复后与现状地貌的关系
项目河段地形地貌图	河道平面图、河道和河漫滩横剖面图、河道纵剖面图	现场地面测绘、遥感图像	河床稳定性分析、岸坡稳定性分析，项目河段的地形地貌、工程布置、施工布置及监测系统布置描述

上述地图可以利用现有地图或用现有地图数据加工绘制，如地形图、遥感图像及公共 GIS 数据库，必要时还要进行现场测绘。规划工作所需地图的精度取决于规划任务的类型，如在编制河漫滩植被修复规划时，要进行河漫滩洪水期淹没及地下水位变化观测分析，需要测绘较为详细的现场地貌图。地图的绘制可以使用 GIS 软件，也可以使用 CAD 软件。现场地形测绘的范围侧向应超过河漫滩的外边界，纵向应超出规划区上下游一定距离。河道纵向轮廓测绘主要关注的是河床纵比降。河道横断面测绘包括河床、河漫滩及河岸顶部、河床最深处高程测量。

2. 水文信息采集分析

微课视频

水文资料是生态水利工程规划设计需要的基础资料。主要有两个方面的需求：一是提供典型年、月径流量过程数据，用于环境流计算、水库生态调度方案制订、河岸带植被恢复设计及水文情势变化生物响应研究；二是提供设计洪水数据，用于生态水工建筑物设计，保证建筑物的防洪安全。

水文信息采集涵盖水位、流量、泥沙、降水、蒸发、水温、冰凌、水质和地下水等多个要素。为了获取这些水文数据，在流域范围内布置一定数量的水文测站，形成水文站网。这些水文测站按照国家和行业技术标准对水文信息进行长期、系统的观测，同时对获取的信息进行整理。根据系列水文资料，利用统计学方法推出水文情势变化规律，进行水文频率计算，对未来水文现象做出概率意义上的预估，以满足规划设计需要。水文信息采集分析属于工程水文学专业范畴，本节只扼要介绍若干基本概念，有关技术方法细节可参考相关技术规范（如 SL 338—2006，SL 443—2009）。

1）降水观测

微课视频

降水观测的内容包括降雨、降雪、降雹的水量。降水量单位为 mm。观测仪器包括传统的雨量计、虹吸式自记雨量计和翻斗式自记雨量计等。采用新技术的观测仪器有光学雨量计和雷达雨量计。采用雨量计观测降水量，需要每日观测并定时分段观测，即依据不同季节按照相关技术标准确定段次，原则是多雨季节每日观测时段加密。降雨量的数据整理包括日降水量、月降水量统计与校核，数据合理性检查。

2）水位观测

水位是指河流、湖泊、水库等水体的自由表面离开固定基面的高程，单位为 m。我国统一采用黄海基面作为固定基面。水位观测数据可直接为水利、防洪、排涝和航运设计服务。同时，水位观测数据也是推算流量和计算纵比降的基本资料。水位观测常用设备有水尺和自记水位计两类。水位观测频率依据相关技术规范，按照水位变幅确定。如果水位变化缓慢（日变幅小于 0.12m），则每日 8 时和 20 时各观测 1 次，这种方法称为二段制。如果水位日变幅加大，则应依次加密，直至十二段制，当洪峰出现时还要加测。水位观测数据整理工作包括日平均水位、月平均水位和年平均水位的计算。当水位日变幅缓慢时，可采用算术平均法计算水位。当水位日变幅较大时，可以采用面积包围法，即将当日 0 时至 24 时内水位过程线所包围的面积，除以一日时间求得水位。根据日平均水位，可算出月平均水位和年平均水位及保证率水位。在刊发的水文年鉴中，均载有测站的日平均水位表，表中附有月平均水位、年平均水位，年及各月的最高水位、最低水位和汛期水位过程线。

3）流量测验

微课视频

流量是指单位时间内流过河流某一横断面的水量，单位为 m^3/s。流量是反映河流、湖泊、水库等水体水量变化的基本数据，是河流最重要的水文特征值。流量是先由水文站用规定的测流方法进行测验取得实测数据，然后经过分析、计算获得的数据。流量测验的原理是流量等于河流横断面各点流速与单元面积乘积的积分值。

测流主要采用流速仪法，其原理是将河流横断面划分为若干垂直条状部分，先用测量方法实测并计算出各部分面积，用流速仪实测流速，然后计算出各部分面积内的平均流速，平均流速与部分面积的乘积即部分流量，各部分流量之和即全断面流量。因此，测流工作包括河流横断面测量和流速测量两部分。

（1）河流横断面测量。在河流横断面上布设一定数量的测深垂线，实测各条垂线上的水位高程并测量水深，用实测的水位高程减去水深，即可得到各测深垂线处的河底高程。目前常用 GPS 确定水位高程，这种方法方便快捷。水深可以直接用测深杆、测深锤或测深铅鱼测量，也可以用超声波测深仪测量。另外，每年需要进行河流大断面测量。所谓大断面，是指将河流横断面扩展到历年最高洪水位以上 0.5～1.0m 的断面。其用途是日常测流时不必实测河流横断面，可直接借用。另外，大断面也用于研究测站断面变化。大断面测量常在枯水季节实施，汛前或汛后复测一次。

（2）流速测量。一般采用流速仪法测量流速。传统的流速仪有旋杯式流速仪和旋桨式流速仪两种。流速仪法可分为积点法、积深法和积宽法，其中以积点法最为常用。积点法测速是指在河流横断面各条垂线上将流速仪放至不同的水深点测速。测速垂线的数量及垂线上的测点布置依据相关技术规范确定。近年来声学多普勒流速剖面仪（Acoustic Doppler Current Profiler，ADCP）的应用得到推广，它可以测量河流分层流速，还可以根据预先设定的计算单元计算出横断面流量。

（3）流量计算。流量计算方法有分析法、图解法和流速等值线法等，其中以分析法最为常用。分析法的具体步骤如下。

① 依据测速垂线上的布点状况，用相关技术规范中的经验公式计算测速垂线上的平均流

速 V_{mi}，i=1,2,3,…。

② 部分面积计算。因为横断面上布置的测深垂线数目比测速垂线数目多，所以首先计算相邻两条测深垂线间的面积。计算方法如下：首先，考虑岸边情况特殊，距岸边最近第一条测深垂线与岸边构成三角形，其面积按三角形面积公式计算，左、右岸各一个，面积分别为 a_1 和 a_8，如图 3.2.1 所示。其次，其余相邻两条测深垂线间的面积按照梯形公式计算，如 a_2、a_3、a_4 等。最后，依据测速垂线分布情况进行合并，得到部分面积，如 $A_1 = a_1 + a_2$、$A_2 = a_3 + a_4$ 等，其中 A_1、A_2 等称为部分面积。

③ 部分平均流速计算。岸边部分，如图 3.2.1 中的部分平均流速 $V_1 = \alpha \cdot V_{m1}$。式中，$\alpha$ 为岸边流速系数，其值视河岸坡度确定。斜坡 $\alpha = 0.67$～0.75，一般取 0.70；陡岸 $\alpha = 0.80$～0.90；死水边 α=0.60。中间部分，如图 3.2.1 中的部分平均流速 V_2、V_3、V_4 为相邻两条测速垂线平均流速的平均值，即 $V_i = (V_{m(i-1)} + V_{mi})/2$，$i$ = 2,3,4。

④ 部分流量计算。由各部分平均流速与其对应的部分面积之乘积得到部分流量 q_1、q_2、q_3 等，如图 3.2.2 所示。有 $q_i = V_i \cdot A_i$。式中，q_i、V_i、A_i 分别为第 i 部分的流量、平均流速和面积。

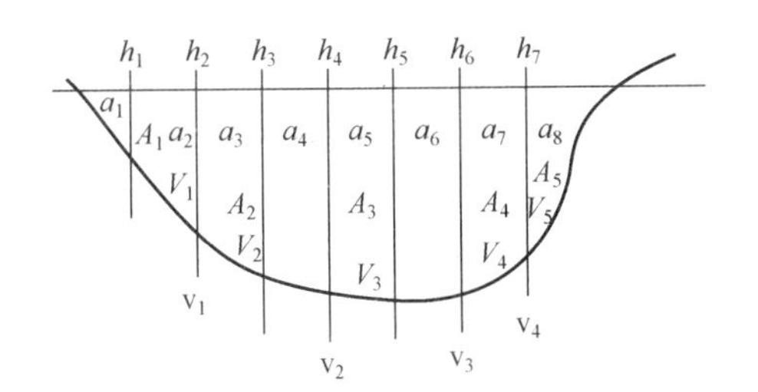

图 3.2.1 部分面积计算示意图

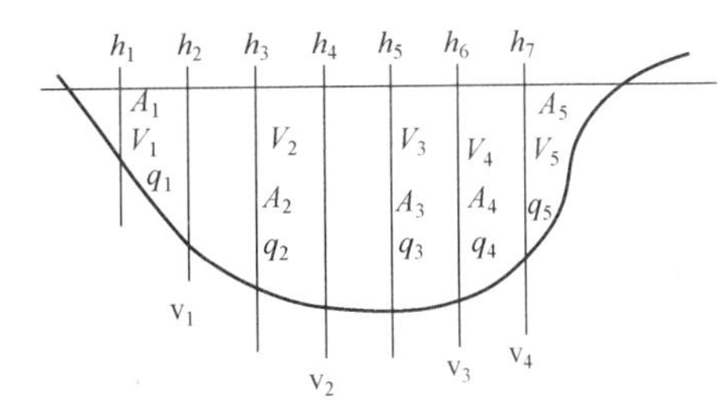

图 3.2.2 部分流量计算示意图

⑤ 全断面流量计算。全断面流量 Q 等于各部分流量之和，即 $Q = \sum_{i=1}^{n} q_i$

4）水文调查和水文遥感

目前收集水文资料的主要途径是测站定位观测，水文调查是对测站定位观测的补充，以使水文资料更系统、更完整，满足规划设计工作需要。水文调查的内容包括流域调查、洪水及暴雨调查、漫滩流量调查等。水文调查主要靠野外工作，辅以资料分析进行。例如，漫滩流量调查包括测绘河段平面地形图和河流横断面图，现场勘测河流主槽和滩区地貌，调查行洪路线，查阅历年水文资料，进而推算漫滩流量。

近年来遥感技术发展迅速，在水文调查等领域应用广泛。遥感技术可以进行定量分析，它与 GIS 相结合，可以实现大范围的快速监测。利用水文遥感技术，可以进行以下 5 个方面的调查：①流域调查，根据卫星影像可以准确查清流域范围、流域面积、流域覆盖类型、河长、河网密度、河流弯曲度等；②水资源调查，使用不同波段、不同类型的遥感资料，可以判读各类地表水，如河流、湖泊、水库、沼泽、冰川、冻土和积雪的分布，还可以分析饱和土壤面积、含水层分布，以及估算地下水储量；③水质监测，可以识别水污染类型，如热污染、油污染、工业或生活废水污染、农业污染，以及悬移质泥沙、藻类繁殖等；④洪涝灾害监测，判读洪水淹没范围；⑤泥沙淤积监测，包括河口、湖泊、水库淤积及河道演变。

3. 泥沙测验与计算

河流中的泥沙按照运动形式可分为悬移质和推移质。本节重点介绍悬移质测验与计算方法。常用含沙量和输沙率这两个定量指标来描述悬移质状况。含沙量的定义是单位体积浑水中所含干沙的质量，用 C_s 表示，单位为 kg/m^3。输沙率的定义是单位时间流过河流某横断面的干沙质量，用 Q_s 表示，单位为 kg/s。

1）含沙量和输沙率的测验

在进行含沙量测验时，使用采样器采集河流浑水水样。采样器有横式采样器和瓶式采样器两种。采得的水样经过体积测量、沉淀、过滤、烘干、称重等程序，就能得到一定体积浑水中的干沙质量。水样中的含沙量计算公式为

$$C_s = W_s / V$$

式中，C_s 为水样中的含沙量，单位为 g/L 或 kg/m^3；W_s 为水样中的干沙质量，单位为 g 或 kg；V 为水样体积，单位为 L 或 m^3。除上述采样器外，近些年推广的同位素测沙仪具有实时、方便的优点。使用这种仪器不必采集水样，直接将探头布置在测点上，仪器即可显示数字和曲线，从而获得含沙量。

输沙率测验包括含沙量测定和流量测定两部分。流量测定方法如前述。为了反映悬移质在河床断面水流中的分布状况，需要在断面上布置一定数量的取样垂线，一般取样垂线数目应不少于规范规定的流速仪测速垂线的一半。每条垂线上的测点分布视水深而定，可采用一点法、三点法、五点法等。

根据测点的水样，得出测点的含沙量后，可用流速加权计算垂线平均含沙量。五点法的垂线平均含沙量计算公式为

$$C_{sm} = \left(C_{s0.0}V_{0.0} + 3C_{s0.2}V_{0.2} + 3C_{s0.6}V_{0.6} + 2C_{s0.8}V_{0.8} + C_{s1.0}V_{1.0}\right) / 10V_m$$

三点法的垂线平均含沙量计算公式为

$$C_{sm} = \left(C_{s0.0}V_{0.0} + C_{s0.6}V_{0.6} + C_{s0.8}V_{0.8}\right) / 3V_m$$

式中，C_{sm} 为垂线平均含沙量，单位为 kg/m^3；C_{sj} 为测点含沙量，下标 j 表示该点的相对水深，单位为 kg/m^3；V_j 为测点流速，下标 j 含义同上，单位为 m/s；V_m 为垂线平均流速，单位为 m/s。

根据各条垂线平均含沙量 C_{smi}（i 为垂线序号），配合测流计算的部分流量，即可计算出断面输沙率 Q_s，即

$$Q_s = \left\{ C_{sm1}q_1 + C_{smn}q_n + \left[\frac{(C_{sm1} + C_{sm2})}{2} q_1 + \cdots + \frac{(C_{smn-1} + C_{smn})}{2} q_1 \right] \right\} / 1000$$

式中，Q_s 为断面输沙率，单位为 t/s；q_i 为第 i 条垂线与第 i-1 条垂线间的部分流量，单位为 m^3/s；C_{smi} 为第 i 条垂线平均含沙量，单位为 kg/m^3。

断面平均含沙量为

$$C_s = 1000Q_s / Q$$

式中，Q 为断面流量，单位为 m^3/s。

2）单位含沙量

为了简化输沙率测验工作，从实践中发现，在断面稳定、主流摆动不大的前提下，能够找到断面某条垂线的平均含沙量与断面平均含沙量之间具有稳定关系。这种有代表性的垂线测出的平均含沙量称为单位含沙量。应用多年实测资料，可以绘出断面平均含沙量与单位含沙量之间的关系曲线。这样就可以大大简化测验工作，即只测验有代表性的垂线或测点的含沙量，查关系曲线即可得到断面平均含沙量。

3）泥沙颗粒分析和泥沙粒径分布曲线

泥沙颗粒分析的具体内容是将有代表性的沙样按照颗粒大小分级，分别求出小于各级粒径泥沙的质量百分数。将其成果绘在半对数纸上，即可得到泥沙粒径分布曲线，如图 3.2.3 所示。该曲线以泥沙粒径为横坐标，以泥沙颗粒小于相应粒径的质量百分数为纵坐标。由泥沙粒径分布曲线可以确定各种粒径的泥沙颗粒在沙样中所占的比例，用以表示沙样组成状况。不同的代表粒径，如 d_{50}、d_{75}、d_{90} 表示小于这一粒径的泥沙颗粒在沙样中所占的比例分别为 50%、75%、90%。例如，图 3.2.3 左侧曲线 I 中 d_{75} 为 0.1mm，表示粒径小于 0.1mm 的泥沙颗粒在沙样中所占的比例为 75%。曲线Ⅱ中 d_{75} 为 0.035。

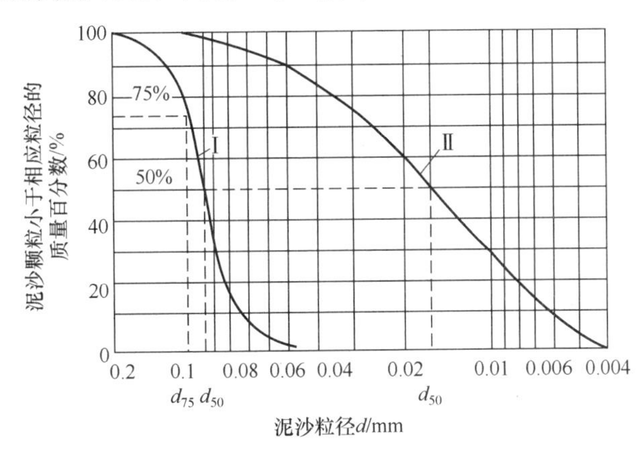

图 3.2.3 泥沙粒径分布曲线

4．水质状况调查与监测及水质评价

微课视频

水质状况调查与监测的内容包括水质监测、沉积物污染调查和污染源调查。水质监测项目应符合《地表水环境质量标准》（GB 3838—2002）和《地表水资源质量评价技术规程》（SL 395—2007）的要求。沉积物污染调查项目包括河漫滩沉积物、河床沉积物及泥沙悬移质等，应按照《土壤环境质量 农用地土壤污染风险管控标准》（GB 15618—2018）的要求确定调查项目，其中泥沙测验与计算方法上文已介绍。污染源调查重点是开展入河排污口调查，必要时还要开展面源和内源调查。河流生态修复的水质评价的目的是评价水环境现状和变化趋势，为开展河流生态修复规划提供技术支持。

微课视频

1）水质监测

水质监测的任务包括提供水质当前状况数据，判断水质是否符合国家规定的质量标准；确定水体污染物时空分布及迁移、转化规律；追踪污染物的来源；收集和积累长期监测资料，为制定规划提供依据。

水质监测站是定期采集实验室水样和对某些水质项目进行现场测定的基本单位。水质监测站网的布置原则是，根据水质状况和变化趋势，选择合理的位置，使水质监测站能够获取有代表性的信息。由于监测成分浓度与流量密切相关，因此水质监测站应尽可能与水文站结合设置。地表水采样断面和采样点布设应考虑以下原则：有大量废水排入河流的居民区及工业区的上下游；河口、湖泊、水库的主要出入口；河流干流、湖泊、水库有代表性的断面；支流汇入干流的会合口。采样垂线的布设主要考虑监测成分浓度分布的不均匀性。采样垂线布设的一般性准则如表 3.2.2 所示。采样垂线上采样点的布设取决于水深、水流状况和水质参数特性等因素，具体布设要求如表 3.2.3 所示。采样频率要能反映水质时空变化规律。同一条河流应力求同步采样，以便反映监测成分的输移规律。在工业区和城市附近，在汛前一次大雨和久旱后第一次大雨产流后，增加一次采样。

表 3.2.2　采样垂线布设的一般性准则

水面宽度/m	垂线数量	岸边有污染带	外侧垂线到岸边的距离/m
<50	1 条（中泓处）	如一边有污染带，增设 1 条垂线	
[50,100)	左、中、右共 3 条		5～10
[100,1000)	左、中、右共 3 条	如一边有污染带，增设 1 条垂线	5～10
≥1000	3～5 条	如一边有污染带，增设 1 条垂线	5～10

表 3.2.3　采样垂线上采样点的布设要求

水深/m	采样点数/个	位置
<5	1	水面以下 0.5m
5～10	2	分别为水面以下 0.5m、河底以上 0.5m
>10	3	分别为水面以下 0.5m、1/2 水深、河底以上 0.5m

2）污染源调查

微课视频

污染源调查的目的是通过对某一地区水体污染的来源进行调查，建立各类污染源档案，评估各类污染源对环境的危害程度，进而确定该地区污染控制的重点对象和控制方法。

河流污染源调查的主要内容：①入河排污口调查，包括污水排放通道和排放路径，排污口位置及排入纳污水体的方式，污染物类型和排放量，排污口调查表如表 3.2.4 所示；②水体污染源的环境状况调查，包括地理位置及气象、地形、地貌、植被状况；③社会经济和水资源利用状况，包括工业区、居民区、农业、养殖业的分布，人均水资源量及生产、生活、生态用水量；④年度污水总量及其所含污染物成分和总量；⑤水污染危害，包括对人体健康、生物生存的危害程度，污染事故发生时间、地点、原因及其后果。相关调查表还包括工业企业废水排放及处理情况调查表，城镇污水和垃圾收集、处理与排放情况调查表，规模化养殖污染状况调查表，农村生活污水、生活垃圾污染调查表，以及种植业污染状况调查表等。

表 3.2.4 排污口调查表

地市名称	企业名称	企业位置	所属行业	排污去向	入河排污口编号	水功能区编号	水功能区名称	废水排放量/（t/d）	污染物排放量/（kg/d）		
									污染物1	污染物2	污染物3

3）水质评价

微课视频

水质评价是水环境质量评价的简称，是根据水的不同用途，选定评价参数，按照一定的质量标准和评价方法，对水体质量进行定性或定量评价的过程。其目的在于准确地反映水质的现状和变化趋势，为水资源的规划、管理、开发、利用和污染防治提供依据。河流生态修复工程的水质评价，应以维护河流廊道生态系统健康为侧重点。水质评价的相关项目应包括水温、浊度、pH、溶解氧、TP、TN、TOC、重金属、BOD、悬浮颗粒物等。地表水水质评价的要点如下。

① 评价标准。地表水评价标准应采用《地表水环境质量标准》（GB 3838—2002），地下水评价标准应采用《地下水质量标准》（GB/T 14848—2017）。

② 评价参数。水体使用功能不同、评价目的不同，选择的评价参数也有所不同。常见的评价参数有感官物理性状参数（如温度、色度、浊度、悬浮物等）、氧平衡参数（如 DO、COD、BOD 等）、营养物质参数（如氨氮、硝酸盐氮、磷酸盐等）、毒物参数（如酚、氰化物、汞、砷、农药等）、微生物学参数（如细菌总数、大肠菌群等）。

③ 评价方法。典型的评价方法包括单因子评价法、污染指数法、模糊数学评价法、层次分析法、人工神经网络评价法等。其中，单因子评价法简单、方便，具体方法是根据水域功能类别，选取相应类别的标准，进行单因子评价，借以说明水质达标情况、超标项目和超标倍数。

④ 单个断面水质评价。断面水质评价包括单项水质项目水质类别评价、单项水质项目超标倍数评价、断面水质类别评价和断面主要超标项目评价 4 部分内容。单项水质项目水质类别应根据该项目实测浓度值与 GB 3838—2002 限值的比对结果确定。超标项目应计算超标倍数，水温、pH 和溶解氧不计算超标倍数。断面水质类别应按所评价项目中水质最差项目的类别确定，排在前三位的项目应为该断面的主要超标项目。

⑤ 单个水功能区水质评价。对于单个水功能区水质评价，应选择功能区内一个或多个有代表性的断面进行评价，主要包括单次水功能区达标评价、单次水功能区主要超标项目评价、年度水功能区达标评价、年度水功能区主要超标项目评价 4 部分内容。单次水功能区达标评价水质浓度代表值低于管理目标类别对应标准限值的水质项目称为超标项目。超标项目应计算超标倍数，水温、pH 和溶解氧不计算超标倍数。将各超标项目按超标倍数由高至低排序，排在前三位的超标项目为单次水功能区主要超标项目。年度水功能区达标评价应在单次水功能区达标评价成果基础上进行，计算评价年度内的达标次数和达标率。在评价年度内，达标率不小于 80%的水功能区为年度达标水功能区。年度水功能区超标项目应根据水质项目年度的超标率确定。年度超标率大于 20%的水质项目为年度水功能区超标项目。将年度水功能区超标项目按超标率由高至低排序，排在前三位的超标项目为年度水功能区主要超标项目。

⑥ 流域及区域水质评价。流域及区域水质评价包括水功能区达标比例、各类水质类别比例、流域及区域的主要超标项目等内容。河流应从断面个数、功能区个数、河流长度 3 个维度进行评价。

⑦ 评价结果。根据计算结果进行水质等级划分，说明水质达标情况、超标项目和超标倍数，提出评价结论。此外，还可以用水质成果图形象地反映水质状况。基本的水质成果图一般包括流域位置图、水文地质状况图、污染源分布图、监测断面分布图、污染物含量等值线图和水体综合评价图等。

5. 河流地貌调查

微课视频

河流地貌特征直接影响栖息地质量。河流地貌调查的内容包括河流地貌基本情况和河流地貌演变。

1）调查技术

已经广泛应用的遥感技术可以获取多种河流地貌信息。在现场调查方面，除常规的测量技术以外，使用三维激光扫描仪，可以快速获取河流地貌特征的海量激光点云数据。在河底高程测量方面，使用船载多波束声呐探测仪具有快速、准确的优点。船载多波束声呐探测仪发射多束声波，这些声波在展开角度内向河底发射，发射一次波束就可以测量数倍水深范围的河段地形，这样就可以在短时间内绘制出全断面地形。输出的三维水下地形图还能揭示河床地形的各种细节，如沙丘、沙垄等。

2）河流地貌特征参数

微课视频

河流地貌特征按照河流横断面、河流平面形态和河道纵剖面三维方向描述。其中，河流横断面涉及尺寸、形状和输水效率。河流平面形态按照蜿蜒型河道、辫状河道和网状河道分别进行描述。蜿蜒型河道的平面形状可以用曲率半径 R_c、中心角 φ、河湾跨度（波长）L_m 和振幅 T_m 表示。河道的弯曲程度可以用弯曲率 B 表示。蜿蜒型河道特征参数如图 3.2.4 所示。表 3.2.5 所示为河道地流特征参数。

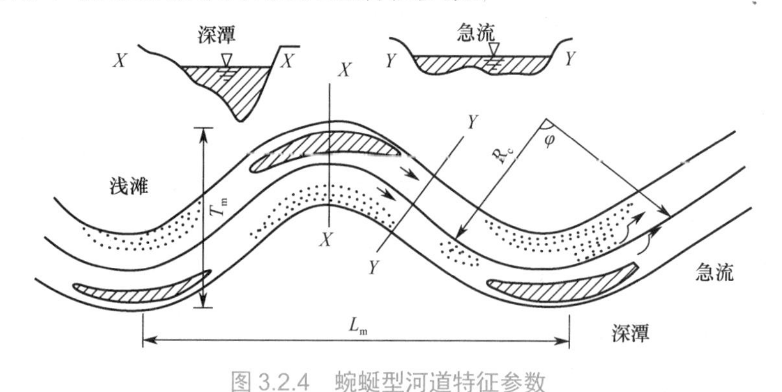

图 3.2.4 蜿蜒型河道特征参数

表 3.2.5 河流地貌特征参数

参数			定义
河流横断面	尺寸	河流横断面面积 C_c	漫滩水位下河流横断面面积=主槽平均水深×宽度，单位为 m^2
		河宽 w	河岸间的河宽，单位为 m

续表

参数			定义
河流横断面	尺寸	平均水深 d	河流横断面各测量水深平均值
		湿周 W_p	水流与固体边界接触部分的周长，即过水河槽总长，单位为 m
	形状	宽深比 w/d	河宽与平均水深之比
		河流不对称性 A^*	$A^*=(A_r-A_l)/C_c$。式中，A_r、A_l 分别为河流横断面中心线右侧和左侧的面积，$C_c=A_r+A_l$
	输水效率	水力半径 R	$R=C_c/W_p$，等于河流横断面面积与湿周之比，单位为 m
		河床糙率 n	又称粗糙系数，是衡量河道输水壁面粗糙状况的综合系数
河流平面形态	蜿蜒型河道	弯曲率 B	B 等于蜿蜒型河道波形的一个波峰起点和相邻波谷终点之间的曲线长度与这两点间直线距离的比值
		波长 L_m	相邻两个波峰或波谷之间的距离，单位为 m
		振幅 T_m	相邻两个弯道波形振幅，单位为 m
		曲率半径 R_c	河道弯曲的曲率半径，单位为 m
		中心角 φ	河道弧线中心角
	辫状河道	辫状程度	河段内沙洲和江心洲总长度与河段总长度之比
	网状河道	洲岛与河道主流的宽度比 ψ	$\psi=B_1/B_2$。式中，B_1 为洲岛宽度；B_2 为河道主流宽度
河道纵剖面		河段纵比降 i	$i=(h_1-h_2)/L$。式中 h_1、h_2 分别为河段上下游河底两点高程；L 为河段长度

3）河床基质调查

微课视频

在河流栖息地调查中，河床基质构成是不可或缺的内容。这是因为基质成分决定了河床糙率，进而影响水力学特征（如流速、水深及河宽）。此外，基质为鱼类提供了微栖息地条件，有些鱼类需要在特殊的基质上产卵。河床基质调查要点如下。

① 基质组成。基质类型按照几何尺寸分类，其分类标准常采用修订的温特瓦基质类型分级标准，如表 3.2.6 所示。目前在鱼类栖息地调查中常采用这个标准，以描述平均基质大小并测定优势基质。

表 3.2.6　温特瓦基质类型分级标准

基质类型	粒径范围/mm	样品级别	基质类型	粒径范围/mm	样品级别
巨砾	≥256	9	卵石	[8,16)	4
中巨砾	[128,256)	8	砾石	[4,8)	3
中砾	[64,128)	7	砂砾	[2,4)	2
大卵石	[32,64)	6	沙	[0.06,2)	1
中卵石	[16,32)	5	黏土和淤泥	<0.06	0

② 卵石计数调查法。卵石计数调查法是一种快速调查法，并且能够有效提高调查的可重复性。在可以涉水的砂砾石基质河段中，平面上连续布置 12 条“Z”字形断面，断面间距约为河宽的 2 倍，每个断面上布置 10 个采样点。这样河段基质的测量数据便可以超过 100 个。调查者沿断面布线行走，在采样点停留，将携带的金属棒垂直插到河床采样点位置，对金属棒首次触及的颗粒进行测量。如果是卵石或砾石，则用卡尺测量其长、宽、高三轴中的中等

尺寸轴长，称为中值直径。如果其粒径小于 2mm，则测量粒径尺寸。如果金属棒首次触及的是细沙或淤泥，则无须测量，记录位置即可。

③ 测量数据处理。将河段卵石测量数据按照大小排列，计算对应累积粒度百分比，绘制在半对数纸上，即可得到卵石粒径-累积粒度百分比频率曲线。从该曲线中可以查出 50%累积粒度百分比对应的中值直径，用这个中值直径表示河段的卵石粒径平均值。

④ 大颗粒被覆盖程度。大颗粒（如巨砾、中砾、卵石、砂砾等）多被细沙、淤泥或黏土覆盖，其覆盖程度对底栖动物、越冬鱼类、鱼类产卵与孵化影响很大。一般用嵌入率反映大颗粒被细沙、淤泥或黏土覆盖的状况。当覆盖率小于 5%时，可以忽略不计。当覆盖率分别为 5%～25%、25%～50%、50%～75%、大于 75%时，对应的嵌入率等级分别为低、中、高、很高。

4）河流演变调查

微课视频

河流演变调查的目的是通过对河流历史演变过程进行调查，掌握河流演变的发展趋势，以便采取必要的工程措施稳定河势。河流演变调查内容如下：①通过收集、整理历史记录和现场调查，绘制历史河流形态平面图和典型横断面图；②调查由建设大坝、堤防、船闸等建筑物引起的河流地貌形态的变化；③调查由采砂、取土、疏浚等引起的河流地貌形态的变化。

3.2.2 野外调查勘察方法

野外调查勘察包括水文地貌勘察和水生生物调查两部分。3.2.1 节已经详细介绍了河流按照生态要素分类调查方法，本节重点讨论野外调查勘察方法，该方法以栖息地为调查对象，较之分类调查方法更具综合性。其中的踏勘法采用目测、估计方式进行调查，是一种快速、简易的调查方法。

进行野外调查勘察的目的有三个：一是调查河流栖息地现状，这些信息是评价栖息地是否退化及其退化程度的主要依据；二是调查水生生物状况，目的是评价栖息地退化对生物区系的影响；三是调查人类活动，包括建坝、筑堤、河漫滩开发、渠道化、采砂生产、航道疏浚等，以便评价这些活动对栖息地的影响。

1. 水文地貌勘察技术

1）河流栖息地单元构成

河流栖息地是由不同单元构成的。小型河流栖息地的构成，一般按照水力学条件划分；大中型河流栖息地的构成，一般按照地貌单元划分。河流栖息地单元构成如图 3.2.5 所示。这样划分是因为，在微栖息地尺度上，流速、水深等水力学因子是鱼类和其他水生生物的主要生境条件；在廊道或河段尺度上，地貌的异质性和复杂性是物种多样性的基础。

小型河流栖息地划分为动水和静水两大类。山区河流纵坡较陡，多由湍流—跌水序列构成；平原区小型河流纵坡较为平缓，不同河段的流态不同，可以划分为层流和湍流两种流态。所谓层流，是指水质点以平行而不相混杂的方式流动的流态。在纵坡平缓、流量稳定且河床断面形状变化不大的河流中，可以观察到近似层流的流态。水流的质点轨迹紊乱、水质点互相混杂和碰撞的流态称为湍流。在自然河流中，流速较高且断面形状多变的河流大多属于湍流。小型河流栖息地中的静水部分又划分为因水流冲刷形成的冲刷塘和因人工筑堰形成的塘坝两种。

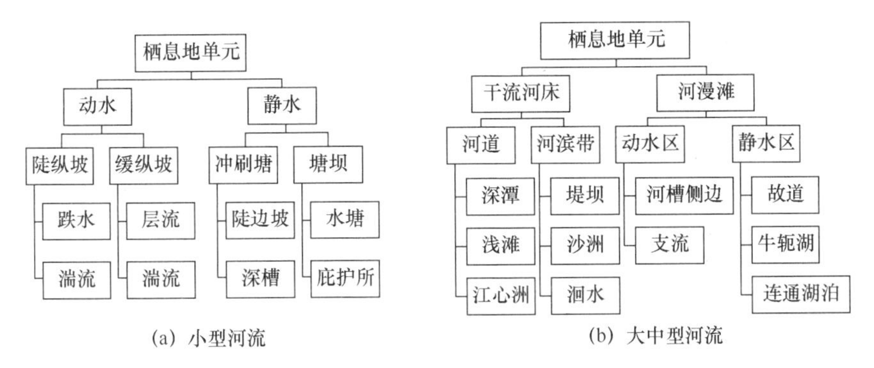

图 3.2.5 河流栖息地单元构成

大中型河流栖息地按地貌划分为干流河床和河漫滩两大类。干流河床包括河道和河滨带；河漫滩包括动水区和静水区。蜿蜒型河道的深潭—浅滩序列因为是众多鱼类和水生动物的重要栖息地，所以成为河流栖息地勘察和评价的重点。

把栖息地单元进一步分解是因为不少淡水物种有特殊的栖息地需求。某些物种必须寻找特定流速范围、水流漩涡、水温、庇护所、基质、pH 等条件，并且在生命周期的不同阶段，物种有不同的生境条件要求。就鱼类而言，栖息地包括其完成全部生活史过程所必需的水域范围，如产卵场、索饵场、越冬场及连接不同生活史阶段水域的洄游通道。有些昆虫在水中产卵，成年后才长出翼，它们的生境范围通常会被局限在某个特定的河段内。大量的甲壳动物占据一些临时池塘，以度过生命周期中的干旱时期。因此，如果栖息地评价项目以保护指示物种为目标，就需要具体掌握指示物种的生活习性，及其对栖息地的特殊需求，如深潭、浅滩、池塘、沙洲、堰坝等。在进行河流栖息地调查评价时，需要详细调查这些生境条件，包括数量、面积、质量等参数，以便评价特定栖息地是否退化，进一步建立特定物种与栖息地条件的相关关系。

2）沿河踏勘和断面勘察

水文地貌勘察方法有两类：一类是沿河踏勘，主要记录栖息地外观；另一类是断面勘察，使用仪器测量横断面地貌特征。两种方法互相配合使用，可以获得河段水文地貌的全貌。

沿河踏勘是一种快速地面调查方法。通过沿河踏勘，可以获得河流栖息地分布和数量的概况，如图 3.2.6（a）所示。踏勘路线沿河大体呈“Z”字形布置，考虑深潭与浅滩的分布特点，沿河进行拍照和记录。使用便携式 GPS，赋予照片和文字记录坐标与高程数据。踏勘记录的内容包括蜿蜒型河道的深潭和浅滩数量、序列频率，水流状况（断流/季节性变化）、水体透明度、树木数量、植被覆盖度，河道弯曲度及深潭和浅滩面积，基质构成，河漫滩宽度，以及河漫滩沿河被侵占状况。在社会经济方面，要调查闸坝和堤防工程、河流渠化改造，取水、采砂情况，以及排污口位置。沿河踏勘调查具有快速、简易的特点，适用于中小型河流。

断面勘察是指沿河流主泓线，按一定间距布置勘察断面，进行定点勘察测量。勘察断面的布置应与踏勘线路相协调，一般来说，勘察断面间距应不小于 10m，如图 3.2.6（b）所示。

为了使地貌数据与水文数据相匹配，在水文测验断面上应同时布置勘察断面。在实施地貌测量时，可采用三维激光扫描仪进行快速测量，使用这种仪器可以获得河流地貌特征的海量激光点云数据，这种空间数据可用于地貌分析和地图绘制。在实施水深测量时，除可以使用测深杆、测深锤或测深铅鱼以外，还可以使用超声波测深仪。断面勘察的内容是多方面的，在地貌方面，包括河流横断面形状、坍岸和滑坡、基质构成、河漫滩宽度及沿河被侵占情况、小型地貌单元特征（江心洲、边滩、故道、牛轭湖、小型湖泊、水塘、洼地）；在水文水质方面，包括水深、流速、流量及含沙率和主要水质指标，不需要在每个勘察断面上实施水文测验和水质监测，一般只需在水文测验断面和水质采样断面上进行；在植被方面，包括植被构成（如乔木、灌木、草本等）、河漫滩覆盖率、乡土物种与外来物种。

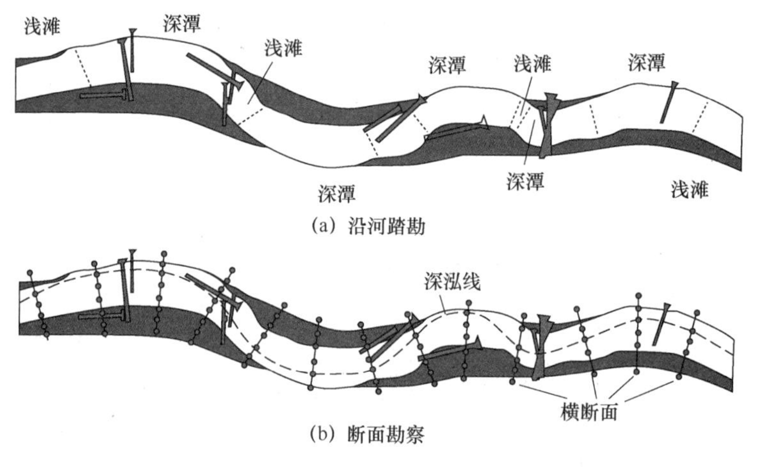

图 3.2.6　河流水文地貌勘察

对于有指示物种保护目标的评价项目，应按照指示物种的习性及生活史不同阶段的生境需求，按照上述栖息地单元构成进行分解（如深潭、浅滩等），需要在重点栖息地单元部位专门布置若干勘察断面，对其数量、面积、属性实施测量和调查。

2. 大型水生植物野外调查技术

本节重点讨论大型水生植物野外调查技术。大型水生植物是生态学范畴上的类群，包括挺水植物、沉水扎根水生植物、浮叶扎根水生植物、漂浮植物等，是不同分类群植物长期适应水环境而形成的趋同适应的表现型。

进行河滨带植物调查采用的技术或方法取决于调查目的。如果调查目的是了解河滨带概况或进行河流健康评估，则可采用踏勘法；如果调查目的是进一步评价植物群落结构和功能，则需要采用样方法。一般来说，进行河流生态修复项目的栖息地评价，往往需要将踏勘法与样方法二者结合使用。

1）踏勘法

踏勘法是指沿河行走，使用便携式 GPS 定位，目测配合拍照，实时进行记录。如果河流较长，则选择有代表性的样带进行勘察。首先，用便携式 GPS 对踏勘起点进行定位，并在地图上进行标注，为下次调查做好准备，以保证调查重复性和数据可比性。样带的长度可以根据实际情况选择，一般不小于 100m。一般来说，100m 的沿河尺度足以包含河段全部植物群落。每个样区需要重复调查 3 次，以保证数据具有统计学意义。踏勘调查的内容包括河滨带宽度、植被类型（如乔木、灌木、草本等）、优势物种、物种分布、植物高度、植被覆盖度及群落结构特征。

2）样方法

（1）河漫滩样方。如果河漫滩较宽，则可沿踏勘路线布置若干河漫滩样方，配合使用踏勘法，收集更多的陆域植物信息。河漫滩样方尺寸根据不同植物类型确定。以草本植物为主的植被，其样方尺寸可选 2m×2m 或 3m×3m。灌木群落样方尺寸可选 4m×4m 或更大。以乔木为主的植被，其样方尺寸要达到 10m×10m 或 20m×20m。

（2）河流横断面样方。需要在采样河段布设一定数量沿河流横断面的样方，如图 3.2.7 所示。

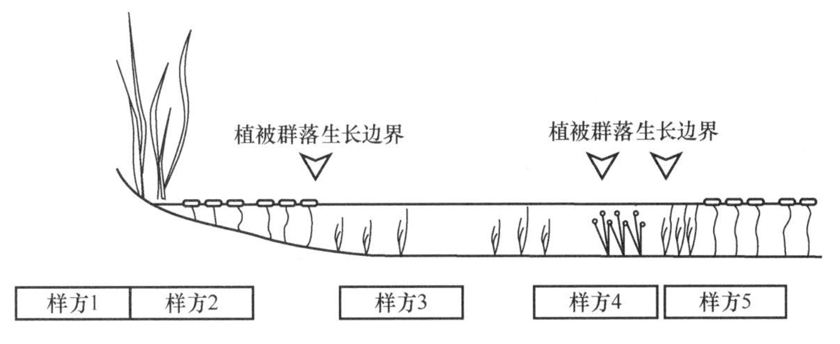

图 3.2.7　沿河流横断面布设的样方示意图

样方沿河方向长度之和占采样河段长度的比例应大于 5%。在一个横断面上需要布设若干样方。在这些样方中，除两岸附近的样方（如样方 1）包含河滨带以外，大部分样方（如样方 2～样方 5）布设在敞水区。横断面样方调查的重点是大型水生植物群落。样方尺寸一般可选 10m×10m，也可以采取优化方法确定样方尺寸，即若样方的面积增大 1 倍，而物种数目急剧增多，则说明样方尺寸需要扩大。每个样方中尽可能有一种主要的植物类型，各个样方中数量较多的植物分别是挺水植物、沉水扎根水生植物、浮叶扎根水生植物等。大型水生植物生长的深度一般在水面以下 2～3m。在 3m 水深以下，由于光合作用微弱，少有大型水生植物生长，因此大型水生植物实际生长边界对应的深度往往小于 3m，如图 3.2.8 所示。

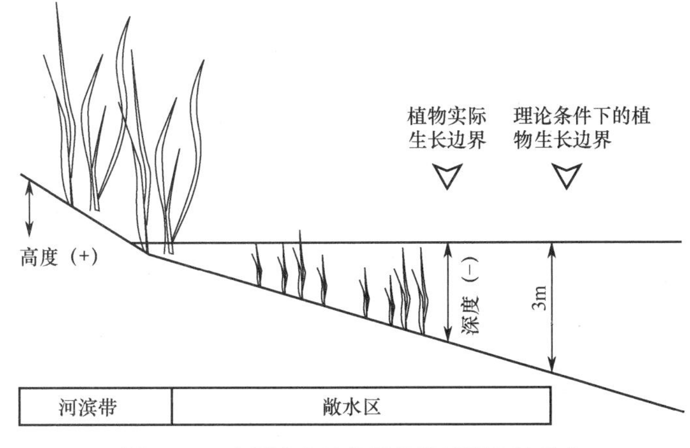

图 3.2.8　大型水生植物沿河流横断面的分布

3）采样和测量

河流横断面样方采样工作，可采取岸边作业和船上作业相结合的方式进行。为了对样方进行定位，需要在岸边设置基准桩。利用便携式 GPS 记录基准点坐标。测量样方起点、终点与基准点的水平距离。用有刻度的测绳，测量大型水生植物在水下的最大深度。岸边作业需要鉴别在水面上观察到的物种类型。船上作业的路线是沿河流横断面行走，其作业内容除检查岸边作业成果以外，还有调查敞水区的物种。船上作业可以用深水望远镜观察或使用长柄耙子捞取样品。

河流横断面调查重点关注样方中的几种常见物种，包括挺水植物，如芦苇、香蒲等；沉水植物，如龙须眼子菜、金鱼藻、苦草等；浮叶扎根水生植物，如荇菜、菱、睡莲、莼菜等；丝状藻类及漂浮植物，如浮萍、凤眼莲、满江红等。调查时先对主要物种在样方内的个体数直接计数，然后计算物种多度。物种多度是指某一物种在某个地方或群落内的个体总数，用物种多样性指数（如 Simpson 指数）表示。

在野外调查中物种鉴别是关键。对于在现场不能鉴别的物种，可采集标本，同时进行拍照，带回实验室鉴别。物种鉴别可供使用的图书资料有《中国植物志》等。

案例解析：黑水河生态现状

1. 生境退化

黑水河干流从河口到上游相继建成了老木河（5.2MW，坝高 5.0m）、松新（20MW，坝高 5.3m）、公德房（15MW，坝高 18.0m）、苏家湾（5MW，坝高 5.1 m）4 座引水式梯级电站，其中老木河电站已在 2018 年 12 月拆除。这 4 座电站处多年平均流量分别为 $63.6m^3/s$、$51.6m^3/s$、$48.6m^3/s$ 和 $47.8m^3/s$。由于小型电站均为引水式电站，基本无调节性能，因此在电站运行期间极易造成减水河段和河道断流现象。各减水河段长度分别为 3.2km、8.2km、4.0km 和 2.3km，导致河流连通性大幅降低，加之沿河多年的采挖河砂，改变了河道内径流条件，二者共同的影响造成了黑水河干流鱼类适宜栖息地环境的严重破坏。此外，白鹤滩电站蓄水后在支流形成的回水区（最高回水位为 825m，最低回水位为 765m）也会改变黑水河下游河段的流态，从而改变栖息地功能，影响鱼类的生存和繁殖。黑水河研究区域如图 3.2.9 所示。

2. 鱼类退化

渔获物分析结果表明，黑水河鱼类主要以短须裂腹鱼和小型鳅科鱼类为主要优势种。例如，短须裂腹鱼的产卵期为每年的 12 月至翌年 5 月，该类裂腹鱼具有短距离洄游产卵的繁殖习性，常生活在急流中，喜好在两岸浅滩缓流处产卵。然而，当河流生态系统受到严重影响时，这些优势种的质量下降明显。本次调查中短须裂腹鱼、宽鳍鱲、白缘鉠、中华纹胸鮡、短体副鳅的平均体重分别为 35.46g、6.40g、6.34g、3.53g 和 3.12g，历史调查中这 5 种鱼类的平均体重分别为 80.00g、29.50g、12.80g、5.30g 和 3.50g，主要鱼类存在小型化趋势，表明黑水河受到了较多人类活动的干扰。此外，黑水河部分长江上游特有鱼类资源量呈现下降趋势，与前期调查结果相比，齐口裂腹鱼和中华金沙鳅数量比分别下降了 1.54%、0.20%，圆口铜鱼、昆明裂腹鱼、黄石爬鮡和西昌华吸鳅在本次渔获物中未调查到。

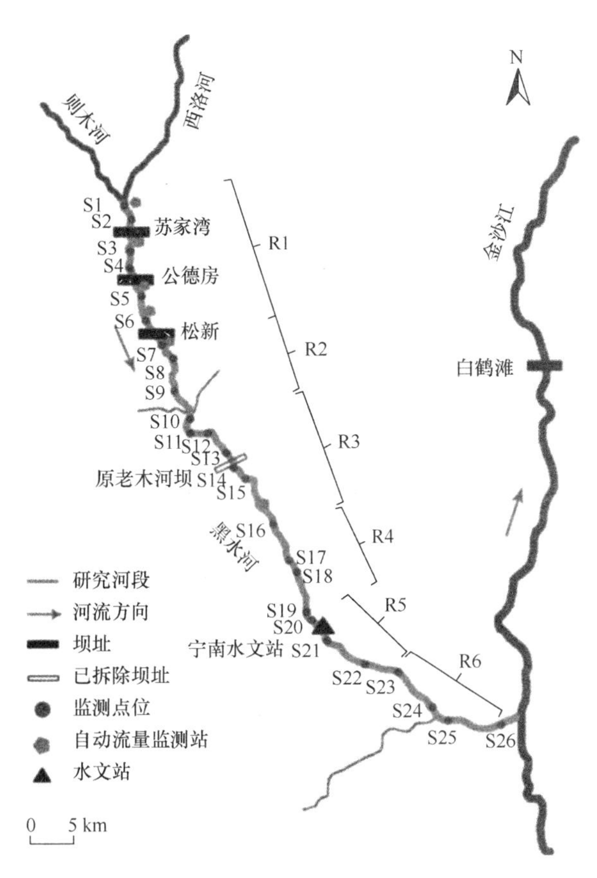

图 3.2.9　黑水河研究区域

已有研究表明，过度捕捞、水利工程建设、河道采砂、水域污染等因素会造成鱼类小型化和资源量下降。历史资料显示，过度捕捞、梯级电站建设是导致黑水河鱼类小型化和资源量下降的主要因素。在过度捕捞压力下，大中型、高经济价值、高营养级鱼类资源量持续下降，并引起渔获物组成向低经济价值、低营养级和小型鱼类转变。此外，小型鱼类在自然河流中占领其他鱼类的生态位，引起鱼类群落结构不稳定因素增加，导致渔获物趋于单一化和小型化，黑水河小型鱼类占比较高（本次调查数量比为 94.43%），表明鱼类群落组成简单，群落结构易受到捕捞等因素影响，需要加强保护。提升黑水河流水河段栖息地质量对研究区域鱼类种群及鱼类资源量的延续和保护尤为重要。

任务 3　修复河流生态系统

案例导入：黑水河生态治理

党的二十大报告提出的坚持山水林田湖草沙一体化保护和系统治理方针，促使人们统筹考虑上下游、干支流间的水文联系，物质能量交换，以及生态功能互补性，科学规划水利工程、河岸带修复等治理措施，实现全流域生态系统的良性互动与协同进化。

金沙江支流黑水河松新减水河段的生境修复是针对该河段生态环境退化问题实施的一项重要措施。由于人类活动的增加，该河段面临着水质污染、水量减少、生境破坏等挑战，导致生态系统退化、鱼类资源减少，开展生境修复工作显得尤为迫切。松新减水河段鱼类栖息地修复工程旨在修复松新电站至松新电厂、总长约为 8.0km 的减水河段受损鱼类栖息地，为目标鱼类在减水河段完成基本生活史提供生境条件。

在生境修复过程中，主要采取了拆除不合理的拦河设施、恢复河道自然形态、修建生态鱼道、改善河床底质、恢复河岸植被及增殖放流与人工鱼巢建设等措施。这些措施旨在恢复河道的自然流态和水文过程，改善水流条件和河床底质结构，增强河道的生态稳定性，提高其对自然灾害的抵御能力，同时为水生生物提供适宜的栖息环境和食物来源。

经过一系列生境修复措施的实施，金沙江支流黑水河松新减水河段的生态环境质量得到显著提升，水质得到改善，河道自然形态得到恢复，鱼类资源量有所增加。

根据以上信息，结合其他资料，分析黑水河松新减水河段可以采取哪些工程措施以改善生境。

3.3.1 河流自然化修复技术

1. 河道纵剖面设计

如果不考虑河流基准面在长时间尺度内会发生的变化，则河流的总比降是一个常数。但是，由于流域地形和河流形态特征不同，因此河段纵比降沿程是不均匀的。河段纵比降决定了水流能量、泥沙输移及地貌变化等。如果河段纵比降太小，则有可能产生泥沙淤积问题；如果河段纵比降太大，则有可能导致河床下切问题。因此，根据修复河段的蜿蜒度变化和泥沙冲淤关系，需要调整、确定修复河段纵比降。

在不同尺度上，河道纵剖面显现的地貌特征不同，尺度越小，显现的地形地貌细节越多；尺度越大，越能反映河流演变的趋势。如图 3.3.1 所示，在局部河段尺度上，河道纵剖面能够反映河床地貌特征（如深潭、浅滩和江心洲等），也包含人工建筑物信息（如堰、闸和桥梁等）；在整体河段尺度上，河道纵剖面能够反映水库蓄水引起的景观变化和泥沙淤积，可以获取河流总体下切侵蚀或淤积信息；在流域尺度上，河道纵剖面能够反映河流的总比降，总比降将根据河流基准面（海平面、湖平面）的变化和地壳上升速度进行调整。

确定河段纵比降有如下途径。

（1）如果在修复工程附近存在一段天然河道，并且其具有近似的流量和泥沙特征，则可以参考该河段进行修复设计。

（2）根据待修复河段附近的河谷纵比降和蜿蜒度确定河段纵比降。不同尺度的河道纵剖面测量方法不同，在流域尺度上，可以从大比例尺地形图上获得河道纵剖面资料。对于修复工程，应沿河道进行实地测量。测量点的选择要满足下面三个方面的要求：选择横断面上深泓位置作为测量点；测量范围要扩展到待修复河段的上下游；要包括深潭、浅滩和工程结构。

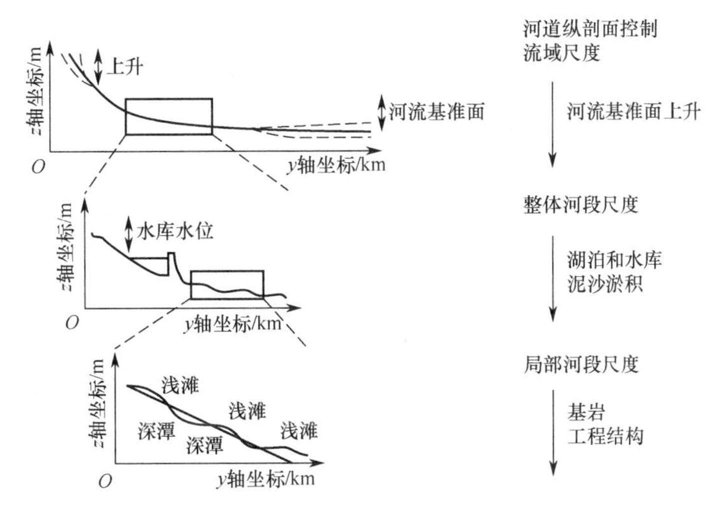

图 3.3.1 基于不同尺度的河道纵剖面控制

2. 蜿蜒型河道平面形态设计

蜿蜒型河道修复设计包括蜿蜒型河道平面形态设计、断面设计及河床基质材料设计，本节介绍蜿蜒型河道平面形态设计问题。

1）水文–地貌经验公式

蜿蜒型河道的河宽、深度、纵比降和平面形态是相互关联的变量。这些变量的值取决于河流流量和径流模式、泥沙含量及河床基质与河岸材料等因素。一般认为，水文过程的关键变量是平滩流量 Q_b。所谓平滩流量，是指水位与河漫滩齐平时对应的流量。可以认为，平滩流量就是造床流量。在该流量作用下，泥沙输移效率最高，并且会引起河流地貌的调整。平滩流量对塑造河床形态具有明显作用。换言之，平滩流量决定了河流的平均形态。基于这种认识，生态工程中常依据平滩流量设计河道断面和河道平面形态，如河宽、水深及弯道形态等。早在 20 世纪 50 年代，一些学者就通过大量河段样本调查分析，运用统计学方法，提出了若干平滩流量与河流地貌参数之间关系的经验公式，其通式用幂函数表示：

$$W = \varphi_1 Q_b^{n_1}$$

$$D = \varphi_2 Q_b^{n_2}$$

$$S = \varphi_3 Q_b^{n_3}$$

式中，W 为河段平均宽度，单位为 m；D 为河床平均深度，单位为 m；S 为河段平均纵比降；Q_b 为平滩流量，单位为 m^3/s；φ_1、φ_2、φ_3、n_1、n_2、n_3 为系数。

一般认为，在这些公式中，宽度公式可信度较高，其次是深度公式，纵比降公式可信度最低。另外，有学者还提出了计算蜿蜒波形波长 L_m、曲率半径 R_c、半波弯曲弧线长度 Z 等参数的经验公式。在其后的几十年里，不少学者以这些公式为基础，依据当地河流的调查分析，提出了各项系数值，这些系数将在下面分别进行介绍。

需要指出的是，这些公式是根据特定河段样本数据统计归纳得到的经验公式，如果把这种经验公式推广到其他流域，就需要论证水文、泥沙、河床材料的相似条件。即使具备应用条件，也需要结合本地的具体情况进行验证和校验，采用适宜的系数。

2）蜿蜒型河道平面形态参数计算

设计蜿蜒型河道，首先需要确定河道的主泓线。反映蜿蜒型河道主泓线特征的地貌参数包括蜿蜒波形波长 L_m、蜿蜒波形振幅 A_m、曲率半径 R_c、中心角 θ、半波弯曲弧线长度 Z（见表 3.3.1、图 3.3.2）。计算蜿蜒型河道平面形态参数常采用水文-地貌经验公式。采用蜿蜒波形波长 L_m 与平滩流量 Q_b 之间关系的经验公式，可以计算蜿蜒波形波长 L_m。采用蜿蜒波形波长 L_m 与河道平滩宽度 W 之间关系的经验公式，可以计算河道平滩宽度 W。采用曲率半径 R_c 与蜿蜒波形波长 L_m 之间关系的经验公式，可以计算曲率半径 R_c。计算出蜿蜒型河道平面形态参数后，即可用试画法画出河道主泓线。

表 3.3.1 蜿蜒型河道平面形态参数定义

形态	参数	定义
平面形态	蜿蜒波形波长 L_m	相邻两个波峰或波谷之间的距离，单位为 m
	蜿蜒波形振幅 A_m	相邻两个弯道波形振幅，单位为 m
	曲率半径 R_c	河道弯曲的曲率半径，单位为 m
	中心角 θ	河道弧线中心角
	半波弯曲弧线长度 Z	半波弯曲弧线长度，单位为 m
断面形状	平均深度 D_m	断面面积/河道平均宽度，单位为 m
	深槽深度 D_{max}	最大深槽断面处深度，单位为 m
	河道平滩宽度 W	平滩流量下河宽，单位为 m
	拐点断面河宽 W_i	拐点断面 $A—A'$ 河宽，单位为 m
	最大深槽断面河宽 W_p	最大深槽断面 $B—B'$ 河宽，单位为 m
	弯曲顶点断面河宽 W_a	弯曲顶点断面 $C—C'$ 河宽，单位为 m

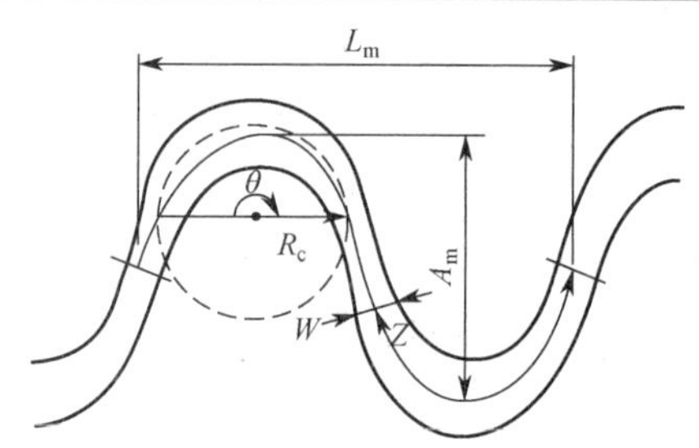

图 3.3.2 蜿蜒型河道平面形态参数

（1）蜿蜒波形波长 L_m 与平滩流量 Q_b 之间关系的经验公式。

$$L_m = aQ_b^{k_1}$$

式中，Q_b 为平滩流量，单位为 m^3/s；L_m 为蜿蜒波形波长，单位为 m；a、k_1 为系数，为河流调查统计参数，其取值如表 3.3.2 所示。

表 3.3.2 a、k_1、k_2、k_3 取值

序号	a、k_1	k_2	k_3
1	54.3、0.5	11.26～12.47	3～10，砂砾石河床（d_{50}>3mm）
2	61.21、0.457	11	6，岩基河床
3	38、0.467	12.4	4～10，砂砾石河床（d_{50}>3mm）

（2）蜿蜒波形波长 L_m 与河道平滩宽度 W 之间关系的经验公式。

$$L_m = k_2 W$$

式中，L_m 为蜿蜒波形波长，单位为 m；W 为河道平滩宽度，单位为 m；k_2 为系数，其取值如表 3.3.2 所示。

（3）曲率半径 R_c 与蜿蜒波形波长 L_m 之间关系的经验公式。

① Mitsch 建议的公式为

$$R_c = L_m / 5$$

式中，L_m 为蜿蜒波形波长，单位为 m；R_c 为曲率半径，单位为 m。观察图 3.3.2，如果蜿蜒波形采用交错的上下两个半圆，则 $R_c = L_m/4$，说明该公式表示的弧线中，两个半圆之间还有直线段相连，直线段正是浅滩的位置。

令 $k_2 = 11$，代入上式可得，$R_c = 2.2W$。

② Newbury 建议的公式为

$$R_c = (1.9 \sim 2.3)W$$

③ 美国陆军工程兵团建议的公式为

$$R_c = (1.5 \sim 4.5)W$$

（4）半波弯曲弧线长度 Z 与河道平滩宽度 W 之间关系的经验公式。

半波弯曲弧线长度 Z 约等于相邻两个浅滩的曲线距离，如图 3.3.2 所示。半波弯曲弧线长度 Z 与河床基质粒径、河道纵比降、河宽有关。一些学者根据野外调查结果用统计方法给出了半波弯曲弧线长度 Z 与河道平滩宽度 W 之间关系的经验公式，即

$$Z = k_3 W$$

式中，Z 为半波弯曲弧线长度，单位为 m；W 为河道平滩宽度，单位为 m；k_3 为系数，其取值如表 3.3.2 所示。其中，岩基河床纵比降为 0.001～0.014。

【算例】假设有一条砂砾石河床的蜿蜒型河道，平滩流量 Q_b=50m^3/s，各项系数取值分别为 $a = 54.3$，$k_1 = 0.5$，$k_2 = 12.47$，$k_3 = 10$，计算蜿蜒型河道平面形态参数。

（1）蜿蜒波形波长：

$$L_m = aQ_b^{k_1} = 54.3 \times 50^{0.5} \approx 383.96 \text{（m）}$$

（2）河道平滩宽度：

$$W = L_m / k_2 = 383.96 / 12.47 \approx 30.79 \text{（m）}$$

（3）曲率半径：

$$R_c = L_m / 5 = 383.96 / 5 \approx 76.79 \text{（m）}$$

（4）半波弯曲弧线长度：

$$Z = k_3 W = 10 \times 30.79 = 307.9 \text{（m）}$$

计算出蜿蜒型河道平面形态各项参数以后，就能以图 3.3.2 为模板，画出蜿蜒型河道主泓线。

3. 自然型河道断面设计

1）河道断面设计原则

自然型河道断面具有多样性特征，大部分河道断面是非对称的，深浅不一，形状各异。在

空间分布上，河道断面形状沿河变化，而非千篇一律。特别是蜿蜒型河道，形成了深潭—浅滩序列交错布置格局。上文已经论述，河道断面多样性是河流生物多样性的重要支撑。经过人工改造的河流，往往采取梯形、槽形等几何对称河道断面，而且沿河形状保持不变。这种改造后的河道无疑损害了栖息地的多样性，导致河流生态系统产生不同程度的退化。河道断面设计应以自然化为指导原则，同时应保证河道的行洪功能。

图 3.3.3 所示为渠道化蜿蜒型河道修复断面设计示意图。图 3.3.3（a）所示为用调查数据复原的原自然型河道断面。图 3.3.3（b）所示为人工渠道化改造的河道标准断面。可以看到，其断面为梯形，河床边坡用混凝土衬砌，岸坡无植物生长，景观受到很大破坏。图 3.3.3（c）所示为蜿蜒型河道修复后的断面。河宽不变，采用复式断面，低水位时水流在深槽中流动，深槽以上平台可以布置休闲绿道和场地。汛期水位超过深槽，水流漫溢，促进河滨带水生生物生长。通过开挖形成不对称的深潭断面。岸坡采用干砌块石护坡，配置以乡土植物为主的植物。保留原有的管理用道路。图 3.3.3（d）所示为河床加宽的理想断面。所谓理想断面，是指如果空间允许，则扩展河宽，扩大河漫滩，并采用复式断面，通过开挖形成不对称的深潭断面。汛期和非汛期随水位变化形成动态的栖息地特征。优化配置水生植物和乔、灌、草结合的岸坡植物，形成更为自然化的景观。

河道断面设计原则如下：①河道断面应能确保满足行洪需要，特别是设有堤防的河道，应保证在设计洪水作用下的行洪安全；②尽可能采用接近自然型河道的几何非对称断面，即使采取对称断面也应采取复式断面；③选择适宜的断面宽深比，防止淤积或冲刷；④蜿蜒型河道布局设计应符合深潭—浅滩序列规律，形成缓流与急流相间、深潭与浅滩交错的格局；⑤根据河流允许流速选择河床材料类型和粒径；⑥河道断面设计应综合考虑河滨带植被恢复或重建；⑦通过历史文献分析和野外调查获得的数据资料是河道断面设计的重要依据。

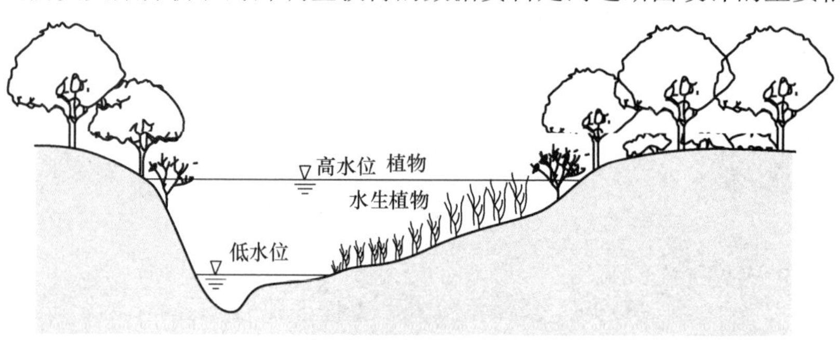

(a) 用调查数据复原的原自然型河道断面

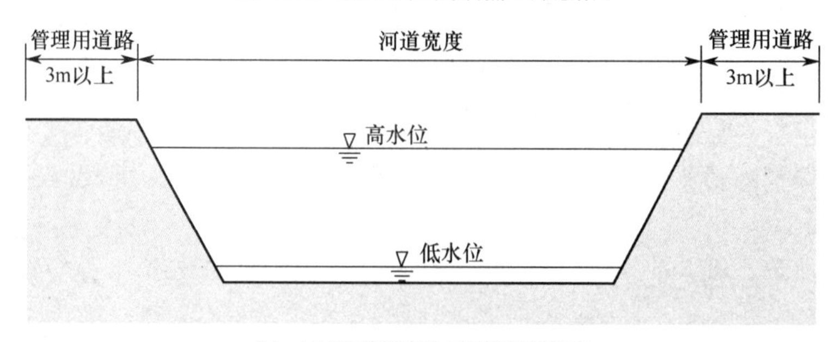

(b) 人工渠道化改造的河道标准断面

图 3.3.3　渠道化蜿蜒型河道修复断面设计示意图

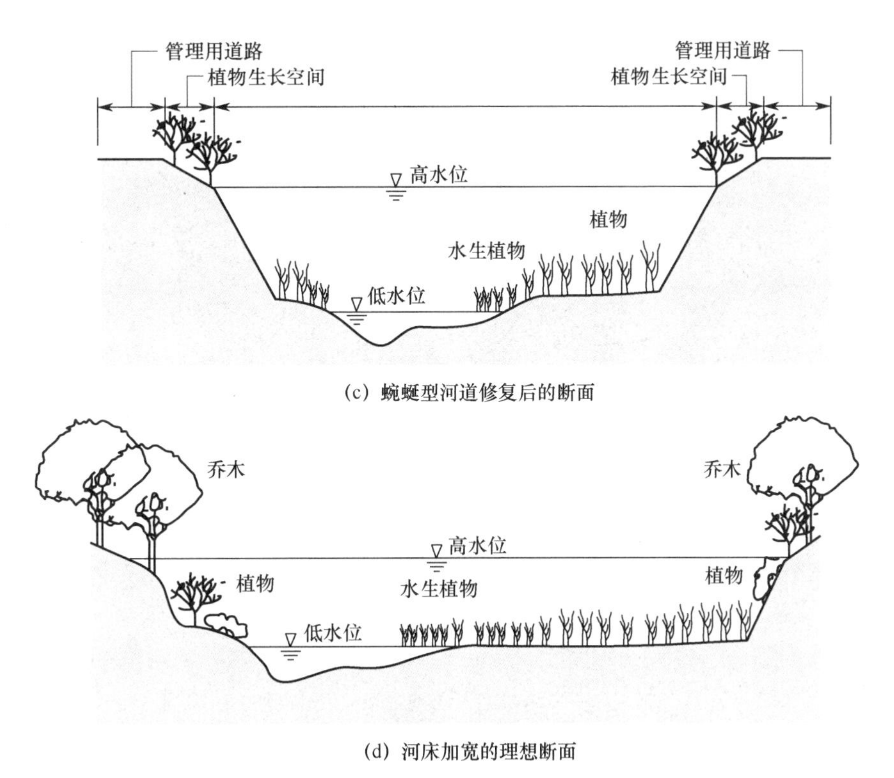

(c) 蜿蜒型河道修复后的断面

(d) 河床加宽的理想断面

图 3.3.3　渠道化蜿蜒型河道修复断面设计示意图（续）

2）断面宽深比

断面宽深比是一个控制性指标。适宜的断面宽深比不仅可以实现较高的过流能力，而且可以防止泥沙冲淤。断面宽深比与河床基质和河岸材料类型有关，不同类型的材料，如砂砾石、砂、泥沙-黏土、泥炭对应的断面宽深比如表 3.3.3 所示。河岸植被具有护岸作用，有植被的岸坡可将表 3.3.3 中的断面宽深比值减小 22%。

表 3.3.3　不同河床基质和河岸材料类型对应的断面宽深比

材料	自然型河道断面宽深比	改造后的河道断面宽深比
砂砾石	17.6	5.6
砂	22.3	4.0
泥沙-黏土	6.2	3.4
泥炭	3.1	2.0

蜿蜒型河道断面宽深比沿河变化，这是由深潭—浅滩序列格局造成的。如图 3.3.4（a）所示，蜿蜒型河道 *X—X* 断面为深潭断面，具有窄深特征，断面宽深比相对较小；*Y—Y* 断面为浅滩断面，具有宽浅特征，断面宽深比相对较大。河道经过疏浚治理后，改变了自然断面形状，如图 3.3.4（b）、（c）所示。图 3.3.4（b）表示浅滩断面经过疏浚治理后，宽度过大，即断面宽深比偏大，其后果是流速下降，导致河床淤积。图 3.3.4（c）表示深潭断面经过疏浚治理后，深度过大，即断面宽深比偏小，其后果是断面环流发展，引起河床的冲刷，可能导致坍岸和局部失稳。因此，河道疏浚应尽可能以稳定的自然型河道为模板，选择适宜的断面宽深比。

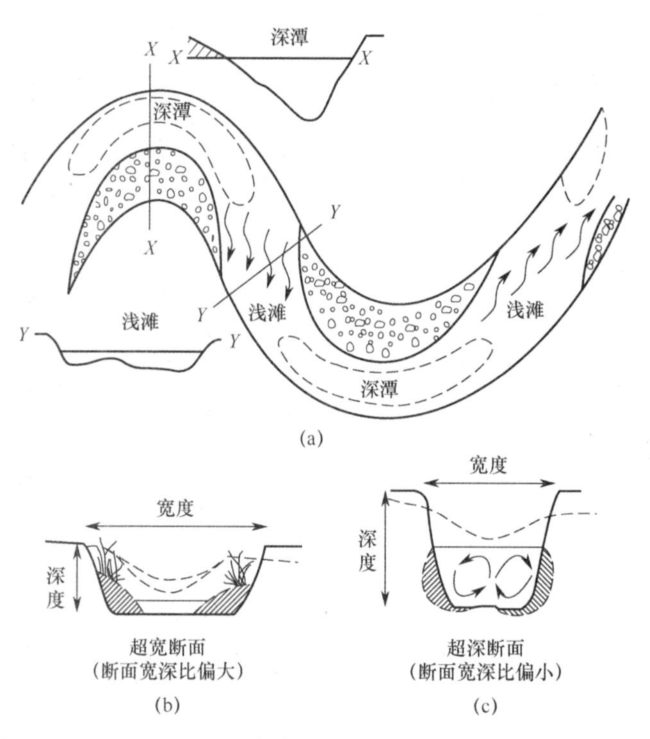

图 3.3.4　蜿蜒型河道断面宽深比

深潭与急流交错的格局对河流泥沙输移也具有重要意义。深潭作为底流区，其功能是使泥沙在这里储存起来。在洪水期间，泥沙被急流搬运到下游邻近的深潭中。深潭中的泥沙逐渐集中在内侧一岸（凸岸）形成沙洲，这又进一步加强了深潭与急流交错的格局，导致对外侧一岸（凹岸）的冲刷加剧，使河道蜿蜒性进一步发展。

3）断面尺寸

早在 1953 年，就有学者根据美国西南部河流调查和统计数据，提出了用幂函数表示的河道平滩宽度 W 与平滩流量Q_b之间关系的经验公式，后续一些学者对公式参数进行了建议和补充。河道平滩宽度 W 与平滩流量 Q_b 之间关系的经验公式如下：

$$W = aQ_b^{k_4}$$

式中，W 为河道平滩宽度，单位为 m；Q_b 为平滩流量，单位为 m^3/s；a、k_4 为系数，其取值如表 3.3.4 所示。

表 3.3.4　a、k_4 取值

河床基质材料	河道	样本个数	a	k_4
砂	沙质河床河道	58	4.24	0.5
砾	北美砾质河床河道	94	3.68	0.5
	英国砾质河床河道	86	2.99	0.5
	树或灌木的覆盖率<50%或草皮（英国河流）	36	3.70	0.5
	树或灌木的覆盖率>50%（英国河流）	43	2.46	0.5

实际上，上式是把$W=\varphi_1 Q_b^{n_1}$进一步细化，按照河床基质材料和植被条件具体给出系数a、k_4值的。上文结合$L_m=aQ_b^{k_1}$和$L_m=k_2W$建立了W与Q_b之间的关系。读者在计算W值时，可以采用两种方法同时进行计算，相互对照，最终选择适宜的W值。

4）深潭—浅滩序列格局特征

自然蜿蜒型河道地貌格局与河流水动力交互作用，形成了深潭与浅滩交错、缓流与湍流相间的景观格局。

深潭具有以下特征：①深潭位于蜿蜒型河道的顶点，水深相对较大，流速缓慢。②深潭断面多为非对称形状，通常比浅滩断面狭窄25%左右。③深潭河床由松散砂砾石构成，当流量较小时显露出砂砾石浅滩及沙洲。④深潭周期性被泥沙填充，特别是当上游河岸因侵蚀崩塌形成的大量泥沙输移到下游时，泥沙会充满深潭。但当下次洪水到来后，泥沙又会被冲刷到下游邻近的深潭中，使原有深潭得到恢复。⑤深潭对于大型植物和鱼类尤为重要。深潭面积占栖息地总面积的50%左右。当水流通过河流弯曲段时，深潭底部的水体和部分基底材料随环流运动到水面，环流作用可为深潭内的漂浮生物和底栖生物提供生存条件。对于鱼类而言，深潭—浅滩序列具有多种功能，深潭中有木质残骸和其他有机颗粒可供鱼类食用，所以深潭中鱼类生物量最大。卵石和砾石河床具有匀称的深潭—浅滩序列，粗颗粒泥沙分布在浅滩内，细颗粒泥沙分布在深潭中，不同的基质环境适合不同物种生存。⑥纵比降较大的山区河流也有深潭依次分布格局，但是没有浅滩分布，水体从一个深潭到下一个深潭靠跌水衔接，形成深潭—跌水深潭序列格局，这种格局有利于水体曝气，增加水体中的溶解氧。

浅滩具有以下特征：①浅滩段起点位于蜿蜒型河道的弯段末端，其长度取决于纵比降，纵比降越大，浅滩段越短。浅滩断面形状大体是对称的。②浅滩水深较小，流速相对较高，枯水期表现出紊流特征。③浅滩河床是由粗糙而密实的卵石构成的。修复时可在浅滩内布置大卵石，其目的是在枯水季节使水流冲击大卵石形成紊流。④浅滩地貌是一个动态过程。洪水过后，浅滩河床被上游冲刷下来的泥沙充满，这些多余的泥沙将由随后的洪水输移到下游的深潭中。⑤浅滩占河流栖息地的30%～40%。幼鱼喜欢浅滩环境，因为在这里其可以找到昆虫和其他无脊椎动物作为食物。浅滩水深较小，存在更多的湍流，有利于增加水体中的溶解氧。砾石基质的浅滩水体中有更多新鲜的溶解氧，是许多鱼类的产卵场。贝类等滤食动物生活在浅滩，它们能够找到丰富的食物。粗颗粒泥沙分布在浅滩内，构成许多小型动物的庇护所。

5）深潭与浅滩断面参数计算

计算蜿蜒型河道断面参数，首先需要根据蜿蜒型河道宽度的沿程变化对其断面进行分类，然后按经验公式确定河道断面几何尺寸。蜿蜒型河道断面可分为三种类型：等河宽蜿蜒模式（T_e型蜿蜒模式）；有边滩蜿蜒模式（T_b型蜿蜒模式）；有边滩和深槽的蜿蜒模式（T_c型蜿蜒模式）。

（1）T_e型蜿蜒模式：河宽变化很小。其典型特征表现为断面宽深比小，河岸抗侵蚀能力强，河床材料为细颗粒（砂或粉砂），推移质含量低，流速低，河流能量低。

（2）T_b型蜿蜒模式：弯曲段河宽大于过渡段，边滩发育，但深槽少。其典型特征表现为断面宽深比中等，河岸抗侵蚀能力一般，河床材料为中等粒径颗粒（砂和砾石），推移质含量中等，流速和河流能量不高。

（3）T_c 型蜿蜒模式：弯曲段河宽远大于过渡段，边滩发育，深槽分布广。其典型特征表现为断面宽深比较大，河岸抗侵蚀能力弱，河床材料为中等粒径或粗颗粒（砂、砾石或鹅卵石），推移质含量高，流速和河流能量较高。

在实际工程设计中，当蜿蜒度大于 1.2 时，河道断面的几何参数一般可按照下列经验公式计算。蜿蜒型河道断面参数如图 3.3.5 所示。

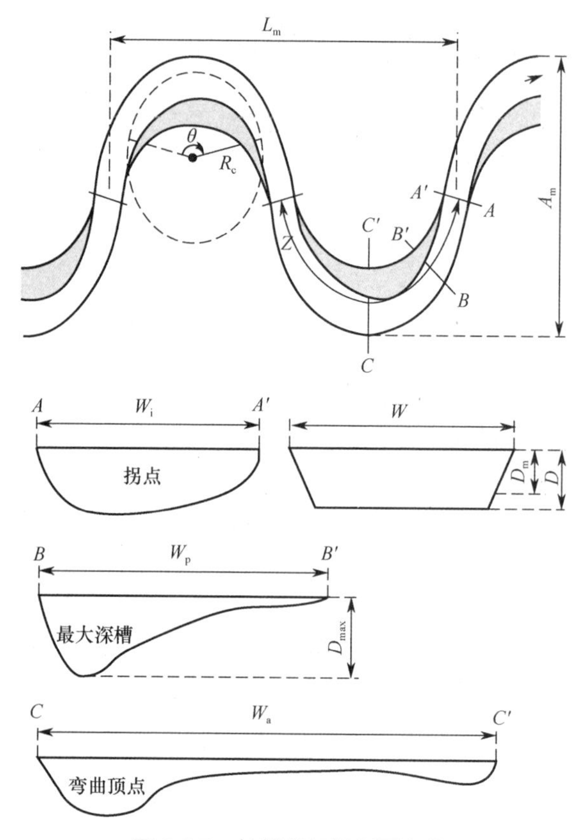

图 3.3.5　蜿蜒型河道断面参数

弯曲顶点：

$$\frac{W_a}{W_i} = 1.05T_e + 0.30T_b + 0.44T_c \pm u$$

深槽：

$$\frac{W_p}{W_i} = 0.95T_e + 0.20T_b + 0.14T_c \pm u$$

式中，W_a 为弯曲顶点断面河宽（C—C'断面）；W_i 为拐点断面河宽（A—A'断面）；W_p 为最大深槽断面河宽（B—B'断面）；T_e、T_b、T_c 为系数。上述三种蜿蜒模式，T_e 均等于 1.0。T_e 型蜿蜒模式：$T_b = 0.0$，$T_c = 0.0$。T_b 型蜿蜒模式：$T_b = 1.0$，$T_c = 0.0$。T_c 型蜿蜒模式：$T_b = T_c = 1.0$。u 为河宽变化偏差，查表 3.3.5 确定。在实际计算时，假设拐点断面河道宽度 W_i 近似等于河道平滩宽度 W，由此计算出 W_a 和 W_p。

表 3.3.5　不同置信度条件下沿蜿蜒型河道的河宽变化偏差 u

置信度/%	u	
	W_a/W_i 公式	W_p/W_i 公式
99	0.07	0.17
95	0.05	0.12
90	0.04	0.10

弯曲段最大深槽断面处深度可以按照下列公式进行估算：

$$\frac{D_{\max}}{D_m}=1.54+4.5\left(\frac{R_c}{W_i}\right)^{-1}$$

式中，$D_{\max}$ 为最大深槽断面处深度，单位为 m；D_m 为平均深度，单位为 m；R_c 为曲率半径，单位为 m；W_i 为拐点断面河宽，单位为 m。对于不允许摆动的河段，要在深槽河段进行边坡抗滑稳定性分析，以保证河岸的整体稳定性。

【算例】已知一条砂砾石河床为 T_c 型蜿蜒模式，平滩流量 Q_b= 50m^3/s，曲率半径 R_c = 76.79m，各项系数取值分别为 a = 3.68，k_4 = 0.5，断面宽深比为 17.6，求各断面参数。

（1）河道平滩宽度：

$$W=aQ_b^{k_4}=3.68\times 50^{0.5}\approx 26.02\text{（m）}$$

（2）弯曲顶点：

$$\frac{W_a}{W_i}=1.05\times 1.0+0.3\times 1.0+0.44\times 1.0+0.07=1.86$$

令 $W_i = W$，则有

$$W_p=26.02\times 1.86\approx 48.40\text{（m）}$$

（3）深槽：

$$\frac{W_p}{W_i}=0.95\times 1.0+0.2\times 1.0+0.14\times 1.0+0.17=1.46$$

令 $W_i = W$，则有

$$W_p=26.02\times 1.46\approx 38.0\text{（m）}$$

（4）平均深度：

$$D_m=\frac{W}{17.6}=\frac{26.02}{17.6}\approx 1.48\text{（m）}$$

（5）最大深槽断面处深度：

$$\frac{D_{\max}}{D_m}=1.54+4.5\left(\frac{R_c}{W_i}\right)^{-1}=1.54+4.5\times\left(\frac{76.79}{26.02}\right)^{-1}\approx 3.06$$

$$D_{\max}=1.48\times 3.06\approx 4.53\text{（m）}$$

6）河床基质铺设

一般来说，待修复河道的河床需要铺设基质，特别是当目标河段位于水库大坝下游，水库拦水拦沙导致下游河道的来沙（包括悬移质和推移质）大幅减少时。在这种情况下，重新铺设河床基质显得很有必要。铺设河床基质的原则：①具有足够的稳定性，保持河道泥沙冲淤平衡；竣工后经长期运行，河段纵坡和横断面都不会发生重大变化。②提高河流栖息地质量，为保护物种提供良好的栖息地条件；③提高美学价值，创造优美的水景观环境。

河床基质铺设的一般步骤：①调查评估河床基质现状，包括河床基质材料构成、材料类型（卵石、砂砾石、沙质土、砂黏土、淤泥等）、材料特征（粒径、角状、嵌入程度等）；②调查河床基质的历史状况和发生的变化，如渠道化、泥沙淤积、建筑垃圾倾倒，调查评估河床稳定性和河势稳定性，主要包括河段的冲刷和淤积状况；③选择同一流域未被干扰的河段，要求其河床稳定且河道地貌具有多样性特征，比照该河段设计河床基质材料类型、级配；④列出目标河段生物种群清单，明确保护物种及其栖息地需求，按照物种的生活习性，选择适宜的基质构建相关栖息地，如鱼类产卵栖息地、滤食动物栖息地及水禽自由漫步的鹅卵石条件；⑤当地砂卵石资源评估，包括化学成分、粒径、级配、资源规模及开发可能性等评估；⑥明确河段的修复目标。对于是修复特定指示物种栖息地？还是保持河床泥沙冲淤平衡？抑或是提高美学价值，改善人居环境？规划者需要做出选择。

深潭—浅滩序列是自然蜿蜒型河道的主要特征，深潭与浅滩的河床基质有所不同。如上所述，深潭的河床基质是颗粒较细的泥沙，浅滩的河床由粗糙而密实的卵石构成。修复时，在浅滩急流段宜铺设砂砾石和卵石。铺设材料以混合型的砂砾石为主，其中具有尖角的砂砾石应占有相当比例，这样有利于砂砾石之间互相咬合。在急流河段铺设大卵石、大漂石可以形成一系列小型堰坝作为鱼梁，为鱼类创造适宜的栖息地。需要注意的是，鱼梁高度不宜超过 30cm，以免影响鱼类局部洄游。在浅滩铺设河床基质的厚度，要使浅滩高出平均纵坡线，从而在纵剖面上形成深潭、浅滩的地形起伏，如图 3.3.1 所示。

4. 城市河道修复设计

城市河道修复有其特殊性。这是因为，城市建筑林立、道路纵横、各类管线密集，使城市河道修复设计布置空间受到很大限制。当然，如果是城市新区规划，则河道修复如同一张白纸，完全可以按照河道自然化的标准进行设计。如果是城市郊区，则空间相对也要大些。但是对于多数人口密集的市区，实现自然化设计要求相当困难。在这种情况下，需要因地制宜地采取措施，利用有限的空间增添更多的自然因素，实现一定程度的自然化设计目标。

1）城市河道现状

我国大中型城市的河道大多经历过自 20 世纪 50 年代开始的河道改造，具体表现为缩窄河床，侵占河漫滩用于工业民用建筑；水面被覆盖，成为地下河道，地表用于市政建设；排洪河道沦为排污通道；河道渠道化，裁弯取直，大量使用混凝土或块石护坡，植物消失，自然景观被破坏；沿河建闸，河流连通性被破坏，加之调度不当，造成河流水动力不足。近 30 年来，城市工业发展迅速，工业排放废水总量失控，加之生活污水处理达标率低，导致河流污染严重，特别是黑臭水体，严重破坏了环境，直接影响居民健康。近十几年来，在城市繁荣的背景下，城市河道又遭到商业化的破坏，不仅加重了餐饮污染，而且破坏了河流自然景观。这些人为活动对城市河道生态系统造成重大威胁。

2）城市河道治理规划设计要点

城市河道治理的目标是统筹河道的行洪、排涝、景观与休闲等多种功能，利用有限的城市空间，增添、恢复更多的自然因素，避免河道渠道化、商业化和园林化，使充满活力的河流成为城市的生态廊道，使生活在闹市中的市民能够享受田园风光和野趣，创造绿色生态的宜居环境。

城市河道治理规划设计要点如下。

（1）城市河道治理规划要与城市总体规划和城市功能定位一致，并与防洪规划、水污染防治规划、城市交通规划、绿化规划和各类管线建设规划相协调。

（2）明确城市河道功能定位，确定河流空间总体布局，形成河道—湖泊—湿地连通的河流廊道系统。在河流廊道系统中布置景观节点，形成各具特色的自然景观。

（3）进行防洪排涝、防污治污、生态保护修复和自然景观修复一体化的综合治理。城市河道治理应满足城市防洪规划的要求，对堤防稳定性进行复核，对堤防安全隐患进行处理，实现污水的深度处理，完善污水处理管网建设，治理黑臭水体，实行雨污分流，实现水功能区达标。

（4）恢复城市水面，主要是指恢复河湖改造前的水面，把改造成地下涵管的河道恢复成地面河道，以及恢复原有的湖泊湿地。需要按照当地水资源禀赋，统筹规划生活、生产、生态和景观用水，经论证确定河湖水面面积占城市面积的适宜比例。恢复水面势必会增加蒸发损失，因此对于水资源短缺地区，恢复水面应持谨慎态度，需要经过充分论证确定方案。

（5）采用多样化的河道断面。根据现场空间可能性，布置自然断面或非几何对称断面。可以采用复式断面，以便在非汛期利用更多的河滨带空间布置绿化带和休闲场所。同时，沿岸布置亲水平台和栈道等亲水设施。

（6）采用活植物及其他辅助材料构筑河湖堤岸护岸结构，实现稳定边坡、减少水土流失和改善栖息地等多重目标。选择可以迅速生长新根且具耐水性能的木本植物。采用生态型护岸结构，如生态型挡土墙、植物纤维垫、土工织物扁袋、块石与植物混合结构等。

（7）植物修复设计。以乡土植物为主，经论证适量引进观赏植物，防止生物入侵。选择具有净化水体功能的植物，如芦苇、菖蒲等。按照不同频率洪水位，确定乔、灌、草各类植物的搭配分区。植物搭配应主次分明，适应四季变化，营造充满活力的自然气息。

（8）通盘考虑道路、交通、停车场布置。要特别注意绿色步道和自行车道的沿河、沿湖布置，把景观节点和休闲林地串联起来。

（9）提高水动力性。通过疏浚通畅河道，拆除失去功能的闸坝，改善闸坝群调度方式，以提高水动力性。在小型河流局部河段，可用水面推流器强化水体流动，保持紊流区流态，增加水体中的溶解氧含量，抑制藻细胞生长，防止水华发生。需要指出的是，目前不少缺水的北方城市采取橡胶坝蓄水，试图增大水面面积，提升景观效果，但是总体上来看弊大于利。首先，橡胶坝降低了水体流动性，夏季容易引发水华。其次，几米高的橡胶坝阻断了短途洄游鱼类的通道。一般认为，长度超过 30cm 的河道障碍物都会对鱼类洄游造成阻碍。最后，静水的溶解氧含量低，会降低水生生物的生物量。

3）城市河道断面设计

（1）仿自然断面。城市河道自然化断面设计的关键是如何在周围现有道路、管线、建筑物的约束下，对原有渠道化河道断面进行改造，尽可能增加自然因素，又不降低防洪功能，达到仿自然断面设计的目标。

（2）复式断面。复式断面可以充分利用河道空间。当水位在非汛期常水位以下时，水流控制在下部深槽中，可以利用上部较缓边坡布置休闲设施。护岸结构有多种选择，应根据地形地貌、造价分析综合评估后确定。护岸材料尽可能采用天然材料，包括活植物、木材、块石、卵石和当地表土。护岸结构一般是组合式结构，如铅丝笼加植物、混凝土块体加木材与植物、块石加木材与植物等。图 3.3.6 所示为复式断面的工程案例。下部为深槽，在非汛期常水位下的水流被控制在深槽内，深槽用抛石护脚。与深槽边坡衔接为 1∶3 缓坡，用植被卷技术种植植物，缓坡以上为平坦滩地，可以布置亲水平台、栈道、绿色步道和休闲空地。滩地外侧陡坡为混凝土挡土墙，挡土墙内侧临水面布置石笼垫，石笼垫表面进行覆土处理，内种植物插条。植物生长以后起固土作用，并形成多样的自然景观。

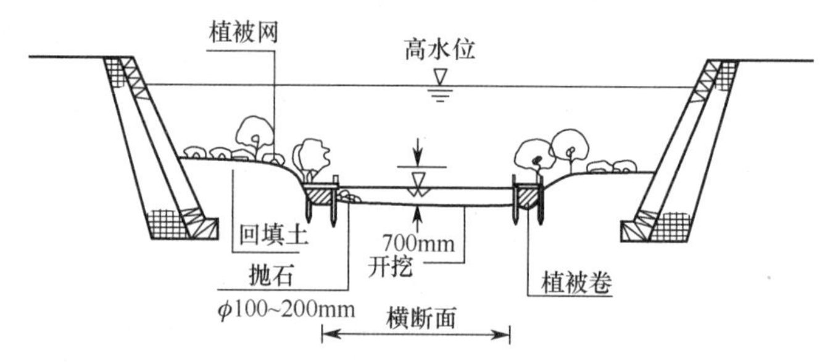

图 3.3.6　复式断面的工程案例

（3）覆土工法。对于已经渠道化的城市中小型河道，一般情况下不太可能拆除混凝土或浆砌石等硬质衬砌，比较现实的方法是把开挖、疏浚的土方铺设在硬质衬砌上面，以创造植物生长条件，构建自然河岸景观环境，这种技术称为覆土工法。覆土工法既可以改善生态环境，创造栖息地条件，促进近岸的食物网发育，提高生物多样性，也可以有效改变原来单调乏味的景观，形成自然的绿色宜居环境。从功能上分析，防洪安全功能主要靠覆土下面的硬质衬砌实现，植被可以起固土防止冲刷的作用。覆土结构类型主要有以下 4 种：①利用原有表土，当地表土内含乡土植物根或种子时，有望较快恢复植被，发挥固土作用；②移植草皮，移植矮草草皮，在施工后即可发挥耐冲功能，其后任其自然演替，发生植物物种更替；③覆土上用卵石类材料覆盖，目的在于提高抗冲刷能力；④填缝型覆土，在铅丝笼或石笼垫的块石缝隙中填土，以促进植物生长。覆土坡度的确定依据：如果原有护坡坡度为 1∶1.5～1∶2.0，则覆土坡度一般缓于 1∶3.0。覆土厚度应考虑植物成活性，满足不同植物生长对土层厚度的要求。不同植物生长所需土层厚度如表 3.3.6 所示。

表 3.3.6　不同植物生长所需土层厚度

植物	矮草	草坪	小灌木	大灌木	浅根性乔木	深根性乔木
土层厚度/cm	15	30	45	60	90	150

（4）亲水平台和滨水栈道。河湖沿岸的亲水平台和滨水栈道能够拉近人与河湖水面的距离，为人们融入大自然提供便利。亲水平台和滨水栈道适合设置在小型河流城市河段、湖泊和湿地，属于环境景观滨水工程构筑物。亲水平台和滨水栈道一般布置在景观节点，要考虑周围水流、水深、植物、遮阴、风向、阳光等多种环境因子，还要方便休憩和拍照。设计平台

面或栈道面高程要考虑周边河底高程和常水位水深，周边常水位水深一般不超过 70cm，平台面或栈道面高程一般高出常水位 50cm 以上。平台面或栈道面高程应与附近道路高程衔接。值得注意的是，城郊丘陵山区河流汛期水位暴涨暴落，在附近景区设置亲水平台和滨水栈道要十分慎重。一是设计平台面或栈道面高程要考虑汛期水位特点；二是对构筑物基础抗冲稳定性进行复核。城郊丘陵山区河流水电站常为日调节运行，日水位波动较大，汛期时有弃水发生，在其下游景区设置亲水平台和滨水栈道要考虑水位波动因素。亲水平台、滨水栈道、钓鱼台、游船码头和景观平台的细部设计，可参考中国建筑标准设计研究院所编的《国家建筑标准设计图集：环境景观　滨水工程》（10J012-4）。

3.3.2　自然型河道护岸技术

河道岸坡防护的目的是防止水流对岸坡的冲刷、侵蚀，保证岸坡的稳定性。自然型河道护岸技术在传统护岸技术的基础上，采用活体植物和天然材料作为护岸材料，不但能够满足护岸要求，而且能够提供良好栖息地条件，改善自然景观。

自然型河道护岸技术凭借现代生态学、水文学等多学科交叉成果，运用生态模拟技术规划防护方案，采用新型植被种植与固土工艺并搭配可降解材料，启用石笼类护岸、生态袋护岸等生态护岸工艺及水生植被恢复工艺，借助智能化传感设备监测生态指标变化，以达成岸坡稳定与生态平衡的双重效果。以下是自然型河道护岸技术的具体实施方式。

1. 天然植物护岸

微课视频

1）维护自然河岸

岸坡植被系统可降低土壤孔隙压力，吸收土壤水分。同时，植物根系能提高土体的抗剪强度，增强土体的黏结力，从而使土体结构趋于坚固和稳定。植被系统具有固土护岸、降低流速、减轻冲刷的功能，同时能够为鱼类、水禽和昆虫等动物提供栖息地。自然生长的芦苇一般生活在纵坡较缓和流速较低的部位。当河道行洪时，芦苇卧倒覆盖河岸，其茎和叶随水漂动，有降低流速和护岸的功能。通航河道岸边芦苇有降低航行波的功能。有数据显示，当航船的航行波通过距芦苇地 8m 处时，波的能量损失达 60%～80%。水边柳树生长茂盛，当河道行洪时，其枝叶顺流倒伏，可降低流速。柳树发达的根系对土壤有很强的束缚作用，能保持岸坡稳定。在河道和河漫滩生长的竹子，有明显的消能和降低流速的功能。在高程较高的滩地上生长的竹林能有效降低流速，可较河槽流速降低 60%～70%，说明竹林有明显的防冲刷护岸功能。

如果河道的地形地貌、地质、水流和天然植被条件允许，则河岸不需要实施人工护坡工程，可采取维护现有天然植被的方法，充分发挥生态系统的自设计、自组织功能，达到维持岸坡稳定和保育栖息地的目的。对于下列河道部位可以考虑不实施人工护坡工程：①坚硬完整岩石裸露的山脚；②河道凹岸缓流部位；③高程较高的河滨带；④天然植物茂盛，可以发挥防冲刷作用；⑤V 形河谷。通过野外调查与评估，划分出不进行人工护坡的河段。目前在很多河道整治工程中，为了营造园林景观，广泛采用在堤坡种植草皮的工程方案。但园林绿化草皮或根系浅的植物只适用于浅层土体防护，不适用于河道岸坡的侵蚀防护。因此，需要结合工程区本土物种的调查，选择适宜的本土物种作为岸坡植被，并引入少量观赏植物和水质净化功能强的植物，增强自然审美情趣，改善水质。在进行植物物种选择时，必须根据河流生态修复目标，选择与目标要求功能一致的多种本土物种。

2）芦苇和柳树的种植

（1）功能。河岸芦苇茎、叶可使洪水减速，地下茎可固土，减轻洪水冲刷。芦苇地是鸟类、鱼类和水生昆虫类的栖息地。生长在河岸上的矮干柳树群，其发达的根部具有固土功能，可减轻水流冲刷。柳树的遮阴作用，使繁茂的柳林成为鱼类和昆虫的良好栖息地。汛期柳树枝条能够降低流速，成为鱼类的庇护所。

（2）适用范围。芦苇适合生长在流速较缓、断面边坡较缓的河岸，以及水位变化不大的湖沼。种植芦苇的边坡应缓于 1∶3，水深为 30cm 左右，距地下水 40cm 为宜。芦苇种植地的表土为含细沙约 80%的土壤，以利于芦苇成活生长。

柳树适合生长在流速较缓的河岸，以及凹岸等不易受冲刷的部位。地表高出平均水位 0.3～2.0m 为宜，3.0m 左右是高度上限。常年泡水会使柳树根部腐烂。适宜种植柳树的土壤包括细沙、粗沙、砾石等混合土壤，不同品种的柳树所需的土壤也有一定的区别。土壤要有透气性，以利于植物根部生长。

（3）施工要点。芦苇的栽培方法有直接播种、整株种植、种地下茎、种茎干和芦苇含根土壤种植法等。

柳树种植采用插条方法。一般在秋季柳树落叶后采集插条（母枝），在冬季将插条捆成把埋在土中保持，春季在河岸插条。截取直径为 1～3cm、长 30cm 左右的柳枝，埋入地下的长度达到 25cm 以上，露出地面约 5cm。树枝与树枝的间隔为 50cm 左右。埋入方法有洞埋和沟埋两种。

（4）维护管理。芦苇种植后在尚未形成群体以前，有可能被水流冲刷，需要采取防护措施。可提前用植被网覆盖表层或用砾石覆盖地表。对于已经长成的芦苇，夏季要分区收割，每年轮换。收割时留存芦苇的茎要高出水面，使其可进行呼吸管作用。冬季要割掉已干枯的芦苇。

生长在水边的柳树生命力旺盛，插条后无须专门维护。当柳树株高超过 1m 时，将树干截断，不久萌芽枝就可在截断处长出来，在短期内可形成密集的树丛。

3）联排条捆

（1）构造。联排条捆是由木桩、联排条捆和竖条捆组合而成的结构。木桩采用小头直径为 12cm、长 2.5m 的松木原木。联排条捆直径为 15cm，长 2m，采用橡树、构树、柞木等富有韧性的树枝，用 12 号铅丝每隔 15cm 扎绑而成。竖条捆是用长约 1.2m、小头直径为 6mm 的柳枝制作而成的，柳枝选用发芽前的枝条。将木桩沿水边线按照 0.6～1.0m 的间隔打入土中，打入深度为 1.5m 左右，木桩露出河床约 1m。用 12 号铅丝将联排条捆绑在木桩上，在其背后铺设竖条捆，并在竖条捆背后填入 30cm 厚的砾石、粗沙作为反滤层，如图 3.3.7 所示。

（2）功能。联排条捆是整体、多孔结构，既可以护岸，也可以把雨水排入河道。柳树群成长迅速，繁茂的柳树群是良好的栖息地。

（3）适用范围。联排条捆适合用在水深为 1.0m 左右的水边，木桩的使用寿命为 2～6 年，故有赖于柳树根系长成后发挥护岸作用。

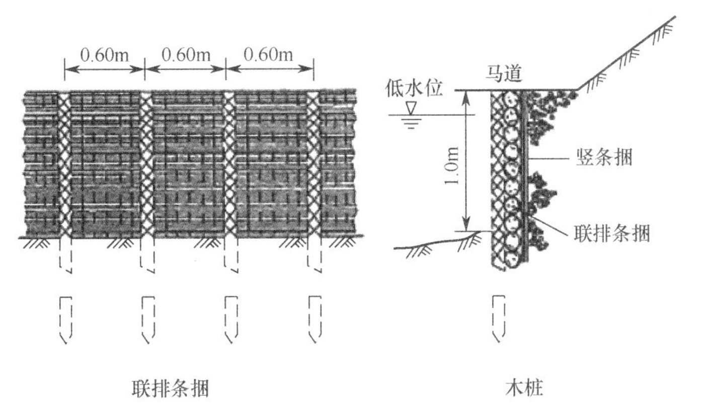

图 3.3.7　联排条梱

（4）维护管理。如果柳树生长过度阻碍水流，则需要截枝。截枝长度要依植物生存条件而定。联排条捆可能腐烂，若柳树已扎根成活，则由其根系发挥护岸的作用。木桩腐烂后，如有必要应进行修补。

4）植物纤维垫

（1）构造。植物纤维垫一般采用椰壳纤维、黄麻、木棉、芦苇、稻草等天然植物纤维制成（也可应用土工格栅进行加筋），可结合植物一起应用于河道岸坡防护工程。植物纤维垫岸坡防护结构如图 3.3.8 所示。岸坡防护结构下层为混有草种的腐殖土，植物纤维垫可用活木桩固定，并覆盖一层表土，在表土层内撒播种子，穿过植物纤维垫扦插活枝条。

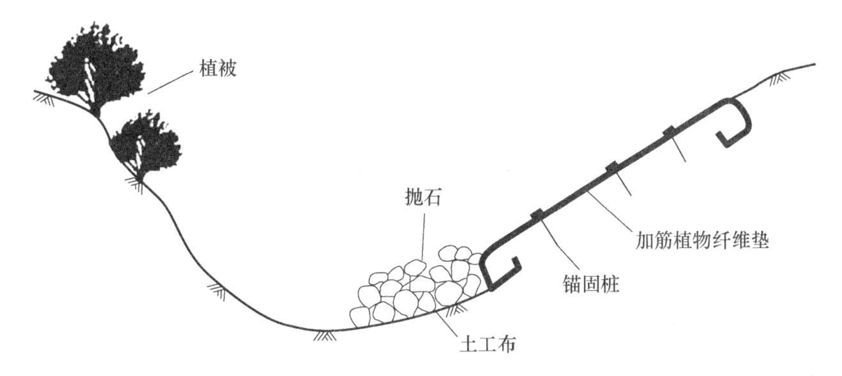

图 3.3.8　植物纤维垫岸坡防护结构

（2）功能。植物纤维腐烂后能促进腐殖质的形成，增加土壤肥力。草种发芽生长后通过植物纤维垫的孔眼穿出，形成抗冲结构体。插条也会在适宜的气候、水力条件下生长和繁殖，最终形成的植被覆盖层可营造出多样性的栖息地环境，并提升自然景观效果。这种结构结合了植物纤维垫防冲固土和植物根系固土的功能，比普通草皮护坡具有更高的抗冲蚀能力。它不仅可以有效减小土壤侵蚀、增强岸坡稳定性，而且可以起到减缓流速、促进泥沙淤积的作用。

（3）适用范围。植物纤维垫适用于水流相对平缓、水位变化不太频繁、岸坡坡度缓于 1∶2 的中小型河流。

（4）设计要点。①在制订植被计划时应考虑到植物纤维降解和植被生长之间的关系，应保证植物纤维降解时间长于形成植被覆盖所需的时间。②植物纤维垫厚度一般为 2～8mm，撕裂强度大于 10kN/m，经过紫外线照射后强度下降不超过 5%，经过酸碱化学作用后强度下降不超过 15%；最大允许等效孔径 φ_{95} 可参考表 3.3.7，结合实际情况选取。③草种应选择多种本土草种；扦插的活枝条长度为 0.5～0.6m，直径为 10～25mm；活木桩长度为 0.5～0.6m，直径为 50～60mm。

表 3.3.7　植物纤维垫设计参数

土壤特性	岸坡坡度	最大允许等效孔径 φ_{95}		
		播种时间距发芽时间很短	播种时间距发芽时间在 2 个月内	播种时间距发芽时间超过 2 个月
黏性土	<40°			
	>40°		4 d_{85}	2 d_{85}
无黏性土	<35°	8 d_{85}	4 d_{85}	2 d_{85}
	>35°	4 d_{85}	2 d_{85}	d_{85}

注：d_{85} 表示被保护土的特征粒径，即小于该粒径的土质量占总质量的 85%。

（5）施工要点。首先将坡面整平，并均匀铺设 20cm 厚且混有草种的腐殖土，轻微碾压。然后自下而上铺设植物纤维垫，使其与坡面土体保持完全接触。再利用木桩固定植物纤维垫，并根据现场情况放置块石（直径为 10～15cm）压重。接着在表面覆盖薄层土，并立即喷播草种、肥料、稳定剂和水的混合物，密切观察水位变化情况，防止冲刷侵蚀。最后扦插活枝条。植物纤维垫末端可使用土工合成材料和块石平缓过渡到下面的岸坡防护结构，顶端应留有余量。

5）植物梢料

（1）构造。利用植物的活枝条或梢料，按照规则结构形式，制成梢料排、梢料层、梢料捆，如图 3.3.9 所示。植物梢料用于河道岸坡侵蚀防护，是一种古老的岸坡防护生态工程技术，在我国有悠久的历史。

（2）功能。这类结构不仅可促使泥沙淤积，有效减轻河岸侵蚀，为河岸提供直接保护层，而且能较快形成植被覆盖层，恢复河岸植被，形成自然景观。

（3）施工要点。植物梢料一般利用长 2～3m、直径为 10～25mm 的活植物枝条加工而成，枝条必须足够柔软，以适应边坡表面的不平整性。植物梢料要用活木桩（长 0.8～1m，直径为 50～60mm）或粗麻绳（直径为 5～30mm）固定，可用少量块石（直径约为 20cm）压重。

梢料排、梢料层和梢料捆的施工要点如下。

① 梢料排施工一般在植物休眠季节（通常是秋、冬季）进行。把梢料排的下缘锚固在沟渠内，使用由活枝条加工而成的梢料捆（直径为 0.2～0.3m）以与岸线平行的方向放置，并布置若干块石，借以保护梢料排下缘免受水流冲刷破坏。用粗麻绳把梢料排缠绕在活木桩上，使枝条尽可能贴紧岸坡。夯击活木桩，将其打进枝条间的土壤中，拉紧粗麻绳把枝条压到土坡上。梢料捆和枝条施工完成后，将土置于梢料捆顶端，使其顶部稍微露出。用松土填满枝条之间的空隙，并轻微夯实以促进生根。如果需要多段梢料排，则应进行有效搭接。搭接处枝条要叠放，并用多根粗麻绳加固，如图 3.3.9（a）所示。

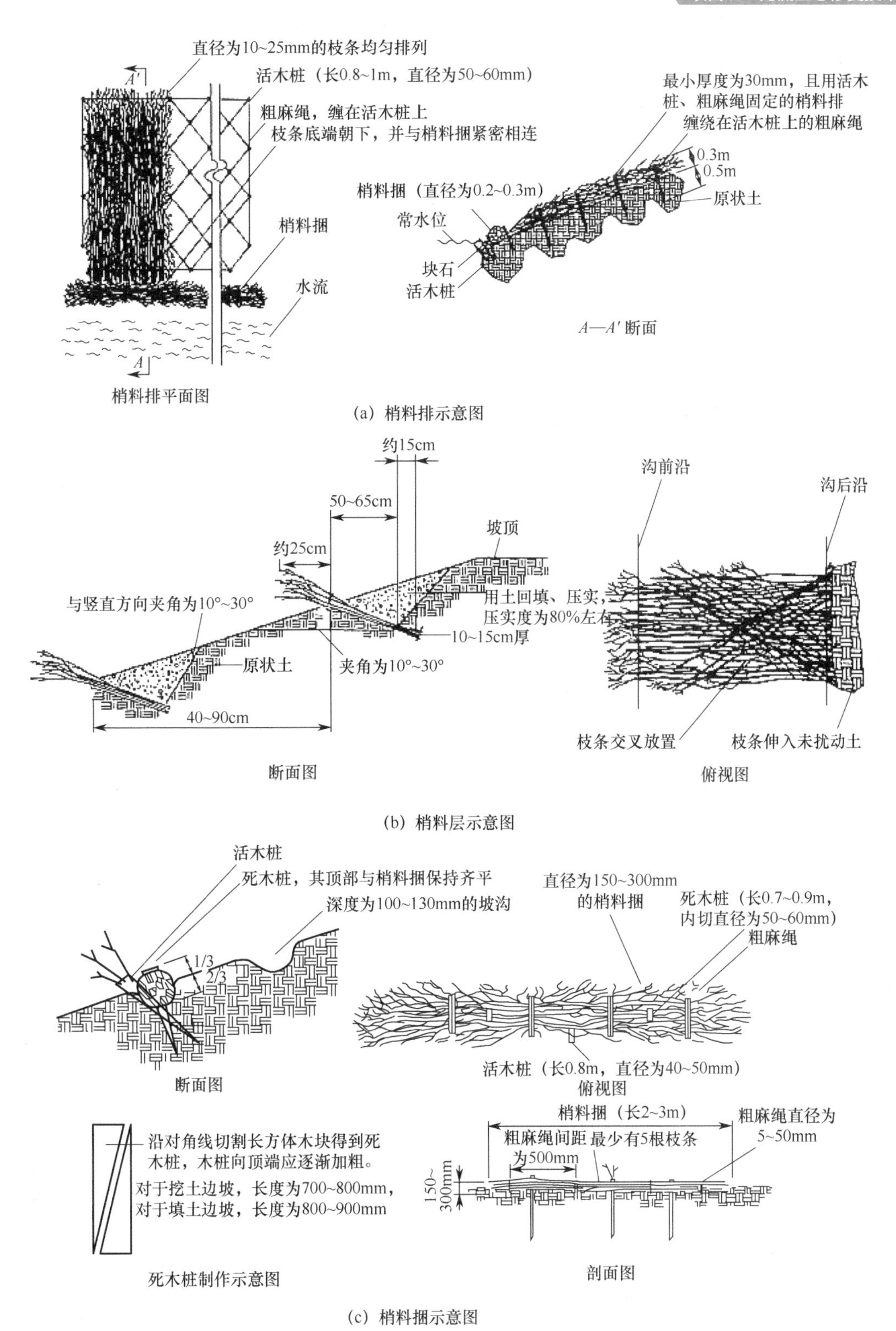

图 3.3.9 利用植物梢料进行岸坡防护的结构示意图

② 在进行梢料层施工时，首先要将活枝条（长 0.8～1.0m、直径为 10～25mm）置于填土

土层之间或埋置于开挖沟渠内。从边坡的底部开始，依次向上施工。可用上层开挖的土料对下层进行回填，依次进行。梢料层安放层面应该稍微倾斜（水平角为10°～30°）。枝条以与岸线正交的形式安放，并使其顶端朝外，其后端应插入未扰动土20cm左右。在枝条上部进行回填，并适当压实。根据坡角、场地和土壤条件及在边坡上的位置差别，梢料层水平层间距保持在40～90cm，下半部分比上半部分排列紧密，最下端可用梢料捆（直径20～30cm）或纤维卷等进行防护，并用土工布将梢料捆包裹，土工布要留出多余长度，并延伸至下面护岸结构，如图3.3.9（b）所示。

③ 在进行梢料捆施工时，枝条用粗麻绳绑成直径为150～300mm的梢料捆，从边坡底部开始，沿着等高线开挖一条轮廓稍小于枝条捆尺寸的沟。整捆枝条的顶部应均匀错开。把梢料捆放于沟内后，将死木桩直接插进捆内，其间隔为600～900mm，木桩的顶端应与梢料捆保持齐平。沿河岸向上以规则的间隔开挖沟渠，沿着梢料捆两边填埋一些湿土并夯实，如图3.3.9（c）所示。为了防止水流在植被充分发育并发挥侵蚀防护功能之前造成淘刷侵蚀，可将梢料捆与植物纤维垫组合使用。

6）土工织物扁袋

（1）构造。土工织物扁袋是先把天然材料或合成材料织物在工程现场展平，然后在上面填土，最后把土工织物向坡内反卷，包裹填土制作而成的。土工织物扁袋水平放置，在岸坡上呈阶梯状排列，土体中包含草种、碎石、腐殖土等材料。在上下层扁袋之间放置活枝条。土工织物扁袋下部邻近水边线处采用石笼、抛石等护脚，以防止冲刷和滑坡，如图3.3.10所示。

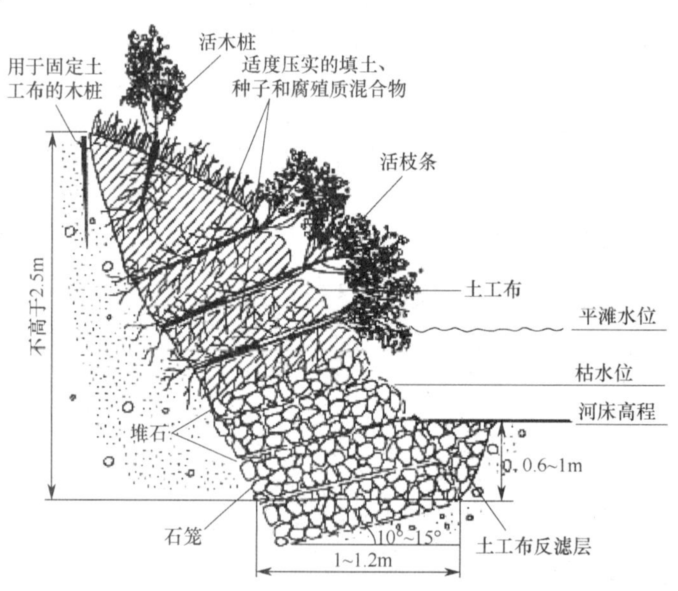

图3.3.10　土工织物扁袋示意图

（2）功能。土工织物扁袋土体内掺杂着植物种子，生长发育后形成植被覆盖。上下层扁袋之间的活枝条发育后，其顶端枝叶可降低流速和冲蚀能量，并且可最终形成自然景观，提供多样性栖息地环境。土体内部的根系具有土体加筋功能，可发挥固土作用。在冲刷较严重的坡脚部位，采用石笼或抛石可保持岸坡稳定。

（3）适用范围。土工织物扁袋主要适用于较陡岸坡，能起到侵蚀防护和增加边坡整体稳定性的作用。与常规的灌木植被防护技术相比，采用土工织物扁袋可抵御相对较高的流速。土工织物扁袋具有较好的挠曲性，能适应坡面的局部变形，形成阶梯坡状，因此特别适用于岸坡坡度不均匀的部位。

（4）施工要点。

① 在工程施工中，首先将边坡大致整平并铺设反滤层，使其与坡面紧密接触。然后适当开挖坡脚河床，安装石笼，并使其与水平面保持一定角度。在扁袋施工时，先铺设底层土工布，然后在上面放置腐殖土和碎石的混合物，植物种子掺杂在较上部位的土体中，最后用土工织物包裹。土工织物至少要搭接20cm，在上面放置插条，并用上层扁袋压实。按此工序依次向上施工，最终形成阶梯状坡面结构。在施工过程中应严格控制土工织物的搭接及与其他防护构件过渡连接的质量，并尽量减小对岸边原生植被的扰动。施工应选择在插条冬眠期及枯水位期间进行，并尽量避开鱼类的产卵期和迁徙期。

② 石笼或抛石护脚应延伸到最大冲刷深度，其顶部应高出枯水位。石笼的孔眼为六边形网目结构，所采用的钢丝直径在3mm左右，钢丝经过镀锌处理后，应用PVC加以包裹，以防止紫外线照射并增强钢丝的抗磨损性。石笼内填充块石的粒径宜取石笼孔径的1.5～2.0倍。

③ 扁袋采用自然材料（如黄麻、椰子壳纤维垫）或合成纤维制成的织造或无纺土工布（孔径为2～5mm，厚度为2～3mm）做成，可为单层或双层，内装卵石（粒径为30～50mm）、不规则小碎石（粒径小于10mm）、腐殖土及植物种子等材料。土工布回包后形成的扁袋高度一般为20～50cm，可以水平放置，也可与水平方向呈10°～15°夹角，沿岸坡纵向搭接长度为50～100cm。必要时可用长50cm左右的楔形木桩固定扁袋。岸坡面上应铺设土工布或碎石作为反滤层。对应不同水位，可以采取不同的反滤措施。土工布应满足反滤准则要求。

④ 土工织物扁袋中的植物种子应包括多种本地物种，并且至少应包括一种生长速度较快的植物物种。上、下层扁袋之间的插条长度为1.5～3.0m、直径为10～25mm，插条的粗端应插入土体中10～20cm，其长度的75%应被扁袋覆盖。插条的物种和直径应具有多样性，插条间距为5～10cm，插条方向应与水流方向垂直或向下游稍微倾斜。

7）植被卷

（1）构造。植被卷是将由管状植物纤维织成的网或尼龙网做成圆筒状，在中间填充椰子纤维等植物纤维制成的。在植被卷中栽植植物（如菖蒲），形成植被后能够发挥固土防冲作用，防止土体下滑。植被卷护坡如图3.3.11所示。

（2）功能。植被卷内填充的植物纤维是栽植植物的生长基质，能促进植物生长。植被卷在水下部分的空隙可作为水生生物的栖息地。植被卷可弯曲变形，适应构造曲折变化的岸线。在常年不淹水部位，经过几年运行，植物纤维分解并被植物吸收，栽植的植物成活并在河岸扎根，形成的植被具有护岸功能。

（3）适用范围。植被卷适用于流速较缓的小型河流，以及冲刷力不大的河段。

（4）施工要点。①植被卷的设置高度以高出夏季平均水位5cm左右为宜。②根据流速和冲刷状况，选择用木桩、石块或麻绳固定植被卷。

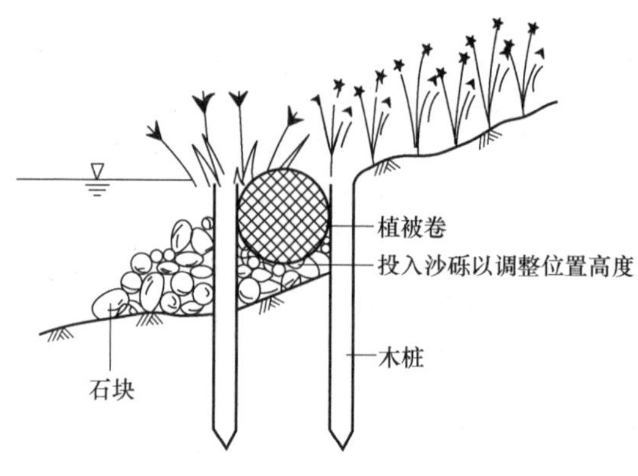

图 3.3.11　植被卷护坡

2．石笼类护岸

1）铅丝笼

（1）构造。铅丝笼是用铅丝编成六边形网目的圆筒状笼子，笼中填块石或卵石，置于岸坡上用于护岸。

（2）功能。铅丝笼具有柔性，能够适应地基轻微沉陷。其多孔性特征使得水下部分成为鱼类和贝类的栖息地。铅丝笼内填土后可以种植植物，形成近自然景观。

（3）适用范围。铅丝笼用途广泛，其坡面坡度适用范围为1∶1～1∶2。优先考虑将铅丝笼用于易于获取卵石材料的河段。用于了防止铅丝严重锈蚀，以下河段不宜使用铅丝笼：pH<5的河段；氯离子浓度在450mg/L以上河段；土壤为黑色有机质混合土壤的河段。

（4）材料。①铅丝笼：用铅丝编成的直径为45～60cm的圆筒状笼子，临时性工程用10号铅丝（直径为3.2mm），永久性工程用8号铅丝（直径为4mm）。②石块：应尽量选择不规则的块石或卵石。③木桩：用于阻止最下段铅丝笼下滑，细端直径约为9cm，长约1.5m。④反滤层：铅丝笼与岸坡土体间必须设置碎石或土工布反滤层，避免水流或波浪对岸坡土体的淘刷侵蚀。碎石反滤层的粒径一般在20～30mm范围内。若用土工布作为反滤材料，则土工布之间的搭接长度应不小于30cm。在铺设、拖拉土工布及放置铅丝笼时，要避免损伤土工布。⑤施工现场的混凝土弃渣和块体可用作铅丝笼填石，实现废物利用。

（5）施工要点。①横向铺设的铅丝笼下部需要打阻滑木桩；竖向铺设的铅丝笼下部不需要打阻滑木桩，在冲刷时可自然滑落，前端平伸入河床2～4m起护脚作用。②先铺反滤材料再安装铅丝笼，选用的反滤材料应可使植物根扎入。③在铅丝笼表面覆土，覆土宜采用当地表土。覆土厚度约为10cm，但考虑到笼内的空隙要加厚30%～50%，覆土时只需在表面散布，无须夯实。在石块间隙中填充表土。春季在石块间隙土壤中用插条方法种植柳树。截取直径为1～3cm、长30cm左右的柳枝，埋入土中长度达25cm以上，露出地面约5cm。柳枝与柳枝的间隔为50cm左右。④护岸的坡度线要尽量圆滑，上下游坡度线要连接顺畅。

（6）维护管理。一般来说，铅丝的耐久性为10～15年。有工程案例显示，铅丝笼施工20年后，虽然铅丝笼的铅丝已断裂，但由于泥沙淤积，加之柳树等植物生长繁茂，岸坡仍能保持稳定。如果柳树生长过于繁茂，则可能阻水，此时需要剪枝。

2）石笼垫

（1）构造。石笼垫是由块石、钢丝编成的扁方形笼状构件，铺设在岸坡上用于抵抗水流冲刷。石笼垫常用尺寸：长度为4m、5m或6m，宽度为2m，厚度为17cm、23cm或30cm。石笼垫底面设置反滤层，表层覆土，石缝中插种植物活枝条，也可在覆土上撒播草种。坡脚处通常设置一单层石笼墙，为石笼垫提供支承，同时能抵抗坡脚处的水流冲刷。石笼墙通常由长方形石笼排列而成，其在河床下面的埋深根据冲刷深度确定。

（2）功能。石笼垫属于柔性结构，整体性和挠曲性均较好，能适应岸坡出现的局部沉陷。与抛石相比，石笼垫能够抵御更高的流速，抗冲刷性好，石笼垫内外透水性良好。块石间的空隙能为鱼类、贝类及其他水生生物提供多样化的栖息地。在石块间间插枝条，生长出的植被能减缓水流冲击，并且能促进泥沙淤积，最终形成近自然景观。

（3）适用范围。石笼垫具有护坡、护脚和护河底的作用，适用于高流速、冲蚀严重、岸坡渗水多的缓坡河岸。在雨量丰沛或地下水位高的河岸区域，可利用石笼垫的多孔性排水。

（4）设计要点。石笼垫在坡脚处的水平铺设长度主要与该处最大冲刷深度和石笼垫沿坡面的抗滑稳定性两个因素有关，即水平铺设长度应大于或等于坡脚处最大冲刷深度的1.5～2.0倍，并且应满足石笼垫沿坡面的抗滑稳定系数不小于1.5的要求，取最大值为水平铺设长度。

① 计算坡脚处的最大冲刷深度 Z，详见《堤防工程设计规范》（GB 50286—2013）。

② 石笼垫沿坡面的抗滑稳定性分析。石笼垫护坡不允许在自重作用下沿坡面发生滑动，要求抗滑稳定系数 $F_s \geqslant 1.5$，F_s 根据静力平衡条件计算：

$$F_s = \frac{L_1 + L_2\cos\alpha + L_3}{L_2\sin\alpha}$$

$$\cos\alpha = \frac{m}{\sqrt{1+m^2}}$$

$$\sin\alpha = \frac{1}{\sqrt{1+m^2}}$$

$$f_{cs} = \tan\theta$$

式中，L_1、L_2、L_3 分别为石笼垫堤顶段、斜坡段、水平段的长度，单位为m，如图3.3.12所示；α 为岸坡角度；m 为岸坡坡比；f_{cs} 为石笼垫与边坡之间的摩擦系数；θ 为坡土的内摩擦角。

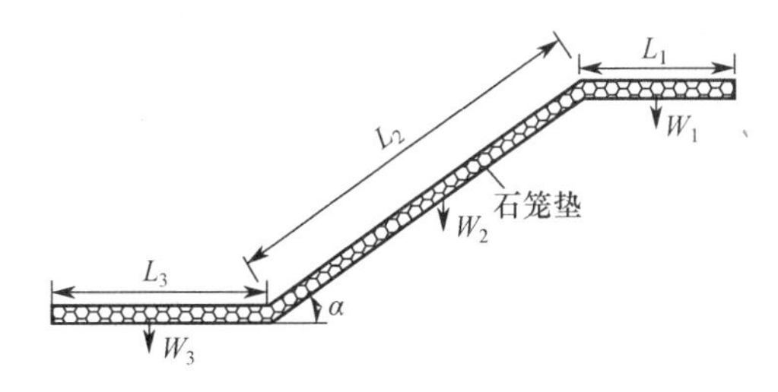

图3.3.12　石笼垫稳定性分析计算简图

③ 石笼垫厚度的确定。石笼垫厚度主要根据水力特性确定，一般为17～30cm，水力特性考虑两个因素，即流速和波浪高度及岸坡倾角，二者计算结果取大值。

a. 考虑流速的影响：

$$D = 0.035\frac{0.75V_c^2}{0.06K_s^2 g}$$

$$K_s = \sqrt{1-\left(\frac{\sin\alpha}{\sin\varphi}\right)^2}$$

$$\sin\alpha = \frac{1}{\sqrt{1+m^2}}$$

式中，D 为石笼垫厚度，单位为 m；V_c 为平均流速，单位为 m/s；g 为重力加速度，$g = 9.81\text{m/s}^2$；K_s 为坡度参数；α 为岸坡角度；m 为岸坡坡比；φ 为石笼垫内填石的内摩擦角。

b. 考虑波浪高度及岸坡倾角的影响：

$$\tan\alpha \geqslant \frac{1}{3},\quad D \geqslant \frac{1}{2}H_s\cos\alpha$$

$$\tan\alpha < \frac{1}{3},\quad D \geqslant \frac{1}{4}H_s\sqrt[3]{\tan\alpha}$$

式中，D 为石笼垫厚度，单位为 m；H_s 为波浪设计高度，单位为 m；α 为岸坡角度。

（5）施工要点。

① 石笼内部的石块应尽量选择不规则的块石或卵石。根据不同的应用类型，块石粒径的取值范围可参考表 3.3.8。

表 3.3.8　石笼内块石粒径参考值

石笼类型	最小粒径/cm	最大粒径/cm
构成石笼墙的长方形石笼	15	30
17cm 厚的石笼垫	7.5	12
23cm 厚的石笼垫	7.5	15
30cm 厚的石笼垫	7.5	20

② 长方形石笼及石笼垫结构示意图如图 3.3.13 所示，具体尺寸应结合现场情况确定。

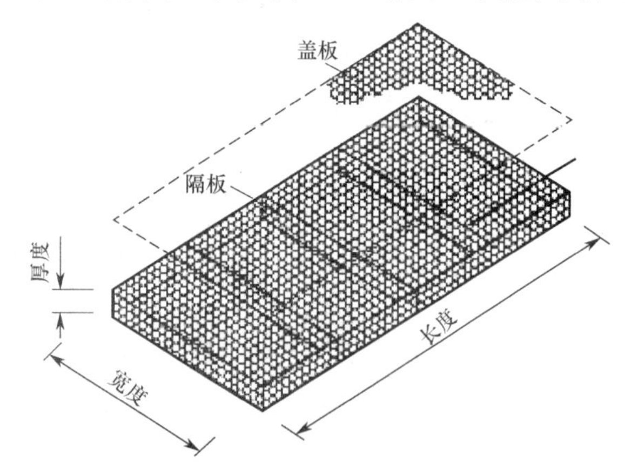

图 3.3.13　长方形石笼及石笼垫结构示意图

石笼的孔眼为六边形网目结构，使用的钢丝为镀锌、镀 5%铝-锌合金、镀 10%铝-锌合金镀层钢丝。按照《工程用机编钢丝网及组合体》（YB/T 4190—2009），其技术要求如下：抗拉强度达到 350～500N/mm²，伸长率不低于 10%，镀层质量及公差表如表 3.3.9 所示。

表 3.3.9 镀层质量及公差表

名称	钢丝直径/mm	公差/mm	最低单位镀层质量/（g/m²）
绞边钢丝	2.20	0.05	215
网格钢丝	2.00	0.05	215
边端钢丝	2.70	0.06	245

③ 石笼垫与岸坡土体间应设置碎石或土工布反滤层，避免淘刷侵蚀。碎石反滤层的粒径一般在 20～30mm 范围内。

④ 在石笼墙施工时，应将施工区域的河水排干，在河床坡脚处开挖放置石笼墙的沟渠，沟渠应紧靠坡脚线并与坡面平缓过渡。坡面应整平，避免存在凸起或凹坑，以免损伤反滤层。顺着岸坡自下而上铺设石笼。当向石笼中放置石块时，抛投高度不应超过 1m。应使石块之间紧密接触，最上层的石块应均匀平顺放置，以免产生顶部凸起现象。一个石笼单元的石块放置完毕后，应将顶盖盖好，并用钢丝将其捆绑牢固。石笼表面应进行覆土处理。

⑤ 在石笼上进行插条（多用柳枝），促进植物生长。植物插条长度一般为 0.5～0.6m，直径为 10～30mm。植物种植深度应达到反滤层下面 10～20cm，露出地面约 5cm，与坡面基本垂直。

3）抛石

（1）功能。抛石护脚是平顺坡护岸下部固基的主要方法，也是处理崩岸险情的一种常见、优先选用的措施。抛石护脚具有就地取材、施工简单的特点，其护脚固基作用显著。抛石群的石块有许多间隙，可构成鱼类及其他水生生物的栖息地或避难所。

（2）适用范围。在水深较大、流速较高及水流顶冲部位，通常采用抛石护岸。抛石方法也是崩岸险工处理的主要手段。

（3）设计要点。

① 抛石护脚范围的确定。在深泓逼近河岸段，抛石应延伸到深泓线，并且满足河岸最大冲刷深度的要求。从岸坡的抗滑稳定性方面考虑，应使冲刷坑底与岸边连线保持较缓的坡度，并使抛石深入河床且有所延伸，这样可使抛石护脚附近免受冲刷。在主流逼近凹岸的河段，抛石范围应超过冲坑最深部位。在水流平顺段，抛石上部应达到原坡度 1∶3～1∶4 的缓坡处。抛石护脚工程的顶部平台，一般应高出枯水位 0.5～1.0m。

② 抛石粒径的选择。由于抛石部位水流条件不同，因此所需抛石粒径有所不同。从抗冲稳定性方面考虑，可以用以下经验公式计算抛石粒径：

$$d=\frac{v^3}{27.4\cos^{1.5}\theta h^{0.5}}$$

式中，d 为抛石等容球体直径；h 为抛石处水深；v 为垂线平均流速，$v=q/h$，其中 q 为单宽流量；θ 为边坡坡度。在河道严重弯曲段，若考虑环流作用，则可将 d 值增加 5%～15%，以策安全。资料显示，湖北荆江大堤护岸工程，岸坡坡度为 1∶2，水深超过 20m，垂线平均流速为 2.5～4.5m/s，利用粒径为 0.2～0.45m 的块石抛石，竣工后岸坡保持稳定。

③ 抛石堆积厚度和稳定性坡度要求。抛石堆积厚度应不小于抛石粒径的 2 倍，水深流急处抛石堆积厚度应为抛石粒径的 3～4 倍。一般河段抛石堆积厚度可为 0.6～1.0m，重要河段抛石堆积厚度为 0.8～1.0m。抛石护岸坡度，在枯水位以下可根据具体情况控制在 1∶1.5～1∶4 范围内。

④ 抛石区反滤层设置。抛石区如果不设置反滤层，则容易发生抛石下部被冲刷从而导致抛石下沉崩塌现象。反滤层可采用砂砾材料，也可采用土工合成材料，依据技术标准确定。

（4）施工要点。

① 抛石位移估算。施工时抛石落点不易掌握，常有部分块石散落在河床各处，造成浪费。根据实测数据和分析研究，可用以下经验公式估算抛石位移：

$$L=\frac{kHV}{W^{1/6}}$$

式中，L 为抛石位移，单位为 m；H 为平均水深，单位为 m；V 为水面流速，单位为 m/s；W 为块石质量，单位为 kg；k 为系数，一般取 0.8～0.9。河湾抛石受环流影响，其落点略偏向河心。群体抛石落点在横向上呈扇面分布，小石块落在下游偏河心一方，大石块落在上游偏凹岸一方。据此估算分析，就可设计抛石船定位和抛石施工程序。

② 通常由上游向下游抛石，可先抛小碎石，然后在其下游抛大石块，以发挥碎石垫底作用。考虑弯道环流作用，可先在抛石船靠岸侧抛小碎石，然后在另一侧抛大石块。

③ 抛石护脚施工应在枯水期组织实施，事先设计好抛石船位置，按照规定的顺序抛石。

④ 施工前后均应进行水下抛护断面测量。在施工过程中，要按时记录施工河段水位、流速，检验抛石位移和高程，不符合要求者及时补充。

3．木材块石类护岸

1）木框块石护坡

（1）构造。木框块石护坡是由未处理过的原木相互交错形成的箱形结构，在其中填充碎石和土壤，并扦插活枝条，构成重力式挡土结构。木框分为单坡木框和双坡木框两种。二者的区别在于，前者靠近坡面一侧柱木方向为垂直方向，后者为斜向，如图 3.3.14 所示。木框块石护坡高度一般不超过 2m，长度不超过 6m。

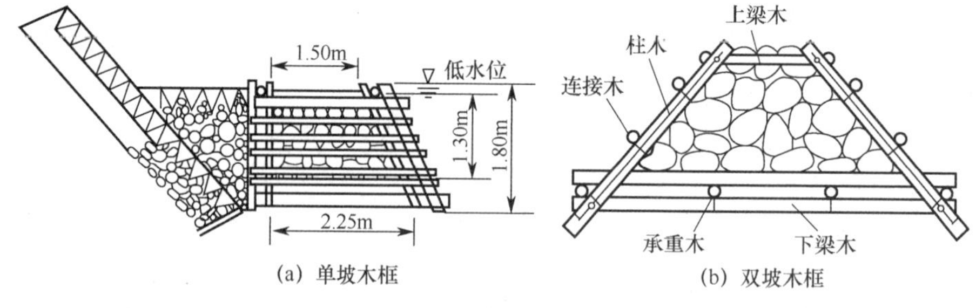

图 3.3.14　木框块石护坡

（2）功能。木框块石护坡用于陡峭岸坡的防护工程，可减轻水流冲刷，促进泥沙淤积，快速形成植被覆盖层，营造自然景观，为昆虫等动物提供栖息地。枝条发育后的根系具有土体加筋功能。木框块石护坡水下部分空隙多，能够为鱼类、贝类提供多样化的栖息地。

（3）适用范围。木框块石护坡主要应用于陡峭岸坡。与石笼类构件相比，木框块石护坡的柔性较低，所以易沉陷的坡面土体不宜采用此种结构。

（4）材料。采用的原木直径为 0.1～0.15m，长 1.5～4.4m，回填石块粒径在 15cm 以上。植物插条直径应为 10～60mm，并且应有足够的长度插到木框块石挡土墙后面的土壤中。绑扎铅丝用 12 号铅丝（直径为 2.4mm）。

（5）设计、施工要点。①木框块石护坡设计，需要对木框块石结构的抗倾倒稳定性进行计算分析，并核算结构基础的承载能力。②单坡木框建议尺寸：上宽 1～2.5m，下宽 1.8～3.3m，高 1～1.75m。③施工顺序：首先，单坡木框结构施工前要对坡脚进行开挖，使木框块石护坡的踵部位置比趾部位置挖深 15～30cm，以使木框架的顶部能靠在河岸上。其次，组装木框，用钢筋或耙钉把主柱和斜柱与连接木上、中、下共 3 层及横梁共 2 层连接固定。在两端加一根中梁，形成框架。底部设托板木，其上铺设底料。最后，在木框块石护坡中填充碎石，使其高度达到平均枯水位。在木框块石护坡内铺设块石时，应避免块石从原木间隙漏掉，可将粒径大的石块放置在边缘处，由外向内填充石块，粒径逐渐变小。总体上块石大小混合，可以增强咬合力，提高整体性。木框与坡面之间的楔形空间用沙土回填并夯实。框内平均枯水位以上用表土或种植土回填，并埋设植物活枝条。枝条应埋深至河岸的未扰动土体，交替放置土层和枝条层，土体适度压实。④因为木框块石结构本身不具有抗滑功能，所以在具有滑坡风险的部位应增设抗滑桩。图 3.3.15 所示为木框块石护坡的河床剖面图。

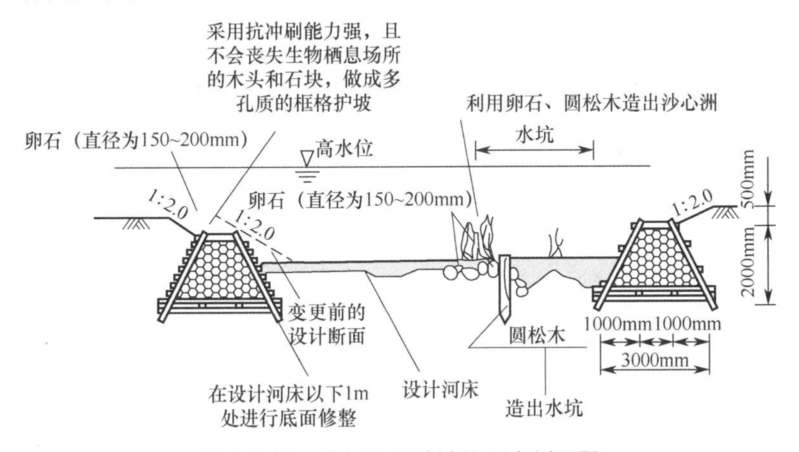

图 3.3.15　木框块石护坡的河床剖面图

（6）维护管理。①完全浸泡在水中不接触空气的木材不会腐烂。②木材和金属部件若发生腐烂损坏，则应进行更换和修补。③结构件间空隙多，易挂水草和污物，要及时清理以保持美观。

2）木工沉排

（1）构造。木工沉排是在井字形原木框架中填卵石或块石构成的。木工沉排构造如下：将原木组装成间隔 2m 的井字形框架，下部铺设一排原木栅栏，在井字形框架内铺设石料，将这样的单元叠放数层即可构成木工沉排，如图 3.3.16 所示。

（2）功能。木工沉排具有较强的抗冲刷性能，能够抵抗水流的曳引力。木工沉排为多孔结构，可为鱼类和其他水生生物提供栖息地。

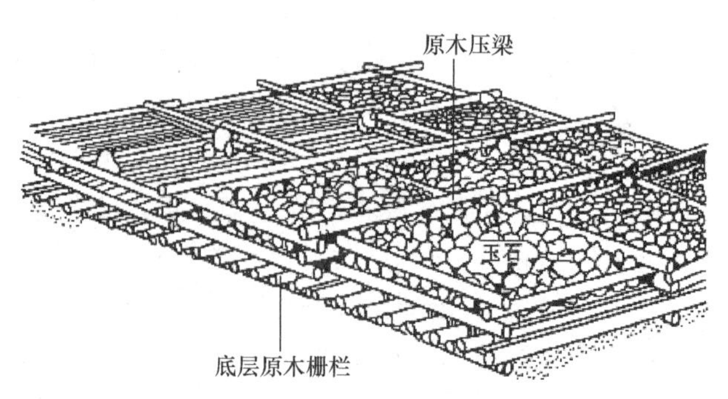

图 3.3.16　木工沉排

（3）适用范围。木工沉排可用于河道坡面防冲护脚，以及防止河底泥沙淘冲。选取技术方案时还要考虑当地河道获取石料的条件，以满足经济合理性要求。木工沉排宜常年在水下环境中工作，这样木材不易腐烂。木工沉排如果经常露出水面，特别是处于时干时湿的环境，则容易导致木材腐烂。在这种情况下，应选择其他方案，如混凝土构件。

（4）材料。①木材：可选择松树原木或杉树原木的剥皮材，作为井字形框架和底部栅栏材料。框架用材长 2.4m，小头直径为 12cm；栅栏用材长 2.3m，小头直径为 9cm。②石料：直径约为 30cm 的卵石或质量在 30kg 以上的抛石。石料大小要根据水流曳引力计算。③组装框架连接用钢筋（直径为 16mm），绑扎栅栏用 12 号铅丝。

（5）施工要点。①施工期间应采取围堰截流和排水等方法，保持现场干燥或低水位。②将栅栏下部河底整平，在河底与栅栏间用砂石填实。③在水流湍急部位，块石有可能被水流冲走，应在木工沉排上部设置由原木制作的压梁以约束块石，也可以选择大块石或混凝土块覆盖表面。④在水流淘冲严重、河底有下降趋势的部位，需要先开挖到冲刷深度以下，然后抛石护脚，或者增加木工沉排长度，使其伸进河床，以预防淘冲。

4．多孔透水混凝土构件

1）铰接混凝土块护岸

（1）构造。铰接混凝土块护岸是一种连锁型预制混凝土块铺面结构，由多组标准的预制混凝土块用钢缆或聚酯缆绳连接，或者通过混凝土块相互咬合连接构成。结构底面铺设土工布或碎石作为反滤层和垫层。两种混凝土自锁块结构示意图如图 3.3.17 所示。

（2）功能。铰接混凝土块护岸整体性强，施工效率高，防冲刷效果好。混凝土块为空心构件，其孔洞面积率满足填充表土或砾石材料的要求。这种具有多孔和透水特性的结构，允许植物生长发育，能够改善岸坡栖息地条件，提升自然景观效果。

（3）适用范围。铰接混凝土块护岸适用于流速较高和风浪淘刷侵蚀严重、坡面相对平整的河道岸坡。

（4）材料。水泥标号可选择 C20，混凝土最大水灰比为 0.55，坍落度为 3～5cm，掺 20%～30%的粉煤灰和 0.5%的减水剂，以降低用水量和水泥用量。为了提高混凝土的耐久性，宜掺用引水剂，控制新拌混凝土含气量。考虑到混凝土制品碱性大、不利于植物生长等因素，在搅拌混凝土时可加入适量的醋酸木质纤维。醋酸用于中和混凝土的碱性，木质纤维可在保证混凝土碱性降低的情况下增加构件强度，经过一段时间后，木质纤维开始分解产生酸类物质对混凝土碱性再次进行中和，并形成微孔通道。

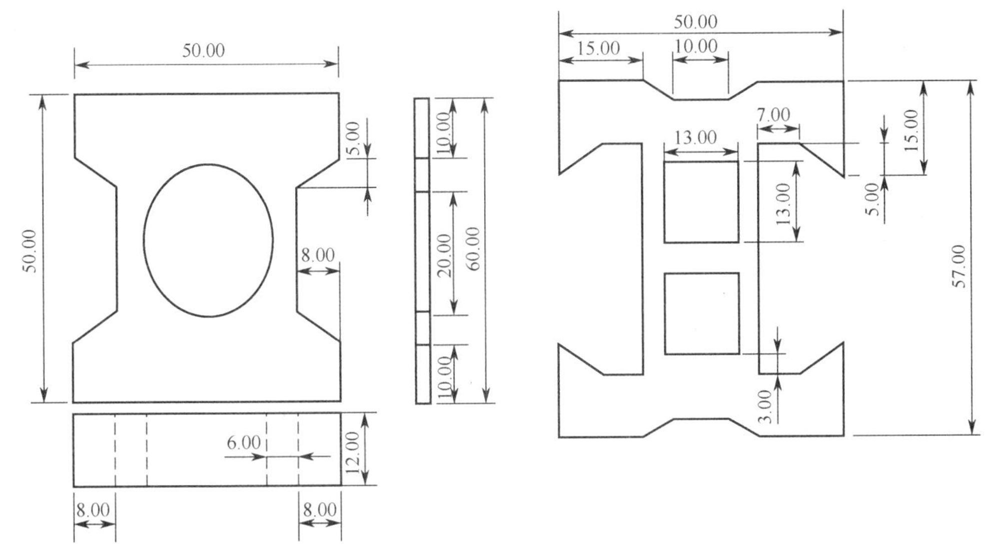

图 3.3.17 两种混凝土自锁块结构示意图（单位：cm）

（5）施工要点。①浇筑混凝土块时宜采用钢模，并用平板振捣器振实，以确保混凝土浇筑质量。钢模的尺寸应比设计图周边缩小 2mm，以防止制出的混凝土块嵌入困难。混凝土块的龄期至少满 14d 后方可铺设。②首先将边坡整平，在最下缘应建浆砌石挡墙。在坡面上铺设反滤层，可选用土工布或碎石反滤层。土工布搭接长度不小于 20cm。当被保护土为粉砂或细砂时还需要设置垫层，以防止岸坡土壤颗粒流失。然后自下而上铺设混凝土块。③混凝土块的预留孔中宜填充本土植物种子、腐殖土、卵石（粒径为 30～50mm）和肥料等材料组成的混合物，也可同时扦插长度为 0.3～0.4m、直径为 10～25mm 的插条。④铰接混凝土块孔隙中种植或自然发育形成的适宜植物类型为本土矮草，应避免种植灌木和乔木，以免其根系生长导致铰接混凝土块被顶破。

2）生态砖和鱼巢砖

（1）构造。生态砖和鱼巢砖具有类似的结构形式，常将二者组合应用。生态砖用由水泥和粗骨料胶结而成的无砂大孔隙混凝土制成，并且在砖块孔隙中填充腐殖土、种子、缓释肥料和保水剂等混合材料，为植物生长提供有利条件。

鱼巢砖用普通混凝土制成，在其底部可填充少量卵石、棕榈皮等，以作为鱼卵的载体。鱼巢砖上下咬合排列成一个整体。前、左、右三个面留有进口，顶部敞开。生态砖和鱼巢砖底部需要铺设反滤层，以防止发生土壤侵蚀。可选用能满足反滤准则及植物生长需求的土工织物作为反滤材料。生态砖和鱼巢砖构件护岸如图 3.3.18 所示。

（2）功能。生态砖和鱼巢砖具有抵御河道岸坡侵蚀的功能，而且能够为鱼类提供产卵栖息地。植物根系通过砖块孔隙扎根到土体中，能提高土体整体稳定性，促进形成自然景观。

（3）适用范围。生态砖和鱼巢砖经常组合应用，适用于水流冲刷严重、水位变化频繁且稳定性要求较高的河段和特殊结构的防护，如桥墩处和景观要求较高的城市河段岸坡防护。

（4）材料。生态砖混凝土：粗骨料可以选用碎石、卵石、碎砖块、碎混凝土块等材料，粗骨料粒径应在 5～40mm 范围内，水泥通常采用普通硅酸盐水泥。生态砖的抗压强度主要取决于灰骨比及粗骨料的种类、粒径、振捣程度等，一般为 6.0～15.0MPa。如果在冬季施工，则可适当加入早强剂。有报告显示，在鱼巢砖内填入当地大小混合的卵石，有助于吸引不同类型的鱼类进入鱼巢砖内产卵。

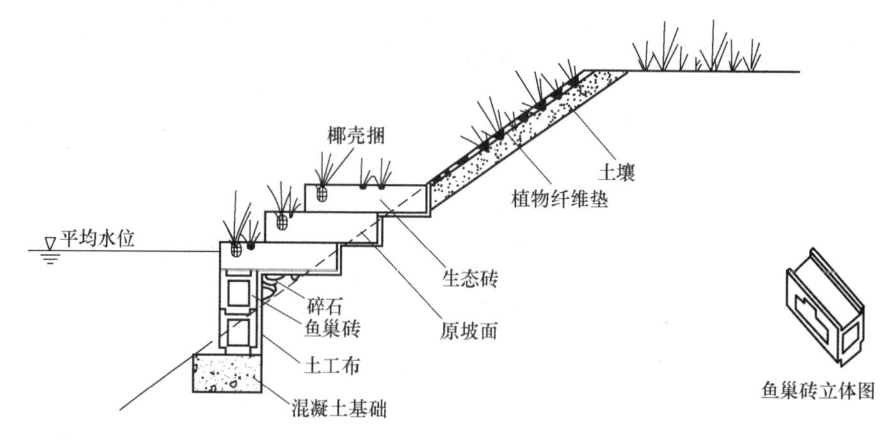

图 3.3.18　生态砖和鱼巢砖构件护岸

（5）设计要点。图 3.3.18 显示了生态砖与鱼巢砖组合使用的河道断面。在最下部用混凝土基础护脚，预防淘冲。在混凝土基础上面，自下而上叠放鱼巢砖，叠放至多年平均水位。鱼巢砖与岸坡土体接触部分设置土工布作为反滤层。鱼巢砖与岸坡之间的楔形空间用碎石填充。鱼巢砖上面叠放生态砖，砖块孔隙中填充腐殖土、种子、缓释肥料和保水剂等混合材料，并设置植被卷（如椰壳捆）。在岸坡顶部坡面铺设植物纤维垫。

5．半干砌石

（1）构造。在岸坡施工现场浇筑混凝土格栅，在其上放置卵石或块石，石料间的空隙一半用混凝土填筑，另一半填入土壤、插枝植物（如柳枝），即可构成半干砌石，如图 3.3.19 所示。

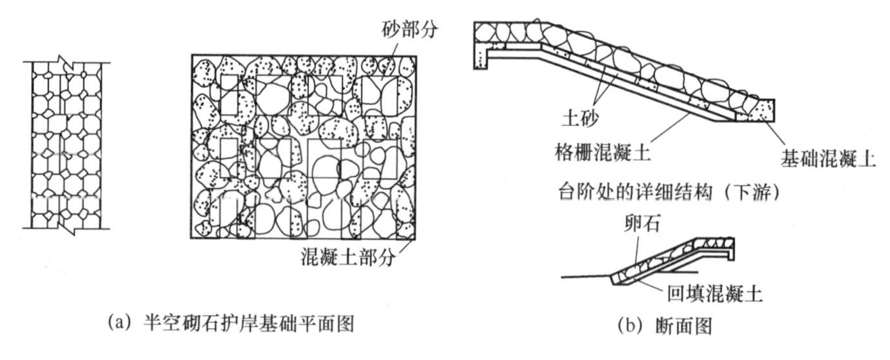

图 3.3.19　半干砌石结构

（2）功能。半干砌石结构既具有浆砌石结构的优点，整体性强，能够抗冲刷，又具干砌石结构的优点，空隙多，可以填土生长植物，为鱼类和昆虫栖息创造条件，同时可营造自然景观，避免浆砌石结构的单调化。

（3）施工要点。在岸坡平整坡面后，首先浇筑混凝土基础或铺设巨石用于护脚。在坡面铺设土工合成材料作为反滤层。然后按一定的宽高尺寸把泡沫塑料和胶合板固定在坡面上作为模板，在现场浇筑混凝土格栅。在混凝土凝固前放置卵石或块石，石料靠自重陷入混凝土并被黏结，即用所谓的"坐浆法"固定石料。使用的石料粒径与现场的卵石相似，放置石料时应紧密嵌入，使石块之间相互咬合。较大的石料放置在下面，以此类推。下部水边线力求弯曲自然。在格栅位置的石料空隙中填入土壤，以备插枝。在格栅位置以外的石料空隙中填筑混凝土。

6．组合式护岸结构

在实际护岸工程设计中，常把各种护岸技术综合应用，形成组合式护岸结构。设计者应根据工程现场流速、水深、冲刷、滑坡风险、材料来源等多种因素，因地制宜地设计组合式护岸结构。上述护岸技术中的天然植物护岸、石笼类护岸、木材块石类护岸及多孔透水混凝土构件，都有明确的应用范围。木框沉排及混凝土框架沉排适用于河底防护，以预防淘冲。抛石、铅丝笼和混凝土块体适用于护脚工程。石笼垫抗冲性能好且有一定柔性，可适应坡面变形，适用于流速较高的坡面。木框块石护坡主要应用于陡峭岸坡，以防止水流冲刷。铰接混凝土块护岸适用于流速较高和风浪淘刷侵蚀严重、坡面相对平整的河道岸坡。联排条捆适宜用在水边线的浅水区，除本身抗冲刷以外，其还能促进插枝植物生长，发挥护岸作用。植物纤维垫主要适用于水流相对平缓、水位变化不太频繁、岸坡坡度缓于 1∶2 的中小型河流。土工织物扁袋具有较好的挠曲性，能适应坡面的局部变形，适用于岸坡坡度不均匀的部位。植被卷可弯曲变形，适应构造曲折变化的岸线，适用于流速较缓、冲刷力不大的小型河流。近年来，活植物枝条已经成为护岸工程中重要的建筑材料。利用块石、混凝土构件之间的空隙，用插条方法种植柳树和芦苇等植物，发挥植物的固土防冲作用。这些技术已经得到广泛应用。

各种护岸技术可以灵活整合，形成多种组合式护岸结构。图 3.3.20 所示为几种组合式护岸结构。图 3.3.20（a）中，木工沉排用于河底防护，铅丝笼用于坡面防护，在坡面上部采用联排条捆，既能防止冲刷，又能促进植物生长。图 3.3.20（b）中，在河底邻近坡脚处砌巨石以防止冲刷，用混凝土块体护脚，在坡面上呈阶梯状布置箱式铅丝笼用于护坡，在铅丝笼块石间隙中扦插植物。图 3.3.20（c）中，在河底砌巨石护脚，枯水季节巨石露出水面能提升景观效果，用石笼垫护脚、护坡，在缓坡上覆土种植矮草和灌木。图 3.3.20（d）中，在坡脚铺填毛石并用混凝土块体护脚，常水位以下坡面用铅丝笼防冲，常水位以上坡面覆土并铺设植物纤维垫，常水位坡面附近种植芦苇，上部扦插柳树。图 3.3.20（e）中，用混凝土块体护脚，沿水边线铺设土工织物扁袋，栽植水生植物，同时利用土工织物扁袋的挠曲性形成弯曲的水边线，提升景观美学价值，坡面采用混凝土框格，框格中覆土种植矮草和灌木。

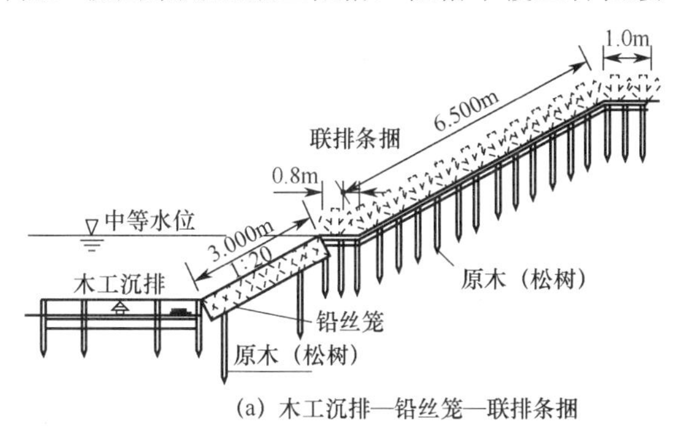

(a) 木工沉排—铅丝笼—联排条捆

图 3.3.20　几种组合式护岸结构

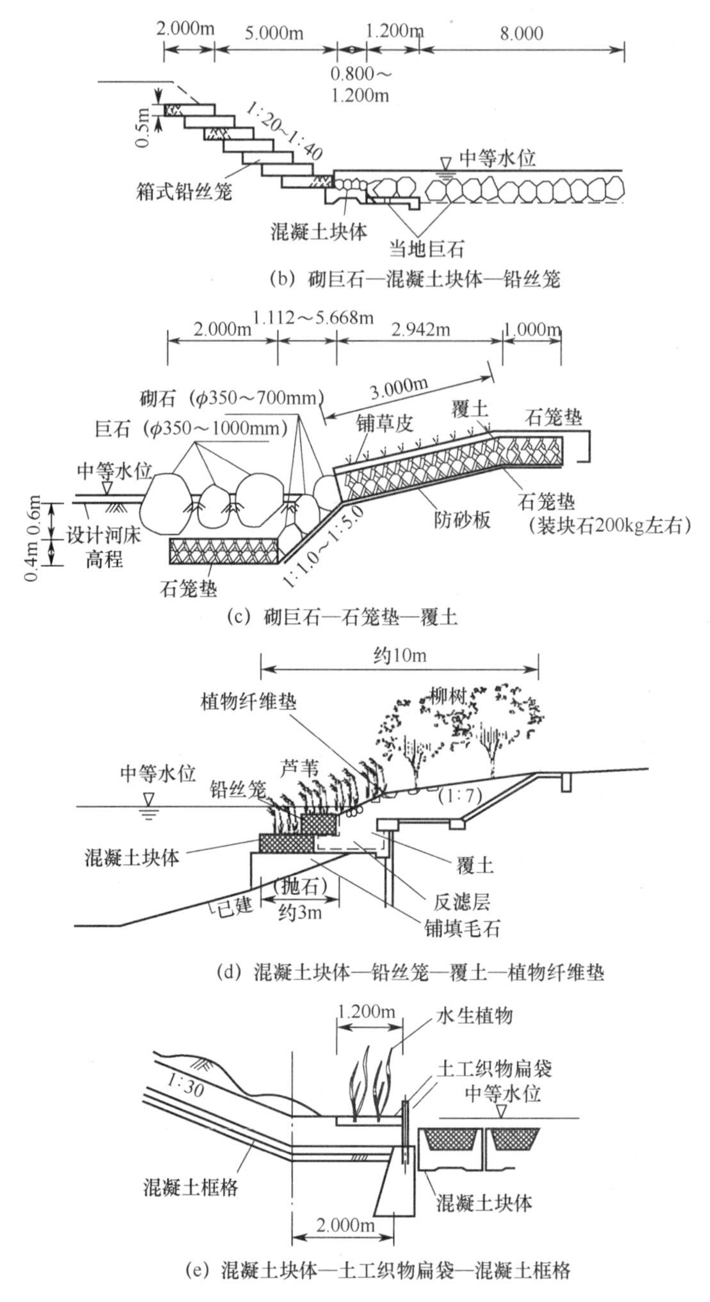

(b) 砌巨石—混凝土块体—铅丝笼

(c) 砌巨石—石笼垫—覆土

(d) 混凝土块体—铅丝笼—覆土—植物纤维垫

(e) 混凝土块体—土工织物扁袋—混凝土框格

图 3.3.20　几种组合式护岸结构（续）

3.3.3　河道内栖息地改善技术

河道内栖息地是指具有生物个体和种群赖以生存的物理化学特征的河流区域。河道内栖息地根据空间尺度大致可分为宏观栖息地、中观栖息地和微观栖息地三种类型。宏观栖息地是指河流系统本身，可能达到数千千米；中观栖息地主要是指河段，尺度范围为几十米到 1km 左右；微观栖息地主要是指尺度为几米甚至更小的微栖息地结构。

本节以中观栖息地和微观栖息地为对象，介绍小型河流栖息地改善技术。所谓小型河流，可以定义为在漫滩水位时河宽<12m 的河流。

河流生物群落的时空变化是对生境因子变化的响应，生境因子包括水质、溶解氧、水温、流速、流态、流量、底质、食物供给、通道、避难所等，这些生境因子将影响水生生物的繁殖、发育和生存。河流形态的多样性决定了沿河栖息地的有效性、总量及复杂性。河流的生境空间异质性和复杂性高，就意味着创造了多样的小生境，允许更多的物种共存。河流的生物群落多样性与栖息地异质性存在正相关关系。根据这个原理，在河流生态修复工程中，可以设置河道内栖息地改善结构，以调整这些生境因子的时空变化。所谓河道内栖息地改善结构，主要是指利用木材、块石、适宜的植物及其他生态工程材料在河道内局部区域构筑的特殊结构，这类结构可通过调节水流及其与河床或岸坡岩土体的相互作用，在河道内形成多样性地貌和水流条件，如水深、流速、急流、缓流、湍流、深潭、浅滩等水流条件，创造避难所、遮蔽物、通道等物理条件，从而增强鱼类和其他水生生物栖息地功能，促使生物群落多样性提高。河道内栖息地改善结构可以分为以下几类：卵石群、树墩和原木构筑物、丁坝、堰。

河道内栖息地改善技术作为新兴技术，融合了生态学前沿理论与先进的监测评估手段，借助 ADCP、GIS 和 RS 技术完善方案规划，融合了人工与自然技术并佐以生物促生技术，运用生态混凝土、可生物降解材料等环保材料及新型过滤材料净化水质，可启用水上种植机、投放栖息地设施专用设备、曝气设备与生物膜反应器等装备。以下是河道内栖息地改善技术的具体实施方式。

1．卵石群

微课视频

卵石群是最常见的河道内遮蔽物。水流在通过卵石群时，受到扰动消耗能量，使河段局部流速下降，卵石周围形成冲坑。在河道内布置单块卵石（巨砾）或卵石群有助于创建具有多样性特征的水深、底质和流速条件。卵石是很好的掩蔽物，其背后的局部区域是生物避难和休息场所。卵石还有助于形成相对较大的水深、湍流及流速梯度，曝气作用有助于增加水体中的溶解氧。这些条件对很多生物都非常有益，包括水生昆虫、鱼类、两栖动物、哺乳动物和鸟类等。除鱼类外，卵石所形成的微栖息地还能为其他水生生物提供庇护所或繁殖栖息地。例如，卵石的下游面流速比较低，河流中的石蛾、飞蝼蛄、石蝇等动物均喜欢吸附在此部位。卵石区流场及生物栖息示意图如图 3.3.21 所示。

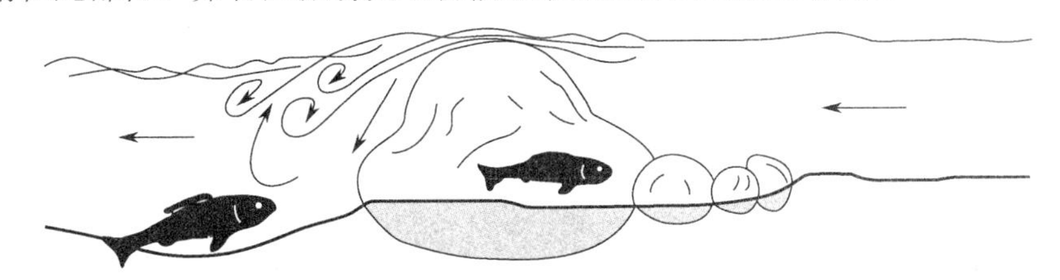

图 3.3.21 卵石区流场及生物栖息示意图

在卵石群的设计中，不仅要考虑栖息地改善问题，而且要考虑淘刷、河岸稳定等水力学和泥沙问题。如果细颗粒泥沙含量很高，则卵石下游的冲坑很可能产生泥沙淤积。在卵石群的设计中，应细致分析卵石自身的稳定问题，以及由泥沙淤积所造成的卵石被掩埋等问题。

如果河流存在主槽摆动倾向，则主槽偏离会使卵石群丧失栖息地功能。当将卵石群布置在相对较高的河床位置时，最可能引起洄水问题。因此，在卵石群的设计中，应对可能出现的淘刷、泥沙淤积、洪水和河岸侵蚀等问题进行分析。

卵石群的栖息地加强功能能否得到充分发挥，取决于诸多因素，如河道纵比降、河床底质条件、泥沙组成和水动力学因素等。卵石群一般比较适合布置在顺直、稳定和宽浅的河道中，而不宜布置在细砂河床上，否则会在卵石附近产生河床淘刷现象，并且可能导致卵石失稳沉入冲坑。在卵石群的设计中，可以参考类似河段的资料来确定卵石的直径、间距、卵石与河岸的距离、卵石密度、卵石排列模式和方向，并预测可能产生的效果。图 3.3.22 所示为卵石群的几种典型排列示意图，排列形式包括三角形、钻石形、排形、半圆形和交叉形。在平滩断面上，卵石所阻断的过流区域宽度不应超过河宽的 1/3。一个卵石群一般包括 3～7 块卵石，具体数量取决于河道规模。卵石群的间距一般为 3～3.5m。卵石要尽量靠近主河槽，如深泓线两侧各 1/4 的范围，以保证枯水期仍能发挥其功能。

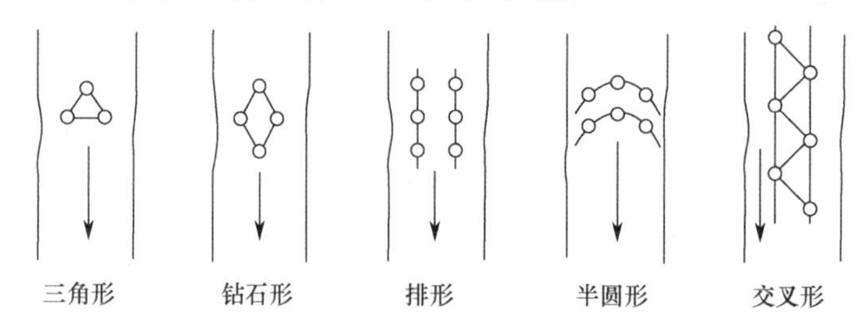

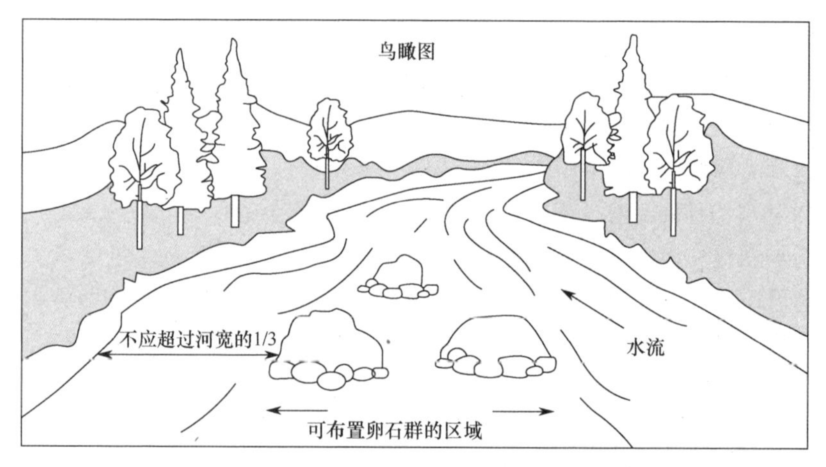

图 3.3.22　卵石群的几种典型排列示意图

图 3.3.23 所示为卵石群连续 V 形布置方案。左侧上游第一块卵石用坐浆法施工，即在混凝土凝固前卵石靠重力与混凝土紧密结合，形成这组卵石群的基石。先在第一块卵石下游布置一对卵石，然后布置一组由 3 块卵石组成的上游 V 形卵石群，再由 4 块小卵石以链条状连接下游 V 形卵石群，形成 V 形卵石群—链条—V 形卵石群布局。卵石间弯曲的缝隙，提供了一条低流速流路，如图 3.3.23 中虚线所示。由监测数据可知，这条低流速流路是一些物种喜爱的通道。

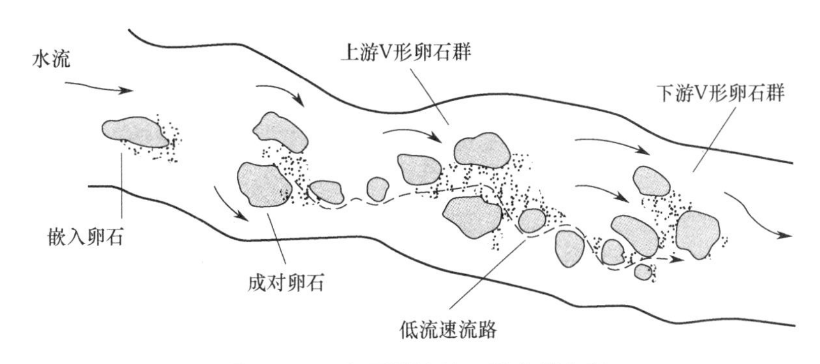

图 3.3.23　卵石群连续 V 形布置方案

2. 树墩和原木构筑物

1）半原木掩蔽物

半原木掩蔽结构是河底的架空结构，在河道中顺长设置，为鳟鱼和其他鱼类提供掩蔽物，如图 3.3.24 所示。将直径为 20～30cm 的原木顺长劈开制成半原木，下部用方木支撑，方木间隔为 15cm。用钢筋把半原木和支撑方木连接起来并锚固在河底砂砾石层中。半原木掩蔽结构与水流平行或稍呈一定角度布置，并且毗邻主泓线。一般来说，半原木掩蔽结构布置在浅滩湍流区域，但是要求下部有足够的水深，能使半原木掩蔽结构处于淹没状态。

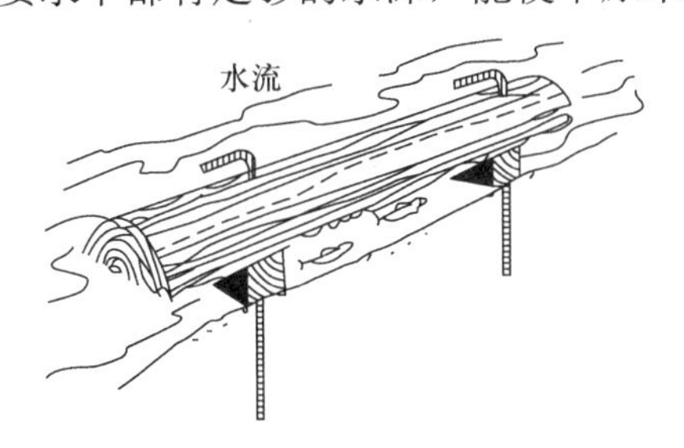

图 3.3.24　半原木掩蔽物

2）鱼类避难所

用原木、木桩和块石构筑的掩蔽物，为鱼类提供了遮阴环境，成为鱼类躲避食肉鱼类和高速水流的避难所，如图 3.3.25 所示。这种结构设置在水面上下并伸进河床。由原木或半原木搭建的平台靠木桩或钢筋混凝土桩支撑，木桩或钢筋混凝土桩要牢固地夯入河底。在缓坡河道断面，支撑桩长度应不小于 2m。为了提高结构的耐久性，可用混凝土基础护脚。在平台上放置块石和土壤，在土壤表层撒播草籽或在块石缝隙中插枝。其目的是增加结构物自重，以防止其被水流冲走，同时提高景观美学价值，并且为岸坡植物重建提供机会。在鱼类避难所结构下部岸坡放置大卵石，以防止基础被冲刷，同时稳固平台结构。鱼类避难所设置在河道外弯道，与河道控导构筑物和堰联合作用。河道控导构筑物应布置在对岸，以改善鱼类避难所结构下面的水流流态，并且防止泥沙淤积。在低水位条件下，掩蔽物下面要有一定水深。这是因为，如果原木平台始终处于水下，则木材耐久性要高得多。在高水位情况下，掩蔽物会成为行洪障碍物，同时存在掩蔽物被洪水冲走的风险，对此需要在设计中进行分析评估。

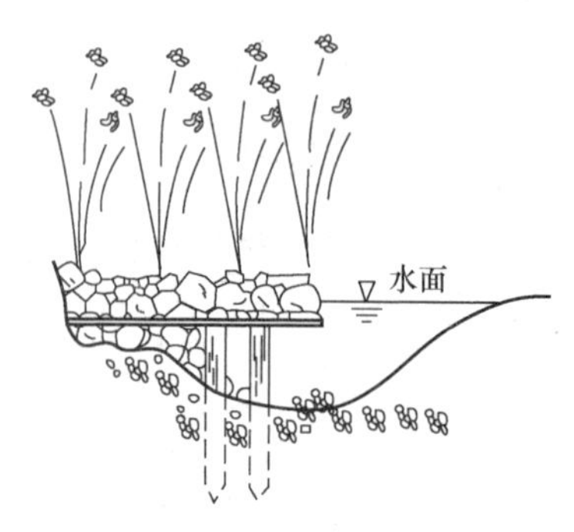

图 3.3.25 鱼类避难所

3）树墩护岸

树墩护岸结构能够控导水流，保护岸坡，抵御水流冲刷，形成多样的水力学条件，为鱼类和其他水生生物提供栖息地。树墩护岸结构使用的自然材料提供了坚实表面，有利于水生植物生长，也有利于营造自然景观。山区河流树木的残枝败叶和木质残骸是水生生物与大型无脊椎动物重要的食物来源，河流完整食物网就是所谓的“二链并一网”的食物网结构。置于河道中的树墩护岸结构，按照这种自然法则，利用树墩和木质残骸增加水生生物的食物来源，完善河流食物网。

树墩护岸结构一般布置在受水流顶冲比较严重的弯道外侧，树根盘正对上游水流流向。树墩护岸结构设置高程在漫滩水位附近，树根盘的 1/3～1/2 处于漫滩水位以下，如图 3.3.26 所示。一般而言，树墩根部的直径为 25～60cm，树干长度为 3～4m，联成一排使用。树墩下部布置若干枕木，方向与树墩垂直。树墩与枕木用钢筋连接，钢筋下部锚固在河底，如图 3.3.27 所示。如有需要，可在树墩上部布置若干横向原木，原木用钢筋与树墩连接，以增强结构的整体性。在枕木上部布置大卵石或漂石作为压重并起基础护脚作用。树墩护岸结构以上布置由土工布或椰子壳纤维垫包裹的、直径为 10～15cm 的碎石和砾石作为反滤层。反滤层以上沿岸坡布置土工织物扁袋，即由土工布或植物纤维垫包裹的表土和开挖土混合物。每 30cm 在包裹土层之间扦插 15 根处于休眠期的活枝条，用表层土覆盖，并充分洒水和压实。在土壤表层撒播乡土种草籽或利用表土内原有的草籽。

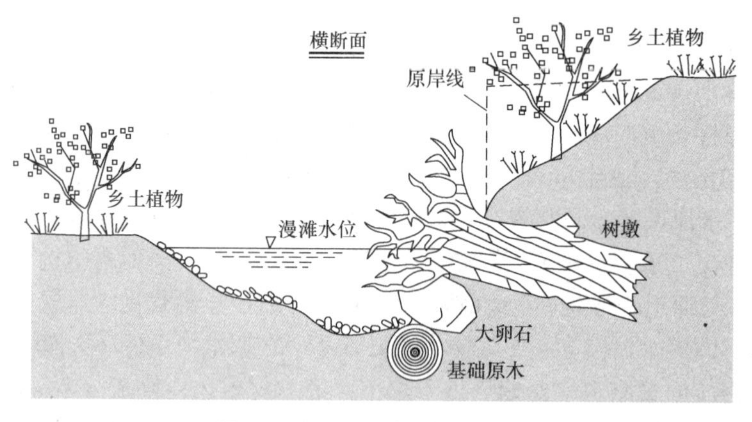

图 3.3.26 树墩护岸横断面图

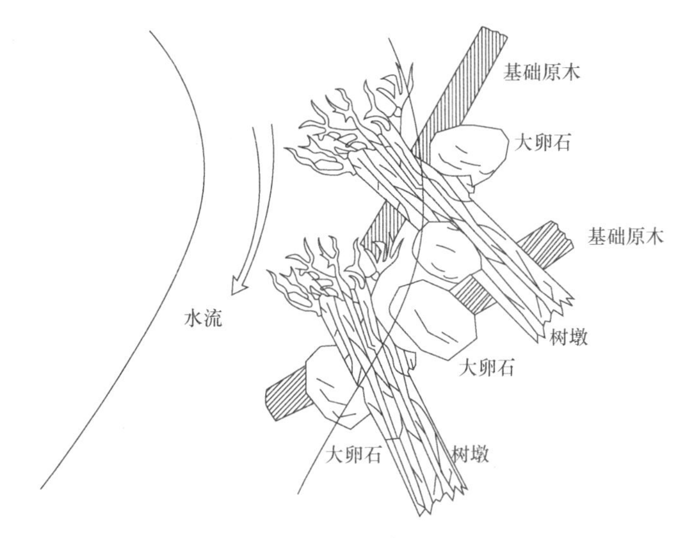

图 3.3.27 树墩护岸平面图

树墩护岸结构施工方法有两种：一种是插入法，使用施工机械把树干端部削尖后插入坡脚土体，为了方便施工，树根盘一端可适当向上倾斜。这种方法对原土体和植被的干扰小，费用较低。另一种是开挖法，其施工步骤如图 3.3.28 所示。首先，依据树墩尺寸开挖岸坡，然后进行枕木施工。枕木要与河岸平行放置，并埋入开挖沟，沟底要位于河床以下，把树墩与枕木垂直放置。在树干上钻孔，用钢筋把树墩和枕木固定在一起，钢筋下部锚固在河底。最靠近树墩上部的表面放置由土工布或椰子壳纤维垫包裹的碎石和砾石作为反滤层。树墩安装完成后，将开挖的岸坡回填至原地表高程。为了保证回填土能够抵御水流侵蚀并尽快恢复植被，可用土工布或植物纤维垫包裹土体，逐层进行施工，在相邻的包裹土层之间扦插活枝条。

3. 丁坝

微课视频

1）功能

在传统意义上，丁坝是防洪护岸构筑物。丁坝能改变洪水方向，防止洪水直接冲刷岸坡造成破坏，同时具有维持航道的功能。在生态工程中，丁坝被赋予新的使命，成为河道内栖息地加强工程的重要构筑物。除原有的功能之外，丁坝还能够调节流速和水深，增加水力学条件的多样性，创造多样化的栖息地。丁坝还能促使冲刷或泥沙淤积，形成微地形，特别是在河道修复工程中，通过丁坝诱导，河流经多年演变会形成河湾及深潭—浅滩序列。在洪水期，丁坝能够减缓流速，为鱼类和其他水生生物提供避难所，平时能够形成静水或低流速区域，创造丰富的流态。连续布置的丁坝之间易产生泥沙淤积，为柳树等植物生长创造条件，丁坝间形成的静水水面，有利于芦苇等挺水植物生长。丁坝位置的空间变化，使生长的植被斑块形态多样，自然景观色调更丰富。正因如此，城郊河流的丁坝附近成为居民休憩游玩和欣赏自然的场地。

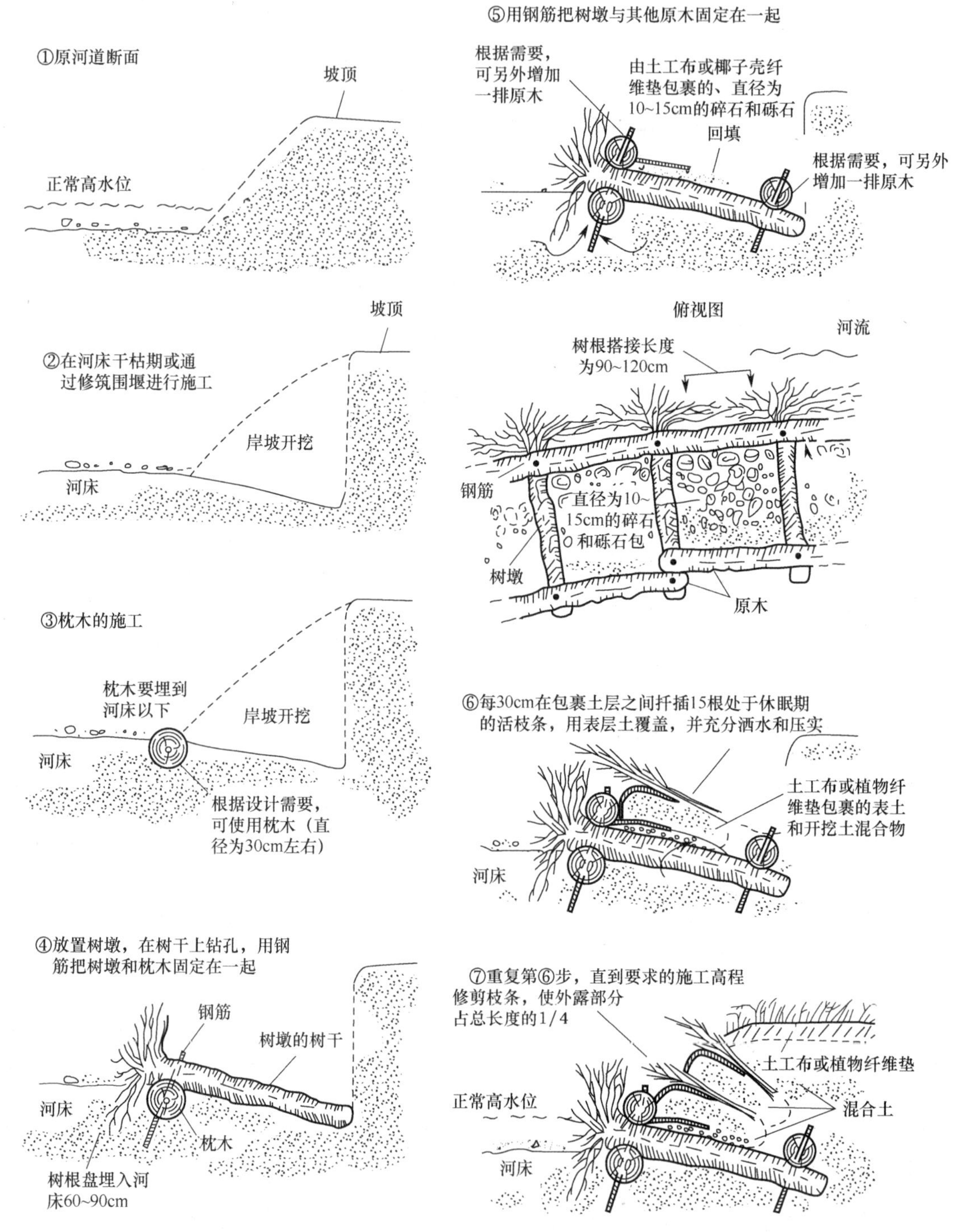

图 3.3.28　开挖法的施工步骤

2）丁坝的布置

丁坝一般布置在河道纵坡较缓、河道较宽且水流平缓的河段。通常沿河道两岸交错布置，也可以成对布置在顺直河段的两岸，如图 3.3.29 所示。迄今为止，丁坝还没有严格的设计准则和通用标准。丁坝的布置方案和具体尺寸，应通过论证或参考类似工程经验确定，有条件的工程可以开展水力学模型试验。当然也可以参考现有文献的案例参数，但是这些案例中因河道条件不同，有时参数的差别较大。有文献提出，上下游两个丁坝的间距至少应达到 7 倍河道平滩宽度；丁坝向河道中心伸展缩窄河道宽度，缩窄后的河宽为原宽度的 70%～80%；丁坝顶部高程不超过低水位 0.15～0.3m，且顶部高程必须低于平滩水位或河岸顶部，以确保汛期洪水能顺利通过，洪水中的树枝等杂物不至于因被阻挡而堆积，否则很容易造成洪水位异常抬高，从而导致严重的河岸淘刷侵蚀。有文献指出，丁坝的长度为河宽的 1/10 以内；高度为洪水水深的 1/5～3/10。也有文献指出，丁坝的长度起码达到河宽的 1/2，才能发挥创造栖息地的作用。对于丁坝轴线与河岸夹角的设计，其上游面与河岸夹角一般在 30°左右，以确保水流以适宜的流速流向主槽；其下游面与河岸夹角约为 60°，以确保洪水期间漫过丁坝的水流流向主槽，从而避免冲刷该侧河岸。另有文献指出，丁坝方向与水流的夹角，上下游均采用 45°。为了防止丁坝被冲刷，可在丁坝的上下游端与河岸交接部位堆放块石，并设置反滤层。

3）丁坝的种类

传统意义上的丁坝按照坝顶高程与水位的关系可以分为淹没式丁坝和非淹没式丁坝两种，按照功能可以分为控导型丁坝和治导型丁坝两种。在生态工程中，丁坝按照功能可以分为改善栖息地的丁坝、调节河势的丁坝等。本节按照结构、材料、性质，将丁坝分为原木框—块石丁坝、块石丁坝和混凝土块体丁坝，下面分别进行介绍。

（1）原木框—块石丁坝。原木框—块石丁坝是在由原木制作的三角形框架内放置块石构成的。图 3.3.29 所示为原木框—块石丁坝布置图。上游布置三角形原木框—块石丁坝。经丁坝挑流，水流转向对岸，对岸河床底部被淘冲逐渐形成水潭。为了防止对岸的岸坡被冲刷坏，在对岸偏下游部位堆放块石以防护坡脚。丁坝原木下游毗邻部位形成水潭，其下游与边滩衔接。下游右岸布置 V 形堰，为原木框—块石结构。堰顶高程低于上游丁坝，顶部常年过流。V 形堰的作用是进一步缩窄水流，同时挑流将主流导向左岸。左岸靠下游侧堆放块石以防护坡脚。V 形堰本身的下游形成近似静水的水潭。如上述通过多次挑流，水流呈现紊动的复杂流态，形成多样化的水力条件，为鱼类及其他水生动物创造多样化的栖息地。

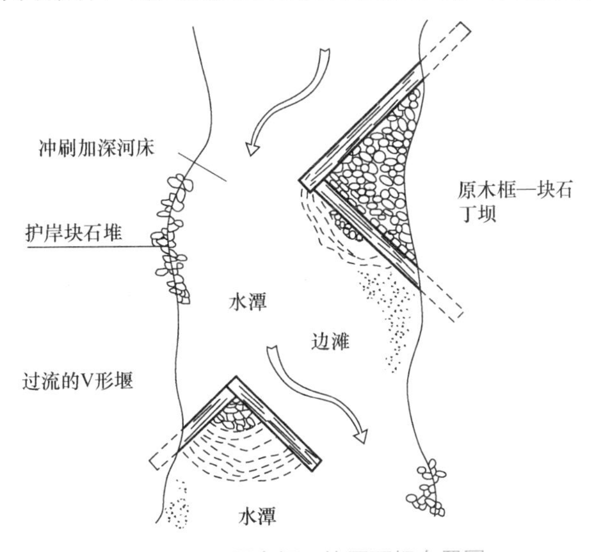

图 3.3.29 原木框—块石丁坝布置图

图 3.3.30 所示为原木框—块石丁坝结构图。在进行丁坝施工时，首先要平整场地，为原木就位做好准备。然后用钢索和锚筋将原木锚固在河床或岸坡上，根据原木受力状况和河床地质条件，计算并确定锚固深度。根据水深和丁坝顶部高程，确定叠放原木的层数，各层原木用钢索或锚筋连接固定，以增强结构的整体性。丁坝上游端或外层的块石直径要满足抗冲稳定性要求，一般可按照当地河床中最大砾石直径的 1.5 倍确定。上游端大块石至少应有两排，选用有棱角的块石并交错码放，互相咬合。如果当地缺少大直径块石，则可采用石笼或圆木框结构修建丁坝。

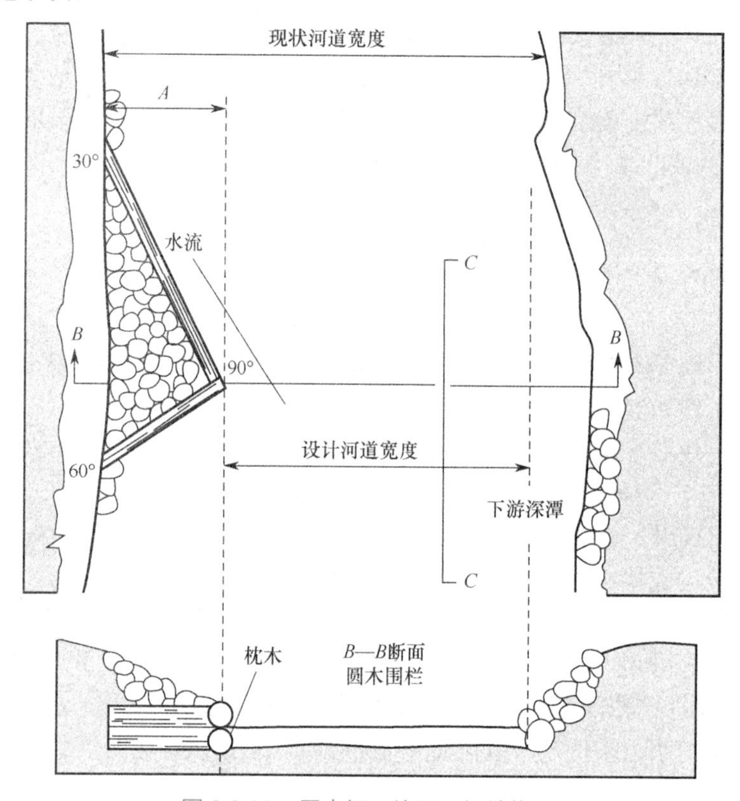

图 3.3.30　原木框—块石丁坝结构图

（2）块石丁坝。块石丁坝是用毛石干砌或浆砌的不透水丁坝，一般适用于砂砾石河床且流速相对较高的河段。块石丁坝施工方法有干砌、浆砌和混合法 3 种。其中，混合法是指丁坝表面采用浆砌方法，内部填料采用干砌方法。为了防止河床砂砾石被水流冲刷流失，应在河床砂砾石表面铺设土工布反滤层。另外，在丁坝坝根部位块石缝隙中填土，用插枝方法种植柳树等乔木，即可发挥柳树根部的固土作用，也可营造多样化的自然景观。块石丁坝头部流态复杂，流速较高，需要采取相应的措施加固。可采取的措施包括：丁坝头部用粒径较大的块石；使块石相互咬合，连接紧密；丁坝头部砌筑平整，减少表面凹凸起伏；用水泥砂浆灌缝、勾缝，以增强整体性；逐渐降低丁坝头部纵断面的高度，减小垂直流的影响，如图 3.3.31 所示。有的工程在丁坝头部用木工沉排或铅丝笼护脚。

（3）混凝土块体丁坝。构筑丁坝用的预制混凝土块，其尺寸可以按照抗冲稳定性设计，也可以按照现场河段最大砾石粒径的 1.5 倍确定。预制混凝土块应制成不规则形状，以利于相互咬合，增强整体性。丁坝伸入河道部分，可采用Y形预制混凝土块，目的是利用预制混凝土块之间的空隙形成鱼巢。图3.3.32所示为混凝土块体、块石及铅丝笼组合的丁坝结构。结构按照整体设计，应使丁坝结构与护坡结构有机结合，丁坝是护坡向河道中心方向的延伸。在该案例中，丁坝顶部高程在平均水位以下，年内大部分时间处于淹没状态。丁坝的施工过程如下：在河道土体坡面平整后铺垫碎石或铺设土工布作为反滤层，先在其上铺设混凝土板块，然后放置混凝土块体，坡脚用浆砌石保护。混凝土块体从丁坝根部向河道中心方向延伸，丁坝最前端采用铅丝笼防冲刷。混凝土块体的水中部分用抛石和当地材料覆盖，水上部分用当地表土覆盖，利用乡土草籽培育草本植物。另外，在表土上扦插柳树，并培育芦苇。

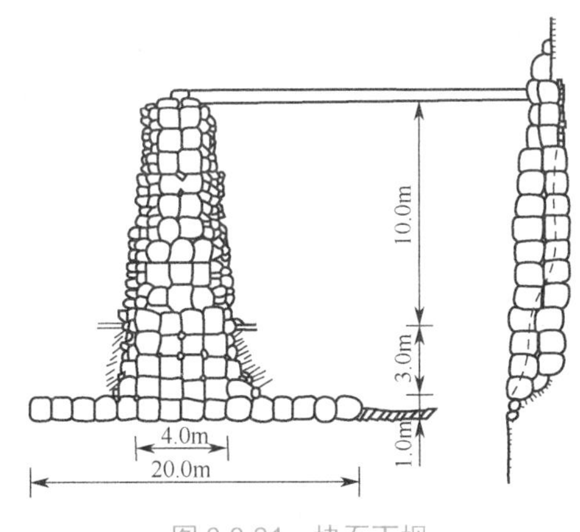

图3.3.31　块石丁坝

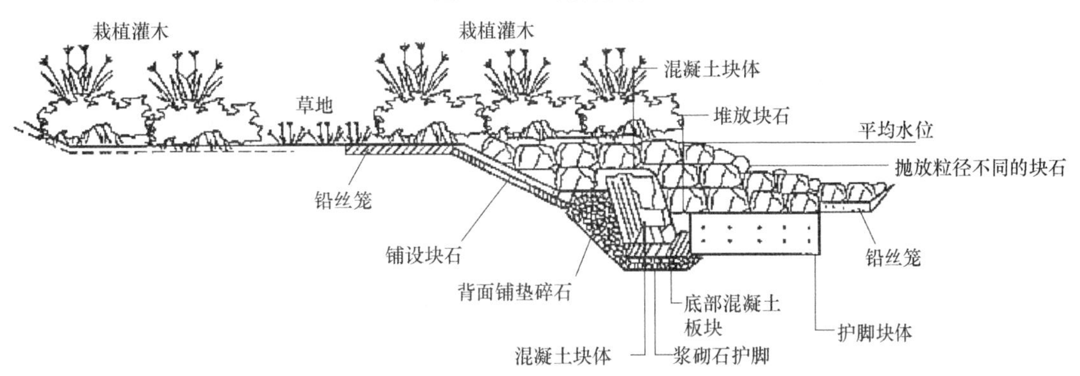

图3.3.32　混凝土块体、块石及铅丝笼组合的丁坝结构

4．堰

微课视频

生态工程中的堰是利用天然块石（卵石）在小型河流上建造的跨河构筑物。堰的功能是创造异质性强的地貌特征，形成多样化的水力学条件，改善鱼类和其他水生生物栖息地。此外，堰还具有减轻水流冲刷、保护岸坡的功能。

堰的设计以自然河流的跌水—深潭地貌为模板。山区河流自然形成的跌水—深潭地貌具有多种功能：①跌水—深潭具有曝氧作用，可有效增加水体中的溶解氧；②跌水—深潭具有显著的消能作用，通过跌水—深潭的水流会受到强烈扰动；③跌水—深潭会形成多样化的水力学条件，能够满足不同生物的需求；④跌水—深潭的固体表面有利于苔藓、地衣和藻类生长，这些自养生物作为初级生产者，在食物网中成为异养生物的食物，尤其数量巨大的硅藻是河流大型无脊椎动物最重要的食物来源。

堰作为一种重要的栖息地加强结构，其作用主要表现在 5 个方面：①上游的静水区和下游的深潭周边区域有利于有机质的沉淀，可为无脊椎动物提供营养；②因为靠近河岸区域的水位有不同程度的提高，所以增加了河岸遮蔽物；③堰下游所形成的深潭有助于鱼类等生物的滞留，在洪水期和枯水期为鱼类提供了避难所；④深潭平流层是适宜的产卵栖息地；⑤在枯水期，堰能够缩窄水流，以保证生物存活的最低水位。

堰一般布置在纵坡陡峭、狭窄而顺直的河流上，具体部位设在河流从陡峭到平缓、纵坡发生变化的河段。在这样的河段设置堰的目的：一是用多级小型跌水方式调节纵坡；二是发挥堰的消能作用；三是创造多样化的水力学条件；四是营造自然景观。

堰应满足鱼类游泳通过的需求，高度不能超过 30cm，其原因是鱼类跳跃能力有限。表 3.3.10 所示为石宾鱼类跳跃隔板的观测数据。

表 3.3.10　石宾鱼类跳跃隔板的观测数据

水位差Δh/cm	通过率/%	水位差Δh/cm	通过率/%
27	34	45	10
35	32	55	

堰的溢洪口应设在河流主泓线附近，保持自然型河道的洪水路径。堰的上游侧铺设块石形成倒坡，既有利于堰的稳定，又能引导水流平稳通过堰顶。堰的下游侧河床应铺设卵石，以起消能作用，减少对岸坡的侵蚀。在较大的河流上设计堰，要注意避免出现水流翻滚现象，防止在强水流作用下对游泳者造成伤害。

筑堰材料包括块石、卵石、原木、铅丝笼等。具有纹理和粗糙表面的块石和卵石是无脊椎动物的理想避难所。块石或卵石砌筑物的设计，外观线条力求流畅，以提高景观美学价值。筑堰块石直径应满足抗冲要求，建议按照启动条件计算块石直径。

$$D_{\min} = 3.4V^{2.05}$$

式中，$D_{\min}$为块石的最小直径，单位为 cm；V为断面平均流速，单位为 m/s。在工程应用中，建议按照 $D_{50} = 2D_{\min}$ 和 $D_{100} = 1.5D_{50}$ 筛选筑堰材料。

如果当地河流河床缺乏人粒径块石或卵石，则可以选择铅丝笼构件。为了弥补铅丝笼结构外观欠佳的缺点，可填充表土扦插植物，增加植物覆盖。原木是一种天然材料，既是生物栖息地，又能提供木屑残渣，经数量巨大的碎食者、收集者及各种真菌和细菌破碎、冲击后转化成为细颗粒有机物，成为初级食肉动物的食物来源。一般在河流上筑堰时采用原木材料。根据原木尺寸、水深、河宽等条件，可选择单根原木或多根原木组合。

根据不同的地形地质条件，堰可以采用不同的结构形式，在平面上呈 I 形、J 形、V 形、U 形或 W 形等。

（1）W 形堰。图 3.3.33 所示为 W 形堰结构示意图。

堰顶面使用较大尺寸的块石，以满足抗冲稳定性要求。下游面较大尺寸块石的间距约为 20cm，以便形成低流速的鱼道。堰上游面坡度为 1∶4 左右，下游面坡度为 1∶10～1∶20，以保证鱼类能够顺利通过。堰的最低部分应位于河槽的中心。块石要延伸到河槽顶部，以保护岸坡。堰中部设置豁口作为溢洪口，在汛期引导洪水进入主泓线。堰主体采用较大尺寸的块石，大块石上游侧铺设块石，既有利于堰的稳定，又能引导水流平稳通过堰顶。上游堆放的块石与大块石之间铺设土工布。堰构筑好后，次年堰的上游侧出现泥沙淤积，以后便趋于稳定。

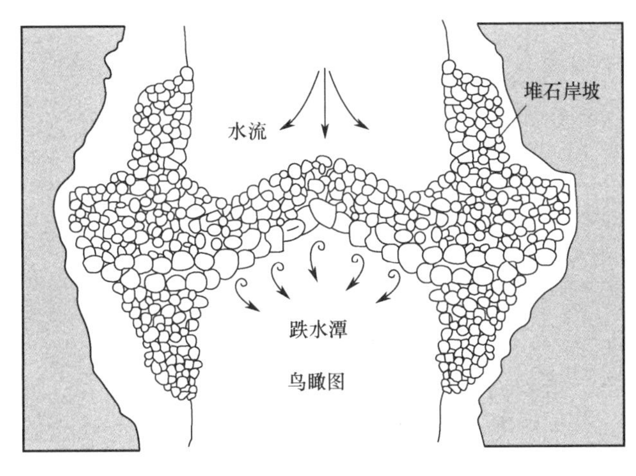

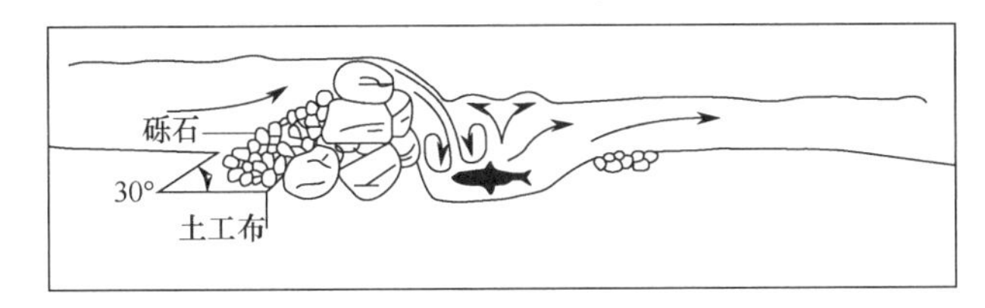

图 3.3.33　W 形堰结构示意图

（2）圆木堰。在沙质河床中，不适宜采用砾石材料筑堰，可以采用大型圆木作为筑堰材料，如图 3.3.34 所示。圆木堰的高度以不超过 0.3m 为宜，以便鱼类通过。左右两根圆木做成隼接头并用钢构件锚固连接。用圆木桩或钢桩固定圆木，并用大块石压重，桩埋入沙层的深度应大于 1.5m。应在圆木的上游面铺设土工布作为反滤材料，以控制水流侵蚀和圆木底部的河床淘刷，土工布在河床材料中的埋深应不小于 1m。

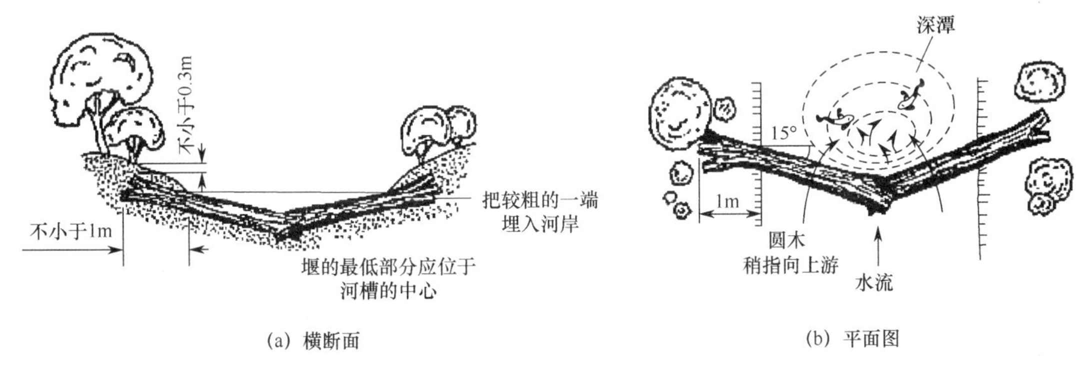

图 3.3.34　圆木堰

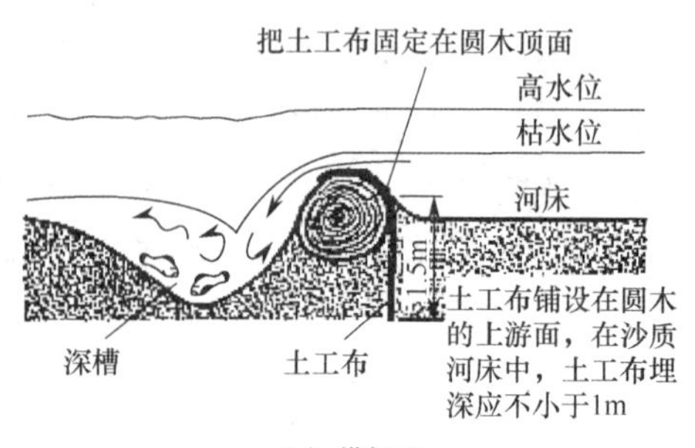

(c) 纵剖面

图 3.3.34　圆木堰（续）

案例解析：黑水河生态治理

1. 总体布置

以松新减水河段为例，松新减水河段总长约为 8.2km，河宽为 30～140m，蜿蜒度为 1.13，属于低度蜿蜒，纵比降为 10.8‰，微地形包括 12 处深滩、18 处浅滩，河势稳定性一般，主要受人为活动、冲沟导堤影响；流量为 5～11.5m^3/s，深泓水深为 0.31～1.25m，平均流速为 0.54～1.64m/s，水面宽度为 11.5～35.7m，底质特征为卵石覆盖、遍布大型漂石。栖息地受损情况主要包括水流漫滩不连续、泥沙及石块阻隔水流、底质硬化、多样性不丰富等。针对以上情况，可以采取疏槽、冲沟导堤、透水堰、镇脚、底质改善 5 种修复措施。不同修复措施的适用位置及作用如表 3.3.11 所示。

表 3.3.11　不同修复措施的适用位置及作用

措施名称	适用位置	作用
疏槽	水流漫滩、水深较浅	水流归槽、提高水深
冲沟导堤	冲沟沟口、泥沙淤积	约束泥沙、稳定河槽
透水堰	河床平坦、河口较宽、水流不连续	壅高水位、提高水深、连续水流、营造生境多样性
镇脚	边坡松散、坍塌严重	保护坡脚、稳定河势、防止侵蚀
底质改善	人为干扰、底质硬化	改善底质、营造生境多样性

针对不满足适宜生境水力参数的河段，采取修复措施，全部工程内容包括 9 段河道疏槽、12 处新建透水堰、4 处新建冲沟导堤、2 段新建镇脚、3 处河道底质改善。工程分布图如图 3.3.35 所示。

2. 措施设计

1）疏槽

对河道主槽进行疏浚，断面总宽度为 25m，中部 10m 范围疏浚深度为 0.6m，两侧 7.5m 范围疏浚深度为 0.3m，中部与两侧 1∶3 斜坡连接，上下游端与自然滩面 1∶20 缓坡连接。疏槽以现状不规则河底为基础，统一疏浚深度，不设计固定高程，不改变现状纵坡。疏槽设计断面图如图 3.3.36 所示。

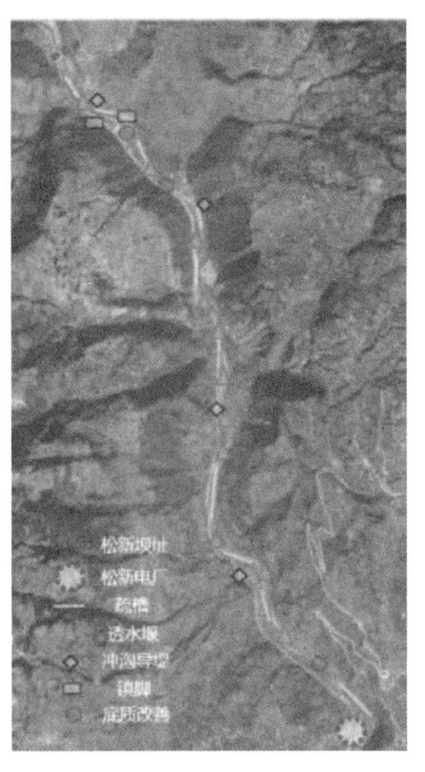

图 3.3.35 工程分布图

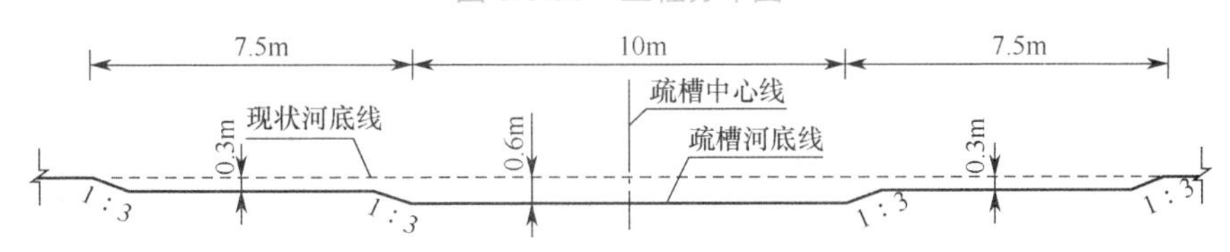

图 3.3.36 疏槽设计断面图

2）冲沟导堤

导堤距离冲沟沟口 2～3m 处顺水流方向布置，总长度与冲沟沟口宽度相同。导堤断面形状为直角梯形，顶宽为 3m，底宽为 4.5m，高为 3m，底面埋深为 1.5m，采用浆砌石砌筑。对冲沟出口处 5～10m 范围内的岸坡、沟底进行干砌石护砌。冲沟导堤设计断面图如图 3.3.37 所示。

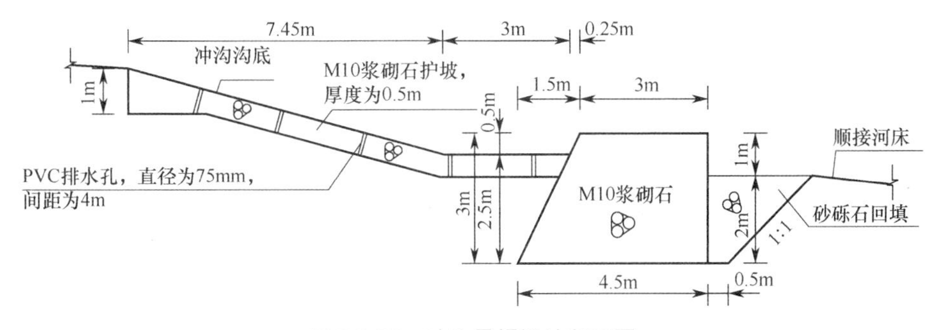

图 3.3.37 冲沟导堤设计断面图

3）透水堰

堰顶宽为8m，与上下游护底段1：5缓坡连接。护底段长度为10～15m，与自然滩面以1：20缓坡顺接。堰顶高于现状地面0.3～0.4m，护底段低于堰顶0.5m。垂直于水流方向，堰轴线呈V形平面布置，堰顶中间低、两边高，河道中心20m范围内堰顶下凹0.5m。堰体、护底均采用大粒径块石堆砌，石料粒径保证最小面边长大于25cm，单块质量不小于25kg。透水堰设计断面图如图3.3.38所示。

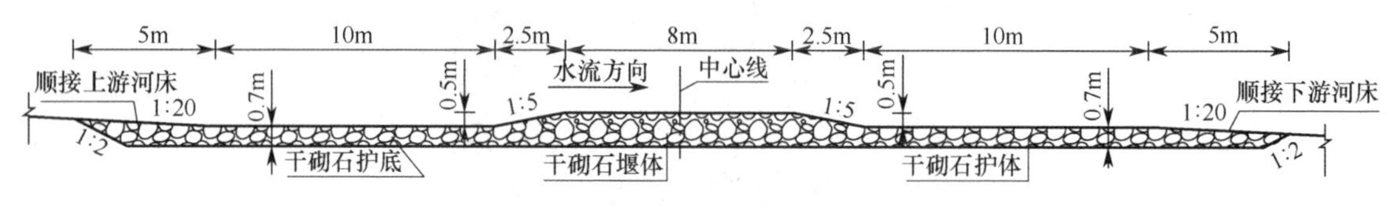

图3.3.38 透水堰设计断面图

4）镇脚

镇脚布置在松散边坡坡脚，应顺水流方向布置。镇脚断面形状为直角梯形，顶宽为1.5m，底宽为3m，高为3m，底面埋深为0.5m，采用浆砌石砌筑。镇脚墙前、墙后采用干砌石护砌3～5m。镇脚设计断面图如图3.3.39所示。

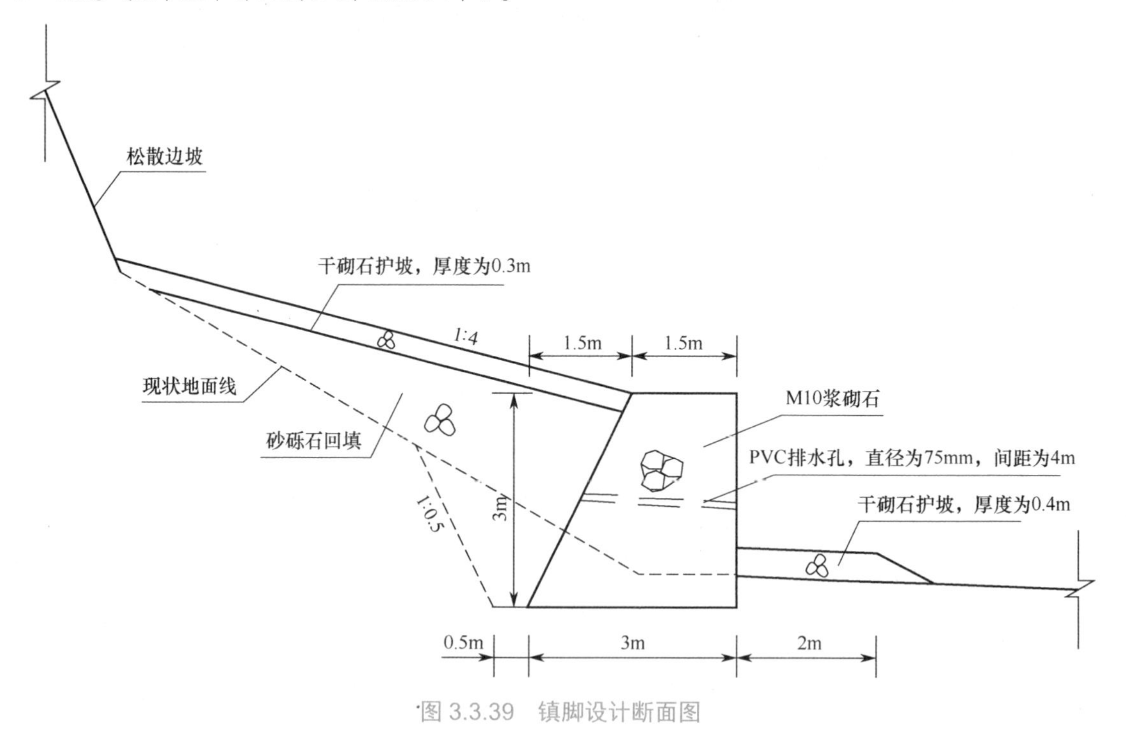

图3.3.39 镇脚设计断面图

5）底质改善

去除河床中水泥、混凝土等人为形成的底质，恢复由蛮石、砾石、卵石、土质等构成的天然底质。底质改善设计断面图如图3.3.40所示。

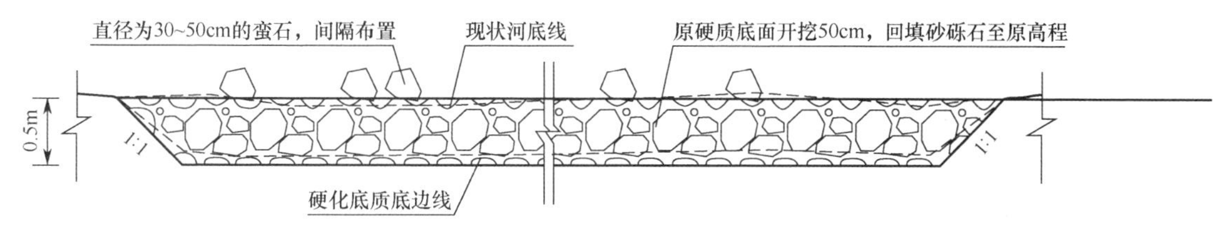

图 3.3.40 底质改善设计断面图

任务 4 评估河流生态健康

案例导入：黑水河生态评价

党的二十大报告倡导的人与自然和谐共生理念，促使河流生态健康评估拓展为多维度、综合性的评价体系，促使人们不仅聚焦河流水质达标状况、水量丰枯变化，而且深入探究其对周边生物群落多样性与稳定性的影响，以及河流生态系统服务功能的发挥程度。

生态监测体系是金沙江支流黑水河松新减水河段生境修复工程中的重要组成部分，其作用是全面、系统地监测该河段生态环境的变化。通过定期监测水质、水量、生物多样性及河岸带状况等，采用现场调查、遥感监测和在线监测等多种方法，收集并整理数据，运用统计学和生态学方法进行分析，以评估水体自净能力、污染状况、生物多样性恢复情况及河岸带生态系统稳定性等，从而为生境修复工程的成效评估及后续管理决策提供科学依据。

栖息地综合评价是针对金沙江支流黑水河松新减水河段生境修复工程实施效果的重要评估环节。此评价旨在全面审视修复工程对栖息地质量的改善情况，涵盖物理生境、生物群落及生态功能等多个维度。通过结合定性与定量方法，如现场调查、遥感解译及数据分析，对水深、流速、底质、河岸稳定性等物理生境指标，鱼类种类、数量等生物群落指标，以及水质净化能力、生态系统稳定性等生态功能指标进行综合评价。依据各指标的重要性和实际情况赋予其相应的权重，采用综合评分法得出栖息地质量的整体状况，从而为判断修复工程成效、识别存在的问题及指导后续管理和决策提供科学依据，同时促进公众对生态环境保护的认识与参与。

根据以上信息，结合其他资料，分析如何对黑水河松新减水河段生境修复工程进行评价。

3.4.1 河流生态监测体系

1. 概述

监测与评估方案设计是生态修复项目规划设计的重要组成部分。我国水利行业标准《河湖生态保护与修复规划导则》（SL 709—2015）对河湖生态监测与评估专门做出了规定。该导则指出，河湖水生态监测应结合规划区水生态特点和实际情况，提出包括生态水量及生态水位、河湖重要栖息地及标志性水生生物、河湖连通性及形态、湿地面积及重要生物等内容的河湖水生态监测方案。监测方法及频次等应满足河湖水生态状况评价要求。

1）河湖生态修复项目监测与评估的目的

河湖生态修复项目监测与评估的目的是评估所实施的生态修复项目的有效性，即是否达到规划设计的预期目的。有效性评估可分两个阶段进行，第一个阶段是项目完工后的初期阶段，监测与评估重点是水生态系统物理特征的变化，如河流蜿蜒性修复、连通性修复、鱼类栖息地增加等，评估内容为是否达到规划设计的预期目标。第二个阶段是项目完工初期以后阶段，监测与评估重点是生物要素的变化，如生物群落组成、鱼类多度、植被恢复情况等，评估内容为通过项目的人工适度干预，水生态系统物理特征的变化是否导致预期的生物响应。

2）监测类型

根据生态修复项目规划设计任务，监测可参考表 3.4.1 进行分类：①基线监测，是指在项目执行之初，对项目区的生态要素实施的调查与监测，目的在于为项目完工后监测生态变化提供参考基准。基线监测值即修复项目的本底值。②有效性监测，目的在于评估项目完工后是否达到规划设计的预期目标。③生态演变趋势监测，是指考虑生态演变的长期性，监测项目的长期影响。生态演变趋势监测的设计原则与有效性监测基本相同，只是时间尺度延长，评估方法侧重于趋势性分析。

表 3.4.1　监测类型及任务

监测类型	目的	任务	作用
基线监测	确定项目区的生物、化学、物理、地貌现状	在实施修复之前调查项目区的水质、地貌现状，收集动植物物种状况数据	识别栖息地状况，识别修复机会，对修复行动进行优先排序，为评估项目有效性提供对比本底值
有效性监测	确定河湖修复或栖息地修复项目是否达到预期目标	监测生态要素（地貌、水质、水温、连通性等）变化及其导致的生物响应（生物群落、多度、多样性等）	项目验收，项目绩效评估，提出管理措施，改善生态管理
生态演变趋势监测	确定河湖和生物区系变化，预测未来生态的演变趋势	监测水生态系统长期变化，预测未来水生态系统的演变趋势	改善生态管理，科学研究

3）制订监测与评估方案的步骤

制订监测与评估方案的步骤如图 3.4.1 所示。

需要说明的是，监测范围不仅要包括项目区，而且要在项目区上游与下游选择河段进行监测和对比分析。工程前后监测选用的参数和采用的监测技术应是一致的，以便进行对比。在制订监测与评估方案时应明确每个监测参数的特征，同时选择有效的技术和方法进行测量或评价。

监测范围的选择还要考虑鱼类和鸟类的迁徙，以及无脊椎动物幼虫和卵的分布状况，这些物种往往是评价河湖生态恢复情况的关键物种，这些物种的活动范围往往超出了项目区的范围。在时间尺度方面，考虑到河流生态修复是一个生态演进过程，一个动态稳定的河流生态系统的形成需要十几年到几十年的时间，因此监测年限应超过工程期限。根据生态修复项目的规模和重要性，应考虑建立长期监测系统，为河流生态管理服务。

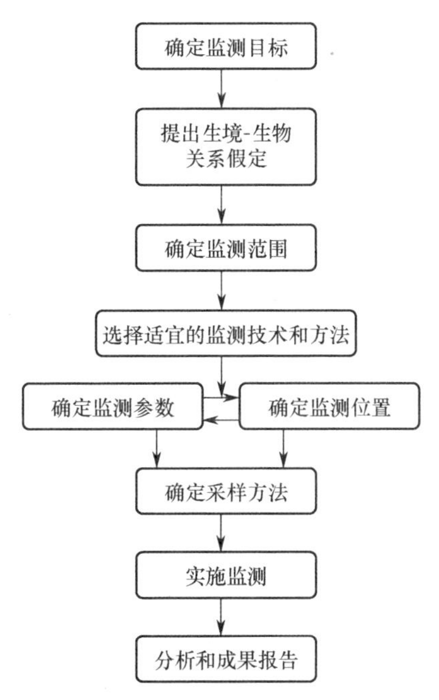

图 3.4.1　制订监测与评估方案的步骤

监测方法通常包括定性描述和定量测量。定性描述的费用相对较低，可在相对较大的区域内进行快速评价。定量测量主要通过勘察测量、现场采样和室内试验等技术手段获得所需数据。定量数据可用表格形式展现，将所有监测结果按照时间顺序进行对照，也可用曲线图形式展现，反映数据随时间的变化规律并显示极值。应用信息技术，建立具有学习、展示和分析功能的数据库，能够极大地提高监测与评估的管理水平。

2．监测与评估方案概要

1）提出生境-生物关系假定

众所周知，生态系统是由生物和生境两大部分组成的，生物是生态系统的主体，生境是生命支持系统。生物区系与生境之间存在耦合关系，生境的变化会引起生物区系的响应。生境因子包括水文因子（流量、频率、水位、时机、延时、变化率、流速等）、物理化学因子（水质、水温等）、地貌因子（河湖形态、景观格局、纵坡、高程、连通性、地质、土地利用等）。河湖生态修复的原理是，通过适度的人工干预，改变某些生境因子，引起良性的生态响应，使生物区系的某些因子（多度、多样性、群落结构、鱼类洄游、繁殖、存活率等）得到改善，从而使整个水生态系统得到恢复。

生境-生物关系需要得到观测验证，但是应用在具体修复项目中，由于自然条件多种多样，不同生物的需求千差万别，加之水生态系统的不确定性特征，因此生境-生物关系是否成立，还需要通过监测与评估和分析才能得到证实。只有生境-生物关系成立，才能说明修复项目的有效性。因此，在项目规划设计阶段，生境-生物关系还只能作为假定出现。在项目监测与评估中，重点监测内容是开展的修复工程造成的生境因子改变是否会引起生物响应及响应的强度，以此评估项目的有效性。

项目生境因子改变与生物响应关系假定，是设计监测方案的基础。在河道蜿蜒性修复项目中，监测对象可以是河流形态（蜿蜒度、深潭—浅滩序列等）和生物因子（鱼类、大型无脊椎动物多度和多样性等）。在水库调度项目中，监测对象可以明确是水文因子（流量、水文过程等）和生物因子（鱼类产卵或植被恢复等）。在河滨带植被重建项目中，河滨带植被（河滨带范围、树木成活率、物种组成、密度与生物量、树木生长高度和直径等）的响应因子根据目标不同可分别是水温（遮阴效果）、有机物供给（木质碎屑、树叶）、岸坡稳定性、鱼类和昆虫物种多样性。

2）确定监测范围

在监测系统设计中，建议采用流域和河段两种尺度。流域面积可以从小型河流的数平方千米到大型河流的几十万平方千米。大型流域可以再划分为次流域。“河段”是一个地理术语，其尺度可以从数百米到数千米，具体取决于河流的大小。另外，采用术语“位置”，意味着河段上或流域内的具体位置，表示生态修复发生的位置或采样位置。

在确定监测范围时有两种尺度需要界定：一种是修复项目实施的范围（或称为项目区）；另一种是修复项目实际影响的范围。前者主要以行政区划为主，因为其涉及投资来源，如政府、流域机构和投资机构等，监测与评估报告主要呈送这些机构。后者主要考虑修复项目实际影响的地理范围。例如，一项河流栖息地改善项目由 20 个在河段上实施的不同类型的子项目组成，每个河段长度为 100～500m 不等。显然，工程完工后的生态响应，即鱼类种群变化，不可能在每个子项目的河段上显现。因为每个子项目的生态影响都会辐射到河段以外几百米甚至上千米，所以监测与评估范围要远超过河段尺度。不仅如此，河流栖息地改善项目的侧向影响也不容忽略，这样就存在一个采样范围宽度问题，如可以考虑把河滨带包括在内。

就鱼类和其他能够迁徙到项目区以外的动物而言，确定修复项目实际影响的范围是一个复杂问题。例如，恢复河流纵向连通性项目包含若干在流域内不同位置拆除障碍物或增设过鱼设施子项目，目的是使鱼类能够洄游到上游栖息地。显然，监测这种项目的鱼类响应，应聚焦于拆除障碍物的上游河段，而不是拆除障碍物的现场河段。

以往大多数生态学家或生态修复专家对于栖息地或生物区系的研究，经常集中在栖息地单元或河段范围内。但是越来越多的报告显示，需要考虑项目生态影响的辐射特征，鱼类和其他生物运动的不确定性，以及生物生存和种群的动态特征。仅把监测与评估局限于栖息地单元或河段尺度，往往不能全面反映生态修复的真实效果。由此可见，考虑在局部河段进行的修复工程对更大尺度（河流、流域、次流域）鱼类种群的影响是确定监测范围的关键。

一些报告显示，在较大尺度上实施监测不但是可行的，而且能够发掘出更多评估项目有效性的关键信息，而这些信息在河段尺度上是无法获得的。例如，在奥地利某条河上建设的 11 个鱼道项目监测与评估成果表明，鱼类群落的响应出现在次流域或流域范围内，在河段尺度上进行评估明显是不可靠的。由此可见，项目有效性评估是否能反映实际情况，取决于监测范围是否合理。同样，在美国科罗拉多河河段尺度上的鱼类恢复项目，是在远比河段尺度更大的流域范围内评估的。

3）选择监测设计方法

（1）前后对比设计法和综合设计法。

通常采用的监测设计方法是前后对比设计法，即监测并对比修复前后的生态参数，借以评估项目的有效性。前后对比设计法的监测范围设定在修复工程现场（或称为修复区）。前后对比设计法的缺点是仅提供了修复区在修复前后的生态参数，可进行时间坐标上的对比评估，但是缺少对空间坐标上生态参数的对比评估。基于进一步的思考，即在分析监测数据时，如何考虑生态修复过程中自然力作用的影响，以及如何考虑时间易变性问题，研究者提出了综合设计法。综合设计法既要求监测与评估修复区在修复前后的生态参数，又要求监测与评估同一时段不进行修复的参照区生态参数。可以认为，综合设计法是对前后对比设计法的完善与补充。

图 3.4.2 所示为应用综合设计法监测鱼类多度及水塘面积的年际变化曲线。竖条表示水塘面积（包括修复区和参照区两种），线段表示鱼类多度（包括修复区和参照区两种）。

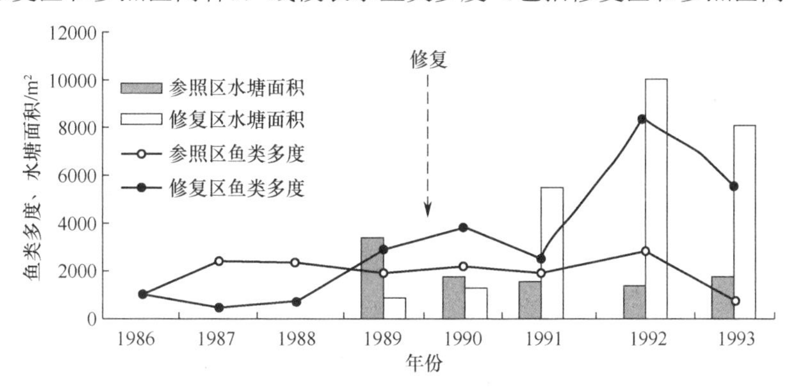

图 3.4.2 应用综合设计法监测鱼类多度及水塘面积的年际变化曲线

从图 3.4.2 中可以发现，在修复项目实施以后的一两年，修复区水塘面积增大，相应地，鱼类多度也明显提高。这说明生态参数（鱼类多度）年际有了大幅度提高，反映了生态修复后明显的生物响应。在参照区没有实施修复项目，水塘面积基本没有变化，相应地，鱼类多度也基本持平，变化曲线呈扁平状。参照区鱼类多度变化曲线说明，在修复项目执行时段内，自然状态下鱼类多度基本没有变化，由此可以解释该项目主要靠修复工程发挥作用，使修复区鱼类多度提高，可以排除自然力影响因素。

（2）扩展修复后设计法。

许多工程案例显示，由于项目投资方要求在短期（如数月）内开工，并且没有预拨调查监测经费，因此项目方无法在开工前进行生态调查，也就无法收集生态要素数据。在这种情况下，采用扩展修复后设计法是可行的。扩展修复后设计法要求选择合适的参照河段，参照河段与修复前的项目河段在生态特征方面具有相似性，包括生物、土地利用、植被、水文、河道形态、纵坡等要素。扩展修复后设计法通常在同一河流上选择参照河段，这是因为相邻河段与其他河段相比更具有典型相似性。通常参照河段位于修复河段的上游。

扩展修复后设计法选取多种不同位置的参照河段与相匹配的修复河段进行多项参数监测。扩展修复后设计法不但要求项目河段与参照河段对应，而且要求采样位置匹配、采样参数成对。依照扩展修复后设计法，在修复项目开工后，修复区和参照区同步开始进行监测。

监测的目的是通过分析参照区与修复区参数（物理类和生物类）的差别（用比值或差值表示），确认修复行动的生物响应，借以评估项目的有效性。

近年来，扩展修复后设计法广泛应用于监测栖息地变化与鱼类响应之间的关系，这是因为采用扩展修复后设计法可将生物响应与物理或其他变量关联起来。下面介绍一个采用扩展修复后设计法的监测案例。这个项目通过在河流中设置结构物扩大水塘面积，从而增加木质碎屑供给量（LWD），引起的生物响应是七鳃鳗幼鱼多度（ABU）大幅提高。监测的参数分别是参照区和修复区的 LWD 及 ABU，每种参数都是匹配成对的。采用扩展修复后设计法的相关性分析曲线如图 3.4.3 所示。

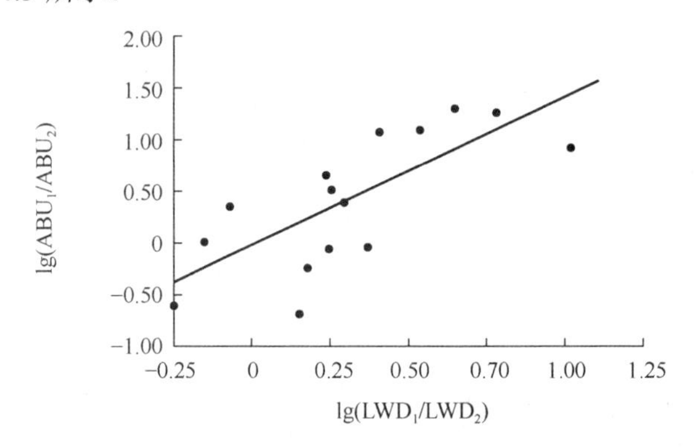

图 3.4.3　采用扩展修复后设计法的相关性分析曲线

图 3.4.3 中，横坐标为 LWD 的变化，表示为修复区 LWD_1 与参照区 LWD_2 比值的对数，即 $L_1 = \lg(LWD_1 / LWD_2)$；纵坐标为 ABU 变化响应，表示为修复区 ABU_1 与参照区 ABU_2 比值的对数，即 $L_2 = \lg(ABU_1 / ABU_2)$。图 3.4.3 中，最大的 L_1（约为 1.0）对应最大的 L_2（约为 0.9），说明当修复区 LWD 增大到约 10 倍时（$LWD_1/LWD_2 \approx 10$），对应的 ABU 提高到约 8 倍（$ABU_1/ABU_2 \approx 8$）。这个案例说明，采用扩展修复后设计法监测栖息地变化与生物响应之间的关系是十分有效的。

需要说明的是，采用扩展修复后设计法需要有大量的现存项目备选，根据统计学原理，还需要有足够的数据支持。有学者认为，起码需要在 10 个以上修复区和匹配参照区的采样点进行相关参数采样，以分析匹配成对数据间的差别（用比例或差值表示），进而建立栖息地变化与生物响应之间的关系。栖息地物理变量的差别反映了修复工程项目的直接效果，生物变量的差别反映了对栖息地变化的生物响应。建立二者之间的关系，就可以评估修复项目的有效性。

尽管从理论上讲扩展修复后设计法是可行的，但是在实际工作中可能会遇到困难，主要表现为不易选择合适的匹配参照河段。这不但意味着需要投入更多资金用于实地调查勘察，而且有可能根本找不到一定数量的参照河段，这就成为采用扩展修复后设计法的潜在风险。

4）选择监测参数

选择合适的监测参数是监测方案设计成功的关键。监测参数分为两种：一种是可以简单度量的变量，如鱼类多度、水塘面积等；另一种是较为复杂的变量，如生物区系综合性指数。修复项目监测不同于通用的生态监测或环境监测，而有明显的针对性。修复项目监测的目的在于评估修复项目的有效性。修复项目监测参数应该具备下列特征：①聚焦于修复项目的目标；②对于修复行动具有敏感响应；③可开展有效的测量，数据具有可达性；④数值波动性有限。举例来说，如果一个岸边植被保护和植树项目的目标是岸坡稳定、遮阴及水体降温，那么很清楚应选取岸坡稳定性、遮阴效果和水温作为监测参数。但是如果选取本质碎屑供给量、鱼类多度作为监测参数，则由于前者属于间接效果，不是项目的直接目标，后者需要数年时间方可显现，对修复行动缺乏敏感响应，所以二者均不符合上述监测参数的特征条件。

选择监测参数涉及项目目标、采用的修复技术类型和数据的可达性，还涉及诸多参数。因此，需要在诸多参数中梳理出若干关键参数。例如，一个在河流中设置结构物以改善鱼类栖息地项目，最低限度的关键参数包括深潭、浅滩地貌及鱼类多度；一个河滨带植树项目，关键的监测参数包括成活率、植物群落组成及遮阴效果等。表 3.4.2 所示为若干常用生态修复技术的监测参数。

表 3.4.2 若干常用生态修复技术的监测参数

生态修复技术	监测参数	
	物理类	生物类
拆除障碍物（水坝、堰）	河道地貌、纵坡、高程，泥沙冲淤	现存及缺失鱼类物种，季节性物种多度和生物多样性，河滨带植物群落和年龄结构
河道-河漫滩连通性修复	河道-河漫滩连通性，河床地貌和高程，河漫滩栖息地，泥沙淤积，植被保持	鱼类多度和多样性，鱼类局部洄游，无脊椎动物和固着生物群落
堤防后靠或重建	河道与河漫滩地貌，栖息地泥沙，木质碎屑供给，洪水时机和流量	河滨带植被组成和年龄结构，鱼类、无脊椎动物、固着生物多度和多样性
道路（移除、填平、稳定性）	河道内：水潭深度，冲刷、泥沙、水质，漫滩流量。上游：滑坡率及量级	鱼类生存，无脊椎动物多度和多样性
河滨带植被管理	河道内遮阴、木质碎屑供给、岸坡稳定性	树木成活率，物种组成，密度和生物量，树木生长高度和直径，无脊椎动物和固着生物群落
蜿蜒性恢复	河道形态、蜿蜒度、纵坡、深潭—浅滩序列、植被保持、地质、底质、淤积	鱼类多度和多样性，河川洄游鱼类行为，无脊椎动物和固着生物群落
河道内栖息地改善	河道形态、底质、深潭与浅滩深度、面积、木质碎屑供给	鱼类多度、多样性、索饵、生存、繁殖
在河漫滩侧边建设水塘和栖息地	底质，水文连通性，栖息地单元，平滩流量	鱼类多度、多样性、索饵、生存、繁殖，无脊椎动物、固着生物多度和多样性
鱼道	鱼道进口、出口和鱼道隔板位置的水文（水深、流速、水位、水温）、气象等信息	过鱼时间、数量、种类、个体尺寸，洄游鱼类行为，溯河洄游效率，洄游鱼种，鱼类资源量，降河洄游损伤率和死亡率，洄游路线

5）监测数据的质量控制

监测数据的质量控制应贯穿整个调查监测分析工作的全过程。为了保证监测数据能准确地反映河湖生态现状，需要保证获得的数据具备 5 个特征：代表性、准确性、完整性、可比性和可溯源性。

（1）采样质量控制。根据河湖的形态特征、水文、水质和水生生物的分布特点，确定合理的采样点设计方案及样品的类别和数量。在确定采样时间和地点的基础上，使用统一的采样器械和合理的采样方法，以保证采集的样品具有代表性。

（2）样品分析质量控制。在实验室分析工作中，经过鉴定和查验的样品可以在“样品登记”记录本上填写跟踪信息，以便跟踪每个样品的进展情况。每完成一步，要及时更新样品登记日志（如接收、鉴定、查验、存档）。

（3）数据处理与资料汇编。进行系统、规范化的监测分析，对原始结果进行核查，发现问题应及时处理。原始资料检查内容包括样品采集、保存、运输、分析方法的选用。采样记录、最终检测报告及有关说明等原始记录，经检查审核后，应装订成册，保管备查。原始测试分析报表及分类电子数据，按照统一资料记录格式整编成电子文档。

6）监测方案设计的风险、精度和置信度

监测方案设计的统计学要素包括风险、精度和置信度。所谓风险，简单来说是指一个事件发生的机会。它有两个方面的含义，一是机会，二是可能发生事件的重要性。置信度的含义是依据监测方案所得到的结果实际上落在取值区间内的概率（以百分比表示）。置信区间所提供的保证程度由置信系数（如 90%、95%）描述，通常称为置信水平。举例来说，如果我们计算每 40 个不同站点数据的平均值为 90%的置信区间，就可以认为，准确的站点意味着在这 40 个站点中大约有 36 个落在相应的置信区间内。所谓精度，是指由监测方案得出的结果与真实值之间的差值。精度通常定义为置信区间的半宽度。精度和置信度水平决定了监测方案所允许的不确定性程度，这种不确定性来源于自然力和人为活动变化。通过采样数据对物理和生物状况进行评估，这些评估值与真实值通常存在差异。

风险水平可接受程度会影响评估生态状况所需要的监测点数量。一般来说，期望获得的评估偏差风险越低，需要布设的监测点数量越多，所需成本就越高。需要指出的是，项目投入资金远高于监测成本，足够的监测点数量是保证项目有效性评估得到正确结果的前提。总之，合理的监测方案设计的关键原则是，实际的精度和置信度水平应该能够对时间与空间上的生态状况进行有意义的评估。

3. 河湖生态系统实时监测网络系统

河湖生态系统实时监测网络系统是实施有效的生态管理的现代化工具。它是利用通信、网络、数字化、RS、GIS、GPS、辅助决策支持系统（Auxiliary Decision Support System，ADSS）、AI、远程控制等先进技术，对各类生态要素的大量信息进行实时监测、传输和管理而形成的监测网络系统，如图 3.4.4 所示。

河湖生态系统实时监测网络系统包括监测设施、传输网络、处理系统和发布系统四大部分。监测设施包括各类生态要素监测站的测验设施、标志、场地、道路、照明设备、测船码头等设施；传输网络包括卫星、无线电和有线网络（光纤、微波）等，用于实现数据的传输；处理系统用于存储、管理和分析接收到的监测数据；发布系统用于监测数据的分发和上报，为决策提供科学依据。

监测网络的构建应充分利用现有的水文、环境、农业、林业等监测站网，增设监测项目与设备，提高监测与信息处理水平。在河段内的典型区和水环境敏感区增设独立的监测站，站点设置与相关管理机构相一致。监测站网布设应采取连续定位监测站点、临时性监测站点和周期性普查相结合的方法，在重点区域设立长期连续定位监测点，定量监测该段河流的生态要素。

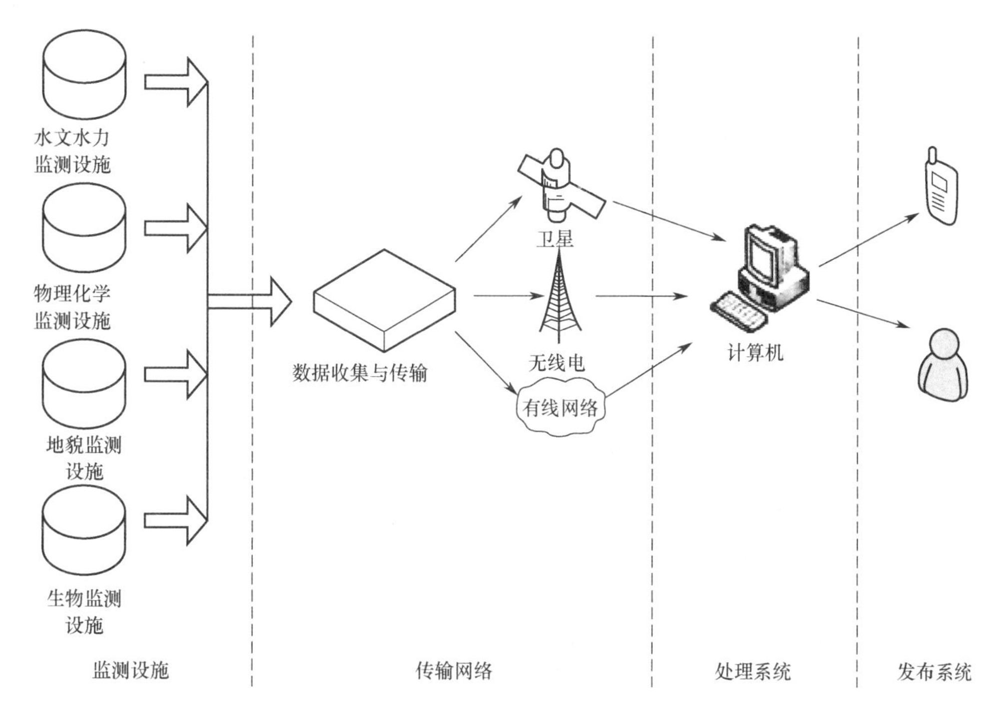

图 3.4.4 河湖生态系统实时监测网络系统示意图

就河湖生态修复项目而言，项目的实施往往在河段尺度上进行，但是应在河流廊道或流域尺度上布置生态监测系统，以长期收集水文、水质、地貌和生物数据。在项目施工过程中，对监测数据进行定期分析，当出现不合理结果时，需要结合项目起始阶段的河流历史、现状数据进行对比分析，并对项目实施目标、总体设计、细部设计进行调整。在项目完工后，生态监测系统服务于项目有效性评估。在项目运行期，生态监测系统用于进行生态系统的长期监测，以掌握系统的演变趋势，不断改善生态管理。

3.4.2 河流栖息地综合评价

1. 综合评价的目的

在河流栖息地调查的基础上，综合分析水文、水质、地貌形态、生物及社会经济工程设施的调查信息，对河流栖息地进行综合评价。综合评价需要回答以下 3 个问题（见图 3.4.5）：①栖息地是否退化及退化程度如何？对此需要建立栖息地评价指标体系和参照系统。②栖息地退化如何影响生物区系及引起生物区系重大变化的关键生境因子是什么？对此需要建立栖息地生态要素变化-生物响应模型。③哪些人类活动会引起栖息地退化及导致栖息地退化的关键胁迫因子是什么？对此需要建立关键胁迫因子的识别方法。回答了第一个问题，就可以初步明确是否需要开展河流生态修复行动，以及栖息地修复项目的重点河段优先排序。回答了第二个问题，就可以初步明确对于那些有特定物种保护目标的栖息地修复项目，其重点修复任务是什么。回答了第三个问题，就可以初步明确选择哪些有效的技术和管理措施去修复或加强栖息地，以及如何调整人们的行为以保护栖息地。

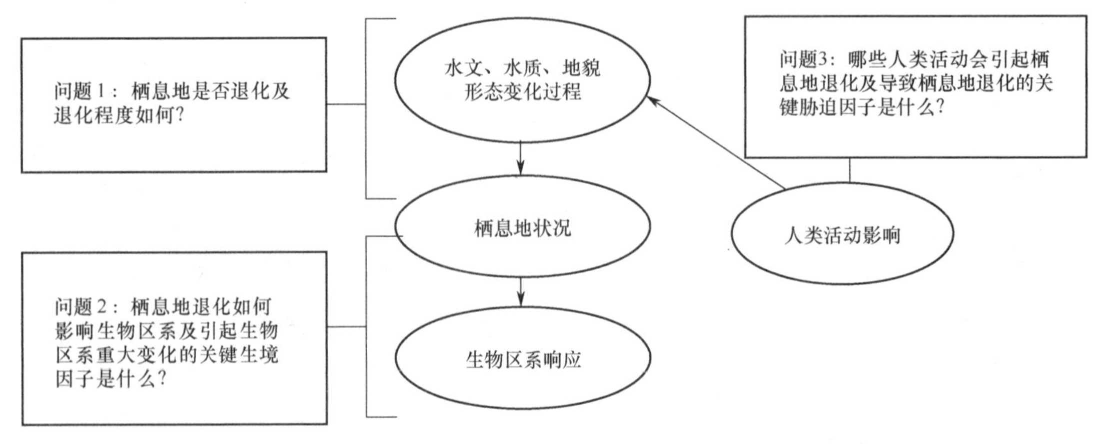

图 3.4.5　综合评价需要回答的 3 个问题

2．评价指标体系

为了使河流栖息地评价定量化，需要建立评价指标体系。表 3.4.3 所示为河流栖息地评价的一般性指标表。实际上，这个指标体系是一个原则性框架，明确了评价的类别和各个指标。由于具体项目的生态修复目标不同，因此选取的指标应有所区别。如果以生态完整性为修复目标，则选取的指标要相对宽泛，这种栖息地评价相当于河流健康评价。如果以保护标志性生物（鱼类）为修复目标，或者以保护濒危、珍稀、特有生物为修复目标，或者以保护渔业资源为修复目标，则应根据目标物种的生活习性及生活史不同阶段的生境需求，围绕目标物种的产卵场、索饵场和越冬场的水文、水质、地貌形态、生物及社会经济等方面选取指标。

表 3.4.3　河流栖息地评价的一般性指标表

准则层	指标层	准则层	指标层
水文特性	月均流量改变因子 H_1	地貌形态特性	弯曲率 G_1
	年极值流量和持续时间改变因子 H_2		河型 G_2
	年极值流量的发生时间改变因子 H_3		深潭—浅滩序列 G_3
	高、低流量脉冲频率和持续时间改变因子 H_4		纵向连续性 G_4
	日间流量变化因子和变化频率 H_5		侧向连通性 G_5
	最小生态需水量满足率 H_6		垂向透水性 G_6
	地下水埋深 H_7		岸坡稳定性 G_7
水质特性	水质类别 Q_1		河道稳定性 G_8
	主要污染物浓度 Q_2		悬移质输沙量变化率 G_9
	水功能区水质达标率 Q_3		天然植被覆盖度 G_{10}
	富营养化指数 Q_4		土壤侵蚀强度 G_{11}
	纳污性能 Q_5		河岸带宽度 G_{12}
	水温 Q_6	社会经济特性	水资源开发利用率 S_1
	水温恢复距离 Q_7		灌溉水利用系数 S_2
生物特性	物种多样性指数 B_1		万元工业增加值用水量 S_3
	完整性指数 B_2	其他	其他指标
	珍稀、濒危水生生物存活状况 B_3		
	外来物种威胁程度 B_4		

评价指标可分为五大类，分别为水文特性、水质特性、生物特性、地貌形态特性和社会经济特性，将这五大类列入准则层。每个准则层又包含若干个指标，将这些指标列入指标层。指标的选取应遵循重要性、可操作性及独立性原则。在实际工作中，对于每个评价项目都需要根据具体情况，因地制宜地选择其中若干个指标并制订评价方案。下面对表 3.4.3 中的各个指标逐一进行说明。

1）水文特性

指标的计算方法：先采用变化范围法计算出与参照系统水文系列相比每个水文参数的改变因子 σ，然后分别计算每类水文参数改变因子的几何平均值。

（1）月均流量改变因子 H_1。该指标为 1—12 月月均流量改变因子的几何平均值。

（2）年极值流量和持续时间改变因子 H_2。该指标为以下水文参数改变因子的几何平均值：年 1 日、3 日、7 日、30 日、90 日平均最小流量，年 1 日、3 日、7 日、30 日、90 日平均最大流量，零流量的天数，年 7 日平均最小流量/年平均流量。

（3）年极值流量的发生时间改变因子 H_3。该指标为以下水文参数改变因子的几何平均值：年最大流量出现日期、年最小流量出现日期。

（4）高、低流量脉冲频率和持续时间改变因子 H_4。该指标为以下水文参数改变因子的几何平均值：年低流量的谷底数、年低流量的平均持续时间、年高流量的洪峰数、年高流量的平均持续时间。

（5）日间流量变化因子和变化频率 H_5。该指标为以下水文参数改变因子的几何平均值：年均日间涨水率、年均日间落水率、每年涨落水次数。

（6）最小生态需水量满足率 H_6。该指标是指河流枯水期最小流量与河道最小生态需水量的比值。目前，有多种最小生态需水量计算方法，建议采用重现期为 10 年的 7 日低流量均值 $Q_{7,10}$。

（7）地下水埋深 H_7。该指标是指地表上某一点与浅层地下水位之间的垂线距离。

2）水质特性

（1）水质类别 Q_1。该指标用于表征河流水体的质量。水质类别在全国各类河流中可作为通用的指标使用。地表水环境质量标准基本项目有 24 个，包括 COD、BOD、氨氮等。地表水环境质量评价应根据规定的水域功能类别，选取相应类别标准，进行单因子评价。

（2）主要污染物浓度 Q_2。该指标是指水质监测断面主要污染物浓度的平均值。当水质类别指标不能准确表征河流的水质状况时，某污染物的浓度可说明其影响水质的真实程度。常选用 TN/TP、浊度、电导率、pH 等参数进行评价。水质评价的一般测量参数如表 3.4.4 所示。

表 3.4.4　水质评价的一般测量参数

测量参数	输入物质	潜在影响
电导率	盐	损失敏感物种
TN/TP	氮、磷	富营养化、水华暴发
BOD	有机物	生物窒息，鱼类死亡
浊度	泥沙	生物栖息地变化，敏感性生物减少
悬浮物	泥沙	生物栖息地变化，敏感性生物减少

续表

测量参数	输入物质	潜在影响
叶绿素	营养物质	富营养化
pH	酸性污染物	敏感物种减少
金属、有机化合物	有毒物质	敏感物种减少

（3）水功能区水质达标率 Q_3。该指标是指某河段水功能区水质达到其水质目标的个数（河长、面积）占水功能区总数（总河长、总面积）的比例。水功能区水质达标率反映了河流水质满足水资源开发利用和生态环境保护需要的状况。

（4）富营养化指数 Q_4。富营养化指数是反映水体富营养化状况的评价指标，主要包括水体透明度、氮和磷的含量及其比值、溶解氧含量及其时空分布、藻类生物量及种类组成、初级生产力等指标。

富营养化状况评价项目包括 Chl-a、TP、TN、SD、COD_{Mn}，其中 Chl-a 为必评项目。采用《地表水资源质量评价技术规程》（SL 395—2007）中的营养状态指数（EI）评价湖库营养状态（贫营养、中营养、富营养），其计算公式为 $EI=\sum E_n/N$。式中，EI 为营养状态指数；E_n 为评价项目赋分值；N 为评价项目个数。

（5）纳污性能 Q_5。纳污性能为某种污染物的年排放量与其纳污能力之比。纳污能力是指在设计水文条件下，某种污染物满足水功能区水质目标要求所能容纳的该污染物的最大数量。水域纳污能力应根据不同的水功能区确定计算方法。

（6）水温 Q_6。该指标是指水体的温度。最重要的是水库的下泄水温，即水库建成后下泄水体的最大、最小月均温度。

（7）水温恢复距离 Q_7。该指标是指水库工程建成运行后，下游水温恢复到满足下游敏感物种目标要求的天然温度的河段长度。下泄水温沿程变化与大坝泄流水温、流量及沿程气象条件、河道特征、支流汇入情况等因素有关。

3）地貌形态特性

（1）弯曲率 G_1。该指标是指沿河流中线两点间的实际长度与其直线距离的比值，是河流弯曲程度的度量指标。弯曲率是无量纲数值。弯曲率应是具体河段的测量结果，而不是整个河流不同河段的均值。弯曲率的表达式为 $G_1=L/D$。式中，L 为河流的实际长度；D 为河流两端的直线距离。

（2）河型 G_2。按照顺直微弯型、蜿蜒型、辫状、网状和游荡型 5 类河型，评价演变趋势。

（3）深潭—浅滩序列 G_3。通过对比蜿蜒型河流深潭—浅滩序列与参照系统，评价河道人工裁弯取直、断面几何规则化等渠道化工程的影响，如引起深潭—浅滩序列的丧失，以及数量和面积的减少。

（4）纵向连续性 G_4。该指标是指顺水流方向连续性。评价鱼类洄游障碍物，包括闸、坝等挡水建筑物的数量及类型。纵向连续性的表达式为 $G_4=L/N$。式中，N 为鱼类洄游障碍物（如闸、坝等）；L 为河段长度。也可以用河道挡水建筑物上游流域面积占全流域面积的百分数来表征纵向连续性，其表达式为 $G_4=A_{up}/A\times100\%$。式中，A_{up} 为挡水建筑物隔断的上游流域面积；A 为全流域面积。

（5）侧向连通性 G_5。该指标表征堤防等建筑物对河流侧向连通的约束状况。侧向连通性的表达式为 $G_5 = A_1 / A_2 \times 100\%$。式中，$A_1$ 为现状洪淹水没面积；A_2 为自然洪淹水没面积。

（6）垂向透水性 G_6。该指标反映地表水与地下水之间的水力联系被人为阻断，包括不透水岸坡防护、城市不透水铺设。垂向透水性可以用不透水衬砌或铺设所占面积比表示。

（7）岸坡稳定性 G_7。岸坡稳定性与岸坡坡度和岸坡材料及其防护措施（包括植被条件）有关。其整体稳定性可用抗滑稳定安全系数表示，局部稳定性由表面土体抗侵蚀性度量。岸坡稳定性也可以通过现场调查来直观判断，定性分级。

（8）河道稳定性 G_8。河道稳定性是指在现有气象、水文条件下，河流具有维持自身尺度、类型和剖面以保持动态平衡的能力。长期河道稳定性是指以既不淤积也不冲刷的方式输送水流及泥沙的能力。河道稳定性评价采用快速地貌评价方法，诊断标准包括原始河床质、河岸防护、切割度、缩窄度、河岸侵蚀、河岸坍岸、河岸淤积、河床演进阶段等，给各项标准赋值后综合评价河道稳定性等级。

（9）悬移质输沙量变化率 G_9。与参照系统对比，评价悬移质输沙量变化率。

（10）天然植被覆盖度 G_{10}。该指标是指天然植物（包括叶、茎、枝）在单位面积内的垂直投影面积所占百分比，可以通过遥感监测方法获得。

（11）土壤侵蚀强度 G_{11}。该指标是指地壳表层土壤在自然力（水力、风力、重力及冻融等）和人类活动综合作用下，在单位面积、单位时段内被剥蚀并发生位移的土壤侵蚀量，用土壤侵蚀模数表示，可以通过遥感监测或土壤侵蚀监测方法获得。我国发布了适用于大区域土壤侵蚀调查的土壤侵蚀强度分级标准和划分土壤侵蚀强度等级标准[土壤侵蚀强度面蚀（片蚀）分级指标]，分别如表 3.4.5 和表 3.4.6 所示。

表 3.4.5　土壤侵蚀强度分级标准

级别	平均土壤侵蚀模数/（t/(km^2·a)）	级别	平均土壤侵蚀模数/（t/(km^2·a)）
微度	<200，500，1000	强烈	5000～8000
轻度	200，500，1000～2500	极强烈	8000～15000
中度	2500～5000	剧烈	>15000

表 3.4.6　划分土壤侵蚀强度等级标准

地类		地面坡度				
		5°～8°	8°～15°	15°～25°	25°～35°	>35°
非耕地的林草覆盖度/%	65～75	轻度	轻度	轻度	中度	中度
	45～60	轻度	轻度	中度	中度	强烈
	30～45	轻度	轻度	中度	强烈	极强烈
	<30	中度	中度	强烈	极强烈	剧烈
坡耕地		轻度	中度	强烈	极强烈	剧烈

（12）河岸带宽度 G_{12}。该指标是指河滨植被缓冲带宽度，中小型河流可参考河流状况指数中对河岸带宽度健康程度的分级建议，如表 3.4.7 所示。

表 3.4.7 河岸带宽度分级

河滨植被缓冲带宽度		级别
宽度<15m 的河流/m	宽度>15m 的河流/m	
>40	>3 倍基流量河宽	4
(30,40]	(1.5,3]倍基流量河宽	3
(10,30]	(0.5,1.5]倍基流量河宽	2
(5,10]	(0.25,0.5]倍基流量河宽	1
≤5	≤0.25 倍基流量河宽	0

4）生物特性

评价对象以鱼类为主，评价重点是种类、丰度和年龄结构。其他生物评价：浮游生物重点评价组成和丰度，大型水生植物和沉水植物重点评价组成，底栖无脊椎动物重点评价多样性、组成和丰度。

（1）物种多样性指数 B_1。该指标表示物种的种类、组成和丰度。多样性指数的计算公式为 $B_1=-\sum_{i=1}^{n}Q_i\ln(Q_i)$。式中，$B_1$ 为物种多样性指数；Q_i 为第 i 种个体数（n_i）占总个体数（N）的比例，即 $Q_i=n_i/N$。

（2）完整性指数 B_2。完整性指数主要从生物群落的组成和结构两个方面反映生态系统健康状况，是目前水生生态系统研究中应用最广泛的指标之一。该指标通常用于评价鱼类种类结构（种类数、密度）、营养结构（杂食性鱼类、食昆虫鱼类和食鱼鱼类比例）、数量和体质状况（样本中的个体数量、天然杂交个体的数量比例、感染疾病和外形异常个体的数量比例）等。

（3）珍稀、濒危水生生物存活状况 B_3。该指标是指国家或地方相关名录确定保护的珍稀、濒危和特有生物在河流廊道中生存、繁衍，以及物种存活质量与数量状况。根据具体情况，可采用以下两种方法进行评价。

定性评价法：以珍稀水生生物存在与否、存活质量与数量为主要考虑因素，采用专家判定法对其存活状况进行评价，一般以珍稀水生生物数量增减作为定性判断依据。

定量评价法：通过珍稀水生生物特征期聚集河段的捕捞情况定量反映其存活状况。特征期主要为成熟期、产卵期、洄游期。珍稀水生生物存活状况等于特征期聚集河段捕捞到的次数/捕捞期天数。

（4）外来物种威胁程度 B_4。该指标是指在目标区域内是否出现外来物种、外来物种对本地土著生物和生态系统造成威胁的影响程度。应参照所在区域有严重影响的外来物种名录，调查当地有无所列物种，并且调查该物种在当地属于“固定”还是“出现”状况。根据外来物种调查表（见表 3.4.8）定性描述评价区域内外来物种入侵状况及威胁程度。

表 3.4.8 外来物种调查表

外来物种名称（中文名）	学名	原产地	侵入方式	固定/出现	侵入区域	侵入面积	危害情况
动物							
植物							

5）社会经济

（1）水资源开发利用率 S_1。水资源总量可用地表水资源量与地下水资源量之和减去重复量得到，计算公式为 $W_r = Q_s + P_r - D$。式中，W_r 为水资源总量；Q_s 为河川径流量；P_r 为降雨入渗补给量；D 为重复量。各流域水资源量在全国水资源评价中都有明确的数值以备查用。

通过对流域内的各类生产、生活用水量进行全面调查，减去重复利用量，就可以得到水资源开发利用量 W_u。水资源开发利用率 S_1 计算公式为 $S_1 = W_u / W_r$。式中，S_1 为水资源开发利用率；W_r 为水资源总量；W_u 为水资源开发利用量。

（2）灌溉水利用系数 S_2。灌溉的最终目的是满足作物的蒸腾需水要求，灌溉过程中的渠系输水损失、棵间蒸发和深层渗漏均视为无效的水分消耗。因此，灌溉水利用系数 S_2 可以表述为渠系水利用率 $C_{渠系}$ 与田间水利用率 $C_{田间}$ 的乘积，即

$$S_2 = C_{渠系} \cdot C_{田间}$$

渠系水利用率 $C_{渠系}$ 是指正常运行情况下在一个完整的灌水周期中流出渠系进入田间的总水量与流入渠系的总水量之比，即

$$C_{渠系} = W_{田间} / W_{渠系}$$

式中，$C_{渠系}$ 为渠系水利用效率；$W_{田间}$ 为正常运行情况下在一个完整的灌水周期中末级固定渠道输出的总水量，即流出渠系进入田间的总水量；$W_{渠道}$ 为正常运行情况下在一个完整的灌水周期中干渠首引入的总水量。

田间水利用率 $C_{田间}$ 是指灌入田间可被作物利用的水量与末级固定渠道放出水量的比值，可通过平均法或实测法确定。

（3）万元工业增加值用水量 S_3。该指标的计算公式为

$$S_3 = 工业用水量/工业增加值$$

式中，工业用水量是指工矿企业在生产过程中制造、加工、冷却（包括火电直流冷却）、空调、净化、洗涤等方面的用水，按新水取用量计，不包括企业内部的重复利用水量。

6）其他指标

其他指标是指对于特定的河流根据其具体情况需要增加的评价指标，如采砂率、底泥污染程度、河流断流概率等，根据指标属性归入水文特性、水质特性、地貌形态特性、生物特性或社会经济特性等门类。

微课视频

3．建立参照系统

评价河流栖息地状况，实际上是判断受到干扰的河流栖息地偏离自然河流栖息地的程度。为此需要建立一个参照系统。建立的参照系统是河流栖息地的理想状况。建立参照系统有三种方法。

第一种方法是依据时间序列，以河流自身某种历史状况作为参照系统。一般认为，历史上形成的自然河流有其天然合理性，在人类进行大规模开发活动前的河流栖息地是健康的。如果能够重现人类进行大规模开发活动前的河流栖息地，则会获得较为理想的栖息地条件。具体方法是收集包括河流地貌、水文、水质，与生物相关的历史地图、文献、照片，以及在原位现场调查取证获得的数据等在内的资料，综合分析还原河流历史状况。

第二种方法是依据空间位置选择适当的参照系统。可以选择同一条河流中生态良好的河段，以此河段的现状作为参照系统，也可以选择自然条件与规划河流相近的其他流域河流作为参照系统，按照上述原则确定栖息地的理想状态。

考虑到近百年的大规模开发和生产活动，在我国保持未受干扰的大型河流寥寥无几，所以寻找完全理想化的参照系统是不切实际的。现实可行的方法是寻找受到较少的人工干扰，尚保持一定自然属性的河流或河段作为参照系统。参照系统河段大体能满足以下条件。①土地利用和地貌特征：城镇化程度较低，流域或子流域内森林植被较为完好；河流地貌保留一定程度的自然形态，如保留蜿蜒性、存在一定比例的天然岸坡；有较宽阔的河漫滩，保留了自然植被；河流无闸、坝阻隔，保持河流的纵向连续性和河湖连通性。②水文情势：水文情势没有较大的变化，重要水文因子的偏离程度不高。③物理化学条件：没有点源或面源污染，没有水体富营养化影响；水温接近自然状态；没有盐渍化迹象。④生物条件：没有因引进养殖鱼类、甲壳类、贝类或其他种类的动植物而造成土著生物群落显著衰退的现象。具体方法是利用遥感图像和现场勘察资料，综合分析获得参照系统数据。

第三种方法是综合方法，即依据有限的历史资料并利用专家经验，参照类似流域数据，构造参照系统，也称为最佳生态势。就参照系统中的生物要素而言，某些指示物种出现或不出现，都可以表示某种特定的环境特征。其中对于某种环境要素响应最敏感的指示生物被监测检出，可以作为环境良好的标志，成为参照系统中生物要素指标。

在以上三种方法中，有一部分生态要素指标已经有国家和行业相关技术规范，有对应的等级标准，这样就可以把最高等级标准作为参照系统的标准。例如，水质类别指标、富营养化指数指标、土壤侵蚀强度指标的分级标准可分别依据《地表水环境质量标准》（GB 3838—2002）、《地表水资源质量评价技术规程》（SL 395—2007）、《土壤侵蚀分类分级标准》（SL 190—2007）确定。

参照系统必须定量化。具体方法是先参照表 3.4.3，拟定项目河流栖息地评价的一般性指标表，然后按照上述方法为各个指标赋值，即可得到参照系统生态要素指标表。

案例解析：黑水河生态评价

1. 评价指标

栖息地评价是一项系统工程，首先需要确定目标鱼类，然后依据目标鱼类的生态学特征，通过生态水文学计算，得出适宜生境要素的量化数值，根据搜集的水文、地形地貌资料，评估栖息地适宜性。河流栖息地涉及多种生境要素，主要包括水深、流速、河床糙率、纵比降、底质情况。本案例根据前期研究成果，确定的目标鱼类适宜生境评价指标及特征值如下：平均流速为 0.3m/s，最大流速为 0.6m/s，平均水深为 0.3m，最大水深为 0.6m。

2. 综合评价方法

采用指标评分法对不同位置、不同时期的河流生境及生境多样性进行量化，根据量化结果评价生境适宜性。选取平均水深、最大水深、平均流速、最大流速、生境多样性作为评价指标，每个评价指标分为 3 个等级，分别对应分数 1、2、3，将 5 个评价指标分数相加，总分越高代表生境适宜性越好，总分达到标准值代表生境满足需求。平均水深、最大水深、平均流速、最大流速根据水文监测数据评分，生境多样性根据河道航拍图评分。评价指标标准分级表如表 3.4.9 所示。5 个生境适宜性评价指标分数之和，即总分为 15 分，认定总分大于或等于 15×0.6=9 分的河流生境具有相对较好的适宜性。

表 3.4.9 评价指标标准分级表

指标	单位	特征值	分数
平均水深	m	<0.3	1
		0.3～0.35	2
		>0.35	3
最大水深	m	<0.6	1
		0.6～0.65	2
		>0.65	3
平均流速	m/s	<0.25	1
		0.25～0.30	2
		>0.3	3
最大流速	m/s	0<0.3	1
		0.3～0.35	2
		>0.35	3
生境多样性	—	浅滩—深潭序列等地貌单元、底质多样性程度	1～3

3. 监测方法

河道航拍图均通过无人机航拍获得，水文数据通过以下两种方法监测获得。

（1）针对水深较大（h>20mm）、水面宽度较大（B>10m）、水流平顺且流态稳定的断面，采用声学多普勒流速剖面仪进行流速 v、水深 h、水面宽度 B、流量 Q、地形等的测量。

（2）针对水深较小且水面宽度较小的断面，采用便携式流速仪、测深杆、卷尺等进行流速 v、水深 h、水面宽度 B 等的测量，使用流速面积法进行计算。测量断面布置示意图如图 3.4.6 所示，测速垂线数布置方法如表 3.4.10 所示，测速垂线上测速点布置方法如表 3.4.11 所示。

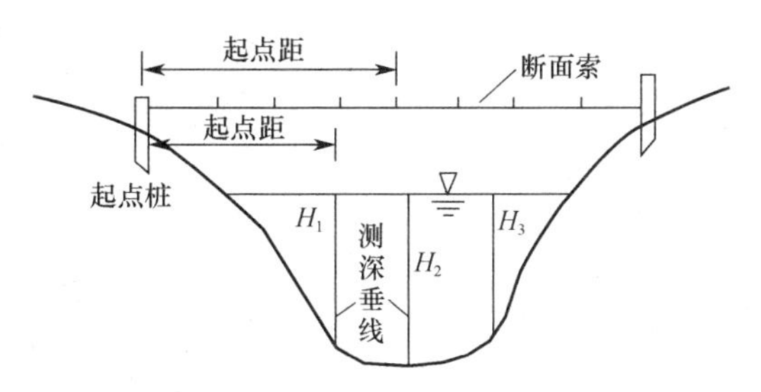

图 3.4.6 测量断面布置示意图

表 3.4.10 测速垂线数布置方法

水面宽度/m	<5	[5,50)	[50,100)	[100,300)	≥300
测速垂线数/条	5	6	10	12～15	16～20

表 3.4.11　测速垂线上测速点布置方法

垂线水深	方法名称	测速点位置
$H < 1\text{m}$	一点法	$0.6h$
$1\text{m} < H < 3\text{m}$	三点法	$0.2h$，$0.6h$，$0.8h$
$H > 3\text{m}$	五点法	水面，$0.2h$，$0.6h$，$0.8h$，河底

注：一点法，$V = V_{0.6}$；三点法，$V = (V_{0.2} + V_{0.6} + V_{0.8})/3$；五点法，$V = (V_0 + 3V_{0.2} + 3V_{0.6} + 2V_{0.8} + V_{1.0})/10$。

4．工程效果评价与分析

1）疏槽

疏槽区域工程前、工程后水文监测数据如表 3.4.12 所示，疏槽区域工程前、工程后河道航拍图如图 3.4.7 和图 3.4.8 所示。疏槽工程使河床形成主槽，河道水深、流速增大，生境多样性更加丰富，对区域生境改善作用明显。

表 3.4.12　疏槽区域工程前、工程后水文监测数据

时期	水面宽度/m	平均水深/m	最大水深/m	最小水深/m	平均流速/（m/s）	最大流速/（m/s）	最小流速/（m/s）	计算流量/（m^3/s）
工程前	17.4	0.38	0.52	0.21	0.14	0.18	0.10	0.72
工程后	14.9	0.54	0.68	0.34	0.23	0.32	0.16	1.49

（1）生境适宜性评价。

依据表 3.4.9 和表 3.4.12，采用指标评分法对疏槽监测断面生境适宜性进行评价。疏槽区域生境评分表如表 3.4.13 所示。根据表 3.4.13 可知，工程前、工程后疏槽监测断面生境总分分别为 7 分、11 分，工程前生境不满足需求，工程后生境满足需求。

图 3.4.7　疏槽区域工程前河道航拍图

图 3.4.8　疏槽区域工程后河道航拍图

表 3.4.13　疏槽区域生境评分表

时期	平均水深	最大水深	平均流速	最大流速	生境多样性	总分
工程前	3	1	1	1	1	7
工程后	3	3	1	2	2	11

（2）生境影响分析。

对比生境评分情况可知，工程后的 11 分高于工程前的 7 分，说明疏槽工程对区域生境有改善作用。

对比工程前与工程后水文监测数据可知，工程后，疏槽区域在水面宽度略微减小的情况下，平均水深、最大水深、最大流速、平均流速较工程前均明显增大，河床形成主槽。

对比河道航拍图可知，工程前，该区域水深较小，部分河段水流漫滩且连续性较差；工程后，该区域水深增大，水面的连续性明显改善，生境多样性更加丰富。

2）冲沟导堤

冲沟导堤区域工程前、工程后水文监测数据如表 3.4.14 所示，冲沟导堤区域工程前、工程后河道航拍图如图 3.4.9 和图 3.4.10 所示。冲沟导堤可有效减少冲沟冲积物落入河床主槽，减缓河床主槽内淤积，提高水流连续性，降低生境进一步恶化的风险。

表 3.4.14　冲沟导堤区域工程前、工程后水文监测数据

时期	水面宽度/m	平均水深/m	最大水深/m	最小水深/m	平均流速/(m/s)	最大流速/(m/s)	最小流速/(m/s)	计算流量/(m^3/s)
工程前	6.2	0.58	0.65	0.48	0.19	0.23	0.16	0.44
工程后	28	0.3	0.4	0.19	0.24	0.35	0.15	1.65

图 3.4.9　冲沟导堤区域工程前河道航拍图

图 3.4.10　冲沟导堤区域工程后河道航拍图

（1）生境适宜性评价。

依据表 3.4.9 和表 3.4.14，采用指标评分法对冲沟导堤监测断面生境适宜性进行评价。冲沟导堤区域生境评分表如表 3.4.15 所示。根据表 3.4.15 可知，工程前、工程后冲沟导堤监测断面生境总分均为 9 分，工程前、工程后生境均满足需求。

表 3.4.15　冲沟导堤区域生境评分表

时期	平均水深	最大水深	平均流速	最大流速	生境多样性	总分
工程前	3	3	1	1	1	9
工程后	2	1	1	3	2	9

（2）生境影响分析。

对比生境评分情况可知，工程后与工程前的总分一致。由于冲沟导堤的主要作用为阻隔冲沟冲积物淤积河道，是对河道生境恶化的预防，因此工程后与工程前的总分一致说明工程建设短时间内不会对生境产生明显影响。

对比河道航拍图可知，工程前，冲沟沟口周围河床内存在冲积物堆积，对河道水流形成一定的阻隔；工程后，河床内冲积物清理后，河道内未出现新的冲积物。由此可见，冲沟导堤对冲积物的阻挡、引导效果明显，可有效减少冲沟冲积物落入河床主槽，减缓河床主槽内淤积，保证了水流连续性，使河流生境得到改善，生境进一步恶化的风险被降低。

3）透水堰

透水堰区域工程前、工程后水文监测数据如表 3.4.16 所示，透水堰区域工程前、工程后河道航拍图如图 3.4.11 和图 3.4.12 所示。透水堰透水效果明显，同时可以起到适度壅水的效果，对区域生境改善和生境多样性保持起到积极作用。

表 3.4.16　透水堰区域工程前、工程后水文监测数据

时期		水面宽度/m	平均水深/m	最大水深/m	最小水深/m	平均流速/(m/s)	最大流速/(m/s)	最小流速/(m/s)	计算流量/(m^3/s)
工程前		13	0.46	0.7	0.28	0.23	0.28	0.2	0.82
工程后	堰上游	15.2	0.8	0.93	0.68	0.24	0.35	0.13	2.68
	堰顶	40.9	0.13	0.19	0.08	0.49	0.86	0.24	2.3
	堰下游	29.8	0.31	0.4	0.15	0.25	0.37	0.16	1.91

（1）生境适宜性评价。

依据表 3.4.9 和表 3.4.16，采用指标评分法对透水堰监测断面生境适宜性进行评价。透水堰区域生境评分表如表 3.4.17 所示。根据表 3.4.17 可知，工程前、工程后透水堰监测断面生境总分分别为 8 分、12 分，工程前生境不满足需求，工程后生境满足需求。

图 3.4.11　透水堰区域工程前河道航拍图

图 3.4.12　透水堰区域工程后河道航拍图

表 3.4.17　透水堰区域生境评分表

时期		平均水深	最大水深	平均流速	最大流速	生境多样性	总分
工程前		3	3	1	1	1	8
工程后	堰上游	3	3	1	2	3	12
	堰顶	1	1	3	3		
	堰下游	2	1	2	3		

（2）生境影响分析。

对比生境评分情况可知，工程后的 12 分高于工程前的 8 分，说明透水堰工程对区域生境有改善作用。

对比工程前与工程后水文监测数据可知，工程后，堰上游平均水深、最大水深、最大流速、平均流速、水面宽度较工程前均明显增大。

根据工程后水文监测数据对断面流量进行估算，堰上游流量 $Q_1=0.8\times0.24\times15.2\approx2.92\text{m}^3/\text{s}$，堰顶流量 $Q_2=0.13\times0.24\times41\approx1.28\text{m}^3/\text{s}$，堰体透水流量 $Q_3=2.92-1.28=1.64\text{m}^3/\text{s}$。透水堰透水率 $=1.64/2.92\times100\%\approx56.2\%$。根据计算结果可知，在生态流量的情况下，透水堰透水效果明显，同时也起到适度壅水的工程效果。

对比河道航拍图可知，工程前，该区域水深较小，水面漫滩且连续性较差，水流条件不满足适宜生境需求；工程后，堰上游形成深潭，水深较大，提高了出生境多样性，堰顶与下游原有深潭之间平顺衔接，水深、流速较工程前均明显增大，水面连续性较好，水流条件明显改善。

4）镇脚

镇脚区域工程前、工程后水文监测数据如表 3.4.18 所示，镇脚区域工程前、工程后河道航拍图如图 3.4.13 和图 3.4.14 所示。镇脚不直接对河道生境产生明显影响，可起到保护松散边坡、稳定河势、维持河道生境的作用；可降低滑坡体阻隔河道的风险，使生境恶化的隐患被基本消除；生态性一般，对周边水生、两栖动物生境略有影响。

表 3.4.18 镇脚区域工程前、工程后水文监测数据

时期	水面宽度/m	平均水深/m	最大水深/m	最小水深/m	平均流速/(m/s)	最大流速/(m/s)	最小流速/(m/s)	计算流量/(m^3/s)
工程前	4.4	0.57	0.61	0.55	0.32	0.55	0.13	0.55
工程后	15.6	0.42	0.47	0.34	0.33	0.51	0.19	1.7

图 3.4.13 镇脚区域工程前河道航拍图

图 3.4.14 镇脚区域工程后河道航拍图

（1）生境适宜性评价。

依据表 3.4.9 和表 3.4.18，采用指标评分法对镇脚监测断面生境适宜性进行评价。镇脚区域生境评分表如表 3.4.19 所示。根据表 3.5.19 可知，工程前、工程后镇脚监测断面生境总分均为 13 分，工程前、工程后生境均满足需求。

表 3.4.19 镇脚区域生境评分表

时期	平均水深	最大水深	平均流速	最大流速	生境多样性	总分
工程前	3	3	3	3	1	13
工程后	3	1	3	3	3	13

（2）生境影响分析。

对比生境评分情况可知，工程后与工程前的总分一致。由于镇脚的主要作用为保护松散边坡、阻隔冲积物淤积河道，是对河道生境恶化的预防，因此工程后与工程前的总分一致说明工程建设不直接对河道生境产生明显影响。

对比河道航拍图可知，工程前，边坡坡脚为松散堆积体，存在进一步滑坡的隐患，河床

内几处大石块对河道水流形成一定的阻隔；工程后，坡脚松散堆积体和河床内石块被清理，河道内未出现新的冲积物，河道内水面连续性较好。由此可见，镇脚保护松散边坡、稳定河势作用明显，使河流生境得到改善，生境恶化的隐患被基本消除。

由于浆砌石镇脚为直立边坡，有一定高度，并且透水性较差，因此镇脚工程自身会对周边水生生物、两栖动物的生境造成一定的负面影响。

5）底质改善

底质改善区域工程前、工程后水文监测数据如表 3.4.20 所示，底质改善区域工程前、工程后河道航拍图如图 3.4.15 和图 3.4.16 所示。底质改善工程直接改善了目标鱼类生境。

表 3.4.20 底质改善区域工程前、工程后水文监测数据

时期	水面宽度/m	平均水深/m	最大水深/m	最小水深/m	平均流速/(m/s)	最大流速/(m/s)	最小流速/(m/s)	计算流量/(m^3/s)
工程前	11.7	0.53	0.67	0.43	0.22	0.37	0.13	1.31
工程后	23	0.39	0.51	0.35	0.33	0.43	0.18	2.52

图 3.4.15 底质改善区域工程前河道航拍图

图 3.4.16 底质改善区域工程后河道航拍图

（1）生境适宜性评价。

依据表 3.4.9 和表 3.4.20，采用指标评分法对底质改善监测断面生境适宜性进行评价。底质改善区域生境评分表如表 3.4.21 所示。根据表 3.4.21 可知，工程前、工程后底质改善监测断面生境总分分别为 11 分、12 分，工程前、工程后生境均满足需求。

表 3.4.21 底质改善区域生境评分表

时期	平均水深	最大水深	平均流速	最大流速	生境多样性	总分
工程前	3	3	1	3	1	11
工程后	3	1	3	3	2	12

（2）生境影响分析。

对比工程前、工程后生境评分情况可知，工程后的 12 分高于工程前的 11 分，说明底质改善工程对区域生境有改善作用。

对比河道航拍图可知，底质改善工程去除了河床中水泥、混凝土等人为形成的底质，恢复为由蛮石、砾石、卵石、土质构成的天然底质，提高了生境多样性，改善了鱼类生境。

参考文献

[1] 白峰青. 湖泊生态系统退化机理及修复理论与技术研究：以太湖生态系统为例[D]. 西安：长安大学，2004.

[2] 边延辉. 洪河湿地生态修复研究[D]. 长春：吉林大学，2006.

[3] 陈伟民. 湖泊生态系统观测方法[M]. 北京：中国环境科学出版社，2005.

[4] 董哲仁. 河流生态修复[M]. 北京：中国水利水电出版社，2013.

[5] 董哲仁. 生态水利工程学[M]. 北京：中国水利水电出版社，2019.

[6] 段云海，边延辉，邓国立. 湿地生态系统保护与修复探讨：以洪河自然保护区为例[J]. 环境科学与管理，2007，32（9）：152-153.

[7] 吕宪国. 湿地生态系统观测方法[M]. 北京：中国环境科学出版社，2004.

[8] 滕航. 金沙江下游支流黑水河鱼类资源现状及河流健康评价[D]. 重庆：西南大学，2021.

[9] 王一涵，孙永华，连健，等. 洪河自然保护区湿地生态评价[J]. 首都师范大学学报（自然科学版），2011，32（3）：73-77.

[10] 谢永宏，张琛，蒋勇. 湿地生态修复技术与模式[M]. 北京：中国林业出版社，2019.

[11] 徐恒省，王亚超，孙艳，等. 湖泊蓝藻水华监测与评价探讨[J]. 环境监测管理与技术，2012，24（5）：69-71.

[12] 叶智峰，朱冬舟，孙干. 某鱼类栖息地修复工程实施效果研究[J]. 水利规划与设计，2022（11）：138-145，157.

[13] 张俊秀，叶智峰，朱冬舟. 减水河段鱼类物理生境修复辅助工程措施适应性管理方案探讨[J]. 陕西水利，2024（2）：175-178.

[14] 朱广伟. 太湖富营养化现状及原因分析[J]. 湖泊科学，2008，20（1）：21-26.